国家出版基金项目
NATIONAL PUBLICATION FOUNDATION

多源图像信息融合理论与应用

THEORY AND APPLICATION OF
MULTI-SOURCE IMAGE
INFORMATION FUSION

李树涛　康旭东　胡建文　著

湖南大学出版社
·长沙·

内容简介

本书主要介绍了多源图像信息融合的基本概念、典型方法与应用。其中典型图像融合方法包括成分替换图像融合、多尺度分解图像融合、稀疏表示图像融合、张量表示图像融合、区域分割图像融合、智能图像融合等。图像融合的典型应用包括军事侦察、医疗诊断、遥感监测、公共安全与电子产品，涉及多聚焦、多曝光、多时相图像融合，红外-可见光图像融合，医学和遥感图像融合，等等。

本书可作为高等院校自动化、计算机、电子信息、通信工程等专业的高年级本科生、研究生和教师的教材和参考书，也可作为从事多传感器图像融合研究和应用的科技工作者的参考资料。

图书在版编目(CIP)数据

多源图像信息融合理论与应用 / 李树涛，康旭东，胡建文著. --长沙：湖南大学出版社，2024. 12
ISBN 978-7-5667-3218-7

Ⅰ. ①多… Ⅱ. ①李… ②康… ③胡… Ⅲ. ①图像处理-研究 Ⅳ. ①TP391. 413

中国国家版本馆 CIP 数据核字(2023)第 162122 号

多源图像信息融合理论与应用

DUOYUAN TUXIANG XINXI RONGHE LILUN YU YINGYONG

著　　者：李树涛　康旭东　胡建文
责任编辑：张建平　黄　旺　卢　宇
印　　装：湖南省众鑫印务有限公司
开　　本：787 mm×1092 mm　1/16　**印　　张**：23. 5　**字　　数**：420 千字
版　　次：2024 年 12 月第 1 版　**印　　次**：2024 年 12 月第 1 次印刷
书　　号：ISBN 978-7-5667-3218-7
定　　价：128. 00 元

出 版 人：李文邦
出版发行：湖南大学出版社
社　　址：湖南・长沙・岳麓山　**邮　　编**：410082
电　　话：0731-88822559(营销部)，88821691(编辑室)，88821006(出版部)
传　　真：0731-88822264(总编室)
网　　址：http://press. hnu. edu. cn
电子邮箱：274398748@qq. com

序　言

图像是人们获取信息的一种主要载体，目前，单一图像由于自身成像模态的限制，已不能满足实际应用需求。多源图像融合通过结合同一场景或同一目标的多个源图像，获得信息更丰富的融合图像，有效结合了不同源图像的互补优势，能够克服单一源图像的不足，在军事和民用等领域均具有广泛应用。战斗机上的蓝盾吊舱瞄准系统是一个非常典型的图像融合系统，PET/MRI 是一种典型的融合成像新技术。国际上从 20 世纪 80 年代开始研究图像融合，我国起步相对较晚。

李树涛在 1998 年攻读博士学位时，就开始研究图像融合，经过团队二十余年的长期研究，获得了丰硕成果，在国际学术界享有很高声誉，其提出的许多图像融合方法是该领域的开创或典型工作。李树涛已成为该领域的权威专家，李树涛课题组是该领域国际著名团队。本书是李树涛团队长期研究的成果，其中部分成果是 2019 年国家自然科学二等奖“多模图像结构化稀疏表示与融合理论方法研究”的主要支撑。

本书对多源图像融合的理论、方法、应用进行了全面阐述。本书涉及的内容非常广，既包括核心的图像融合方法，又包括图像融合的预处理——图像配准，融合图像质量评价；既包括小波等传统方法，又包括以深度学习为代表的智能图像融合方法；既包括多聚焦等单模图像融合，又包括红外-可见光等多模图像融合；既包括多源图像融合理论方法，又包括多源图像融合在军事侦察、遥感监测、医学诊断等领域的应用。本书对于掌握多源图像融合非常有用，既可作为教材，又可作为参考书。

王耀南

2023 年 5 月

前　言

信息融合是智慧生物更全面、更准确地感知世界的必要途径。螳螂虾能够在大脑肾状体的参与下处理多类型的光学信息，眼镜蛇能通过大脑融合视觉、味觉等不同模态信息，人类大脑能够跨模态融合不同感官信息。在诸多感知手段中，视觉是人类认识世界最重要的信息获取手段。研究表明，人类从外界获取的信息约有80%来自视觉，也就是说人类获取的大部分信息来自图像。然而，人类视觉系统仅能感知可见光范围的信息。近年来，随着传感器技术和成像技术等的发展，人们发明了丰富多样的成像设备，如光学遥感成像仪、近红外成像仪、计算机断层扫描成像仪。视觉感知向多模态、多平台的方向发展，多模态、多平台图像在观测能力上既存在差异性，又具有互补性。

如何像人类和其他智慧生物一样，综合利用不同模态传感器的互补优势，提升目标的感知与认知能力呢？为了解决该问题，多源图像信息融合应运而生。通过将工作于不同波长范围、具有不同成像机理的设备采集到的关于同一目标/场景的两个/多个图像经过图像配准等预处理后，根据不同融合算法，最大限度地提取有用信息，最后综合成一个高质量的图像。融合后的图像具有更高的可信度、更高的质量/分辨率、更好的可解释性等，更适合人类或计算机进行检测、分类、识别、理解等任务处理。多源图像融合能有效利用不同成像模态之间的互补性，消除多源图像之间的冗余信息，对不同成像传感器获取的图像进行综合，形成对目标更加完整、清晰、准确的描述，从而有效增加对象的信息量，提高图像信息的利用率，提高系统的精度和鲁棒性，降低系统的不确定性，扩大系统的应用范围，因此在军事、医学、遥感和公共安全等领域具有十分广泛的应用前景。

自20世纪90年代以来，多源图像信息融合的研究呈不断上升的趋势。随着对图像信息融合的广泛关注，美、英等发达国家制定的重要战略计划中都有关于多源图像信息融合的内容。近年来，在各国学者的共同努力下，多源图像信息融合技术的研究取得了巨大进步，形成了各种不同类型的多源图像融合算法与系统。本书介绍了具有代表性的多源图像融合方法，涉及多聚焦、多曝光、多时相图像融合，红外-可见光图像融合，医学和遥感图像融合等，并详细论述了多源图像融合技术在军事、医学、遥感等领域的应用。

本书共分10章。第一章为绪论，第二章为多源图像配准，第三章为多源图像融合质量评价，第四章为成分替换图像融合，第五章为多尺度分解图像融合，第六章为稀疏表示图像融合，第七章为张量表示图像融合，第八章为区域分割图像融合，第九章为智能图像融合，第十章为图像融合应用。

本书是李树涛教授主持的国家自然科学基金青年项目“智能化多分辨多传感器图像融合方法研究”、面上项目“像素级多传感器图像融合关键问题研究”、面上项目“面向图像识别的稀疏表示及其应用研究”、杰出青年项目“图像信息获取与处理”、重大项目“多维高分辨率图像解混、重构、融合与增强方法”等项目的研究成果的结晶，也是作者团队在图像融合领域深耕二十余年的工作小结。特别感谢王耀南院士多年来的悉心培养和教导，感谢国家自然科学基金委的大力支持。本书的部分内容借鉴了国内外学者的研究成果，本书的出版得到了国家出版基金和湖南大学出版社的支持，在此深表谢意。由于作者水平有限，书中不妥之处在所难免，恳请读者批评指正。

作者
2023年5月

目　录

第一章 绪 论

多源图像融合是遥感监测、军事侦察、医疗诊断等领域的共性关键技术。如何实现不同来源图像信息的高效融合，一直是国内外学术界关注的具有挑战性的难题。本章介绍了图像融合的形成和发展、多源图像获取、图像融合的原理和层次，以及图像融合的现状和发展趋势，最后给出了本书内容概要。

1.1 图像融合的形成和发展

随着微电子技术、大规模集成电路技术和传感器技术的飞速发展，传感器的种类不断增加，使得在同一系统中协同使用多种传感器完成任务成为可能。多传感器往往能够提供信息量大且形式多样的数据，针对单一传感器进行信息处理的方法已不能满足多传感器系统的要求，如何综合利用多源信息，最大限度地发挥多传感器带来的优势成为亟待解决的问题。由此，多源信息融合技术应运而生，它对来自多种传感器的信息进行多级别、多方面的综合，从而获得更加丰富、精确、可靠的信息[1]。人在做出决策之前，会通过大脑对视觉、嗅觉、听觉、味觉、触觉等不同来源的信息进行综合，并结合人类自身的经验、知识等先验信息进行演绎推理。因此，人类感知系统是一个典型的多源信息融合系统。20 世纪 80 年代初至今，多源信息融合技术，特别是多源图像融合技术得到各国学者的广泛关注，取得了大量研究成果，在军事[2]、医疗[3]、遥感[4]、农业[5]和林业[6]等诸多领域都有着广泛的应用。

人从物理世界获得的 80%左右的信息是通过眼睛获得的。犹如眼睛是人类重要的信息获取器官一样，图像传感器作为现代视觉信息获取的一种基础器件，能给出直观、多层次、内容丰富的可视化图像信息，甚至是人类用肉眼无法看到的微观和宏观世界信息，在现代社会中发挥着越来越重要的作用。每一种图像传感器都根据特定成像原理和使用范围设计，所以不同图像传感器获得的图像往往存在信息互补。

因此，对不同图像传感器获得的图像进行融合，能充分利用不同图像的互补信息获得细节更丰富、信息更全面的融合图像，从而提高实际应用系统的可靠性、鲁棒性，提高图像信息的利用效率和系统的识别能力，降低对单个传感器的性能要求[7]。例如，前视红外图像和可见光图像融合，既可以观察到彩色图像，又可以识别出隐藏在障碍物后面的热辐射目标，能够更好地为直升机飞行员导航；CT（computed tomography，计算机断层成像）和 MRI（magnetic resonance imaging，核磁共振成像）图像的融合，既可以对骨骼等有密度差的结构进行清晰成像，又能对软组织如肌肉、脂肪、软骨、筋膜等有较好的分辨力，有利于疾病的准确诊断。

图像融合对工作于不同波长范围、具有不同成像机理的设备采集到的关于同一目标或场景的两个或多个图像进行预处理后，根据不同算法，最大限度地提取各自的有用信息，最后融合成一个高质量的图像。融合后的图像具有更高的可信度、更高的质量和更好的可解释性，更适合人的视觉或者计算机进行检测、分类、识别、理解等任务处理。图像融合是以特征信息优化为原则，消除多传感器信息之间可能存在的冗余和矛盾，提高数据的可应用性，以便更好地实现不同来源图像信息的优势互补，弥补单一传感器图像的不足。

多源图像具有两个明显特点：冗余性、互补性。其中冗余性指多源图像数据对环境或目标具有一些相似的表示、描述或解译结果，具有信息的重复表达和备份；互补性指不同图像具有彼此互不相同的信息，能够相互补充。因此，多源图像通过融合时间、空间、光谱等多个维度获取信息，能扩大时空谱的感知范围，提高观测的准确性和鲁棒性。

具体来说，多源图像融合技术具有以下优势：

一是扩大传感器的时空谱范围，提高图像分辨率：受各传感器成像原理的限制，每种成像传感器能感知的时空谱范围有限，通过多传感器图像融合能够显著扩大传感器的时空谱范围。例如，通过对多时相、多空间分辨率、多光谱分辨率的遥感图像进行融合，能够明显扩大源图像数据的时空谱范围，提高图像分辨率。

二是降低不确定性：多源图像包含大量互补信息，对互补信息进行融合，能够提高图像质量、降低系统的不确定性。在一种或多种图像质量差时，多源图像的互补结构使得系统仍能依靠其他图像工作，从而提高系统的鲁棒性和可靠性。

三是提高图像信息表示的紧致性：图像融合能够实现图像信息的更紧致表示。

例如，在医学辅助诊断系统中，对 CT、MRI、PET 等多模图像融合后，融合的单个结果图像就能包含源图像多种模态的信息，从而提高表示的紧致性。

四是提高解译精度：通过不同源图像互补信息的有机结合，能够获得场景中各目标更加全面的描述，从而提高目标检测、分割、识别等任务的解译精度，实现对场景的精确理解。

1.2 多源图像获取

目前，根据成像机理与拍摄设备的不同，常用的多源图像可分为多传感器图像、多聚焦图像、多曝光图像以及时间序列（动态）图像等。

多传感器图像是由两个或两个以上独立工作、成像机理不同的传感器获取的图像。例如：医学领域的 CT 图像和 MRI 图像，遥感领域的高光谱图像、偏振图像、SAR 图像、多光谱图像、全色图像、前视红外（forward looking infrared，FLIR）图像和毫米波（millimeter wave）雷达图像等。多传感器图像经常是多源异构的形式，图 1.2.1 给出了典型多源异构图像及其融合难点。

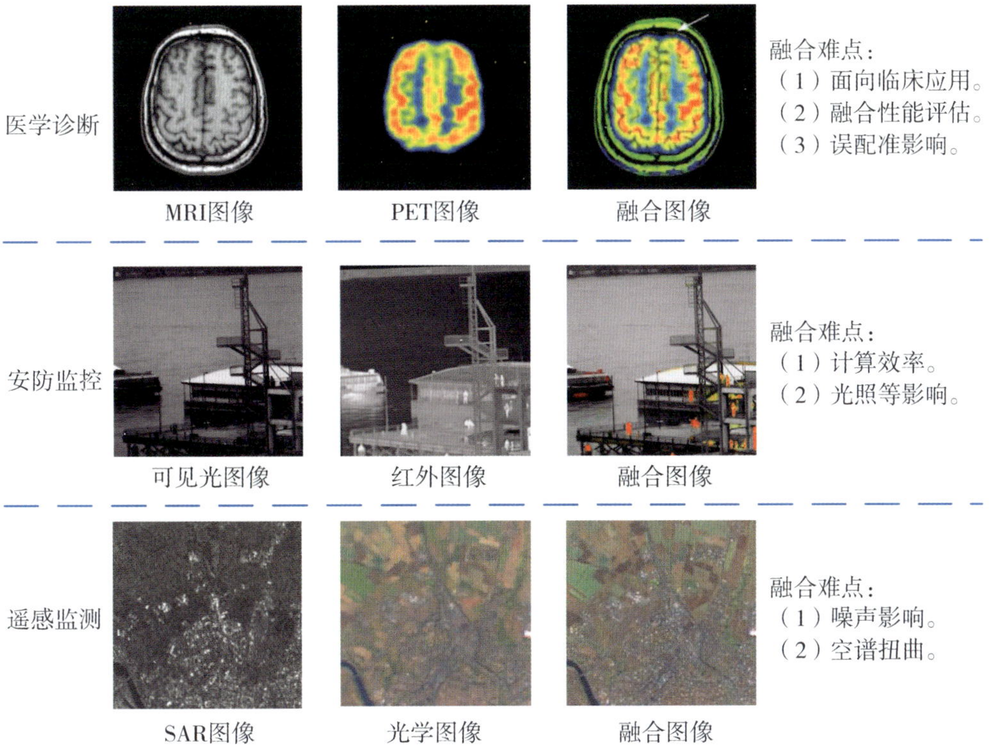

图 1.2.1 典型多源异构图像及其融合难点

以医学领域的CT图像和MRI图像为例。CT是利用X射线束等，与灵敏度极高的探测器对人体的某一部位进行逐层扫描，可用于多种疾病的检查。MRI是利用原子核在磁场内共振所产生的信号经重建获得图像的一种成像技术。对医学CT图像和医学MRI图像进行融合，可将CT图像对骨质信息显示清晰且分辨率高的优点与MRI图像对软组织结构显示清晰的优点相结合，形成优势互补，从而使得融合图像显示的信息更加丰富。

多传感器图像之间的融合在遥感图像领域的应用非常广泛[8]。遥感是利用卫星、飞机等平台上的成像仪，采集地球表面或近地空间的电磁波，探测和识别地球资源和环境信息的技术。如图1.2.2所示，不同类型遥感图像的成像原理不同，图像的空间分辨率、观测尺度以及反映的目标特性也会存在差异。下面介绍多源遥感图像的获取方式、图像特性与典型应用。首先根据不同的成像谱段，介绍二维遥感图像，即全色、多光谱、高光谱、夜间灯光等光学图像、红外图像，合成孔径雷达、激光雷达等雷达图像；然后介绍三维图像，即反映三维深度信息的立体图像，以及包含时间信息的视频。

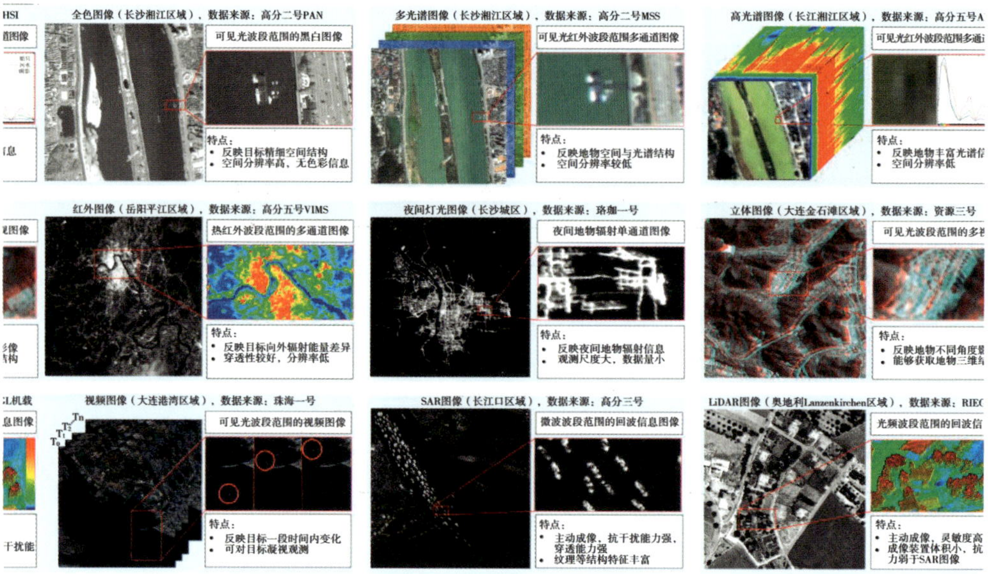

图 1.2.2　典型多源遥感图像及其特点

全色、多光谱和高光谱图像均通过光学成像手段获取。光学成像时，光电感应装置将光信号转换为电信号，量化后的电脉冲信号被记录为像素值。成像的过程是对电磁波能量的采样，在光谱维采样得到光谱信息，在空间维采样得到空间信息，受限于传感器所感受到的能量，成像系统不得不在空间和光谱信息上有所权衡。全色图像只有一个波段，图像显示为灰度图，其空间分辨率高，包含的地物细节信息丰富，能够获取地物精细的几何和纹理特征，但缺乏光谱信息。

多光谱图像具有多个波段的光谱信息，其空间和光谱分辨率介于全色图像与高光谱图像之间，因此多光谱图像在融合过程中可为全色图像提供光谱信息，也可为高光谱图像提供空间信息。多光谱图像的光谱波段通常经过严格设计，按一定的顺序进行波段组合和数学运算，可在图像上突出建筑物、植被、水体、海岸线等特定的目标地物。Zanetti 等人[9]利用 Sentinel－2 和 Landsat－8 卫星多光谱图像检测欧洲 10 个地区的地面火烧区域，对森林火灾等灾害自动评估具有重要作用；Guo 等人[10]利用谷歌地球高分辨率多光谱图像对深圳城市区域、茂名农村区域提取建筑区，对城市规划等具有重要作用；朱金明等人[11]利用 Sentienl－2 多光谱图像，精确提取了北京六环内高层建筑区，并结合环线、乡镇边界和轨道交通数据，分析了高层建筑区的空间分布和交通可达性，为北京城市建设提供了新的指标参考。

高光谱图像具有几十甚至数百个光谱波段，能够捕捉地物精细的光谱信息，光谱范围大，波段信息丰富，常用于地物的精细分类与识别，在城乡规划、精准农业、环境监测等领域具有广泛的应用。例如，张立福等人利用机载高光谱成像仪 Nano-Hyperspec 获取棉花冠层反射光谱，进而估算棉花地上部生物量，对棉花长势监测和大田精准管理具有重要意义。高的光谱分辨率通常制约空间分辨率，使得高光谱图像的空间分辨率受限。因此，在实际应用中，常常将高光谱图像与多光谱、全色或合成孔径雷达图像进行融合处理，以得到更高空间分辨率的高光谱图像。Adiri 等人[12]将 EO－1 卫星获取的高光谱图像与 Landsat－8、Sentinel－2A 卫星获取的多光谱图像进行融合，并成功应用于摩洛哥铜矿区的精细制图；Ren 等人[13]以鄱阳湖、太湖和黄河口为研究区域，在高分五号(高光谱)、高分一号(全色)、高分二号(多光谱)、Sentinel－2(多光谱)数据上对比了九种图像融合方法的优劣。

夜间灯光(night time light，NTL)遥感图像可以捕获夜间地表微弱的灯光辐射，且具有大尺度对地观测的优势[14,15]。目前常用的夜光数据，有美国的国防气象卫星计划(Defense Meteorological Satellite Program，DMSP)，卫星上搭载的线性扫描业务系统(OLS)所获取的数据，还有新一代的夜间灯光数据(National Polar-orbiting Partnership's Visible Infrared Imaging Radiometer Suite，NPP-VIIRS)，等等。我国重要的夜光遥感图像来源有珞珈一号和吉林一号卫星。夜光遥感给人类活动的观测提供了重要的契机，在估算社会经济参数、城市化评估、监测灾难和地域冲突、渔业研究等方面发挥着不可或缺的作用[16,17]。例如，刘冰洁等人[18]基于2012—2019年Suomi NPP-VIIRS夜间灯光遥感数据，构建了城市发展类动能相似性检测分析框架，获得了全国328个城市的夜间灯光类动能指数，结果表明，基于夜间灯光遥感的城市发展类动能估算与相似性分析方法能够较好地评估城市发展水平，为城市分级与城市群发展评估提供科学依据。

红外(infrared)在电磁波频谱中处于可见光与无线电波之间，自然界中一切温度高于绝对零度的物体会向外辐射红外线。成像系统接收到目标的红外辐射，在处理后转换成红外热成像图。热红外遥感图像反映了地物的温度分布，因此一般应用于消防、地质等地表温度反演与热环境分析。例如，吴文渊等人[19]利用Landsat-8热红外遥感图像反演地表温度，分析了浙江省冬季地表热环境及其影响因子；独文惠等人[20]综述了热红外遥感在农业旱情监测中的应用进展，指出热红外遥感为实时动态农业旱情监测开辟了新途径，具有不可替代的作用。

合成孔径雷达(synthetic aperture radar，SAR)利用了多普勒频移理论和雷达相干原理，是一种主动成像方式。合成孔径雷达一般由天线阵列构成，各天线阵元之间相互干涉形成较窄波束，当星载或机载雷达沿着轨道飞行时，合成孔径雷达发出微波，由于地面目标与雷达间存在相对运动，雷达将接收到的回波信号进行叠加，回波信号转换成电信号并记录成数字像元，形成SAR图像。合成孔径雷达记录的回波信号是地物的后向散射能量，能够反映地物的表面特性和介电性质。此外，因为合成孔径成像机制，SAR在方位和距离上都能获得很高的几何分辨力，突破了经典雷达的分辨率极限。使用主动微波成像，穿透力较强，能够有效探测伪装目标，且成像不受光线、气候和云雾限制，故在军事侦察、地理测绘、灾害监测等领域具有很高的实际应用价值。此外，部分地物具有独特的微波反射特性，如金属、树林等地物的微波反射率远远高于其他地物，麦穗、砾石等大小与雷达波长相等的物体会与雷达波产生谐振，形成强烈回波。因此，SAR图像可以反映远小于图像分辨率的某些地物，如高压线、铁路等。基于SAR的工作特性，利用相位差获取地形高程数据的合成孔径雷达干涉测量技术(InSAR)已经得到工程化应用，并成为地表形变监测的重要手段。此外，电磁波的另一属性——极化，是除频率、相位和幅度之外的重要属性，极化 SAR 系统(PolSAR)已经成为一种比较成熟的技术，即接收和发送的电磁波以水平(H)和垂直(V)方向任意组合。常用的极化方式有单极化、双极化和全极化。极化 SAR 图像的优势在于丰富了目标的散射信息，增加了目标观测和感知的维度，在农业、地质、水文和海冰监测方面都得到了广泛研究和应用。例如，陈健堃等人[21]利用 TerraSAR-X 和高分三号卫星 SAR 图像，实现了建筑物检测和三维重建；Chaturvedi 等人[22]利用 Sentinel-1 极化 SAR 图像对沙特和科威特交界处拉斯海夫吉地区溢油区域进行监测。

激光雷达(light detection and ranging，LiDAR)也是一种主动成像方式，其成像原理与合成孔径雷达类似，其工作光谱段为红外到紫外光。激光雷达具有很好的单色性、方向性与相干性，激光能量集中，探测灵敏度和分辨率高，可以精确跟踪识别目标的运动状态和位置。与合成孔径雷达相比，激光雷达的激光束窄，故其被截获的概率很低，隐蔽性好。激光雷达成功应用于城市三维建图、气象监测、油气勘察、环境保护等领域。例如，Ma 等人[23]基于激光雷达与红外探路者卫星(CALIPSO)获取的激光雷达数据分析了十年来北京、纽约、伦敦和新德里白天和夜间的大气颗粒物浓度；Jarron 等人[24]利用机载激光雷达数据估算加拿大不列颠哥伦比亚省中部森林的亚冠层森林结构，为选择性伐木、火灾预防和野生动物栖息地保护提供技术支撑；余柏蒗等人[25]将机载 LiDAR 数据与高分辨率遥感图像相结合，对美国休斯敦中心城区进行地物分类与制图。

立体遥感图像通常是靠空间体视效应实现三维深度信息的获取。人的双眼视觉感知就是一种典型的体视，遥感立体成像借鉴了人类的双眼视觉感知功能，通过多个角度的遥感图像获取场景的三维深度信息[26]。目前常用的空间立体成像方案主要是在卫星载体上安装多台不同观测角度的光学相机，或者通过卫星在敏捷平台上变换姿态，获得地物目标在不同角度的图像，用于估计场景三维信息。立体遥感图像一般用于生产和更新基础地理产品、进行国土资源调查与监测，因此，立体成像测绘卫星已发展为重要的战略资源，各国都将测绘卫星作为其卫星应用与发展规划的重中之重[27]。中国第一颗民用立体测图卫星是资源三号测绘卫星，它的成功发射对中国测绘事业的发展具有革命性意义，实现了全国范围高分辨率立体图像长期稳定的获取。我国于 2019 年 11 月成功发射了高分七号卫星，其搭载的双线阵立体相机达到了 0.8 m 的空间分辨率，能更好地满足实际应用需求。

视频遥感数据是近年来在遥感领域出现的新型对地观测数据。随着吉林一号和欧比特视频卫星的成功发射，中国视频卫星遥感技术发展迅速。与传统的卫星数据相比，视频遥感数据最大的优势是可以对同一区域进行“凝视”观测，视频可以展现目标或场景的动态变化信息，尤其适用于对目标进行连续观测和跟踪。因此，视频遥感数据在地质灾害监测、违规采矿监测、战场动态监控等领域具有较好的应用前景[28]。

表 1.2.1 概括了目前遥感领域九种不同来源的遥感图像及其对应的卫星与机载成像平台[29]。如表 1.2.1 所示，遥感图像的获取方式呈现多样化的趋势，但发展并不十分均衡。多光谱与全色成像是最成熟的遥感成像手段。激光、立体、红外图像获取手段相对较少。值得注意的是，合成孔径雷达卫星由于具有全天时、全天候的优势，在军事中应用十分广泛。本书统计的机载和星载合成孔径成像平台难以全面反映雷达成像技术的发展现状。

表 1.2.1　多源遥感数据来源一览表(主流遥感卫星与机载成像平台)

传感器类型	国内卫星/机载成像系统	国外卫星/机载成像系统
全色相机	资源一号-02C；资源一号-04；资源一号-02D；高分一号；高分二号；高分六号；高分七号；实践九号 A 星；北京二号；天绘一号-01；天绘一号-02；天绘一号-03；高景一号；吉林一号-光学 A 星；吉林一号-灵巧验证星；吉林一号-高分 03A 星；吉林一号-高分 02A 星；京师一号	Landsat-8；Pléiades-1；Pléiades-2；SPOT-5；SPOT-6；SPOT-7；WorldView-1；WorldView-2；WorldView-3；WorldView-4；GeoEye-1；QuickBird；ALOS-2；Kompsat-2；Kompsat-3；Kompsat-5；TerraSAR-X；Resurs-P；IRS-P5；OrbView-3；EROS-A；EROS-B；IKONOS
高光谱相机	资源一号-02D；高分五号；环境一号 A 星；珠海一号 02 组；珠海一号 03 组；风云三号 D 星；碳卫星；GaiaSky-mini；GaiaField-V10	EO-1；AVIRIS；ROSIS；HYDICE；DESIS；Headwall Micro E/Nano；AISA+；HYSIS；CMOS；GOSAT；HISUI；CASI-3

续表

传感器类型	国内卫星/机载成像系统	国外卫星/机载成像系统
彩色/多光谱相机	资源一号-02C；资源一号-04；资源一号-02D；资源三号；高分一号；高分二号；高分四号；高分五号；高分六号；高分七号；环境一号A星；环境一号B星；实践九号A星；北京二号；天绘一号-01；天绘一号-02；天绘一号-03；高景一号；吉林一号-光学A星；吉林一号-光谱01/02星；吉林一号-高分03A星；吉林一号-高分02A星；京师一号；风云三号B星；风云三号C星；风云三号D星；风云二号E星；风云四号A星；海洋一号B星；海洋一号C星	Landsat-8；Pléiades-1；Pléiades-2；SPOT-5；SPOT-6；SPOT-7；Sentinel-2；Sentinel-3；Sentinel-4；Sentinel-5；Sentinel-5P；Resurs-P；WorldView-2；WorldView-3；WorldView-4；GeoEye-1；Terra；QuickBird；RapidEye；Kompsat-2；KH；IRS-P6；OrbView-2；OrbView-3；EO-1；ENVISAT；IKONOS；ALOS
夜光相机	珞珈一号01星；吉林一号视频03-08星	DMSP/OLS；NPP-VIIRS；SAC-C；SAC-D；EROS-B
热红外相机	资源一号-04；高分四号；环境一号B星；实践九号B星；风云三号B星；风云三号C星；风云三号D星	Landsat-8；SPOT-5；Terra；Key-Hole；EOS
合成孔径雷达	高分三号；环境一号C星	Sentinel-1；Sentinel-3；ALOS；TerraSAR-X；Radarsat-2；ENVISAT；Lacrosse-5；COSMO-Skymed
激光测量仪	高分七号；资源三号-02	Leica ALS50-II；ALTM 3100EA；LiteMapper 5600；LMSQ560；CALIPSO；TerraPointLLC

续表

传感器类型	国内卫星/机载成像系统	国外卫星/机载成像系统
立体相机	高分七号；资源三号-02；天绘一号-01；天绘一号-02；天绘一号-03	ALOS-1；MOMS-02；IKONOS；OrbView-3；WorldView-1；WorldView-2；GeoEye-1；GeoEye-2；IRS-1C/1D；Bars-M
视频相机	珠海一号01组；珠海一号02组；珠海一号03组；吉林一号视频01-08星	Iris camera on-board the ISS(International Space Station)

其他类型的多源图像包括多聚焦图像、多曝光图像、时间序列图像等。多聚焦图像是由同种传感器采用不同的焦距获得的。通常，通过设置光学镜头的焦距，只有景深(DOF)区域中的物体在图像中清晰可见，而其他区域则模糊，因此单一焦距的传感器难以有效地聚焦场景中的所有目标[30]。在高动态范围的场景中，照片往往会曝光不足或曝光过度。多曝光图像对同一场景采集多组曝光度不同的图像，即欠曝光、正常曝光和过度曝光的图像。当光照的动态范围比较广时，融合不同曝光的图像，能够使场景中不同亮度范围内的目标都清晰。时间序列(动态)图像是由成像传感器在不同时刻对场景或目标拍摄的多个图像。时间分辨率是时间序列图像的一个重要参数，通常成像传感器的时间分辨率越高，其空间分辨率就越会受到制约。

1.3 图像融合原理和层次

图像融合的主要处理流程包括图像预处理、数据融合、特征提取和识别决策等步骤。其中，图像预处理主要包括图像的几何校正、辐射校正、图像去噪、图像配准等。在成像的过程中，受镜头畸变等因素的影响，图像中地物的几何位置、形状、大小、尺寸等特征与其对应的地面地物的特征往往不一致，几何校正的目的是消除这些不一致。受光学镜头的非均匀性、大气散射和吸收等因素的影响，会产生辐射误差，辐射校正的目的是去除辐射误差。受传感器材料属性、工作环境、电子元器件和电路结构等的影响，在成像过程中可能引入各种噪声，图像去噪的目的是去除图像中的这些噪声。图像配准的目的是将两个图像在空间上对齐，即通过寻找一种几何空间变换把一个图像映射到另一个图像，使得两个图像在空间相同位置的点上一一对应。

依据信息融合过程在整个图像融合系统中的位置和信息抽象化程度的不同，可以将图像融合分为三个层次，即像素级图像融合、特征级图像融合和决策级图像融合[31]。从图 1.3.1 中可以清楚地看出图像融合各层次在整个图像融合系统中所处的位置。

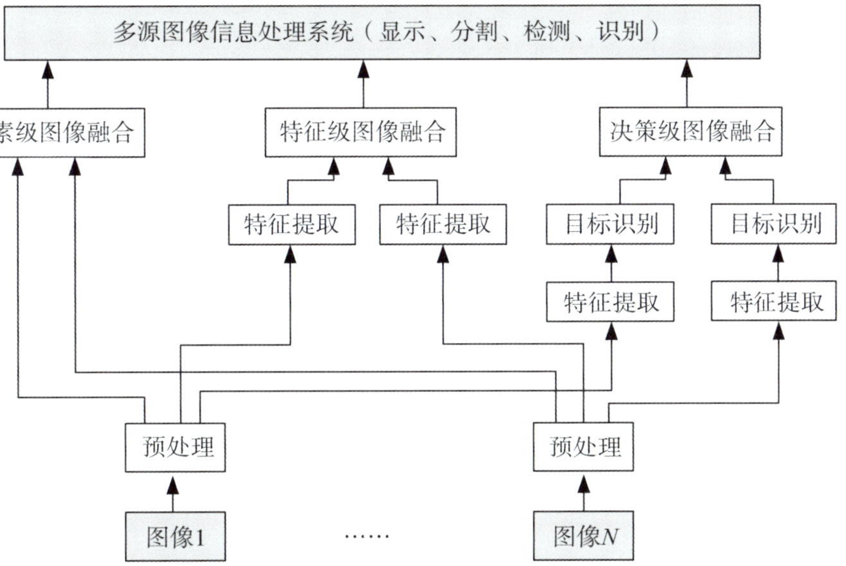

图 1.3.1　多源图像融合层次

像素级图像融合是指由两个或者多个同一场景图像通过适当的融合处理得到一个信息更丰富的合成图像的过程[30]。像素级图像融合直接利用原始数据，因此尽可能多地保持了场景的原始信息。与特征级图像融合和决策级图像融合相比，像素级图像融合能够提供更多特征级和决策级图像融合所不具有的细节信息，因此像素级图像融合是目前图像融合领域最受关注的方向。像素级图像融合之前往往需要对源图像进行预处理——包括图像去噪和配准，以提高融合图像质量以及后续图像处理任务的性能。

如图 1.2.2 所示，特征级图像融合先提取源图像的特征，包括线、边缘、角、区域以及纹理特征等，然后对所提取的特征信息加以综合分析，进行分类和汇集，从而生成综合的目标状态特征[31]。其融合过程与模式识别结合紧密。特征级图像融合的优点是，在融合过程中可实现对图像信息的压缩，所得到的融合目标特征可直接用于决策分析。然而，与像素级图像融合相比，特征级图像融合舍弃了较多细节信息。

决策级图像融合首先对每一个源图像单独进行处理，分别完成目标特征提取与分类，然后依据一定的融合规则对所有的分类结果进行综合，得到一个最终的决策[32]。决策级图像融合必须与具体图像处理任务相结合，从实际应用需求出发。与像素级图像融合和特征级图像融合的最大不同是，决策级图像融合的结果更加依赖于具体任务的推理决策和专家知识库。

1.4 图像融合现状和趋势

20 世纪 90 年代，美国开始了对图像融合领域的深入研究，并将图像融合技术广泛应用于军事和民用领域。近些年，我国也有许多的高校和科研院所逐步对这一领域开展研究，并取得了很多成果。图像融合方法主要可以分为三大类：空域融合法、变换域融合法、深度学习融合法。接下来，对这三大类方法分别进行介绍，并回顾图像融合领域的研究历程和现状。

空域融合法是指直接对图像的空间亮度提取有用信息进而实现融合的方法。最简单的空域融合法是直接求取所有源图像的均值，但这往往导致细节与对比度等重要信息丢失，难以得到较好的结果。2001 年，Li 等人[33]提出了一种基于分块的多聚焦图像融合算法。该方法首先将源图像划分成固定大小的图像块，然后通过比较每一个图像块的空间频率(一种测量图像块中信息显著度的方法，通常空间频率越大图像越清晰)，选取空间频率大的图像块构建融合图像。在 2003 年，泊松融合方法在图像融合领域受到了广泛关注，Pérez 研究团队[34]将图像融合问题转变为求解线性方程组的问题，给出了新的图像融合思路，但是在实际应用中这种方法的数学求解复杂。2007 年，Agarwala 研究团队[35]提出了一种优化求解线性方程未知数的方法，该方法使得泊松融合求解计算量大大减少，节约了许多的时间成本。著名的图像处理软件 Photoshop 就利用了该方法进行不同图像的融合。2009 年，Farbman 研究团队[36]进一步提出用均值坐标(mean-value coordinates)进行图像融合，该方法有效地避开了求解泊松方程的问题，但造成了一定程度的伪影。

变换域融合法的基本思路是，首先将图像从空域变换到某个变换域进行表示，然后在该变换域中进行融合，最后将融合系数变换回空域。变换域融合法在图像融合领域出现较早，经典的变换域方法包括基于金字塔变换的方法、基于小波变换的方法、基于多尺度几何变换的方法、基于稀疏表示的方法等。1983 年，Burt 研究团队[37]提出了多尺度图像融合算法，开创了变换域融合法的研究先河，该算法简单且有效，因此得到了广泛应用。2018 年，Mao 等人[38]采用多方向联合平均的拉普拉斯金字塔算法，进一步提升了图像融合性能。受到金字塔分解算法在信号处理上的启发，Mallat[39]建立了小波变换的多分辨率理论。小波变换能够提取图像中水平、垂直和对角三个方向的高频细节，具有良好的空频局部分析特性。快速离散小波变换的出现，使得小波变换广泛应用于图像融合领域。基于小波变换的融合算法一经提出就获得了令人满意的融合效果，后来又出现了基于 M 进制[40]、小波包[41]和复小波变换[42]等众多多尺度分解融合算法。

近年来随着深度学习的快速发展，学者们对基于深度学习的图像融合方法进行了大量研究。某些图像融合问题可以视为分类问题，一个典型的例子是多聚焦图像融合，它通常基于这样的假设：局部区域仅在一个源图像中聚焦良好。通过在所有源图像中选择聚焦良好的图像，可以将该问题自然地看作分类问题。2017 年 Liu 研究团队[43]使用卷积神经网络学习源图像和聚焦图像之间的映射关系。Hu 等人[44]提出了基于动态卷积神经网络的遥感全色图像与多光谱图像的融合方法，解决了普通卷积神经网络在训练后滤波器保持不变、自适应性较差的问题。

随着对于图像融合技术需求的增加，世界各国的研究学者对这项技术也越来越重视。在 SCI Web of Science 数据库中使用“image fusion”作为关键词，检索 2000—2020 年主题与该词相关的论文，检索结果如图 1.4.1 所示。整体上看，

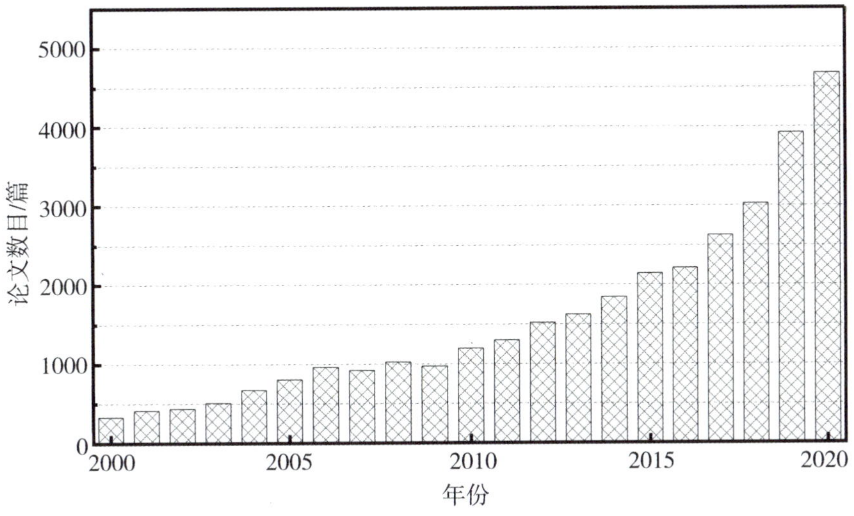

图 1.4.1 2000—2020 年图像融合相关文献数量统计图(来自 WOS)

2000—2020年，与图像融合相关的论文数量均呈现递增的趋势。2000—2003年，这方面的论文只有1690篇，2008—2011年增加到4499篇，而2016—2019年就增加到11781篇。

同样在中国知网数据库中以“图像融合”为关键词进行检索，结果如图1.4.2所示，国内发表的论文也呈现出递增趋势，发表中文论文较多的机构包括湖南大学、西安电子科技大学、南京理工大学、电子科技大学、西北工业大学、北京理工大学、中北大学、吉林大学、华中科技大学、浙江大学和国防科技大学等。从大量图像融合技术相关论文的发表可以看出国内外学术界对于该技术的重视程度。

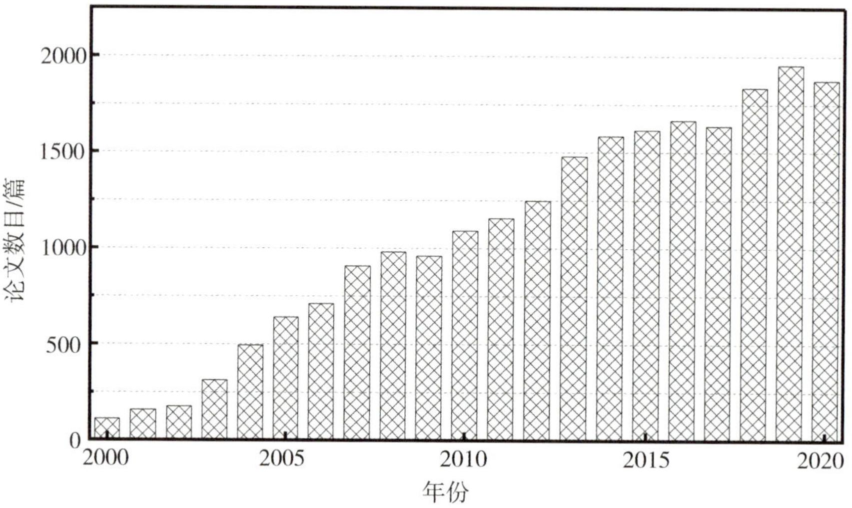

图1.4.2　2000—2020年图像融合相关文献数量统计图(来自CNKI)

1.5　本书内容概要

本书系统阐述了多源图像信息融合的基本概念、经典理论方法和最新理论方法、典型应用。全书包括10章(图1.5.1)，本书主要内容包括：图像融合的背景与意义、基本原理与层次；多源图像配准、融合质量评价；基于成分替换、多尺度分解、稀疏表示、张量表示、区域分割、深度学习等经典和前沿理论的多源图像融合方法；多源图像融合在军事、遥感和医学等领域的应用。本书是作者团队在长期致力于图像融合研究工作的基础上总结撰写而成的，集中反映了作者及其研究团队的重要研究成果，也在一定程度上包括了国内外在多源图像信息融合领域的经典研究成果和最新研究成果。

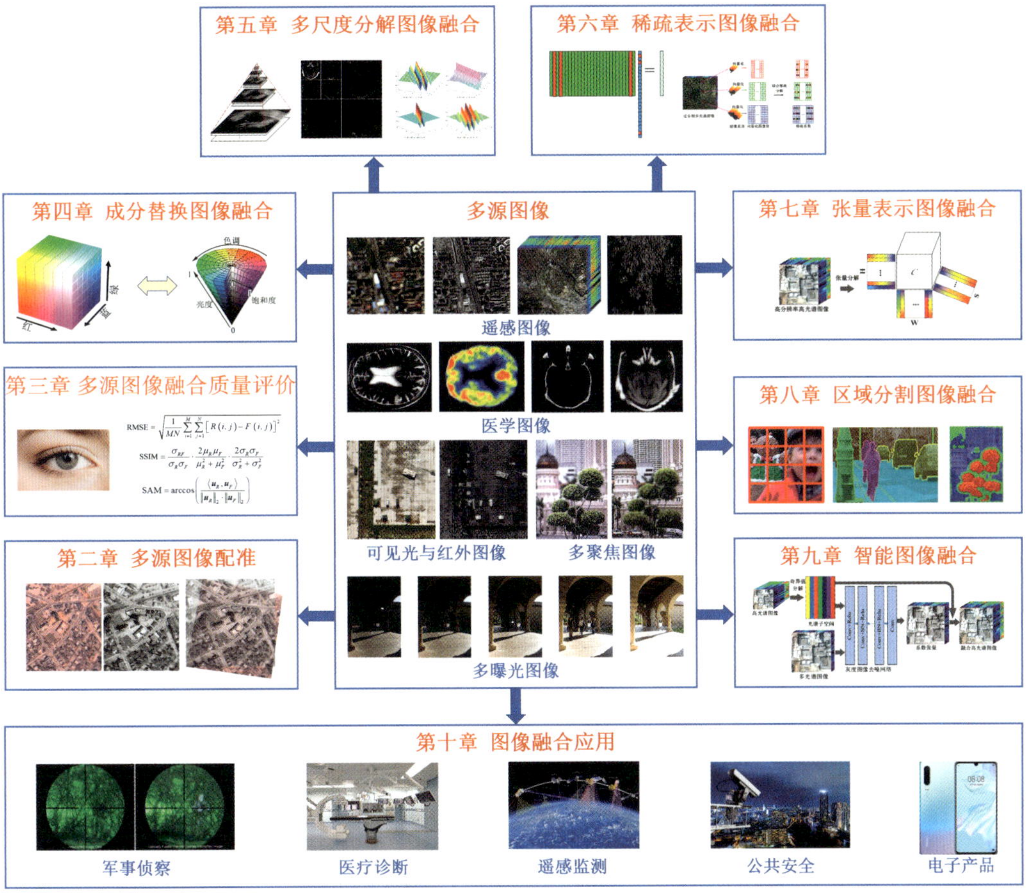
第五章 多尺度分解图像融合
第六章 稀疏表示图像融合
第四章 成分替换图像融合
多源图像
第七章 张量表示图像融合
遥感图像
第三章 多源图像融合质量评价
医学图像
第八章 区域分割图像融合
可见光与红外图像
多聚焦图像
第二章 多源图像配准
第九章 智能图像融合
多曝光图像
第十章 图像融合应用
军事侦察
医疗诊断
遥感监测
公共安全
电子产品

图 1.5.1 本书内容

参考文献

[1]WAITZ E，LlINAS J. Multisensor data fusion[M]. Boston：Artech House，1990.

[2]孟令杰，廖楚江，王增斌，等. 多源图像融合技术的发展与军事应用研究[J]. 航天电子对抗，2011，27(3)：17-19.

[3]文明，李少林. 医学图像融合技术及其临床应用价值[J]. 中国医学影像学杂志，2005(3)：223-225.

[4]LI S，KANG X，FANG L，et al. Pixel-level image fusion：a survey of the state of the art[J]. Information Fusion，2017，33：100-112.

[5]BARRERO O，PERDOMO S A. RGB and multispectral UAV image fusion for Gramineae weed detection in rice fields[J]. Precision Agriculture，2018，19(5)：809-822.

[6]刘清华，石军南，熊珂. 遥感图像融合技术在森林资源调查中的应用[J]. 四川林勘设计，2008(2)：66-70.

[7]王耀南，李树涛. 多传感器信息融合及其应用综述[J]. 控制与决策，2001，16(5)：518-522.

[8]李树涛，李聪好，康旭东. 多源遥感图像融合发展现状与未来展望[J]. 遥感学报，2021，25(1)：148-166.

[9]ZANETTI M，SAHA S，MARINELLI D，et al. A system for burned area detection on multispectral imagery[J]. IEEE Transactions on Geoscience and Remote Sensing，2022，60：1-15.

[10]GUO H，SHI Q，DU B，et al. Scene-driven multitask parallel attention network for building extraction in high-resolution remote sensing images[J]. IEEE Transactions on Geoscience and Remote Sensing，2021，59(5)：4287-4306.

[11]朱金明，李利伟，程钢，等. 基于 Sentinel－2 和全卷积网络的北京六环内高层建筑区提取与分析[J]. 遥感技术与应用，2021，36(6)：1436-1445.

[12]ADIRI Z，EL HARTI A，Jellouli A，et al. Mapping copper mineralization using EO－1 Hyperion data fusion with Landsat 8 OLI and Sentinel－2A in Moroccan Anti-Atlas[J]. Geocarto International，2020，35(7)：781-800.

[13]REN K，SUN W，MENG X，et al. Fusing China GF－5 hyperspectral data with GF－1，GF－2 and Sentinel－2A multispectral data：which methods should be used? [J]. Remote Sensing，

2020，12(5)：882.

[14]仲晓雅，闫庆武，李桂娥. 中国长时间序列夜间灯光数据集的研发(2000—2020)[J]. 全球变化数据学报(中英文)，2022，6(3)：416-424+593-601.

[15]陈颖彪，郑子豪，吴志峰，等. 夜间灯光遥感数据应用综述和展望[J]. 地理科学进展，2019，38(2)：205-223.

[16]LEVIN N，KYBA C C M，ZHANG Q，et al. Remote sensing of night lights：a review and an outlook for the future[J]. Remote Sensing of Environment，2020，237：111443.

[17]余柏蒗，王丛笑，宫文康，等. 夜间灯光遥感与城市问题研究：数据、方法、应用和展望[J]. 遥感学报，2021，25(1)：342-364.

[18]刘冰洁，陈佐旗，余柏蒗，等. 夜间灯光遥感对城市发展类动能与相似性评估[J]. 遥感学报，2021，25(5)：1187-1200.

[19]吴文渊，金城，庞毓雯，等. 热红外遥感浙江地表热环境分布研究[J]. 遥感学报，2019，23(4)：796-807.

[20]独文惠，覃志豪，黎业. 热红外遥感及其在农业旱情监测中的应用研究进展[J]. 中国农业信息，2018，30(2)：24-41.

[21]陈健堃，彭凌霄，仇晓兰，等. 基于深度神经网络的 SAR 建筑目标三维重建方法[J]. 中国科学：信息科学，2019，49(12)：1606-1625.

[22]CHATURVEDI S K，BANERJEE S，LELE S. An assessment of oil spill detection using Sentinel 1 SAR-C images[J]. Journal of Ocean Engineering and Science，2020，5(2)：116-135.

[23]MA X，HUANG Z，QI S，et al. Ten-year global particulate mass concentration derived from space-borne CALIPSO lidar observations[J]. Science of the Total Environment，2020，721：137699.

[24]JARRON L R，COOPS N C，MACKENZIE W H，et al. Detection of sub-canopy forest structure using airborne LiDAR[J]. Remote Sensing of Environment，2020，244：111770.

[25]余柏蒗，刘红星，吴健平. 一种应用机载 LiDAR 数据和高分辨率遥感影像提取城市绿地信息的方法[J]. 中国图象图形学报，2010，15(5)：782-789.

[26]胡家升，凌伟，黄廉卿，等. 遥感中的立体成像技术[J]. 光学学报，1997(2)：96-100.

[27]郭连惠，喻夏琼. 国外测绘卫星发展综述[J]. 测绘技术装备，2013，15(3)：86-88.

[28]詹桓. 珠海-1 遥感微纳卫星星座首批星：欧比特视频卫星-1A、1B 成功发射[J]. 国际太空，2017(6)：14-15.

[29]孙伟伟，杨刚，陈超，等. 中国地球观测遥感卫星发展现状及文献分析[J]. 遥感学报，2020，24(5)：479-510.

[30]杨斌. 像素级多传感器图像融合新方法研究[D]. 长沙：湖南大学，2010.

[31]SONG W，LI S，FANG L，et al. Hyperspectral image classification with deep feature fusion network[J]. IEEE Transactions on Geoscience and Remote Sensing，2018，56(6)：3173-3184.

[32]LI S，LU T，FANG L，et al. Probabilistic fusion of pixel-level and superpixel-level hyperspectral image classification[J]. IEEE Transactions on Geoscience and Remote Sensing，2016，54(12)：7416-7430.

[33]LI S，KWOK J T，WANG Y. Combination of images with diverse focuses using the spatial frequency[J]. Information Fusion，2001，2(3)：169-176.

[34]PÉREZ P，GANGNET M，BLAKE A. Poisson image editing[C]. ACM Transactionson Graphics，2003，22(3)：313-318.

[35]AGARWALA A. Efficient gradient-domain compositing using quadtrees[J]. ACM Transactions on Graphics，2007，26(3)：94.

[36]FARBMAN Z，HOFFER G，LIPMAN Y，et al. Coordinates for instant image cloning[J]. ACM Transactions on Graphics，2009，28(3)：1-9.

[37]BURT P J，ADELSON E H. A multiresolution spline with application to image mosaics[J]. ACM Transactions on Graphics，1983，2(4)：217-236.

[38]MAO R，FU X S，NIU P，et al. Multi-directional laplacian pyramid image fusion algorithm[C]. The 3rd International Conference on Mechanical，Control and Computer Engineering，2018：568-572.

[39]MALLAT S G. A theory for multiresolution signal decomposition：the wavelet representation[J]. IEEE Transactions on Pattern Analysis and Machine Intelligence，1989，11(7)：674-693.

[40]王洪华，王双亭，杜春萍. 基于多进制小波的多源遥感影像融合[J]. 中国图象图形学报，2002，7(4)：341-345.

[41]WU J，HUANG H，TIAN J，et al. Remote sensing image data fusion based on local deviation of wavelet packet transform[C]//Proceedings Autonomous Decentralized Systems，2005：372-377.

[42]LEWIS J J，O'CALLAGHAN R J，NIKOLOV S G，et al. Pixel-and region-based image fusion with complex wavelets[J]. Information Fusion，2007，8(2)：119-130.

[43]LIU Y，CHEN X，PENG H，et al. Multi-focus image fusion with a deep convolutional neural network[J]. Information Fusion，2017，36：191-207.

[44]HU J，HU P，KANG X，et al. Pan-sharpening via multiscale dynamic convolutional neural network[J]. IEEE Transactions on Geoscience and Remote Sensing，2021，59(3)：2231-2244.

第二章 多源图像配准

多源图像配准是指在同一场景，不同时间、不同传感器或者不同视角获取的两个或多个图像进行几何匹配的过程。在遥感图像、医学图像处理中，经常需要对多类型传感器或多时相图像数据进行融合，以便将各图像数据中所含的互补信息有机地结合起来。图像配准是融合这些图像的前提，配准精度不高，必然会影响融合的效果，因此研究快速有效的图像配准技术十分必要。

图像配准实际上是寻求两个图像像素点之间一对一映射的过程，也就是将两个图像中对应相同图像内容的像素联系起来，映射表现为像素点的坐标变换，即几何变换。根据配准对象的不同，可以采取简单的刚体变换，也可以采取复杂的弹性形变。本质上，图像配准需要分析各图像间的几何畸变，然后采用一种几何变换将图像转换到统一的坐标系中。在实际的图像配准流程中，通常取其中的一个图像作为基准，该图像称为参考图像；其他的图像，称为待配准图像或浮动图像。经过多年的研究，学者们提出了很多图像配准方法，这些方法可以分为两大类，即全局优化配准方法和局部特征配准方法。

下面对图像几何变换和重采样、全局优化配准、局部特征配准进行介绍，并给出一个图像配准实例。

2.1 图像几何变换和重采样

2.1.1 图像几何变换

几何变换是图像配准的一个重要步骤，两个图像 A 与 B 之间的配准，其实就是寻找一种几何映射关系：

$$A(x_1, y_1) \rightarrow B(x_2, y_2) \tag{2.1.1}$$

该映射关系使得图像 A 中的点在图像 B 中都有唯一的点与之对应。这种映射关系通常表现为一组连续的空间变换。常用的几何变换有刚体变换、仿射变换、投影变换、非线性变换等，如图 2.1.1 所示。刚体变换是平移变换和旋转变换的组合，这种变换不仅将平行线映射为平行线，还保证两条直线间的夹角不变。仿射变换将直线映射为直线，并且保持其平行性，但会改变不平行直线间的夹角。投影变换将直线映射为直线，但平行直线不再保持平行性质。非线性变换也称作弯曲变换或弹性变换，它可以把直线映射为曲线。非线性变换可以表示图像中目标的局部严重形变和位移，多用于医学图像配准。典型的非线性变换有多项式变换、薄板样条变换等。

(a)刚体变换

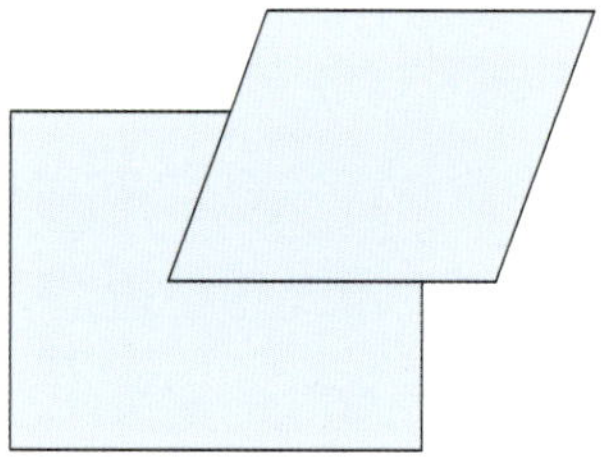

(b)仿射变换

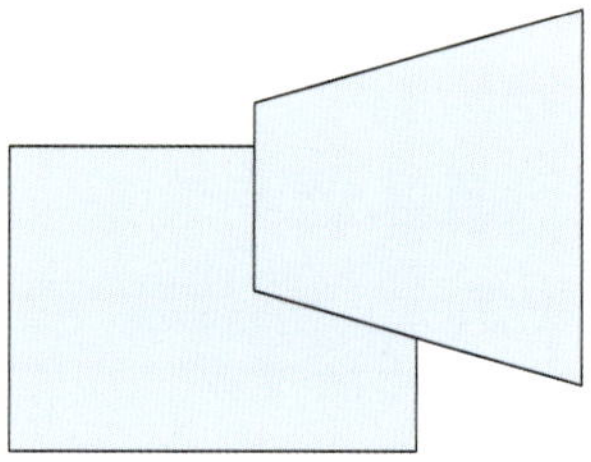

(c)投影变换

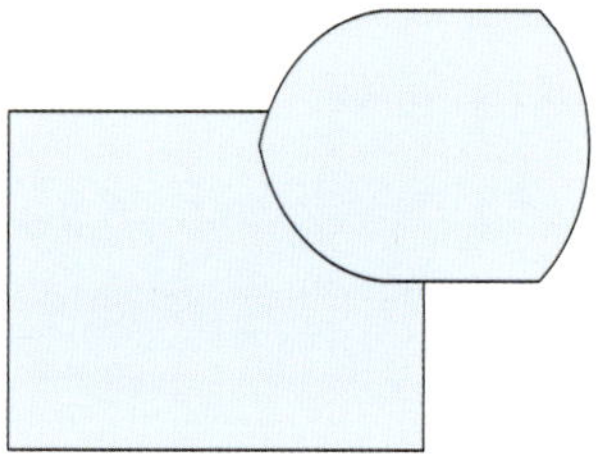

(d)非线性变换

图 2.1.1　图像配准的基本变换

(1)刚体变换

刚体是指在运动过程中内部任意两点间的距离保持不变的物体，或者认为物体在外力作用下没有形变或者形变可以忽略。刚体变换是平移变换、旋转变换的组合。这种变换不仅将平行线映射为平行线，而且还保证两条直线间的夹角不变。两个图像之间的刚体变换关系可由一个数学模型描述：

$$\boldsymbol{R}=\begin{pmatrix}\cos\theta & -\sin\theta & \Delta x\\ \sin\theta & \cos\theta & \Delta y\\ 0 & 0 & 1\end{pmatrix}\tag{2.1.2}$$

式中，θ，Δx 和 Δy 分别是旋转角度、水平方向的平移量以及竖直方向的平移量，刚体变换通常用来配准含有刚性物体以及物体形变可以忽略的图像。

(2)仿射变换

直线经过变换后仍为直线，并且保持平行关系，这样的变换称为仿射变换。它在刚体变换的基础上，增加了剪切变换。这种变换将直线依旧映射为直线，并保持直线间的平行关系，但不保持直线的长度以及直线间的角度。仿射变换通过增加图像每一维度上的比例变换和剪切变换因子来扩大刚体变换的自由度。在笛卡儿坐标系下，二维仿射变换矩阵表示为：

$$\boldsymbol{R}=\begin{pmatrix} m_0 & m_1 & m_2 \\ m_3 & m_4 & m_5 \\ 0 & 0 & 1 \end{pmatrix} \tag{2.1.3}$$

仿射变换的具体表现分为两种：各个方向尺度变换系数一致的均匀尺度变换，变换系数不一致的非均匀尺度变换及剪切变换。该类变换多用于物体与成像的光学仪器间的距离有直接关系的情况。

(3)投影变换

投影变换将直线映射为直线，但不再保持直线之间的平行性质。二维投影变换按照式(2.1.4)、式(2.1.5)将图像 $A(x_1, y_1)$映射至 $B(x_2, y_2)$：

$$x_2=\frac{a_{11}x_1+a_{12}y_1+a_{13}}{a_{31}x_1+a_{32}y_1+a_{33}} \tag{2.1.4}$$

$$y_2=\frac{a_{21}x_1+a_{22}y_1+a_{23}}{a_{31}x_1+a_{32}y_1+a_{33}} \tag{2.1.5}$$

其中的变换参数 a_{ij} 是依赖于图像本身的常数。

另外一种类似的变换方式是透视变换，它是投影变换的子集。某些医疗成像设备，如内窥镜、显微镜等，是通过将三维物体投影到二维平面来获取图像，由此产生的几何变换称为透视变换。

(4)非线性变换

非线性变换也称作弯曲变换(curved transformation)或弹性变换(elastic transformation)，它可以把直线映射为曲线。它反映的是图像中局部区域的严重形变或位移。典型的非线性变换包括多项式变换和薄板样条变换。

①多项式变换

在二维图像配准中，多项式变换可写成如下形式：

$$x_2=a_{00}+a_{10}x_1+a_{01}y_1+a_{11}x_1^2+a_{02}y_1^2+\cdots \tag{2.1.6}$$

$$y_2=b_{00}+b_{10}x_1+b_{01}y_1+b_{11}x_1^2+b_{02}y_1^2+\cdots \tag{2.1.7}$$

多项式变换利用 n 阶多项式描述几何变换。如果在两个图像间至少确定了$(n+1)(n+2)$对标记点，多项式的系数就可以由线性回归完全确定。理论上，任何变换函数都可以由泰勒多项式表示，但高阶多项式插值易出现数值计算的不稳定性，而且确定高阶多项式系数需要更多的标记点，导致多项式变换在实际中受到限制。为此，有学者提出分段线性的多项式方法，例如，Bookstein[1]提出的样条插值法，该方法避免了高阶插值的不稳定性问题，但仍需要大量的标记点。

②薄板样条变换

另一种代表性的非线性变换是薄板样条变换，该方法被广泛应用于医学图像配准[2]。假设存在一个包含 n 个元素的点集$\{(x_i, y_i)\}$，要求函数 f 使下列弯曲能量函数最小：

$$E_{\mathrm{TPS}}(f)=\sum_{i=1}^{n}\|\nu_i-f(x_i,y_i)\|^2+\lambda\iint\left[\left(\frac{\partial^2 f}{\partial x^2}\right)^2+2\left(\frac{\partial^2 f}{\partial x\partial y}\right)^2+\left(\frac{\partial^2 f}{\partial f^2}\right)^2\right]\mathrm{d}x\,\mathrm{d}y \tag{2.1.8}$$

可以证明薄板样条的插值函数就是弯曲能量最小的函数：

$$f(x, y)=a_1+a_x x+a_y y+\sum_{i=1}^{n}w_i U(\|(x_i, y_i)-(x, y)\|) \tag{2.1.9}$$

式中，a_1，a_x，a_y，w_i 为系数，只要求出这些系数，就可以确定 $f(x, y)$。核函数 $U(r)=r^2\log_2 r$ 以及 $U(0)=0$。

薄板样条的核 $\boldsymbol{K}=\{K_{i,j}\}$定义为：

$$K_{i,j}=U(\|(x_i, y_i)-(x_j, y_j)\|),\ 1\leqslant i, j\leqslant n \tag{2.1.10}$$

据此，目标函数可以定义为：

$$J(\boldsymbol{P}, \boldsymbol{F}, \boldsymbol{W})=\sum_{i=1}^{n}\sum_{j=1}^{m}P_{i,j}\|\boldsymbol{Y}_j-X_i\boldsymbol{F}-K_i\boldsymbol{W}\|^2+\zeta\left(\sum_{j=1}^{m}P_{n+1,j}+\sum_{i=1}^{n}P_{i,m+1}\right)+$$
$$a_1\cdot\mathrm{trace}(\boldsymbol{W}^{\mathrm{T}}\boldsymbol{K}\boldsymbol{W})+a_2\cdot\mathrm{trace}[(\boldsymbol{F}-\boldsymbol{F}_0)^{\mathrm{T}}(\boldsymbol{F}-\boldsymbol{F}_0)]+T\sum_{i=1}^{n+1}\sum_{j=1}^{m+1}P_{i,j}(P_{i,j}-1) \tag{2.1.11}$$

式中，$\boldsymbol{F}$ 是 3×2 的仿射变换矩阵，$\boldsymbol{K}_i$ 表示薄板样条核 $\boldsymbol{K}$ 的第 i 行。$\boldsymbol{W}$ 为 $n\times 2$ 的弯曲形变系数矩阵。a_1，a_2 为参数。目标函数的第一项表示匹配误差，第二项用于限制离群点的个数。第三项和第四项用于限制薄板样条映射系数的取值范围，其中

trace($\boldsymbol{W}^{\mathrm{T}}\boldsymbol{K}\boldsymbol{W}$)与下式表示的薄板样条函数的弯曲能量成正比：

$$\iint\left[\left(\frac{\partial^2 f}{\partial x^2}\right)^2+2\left(\frac{\partial^2 f}{\partial x\partial y}\right)^2+\left(\frac{\partial^2 f}{\partial y^2}\right)^2\right]\mathrm{d}x\mathrm{d}y \tag{2.1.12}$$

由$\dfrac{\partial J}{\partial \boldsymbol{F}}=0$，$\dfrac{\partial J}{\partial \boldsymbol{W}}=0$ 可以解出 $\boldsymbol{F}$，$\boldsymbol{W}$：

$$\begin{pmatrix}\boldsymbol{F}\\ \boldsymbol{W}\end{pmatrix}=\begin{pmatrix}\boldsymbol{X}^{\mathrm{T}}\mathrm{diag}(\hat{\boldsymbol{P}}\boldsymbol{I}_m)X+a_2\boldsymbol{I} & \boldsymbol{X}^{\mathrm{T}}\mathrm{diag}(\hat{\boldsymbol{P}}\boldsymbol{I}_m)\boldsymbol{K}\\ \boldsymbol{K}^{\mathrm{T}}\mathrm{diag}(\hat{\boldsymbol{P}}\boldsymbol{I}_m)\boldsymbol{X} & \boldsymbol{K}^{\mathrm{T}}\mathrm{diag}(\hat{\boldsymbol{P}}\boldsymbol{I}_m)\boldsymbol{K}+a_1\boldsymbol{K}\end{pmatrix}^{-1}\begin{pmatrix}\boldsymbol{K}^{\mathrm{T}}\hat{\boldsymbol{P}}\boldsymbol{Y}+a^2\boldsymbol{F}_0\\ \boldsymbol{K}^{\mathrm{T}}\hat{\boldsymbol{P}}\boldsymbol{Y}\end{pmatrix} \tag{2.1.13}$$

非线性变换的配准方法与使用其他变换模型的方法有较大的区别。通过使用不同的方法，可以控制形变的平滑程度。形变模型可以是自由形变(无任何约束)，也可以根据不同组织的物理性质建立不同的物理模型来控制形变，如弹性模型或流体模型。因此非线性变换适用于具有局部不均匀形变的图像配准问题。多模图像配准领域中，遥感图像和工业视觉图像等通常采用刚体变换，而医学图像则更多地使用非线性变换进行配准。

2.1.2 图像重采样

根据几何变换模型对待配准图像中的像素进行坐标变换，从而得到几何变换后的新图像。通常情况下，变换后图像像素的坐标不在原图像的网格点(整数点)上。因此，需要利用某种方法对图像的像素进行插值操作。根据图像中网格点上的像素值计算非网格点像素的过程叫作图像插值或重采样。重采样的方法有直接法和间接法，如图 2.1.2 所示。

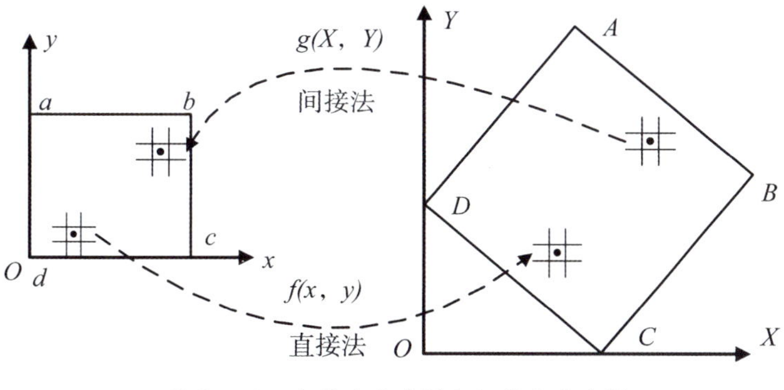

图 2.1.2 直接法重采样和间接法重采样

直接法重采样从原始图像上的像素坐标出发，按式(2.1.14)求出配准后的图像上的像素坐标：

$$\begin{cases} X=f_x(x, y) \\ Y=f_y(x, y) \end{cases} \tag{2.1.14}$$

然后将原始图像上像素(x, y)处的灰度值赋给配准后的图像上(X, Y)处的像素，式中 f_x 和 f_y 为直接重采样的坐标变换函数。

间接法重采样从配准后图像上的像素坐标出发，按式(2.1.15)求出原始图像上的像素坐标：

$$\begin{cases} x=g_x(X, Y) \\ y=g_y(X, Y) \end{cases} \tag{2.1.15}$$

式中，g_x 和 g_y 为间接重采样的坐标变换函数，配准后图像的像素(X, Y)处的灰度值就是原始图像的像素(x, y)处的灰度值。

对于直接法重采样，根据式(2.1.14)计算配准后的图像坐标(X, Y)，由于 X 和 Y 可能不是整数，所以配准后图像的像素值需通过插值法获得。对于间接法重采样，也存在类似的问题，需用到插值法。插值法结合待插值像素点周围若干整数像素点的灰度值和权重来获得新的灰度值。常用的内插方法有：最近邻法、双线性法、三次卷积法。

(1)最近邻法

该方法是取距内插点 P 距离最近的像素点 Q 的灰度值 I_Q 作为 P 点的灰度值 I_P，即 $I_P=I_Q$。其中：

$$\begin{cases} x_Q=\mathrm{round}(x_P) \\ y_Q=\mathrm{round}(y_P) \end{cases} \tag{2.1.16}$$

式中，round 是四舍五入函数。最近邻法的优点是运算量小，缺点是内插精度较低。

(2)双线性法

双线性插值就是在 x 和 y 两个方向都用线性插值，每个方向的插值权重函数为：

$$\omega(t)=\begin{cases} 1-|t|, 0\leqslant|t|\leqslant 1 \\ 0, \quad 其他 \end{cases} \tag{2.1.17}$$

假设待插值像素点 P 与周围 4 个最近整数像素点的关系如图 2.1.3 所示，像素点之间的间隔为单位距离，P 点与像素点 11 在 x 和 y 方向的距离分别为 Δx 和 Δy，

则内插点 P 的灰度值 I_P 为：

$$I_P=(\omega(\Delta x)\ \ \omega(1-\Delta x))\begin{pmatrix}I_{11} & I_{12}\\ I_{21} & I_{22}\end{pmatrix}\begin{pmatrix}\omega(\Delta y)\\ \omega(1-\Delta y)\end{pmatrix} \tag{2.1.18}$$

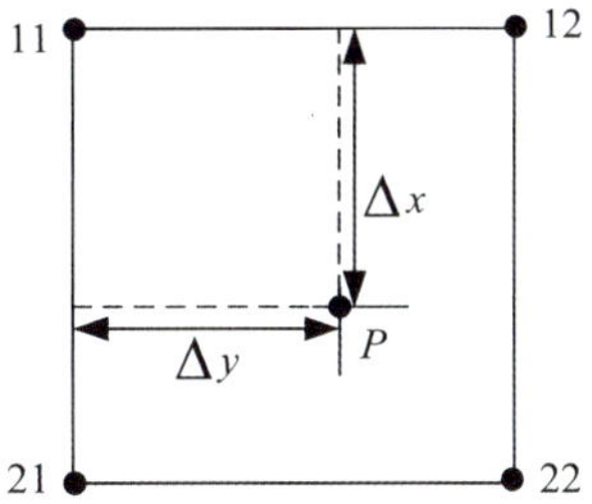

图 2.1.3 双线性法

双线性法的内插精度和运算量相对均衡。

(3)三次卷积法

该方法是用一个三次重采样函数 $\omega(t)$ 表示灰度内插时周围像素点对内插点灰度的贡献大小，如图 2.1.4 所示。三次重采样函数：

$$\omega(t)=\begin{cases}1-2|t|^2+|t|^3, & 0\leqslant|t|<1\\ 4-8|t|+5t^2-|t|^3, & 1\leqslant|t|<2\\ 0, & |t|\geqslant 2\end{cases} \tag{2.1.19}$$

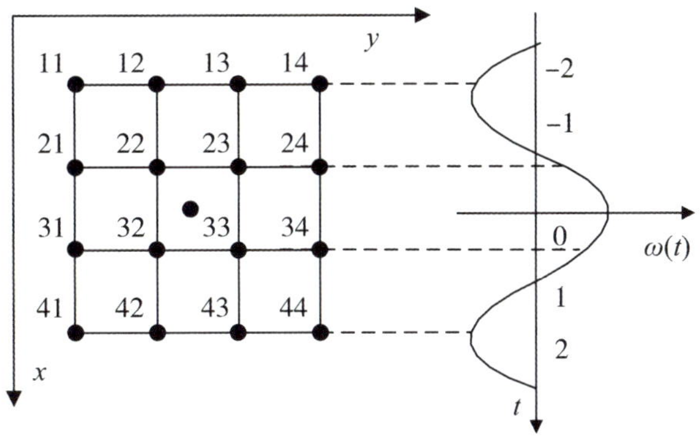

图 2.1.4 三次卷积法

图 2.1.4 中像素点之间的间隔为 1，P 点到像素点 22 间的距离在 x 和 y 方向的投影分别为 Δx 和 Δy，则内插点 P 的灰度值 I_P 为：

$$I_P=(\omega(1+\Delta x)\ \ \omega(\Delta x)\ \ \omega(1-\Delta x)\ \ \omega(2-\Delta x))\begin{pmatrix}I_{11} & I_{12} & I_{13} & I_{14}\\ I_{21} & I_{22} & I_{23} & I_{24}\\ I_{31} & I_{32} & I_{33} & I_{34}\\ I_{41} & I_{42} & I_{43} & I_{44}\end{pmatrix}\begin{pmatrix}\omega(1+\Delta y)\\ \omega(\Delta y)\\ \omega(1-\Delta y)\\ \omega(2-\Delta y)\end{pmatrix} \tag{2.1.20}$$

三次卷积法的优点是内插精度较高，缺点是运算量大。

综上可知，最近邻法计算简单、运算量小，但处理后图像有明显的锯齿效应。三次卷积法带有边缘增强的效果，但计算量大。双线性法克服了最近邻法不连续的缺点，计算较三次卷积法简单，但易出现边缘轮廓模糊现象。实际应用中，既为了减小计算量，又获得较好的效果，常采用双线性法进行像素灰度值的重采样。

2.2 全局优化配准

全局优化配准方法首先利用原始图像像素点对应的灰度信息或者变换域信息度量两个图像之间的相似性，然后利用优化方法寻找使相似度最大时对应的几何变换来确定两个图像之间的几何变换模型参数。例如，将互信息作为相似性准则来实现多模医学图像配准。基于互信息的图像配准方法[3,4]一经提出，就受到了学者们的广泛关注，尤其是在医学图像领域。但互信息需要建立参数化概率密度模型，计算量大，且要求参考图像与浮动图像之间具有较大的重叠区域。另外，该方法在优化过程中易出现局部极值问题。

由于全局优化配准方法利用了图像中的所有像素点信息，因此配准精度通常较高。但是这类方法计算量大，速度较慢，受不同灰度属性或对比度差异的影响较大，鲁棒性差。此外，这类方法依赖于自身的不变属性，所以只适用于具有旋转、平移、比例缩放等变换的图像配准问题。

2.2.1 相似性测度

相似性测度(similarity measurement)决定了配准中图像的相似特性，相似性测度的选择是图像配准中的重要步骤之一。应用相似性测度的配准过程可以描述为：对于图像 A，寻求一个参数为 α 的几何变换 $T_\alpha(A)$获得新的图像 A'，使得图像 A' 和 B 之间的相似性测度的值达到最大，即

$$\boldsymbol{\alpha}^* = \operatorname{argmax} \operatorname{sim}(A', B) \tag{2.2.1}$$

式中，$\boldsymbol{\alpha}$ 是变换参数向量，$\operatorname{sim}(A', B)$表示图像 A'和 B 之间的相似性测度。

(1)相关比测度

相关比(correlation ratio，CR)测度是一种基于统计学的方法[5]，它描述变量间的相关程度。假设 Ω 表示图像 A 和 B 的重叠区域，N 表示区域 Ω 中的像素数目，当 $\Omega_i=\{\omega\in\Omega, A(\omega)=i\}$，则 N_i 表示区域 Ω_i 中的像素数目。相关比的定义为：

$$\mathrm{CR} = 1 - \frac{1}{N\sigma^2}\sum_i N_i\sigma_i^2 \tag{2.2.2}$$

式中，

$$\sigma^2 = \frac{1}{N}\sum_{\omega\in\Omega} B(\omega)^2 - m^2,\ m = \frac{1}{N}\sum_{\omega\in\Omega} B(\omega) \tag{2.2.3}$$

$$\sigma_i^2 = \frac{1}{N_i}\sum_{\omega\in\Omega_i} B(\omega)^2 - m_i^2,\ m_i = \frac{1}{N_i}\sum_{\omega\in\Omega_i} B(\omega) \tag{2.2.4}$$

（2）PIU 测度

PIU(partitioned intensity uniformity)测度，也称为 Woods 算法，由 Woods 于 1993 年提出[6]。最初是为了应用于 MR（磁共振）图像与 PET（正电子发射计算机断层显像）图像配准。后来经过研究发现，PIU 测度同样适用于其他类型图像的配准。因此，PIU 测度也被广泛应用于多模态医学图像配准的测度。

PIU 测度的表达式如下：

$$\mathrm{PIU} = \sum_a \frac{n_a}{N}\frac{\sigma_B(a)}{\mu_B(a)} + \sum_a \frac{n_b}{N}\frac{\sigma_A(b)}{\mu_A(b)} \tag{2.2.5}$$

式中，N 表示两个图像重叠区域内的像素总数，n_a 和 n_b 分别是图像 A 和 B 重叠区域内灰度为 a 和 b 的像素数目。

$$\mu_B(a) = \frac{1}{n_a}\sum_{\Omega a} B(x_A),\ \mu_A(b) = \frac{1}{n_b}\sum_{\Omega b} A(x_B) \tag{2.2.6}$$

$$\sigma_B(a) = \frac{1}{n_a}\sum_{\Omega a}[B(x_A) - \mu_B(a)]^2,\ \sigma_A(b) = \frac{1}{n_b}\sum_{\Omega b}[A(x_B) - \mu_A(b)]^2 \tag{2.2.7}$$

式中，$\sum_{\Omega a} B(x_A)$ 表示图像 A 中所有灰度值为 a 的像素在图像 B 中对应位置上的像素灰度值之和。$\sum_{\Omega b} A(x_B)$ 的意义与 $\sum_{\Omega a} B(x_A)$ 类似。

在式(2.2.5)中，μ_A 或 μ_B 的值如果太小，会对 PIU 的结果产生影响。因此，学者们提出了三种改进测度：

$$\mathrm{PIU}_1 = \sum_a \frac{n_b}{N}\times\sigma_B(a) + \sum_b \frac{n_a}{N}\times\sigma_A(b) \tag{2.2.8}$$

$$\mathrm{PIU}_2 = \frac{1}{\sigma(B)}\sum_a \frac{n_b}{N}\times\sigma_B(a) + \frac{1}{\sigma(A)}\sum_b \frac{n_a}{N}\times\sigma_A(b) \tag{2.2.9}$$

$$\mathrm{PIU}_3 = \sum_a \frac{n_b}{N}\times\frac{\sigma_B(a)}{\mu_B(a)+\alpha} + \sum_b \frac{n_a}{N}\times\frac{\sigma_A(a)}{\mu_A(b)+\alpha} \tag{2.2.10}$$

式中，$\sigma(A)$ 和 $\sigma(B)$ 分别是图像 A 和 B 灰度分布的标准差；α 是常数，用来克服 μ_A

或 μ_B 值过小对测度产生的不利影响。

(3)互信息测度

互信息(mutual information，MI)是信息论中的一个基本概念，通常用于描述两个系统间的统计相关性，或者一个系统中所包含的另一个系统中信息的多少。Collignon 等人、Viola 和 Wells[3,4]提出了互信息最大化的图像配准算法。MI 算法不需要对图像灰度信息间的关系做任何假设，也无须对配准过程进行人为干预，对处理内容也没有限制，因此得到了研究者的广泛关注。

两个图像 A 和 B 的联合熵(jointed entropy，JE)为：

$$\mathrm{JE}(A, B)=\sum_{a, b} p(a, b) \log_2 p(a, b) \tag{2.2.11}$$

两个图像的互信息表示为：

$$\mathrm{MI}(A, B)=\sum_{a, b} p(a, b) \log_2 \frac{p(a, b)}{p(a) p(b)} \tag{2.2.12}$$

式中，a 和 b 分别是图像 A 和 B 的像素灰度值，而 $p(a)$ 和 $p(b)$ 是对应图像的边缘灰度分布，$p(a, b)$ 是两个图像的联合灰度分布。它们可以由下式得到：

$$p(a, b)=\frac{h(a, b)}{\sum_{a, b} h(a, b)} \tag{2.2.13}$$

$$p(a)=\sum_{b} p(a, b) \tag{2.2.14}$$

$$p(b)=\sum_{a} p(a, b) \tag{2.2.15}$$

$\boldsymbol{h}(\boldsymbol{a}, \boldsymbol{b})$ 是图像 A 和 B 的联合直方图，它是一个二维矩阵：

$$\boldsymbol{h}(\boldsymbol{a}, \boldsymbol{b})=\begin{bmatrix} h(a_0, b_0) & h(a_0, b_1) & \cdots & h(a_0, b_{N-1}) \\ h(a_1, b_0) & h(a_1, b_1) & \cdots & h(a_1, b_{N-1}) \\ \vdots & \vdots & \vdots & \vdots \\ h(a_{M-1}, b_0) & h(a_{M-1}, b_1) & \cdots & h(a_{M-1}, b_{N-1}) \end{bmatrix} \tag{2.2.16}$$

式中，$h(a_i, b_j)(i \in[0, M-1], j \in[0, N-1])$ 表示在图像 A 中具有灰度值 a_i，同时在图像 B 中具有灰度值 b_i 的相关点对的个数。

Studholme 等人[7]在 1999 年进一步提出了一种更具鲁棒性的归一化互信息算法(normalized mutual information，NMI)，其表示为：

$$\mathrm{NMI}(A, B)=\frac{2 \sum_{a, b} p(a, b) \log_2 \frac{p(a, b)}{p(a) p(b)}}{\sum_{a} p(a)+\sum_{b} p(b)} \tag{2.2.17}$$

此外，一种类似联合熵的能量(energy)算法定义为：

$$\text{energy}=\sum_{a,b}p(a,b)^2 \tag{2.2.18}$$

(4)灰度绝对值差和测度

评价两个图像的相似性，最简单的方式是将两个图像的灰度值直接相减，然后对所得图像的各像素点求平方和，这种测度方法叫作灰度差平方和法(sum of squared distance，SSD)。但是当两个图像中某些像素点的灰度值相差很大的时候，得到的SSD会非常大，严重干扰了配准结果。因而用差的绝对值取代平方运算可以获得更好的效果，这种测度方法叫作灰度差绝对值和法(sum of absolute distance，SAD)，用公式表示为：

$$\text{SAD}=\frac{1}{N}\sum_{P\in\Omega}|A(P)-B(P)| \tag{2.2.19}$$

式中，$A(P)$和$B(P)$分别表示图像A和图像B在像素点P处的像素值，Ω表示两个图像的重叠区域，N为该区域像素数目。除以N是为了消除重叠区域大小对SAD的影响，即常用的归一化操作。

(5)相关系数测度

如果假设待配准的两个图像的灰度值之间存在线性关系，那么可以使用相关系数(correlation coefficient，CC)来判断是否配准。用公式表示为：

$$\text{CC}=\frac{\sum_{P\in\Omega}[A(P)-\bar{A}][B(P)-\bar{B}]}{\sqrt{\sum_{P\in\Omega}[A(P)-\bar{A}]^2\sum_{P\in\Omega}[B(P)-\bar{B}]^2}} \tag{2.2.20}$$

式中，$\bar{A}$和$\bar{B}$分别表示图像A和图像B在重叠区域中的像素均值。实际上，相关系数可看作是交叉相关(cross correlation)的归一化版本。相关系数法可以在频域中实现，相应的运算速度会快很多，而且不需要迭代优化，这是它的一个很大的优点。

(6)相位相关测度

与空间灰度配准方法不同的是，傅立叶配准方法在频域中寻找最佳配准。图像的旋转、平移、缩放变换都能在傅立叶变换频域中反映出来。相位相关(phase correlation，PC)测度是基于傅立叶变换的平移定理。考虑两个图像A和B间存在(d_x, d_y)的平移，即

$$B(x,y)=A(x-d_x,y-d_y) \tag{2.2.21}$$

对其进行傅立叶变换，反映到频域上具有以下形式：

$$F_B(\omega_x,\ \omega_y)=F_A(\omega_x,\ \omega_y)\exp\{-\mathrm{j}2\pi(\omega_x d_x+\omega_y d_y)\} \tag{2.2.22}$$

式(2.2.22)说明，两个有平移量的图像变换到频域中有相同的幅值，但有一个相位差，而这个相位差与图像间的平移量(d_x，d_y)有直接关系。根据以上平移定理可知，以上相位差等于两个图像的互功率谱的相位，即

$$\frac{F_B(\omega_x,\ \omega_y)\bar{F}_A(\omega_x,\ \omega_y)}{|F_A(\omega_x,\ \omega_y)\bar{F}_A(\omega_x,\ \omega_y)|}=\exp\{-\mathrm{j}2\pi(\omega_x d_x+\omega_y d_y)\} \tag{2.2.23}$$

上式的右边部分是复函数，其傅立叶反变换是单位冲激函数，而冲激的峰值点位于平移量(d_x，d_y)处。因此，通过求取相位差的傅立叶反变换，得到一个狄拉克函数，再找寻函数峰值点对应的坐标，即可得到配准平移量。Alliney 和 Morandi[8] 提出将图像分别在 x 轴和 y 轴上投影，这样只用一维快速傅立叶变换就可以计算相位相关。虽然此方法在某种程度上能减小计算量，但是这种方法对于偏移量稍大的情况稳定性会下降。旋转和缩放可以通过极坐标变换和对数变换转换成平移，再利用相位相关实现图像配准，该方法称为傅立叶-梅林变换法(Fourier-Mellin)。

2.2.2 配准参数寻优

除了少数配准测度可以直接计算出几何变换参数之外，大多数的配准测度，尤其是非线性形变的测度通常需要进行参数优化。传统的解决办法可以分作两类：一类在计算过程中要用到目标函数的导数，通常叫作强方法；另一类只用到目标函数值，不必计算导数，通常叫作弱方法。两类方法各有优缺点，前者收敛速度很快，但是对目标函数的连续性有相应要求，并且计算稍微复杂；后者计算简单，但是收敛速度相对较慢。第一类方法主要有牛顿法(Newton's method)、拟牛顿法(quasi-Newton method)、共轭梯度法(conjugate-gradient method)和列文伯格-马夸尔特法(Levenberg-Marquardt)，第二类常用方法有模式搜索法和 Powell 方法。在弹性配准中，由于几何变换的参数相当多，通常只能采用收敛很快的强方法来计算。由于牛顿法要计算 Hessian 矩阵，计算开销太大，并且不能确定该矩阵是否正定，因此通常仅在特定的应用中采用。

以上这些方法都是针对凸函数的优化算法，但是实际的目标函数往往非凸，针对该问题，学者们提出采用智能计算方法，比如模拟退火算法(simulated annealing algorithm，SAA)、遗传算法(genetic algorithm，GA)和粒子群算法(particle swarm optimization，PSO)优化配准参数[9－11]。

Maes 等人[12]提出了互信息相似性度量，并利用 Powell 方法优化互信息指标，获得最优几何变换参数。目前，Powell 方法已广泛应用于互信息配准中。下面介绍该方法，以及结合遗传算法的改进方法。

(1)Powell 方法

Powell 方法是一种有效的直接搜索法，是利用共轭方向可以加快收敛速度的性质形成的一种搜索方法。该方法使用一维搜索技术寻找一组共轭梯度，从而不需要计算梯度。因此，不需要对目标函数进行求导，在目标函数的导数不连续的时候也能应用。它把整个计算过程分成若干个阶段，每一个阶段(每一轮迭代)由 $n+1$ 次一维搜索组成。在算法的每一个阶段中，先依次沿着已知的 n 个方向搜索，得到一个最优点，然后沿本阶段的初始点与该最优点的连线方向进行搜索，求得这一个阶段的最优点。接着，将本阶段的第 2 个到第 $n+1$ 个方向作为新的 n 个已知方向，开始下一阶段的迭代。具体计算步骤如下：

步骤 1：给定初始点 x^0，n 个线性无关的方向 $d^{(1,1)}$，$d^{(1,2)}$，…，$d^{(1,n)}$，允许误差$\varepsilon>0$，置 $k=1$。

步骤 2：置 $x^{(k,0)}=x^{(k-1)}$，从 $x^{(k,0)}$ 出发，依次沿方向 $d^{(k,1)}$，$d^{(k,2)}$，…，$d^{(k,n)}$ 进行搜索，得到点 $x^{(k,1)}$，$x^{(k,2)}$，…，$x^{(k,n)}$，再从 $x^{(k,n)}$ 出发，沿着方向 $d^{(k,n+1)}=x^{(k,n)}-x^{(k,0)}$ 作一维搜索，得到点 $x^{(k)}$。

步骤 3：若 $\|x^{(k)}-x^{(k-1)}\|<\varepsilon$ 则停止计算，得点 $x^{(k)}$；否则，令 $d^{(k+1,j)}=d^{(k,j+1)}$，$j=1$，…，n，置 $k=k+1$，返回步骤 2。

需要说明的是，Powell 方法只是一个多维搜索算法，一维的搜索由 Brent 算法来确定，使用 Brent 算法需要先确定最小值所在的区间。关于 Powell 更详细的内容可参考文献[12]，[13]。

(2)基于遗传算法和 Powell 方法的混合优化方法

Ji 等人在文献[14]中指出，利用联合灰度直方图计算互信息时，即便是最理想的插值算子也无法完全抑制局部极值。另外，待配准图像的局部几何特征也会带来局部极值。受到噪声和灰度不均匀的影响，局部极值点遍布函数值曲面。当实施弹性配准时，将引入更多的搜索参数，归一化互信息函数曲面将变得尤其复杂。Maes 等人[12]采用 Powell 方法进行优化，但 Powell 方法在搜索过程中容易产生误收敛。

为保证图像配准过程的精度和稳定性，可以考虑引入全局智能搜索算法。遗传算法已经广泛应用于函数优化，虽然具有众多的优点，但是容易因为初始值没有给定而产生无法收敛的现象；由于搜索的随机性，当接近最优解的时候收敛速度非常慢，并且难以确定终止条件，因此通常需要设定迭代次数。将遗传算法和 Powell 方法结合起来，遗传算法搜索到最优值附近，然后用 Powell 方法进行局部搜索。遗传算法只给 Powell 方法提供初始解，因此在保证收敛的情形下，参数的选取对配准结果的影响并不大[10]。

2.3 局部特征配准

首先，相比于全局优化配准方法，局部特征配准法通过少量局部特征代替全局优化，使得该类方法计算量较小，运行效率提升；其次，特征间的匹配度量对位置变化较为灵敏，更容易找到匹配点；最后，特征提取通常对灰度变化较为鲁棒，这使得该方法对于较大的位置偏差也能够实现较好的配准。但由于该方法只利用了部分图像信息，导致其对特征匹配更为敏感，要求准确提取特征。常用的图像特征有角点、边缘、直线度、轮廓、统计特征等。

图 2.3.1 展示了基于局部特征的图像配准流程，包含特征点检测，基于矢量相似度关系建立特征点初始匹配，对匹配进行后处理筛选最佳匹配，利用匹配特征点计算几何变换参数，根据参数对待配准图像执行几何变换。

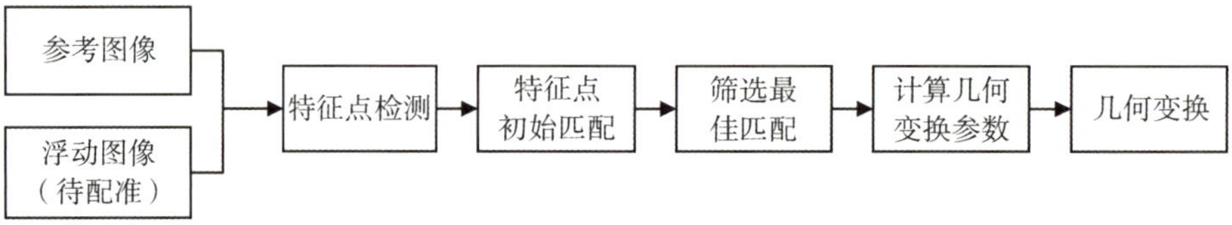

图 2.3.1　基于局部特征的图像配准流程图

2.3.1 特征点检测

(1)Harris 角点检测算法

Harris 角点检测算法由 Harris 和 Stephens 于 1988 年提出，是特征检测的一种基本算法，其基本思想是使用检测器窗口在任意方向上滑动，比较滑动前后像素灰度变化，如果在任意方向上滑动，灰度变化较大，那么该窗口中存在角点。Harris 角点检测算法是 Moravec 角点检测算法的改进方法。

Moravec 角点检测算法在图像上取一个窗口，不断移动这个窗口并检测窗口中像素的变化 E：

$$E_{u,\nu}=\sum_{x,y}w_{x,y}\left|I_{x+u,y+\nu}-I_{x,y}\right|^2 \tag{2.3.1}$$

式中，$w_{x,y}$是图像窗口，$(u,\nu)\in\{(1,0),(1,1),(0,1),(-1,1)\}$。

像素变化 E 可分为以下三种情况：如果窗口中是平坦图像，那么 E 的变化较小；如果窗口中的图像是一条边，那么窗口在沿这条边滑动时 E 的变化较小，而在沿垂直于这条边的方向滑动窗口时，E 的变化较大；如果窗口中的图像是角点，那么窗口沿任何方向移动时，E 的变化都很大。Moravec 算子通过对四个方向进行加权求和获得变化的大小，然后利用阈值法，来确定是不是角点。

Moravec 角点检测器的原理简单，使用方便，但是存在很多不足。由于在操作过程中只考虑了每 45°一组的像素点，所以响应是各向异性。同时，检测器窗口是矩形的，不够圆滑，导致产生很多噪声。

为了改善上述不足，Harris 角点检测器在 Moravec 角点检测器的基础上进行了改进：①所有的小位移均采用移动中心原点的方式，以减小对最终响应的影响；②使用平滑的高斯窗口来代替 Moravec 角点检测。Harris 角点检测器虽然在性能上得到了改善，但实际上，由于图像噪声、量化的存在，角点检测往往并不能得到理想的效果。

(2)SIFT 算法

Lowe[15]于 1999 年提出了尺度不变特征提取(scale invariant feature transform，SIFT)算法，该算法在尺度空间寻找极值点，进而提取位置、尺度、旋转不变特征。SIFT 算法主要包括 4 个步骤：尺度空间极值检测、关键点定位、关键点方向确定、关键点描述子生成。

①尺度空间极值检测

SIFT 利用高斯卷积核定义尺度空间 $L(x,y,\sigma)$：

$$L(x,y,\sigma)=G(x,y,\sigma)*I(x,y) \tag{2.3.2}$$

$$G(x,y,\sigma)=\frac{1}{2\pi\sigma^2}\mathrm{e}^{-(x^2+y^2)/2\sigma^2} \tag{2.3.3}$$

式中，$*$代表卷积运算，$I(x,y)$为原图像，$G(x,y,\sigma)$为高斯核函数，σ 为尺度空间因子。

求 SIFT 特征点本质上是求尺度空间中稳定的极值点，采用不同尺度因子的高斯核与原图像进行卷积，以生成高斯尺度空间。通过高斯金字塔同一尺度下不同层差值的计算，从而获得差分高斯(difference of Gaussian，DoG)空间：

$$\begin{aligned}D[x, y, \sigma] &= [G(x, y, k\sigma) - G(x, y, \sigma)] * I(x, y) \\ &= L(x, y, k\sigma) - L(x, y, \sigma)\end{aligned} \tag{2.3.4}$$

式中，k 是一个常数乘法因子，反映相邻层之间的差异。为了便于找到在不同尺度和不同模糊程度下的不变特征，构建 DoG 金字塔，从而提取稳定特征。由于构造了多尺度金字塔，在尺度空间提取极值，因而 SIFT 特征具有尺度不变性。

为了寻找稳定的极值点，需要用某一点与相邻点进行比较，判断它与相邻点是不是极值。该点需要和同一层的 8 个邻域点及上下两层相邻的 18 个[9(个)×2]点进行比较，以检测极值点。满足最大或最小的极值点，即可能为该尺度下的特征点。

②关键点定位

由于尺度空间极值是在离散空间获得的，而离散空间的极值不一定是真正的极值。所以，通过拟合三维二次函数，可以精准确定关键点的尺度和位置，从而达到亚像素精度。在上一部分求取了尺度空间的极值点，但这些极值点并非全部是需要的点。对于响应值过小的点，易受噪声的干扰而变得不稳定，所以需要删除响应值低于阈值的特征点。此外，由于 DoG 算子会带来较强的边缘响应，需要剔除边缘点，以提高抗噪声、增强匹配稳定性的能力。平坦的 DoG 峰值往往在横跨边缘处具有较大的主曲率，而在垂直边缘的方向的主曲率较小。Hessian 矩阵的特征值与主曲率成正比，这里只需获得特征值的比率，而不需要求取具体的特征值。根据 Hessian 矩阵求得主曲率的比值 r，r 较大的点被认为是边缘特征点。删除响应值过小的点和边缘特征点后的极值点即为关键点。

③关键点方向确定

以关键点为中心，对关键点的邻域窗口进行采样，并将邻域像素的梯度方向用直方图统计的形式表示。直方图的范围从 0°～360°，将其分为 36 个柱状条，每个柱状条代表 10°。直方图的峰值所在角度为关键点邻域梯度的主方向，将这个方向作为关键点的方向。直方图的最高峰值与局部梯度的主方向相对应。但如果存在大于最大峰值的 80%的柱状条，那么就在该点配以辅助方向，以增强匹配时的鲁棒性。由于采用了主方向，而关键点的描述子是相对该主方向生成的，因此 SIFT 特征具有旋转不变性。

至此，已经求得每个关键点的三个信息：位置、方向、尺度。因而可以确定一个 SIFT 特征点区域。

④关键点描述子生成

由关键点邻域梯度信息生成关键点描述子(特征向量)的过程如图 2.3.2 所示。为实现旋转不变性，需先将坐标轴旋转为关键点方向，再以关键点为中心取 8×8 的窗口。

图 2.3.2(a)中，圆圈的中心为关键点，圆圈代表高斯加权范围靠近中心，像素对梯度方向的贡献越大。图 2.3.2(b)中，在每个 4×4 的小块上计算 8 个方向的梯度方向直方图，计算每个梯度方向的累加值，即可形成一个种子点。图 2.3.2(b)中一个关键点由 2×2 即 4 个种子点组成，每个种子点有 8 个方向的向量信息。这种联合邻域方向性信息的方式提高了抗噪声的能力，对于含有定位误差的特征匹配具有较好的容错性。图中仅显示了一个 8×8 的采样窗口和一个 2×2 排列的方向直方图，实际中一般使用 16×16 的采样窗口和 4×4 排列的 8 个方向直方图，所以形成的描述子是 128 个[4×4×8(个)]元素的特征向量。

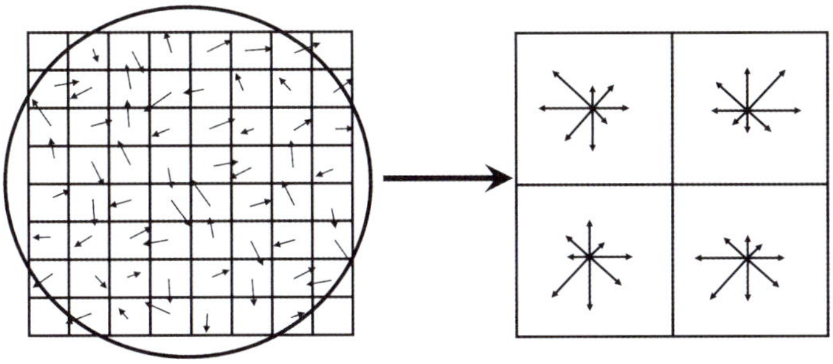

(a)邻域梯度方向　　(b)关键点描述子

图 2.3.2　关键点邻域梯度信息生成关键点描述子示意图

至此，关键点的特征向量已经完全确定，并且去除了尺度的变化和边界影响，保持了旋转不变性。由上面的分析可知，SIFT 特征信息是图像的局部特征，其对尺度缩放、旋转、亮度可以保持不变性，对仿射变换、视角变化、噪声也能在一定程度上保持稳定性，信息量丰富，独特性好。同时，SIFT 特征信息具有多量性特点，即使是单个目标也能够提取到较多 SIFT 特征点。

(3)SURF 算法

加速稳健特征(speeded-up robust features，SURF)算法[16]是对 SIFT 算法的改进，相比于 SIFT 算法，提升了特征点的求取速度。SURF 算法通过积分图像进行图像卷积，使用现有检测子和描述子，以及对算法的简化实现了新的检测、描述和匹配过程的结合。与 SIFT 算法相比，SURF 算法计算简单，效率高，具有更好的鲁棒性。其具体步骤如下：

步骤 1：先对尺度空间的极值进行检测。搜索所有尺度空间上的图像，基于 Hessian 矩阵识别潜在的对尺度不变的兴趣点。

步骤 2：对特征点进行过滤并进行精确定位。

步骤 3：在特征方向进行赋值。统计特征点圆形邻域内的 Haar 小波特征，即在 60°扇形内，每次将 60°扇形区域旋转 0.2 rad 进行统计，将值最大的扇形的方向作为该特征点的主方向。

步骤 4：特征点描述。沿着特征点主方向周围的邻域内，取 4×4 个矩形小区域，统计每个小区域的 Haar 特征，然后每个小区域得到一个 4 维的特征向量。一个特征点共有 64 维的特征向量作为 SURF 算法的描述子。

①构建 Hessian 矩阵

Hessian 矩阵用于兴趣点检测，可以生成图像稳定的突变点，为特征提取做准备。利用 Hessian 矩阵的行列式进行尺度选择，先对图像进行高斯滤波，然后二阶求导来构建 Hessian 矩阵。假设图像中的点 $P(x, y)$，尺度为 σ，则构建的 Hessian 矩阵 $\boldsymbol{H}(P, \sigma)$ 定义为：

$$\boldsymbol{H}(P, \sigma)=\begin{bmatrix} L_{xx}(P, \sigma) & L_{xy}(P, \sigma) \\ L_{xy}(P, \sigma) & L_{yy}(P, \sigma) \end{bmatrix} \tag{2.3.5}$$

式中，$L_{xx}(P, \sigma)$ 为图像在点 P 处的高斯卷积的二阶导数，$L_{xy}(P, \sigma)$ 和 $L_{yy}(P, \sigma)$ 的含义类似。进行高斯滤波时，由于高斯核服从正态分布，从中心点往外，系数越来越小。SURF 算法利用盒式滤波器替代高斯滤波器，以提高运算效率。

②构造尺度空间

在 SURF 算法中，不同尺度图像的尺寸保持一致，盒式滤波器的模板尺寸逐渐增大。同一尺度不同层图像使用相同尺寸的滤波器，滤波器的尺度空间因子逐渐增大。9×9 滤波器输出初始尺度层，记为尺度 $s=1.2$。考虑到积分图像的离散性和滤波器的特定结构，使用逐渐增大的滤波器对图像滤波得到接下来的尺度。

③兴趣点定位

SURF 算法的特征点定位与 SIFT 算法的特征点定位一致，基本原理为将经过 Hessian 处理后的像素点与其相邻区域的像素点进行比较，当该像素点大于(小于)相邻像素点时，该点即为极大值(极小值)。初步确定了兴趣点之后，再对所选出的兴趣点进行过滤筛选，最终选择出稳定的兴趣点。

④兴趣点描述

SURF 描述子是基于水平和垂直方向的 Haar 小波分布，可以减少特征计算和匹配时间，提高匹配速度，增强鲁棒性。其主要步骤包括：基于兴趣点周围的圆形区域，确定兴趣点的方向；随后构建一个与其同方向的区域提取 SURF 描述子。

SURF 算法与 SIFT 算法不同，SURF 算法采用以兴趣点为中心，半径 $6s$ 的圆形邻域的 Haar 小波特征，s 是兴趣点所在的尺度。以兴趣点为中心进行小波响应的高斯($\sigma=2s$)加权，响应包括沿横坐标水平响应强度和沿纵坐标垂直响应强度，对水平响应和垂直响应求和。然后，对 60°扇形内所有点的小波响应求和，获得该区域的响应强度，以一定的间隔使 60°扇形在圆形区域内滑动，以相同的方式统计出各扇形区域的响应强度，将响应强度最大的扇形区域的方向作为该兴趣点的主方向。

提取描述子：首先以兴趣点为中心构建一个方形区域，方向为上述所选出的主方向，将方形区域分割成 4×4 的子窗口。在每个子窗口区域中求 5×5 个像素点的响应，水平方向 Haar 小波响应为 d_x，垂直方向为 d_y，其中，水平方向和垂直方向均是相对于兴趣点的方向。响应值 d_x 与 d_y 首先经过 $\sigma=3.3s$ 的高斯加权，为了加入亮度变化的极性信息，还对响应的绝对值求和，即在每个子窗口分别对 $|d_x|$ 与 $|d_y|$ 求和。每个子窗口区域得到一个 4 维向量，描述向量为 $\boldsymbol{v}=(\sum d_x, \sum d_y, \sum |d_x|, \sum |d_y|)$。联合所有子窗口的描述向量可以得到 64 维[4×4×4(维)]的描述子向量，然后对其进行归一化。

(4)LIFT 算法

学习不变特征变换(learned invariant feature transform，LIFT)算法是一种基于卷积神经网络的特征检测方法，它主要由三部分组成：特征点检测模块、方向估计模块和特征描述模块[17]。此外，它还采用了空间转换层(spatial transformer layers)来修正图像块得到特征点检测和方向估计，使用 soft argmax 函数代替传统的非极大值抑制方法。LIFT 算法的总体结构如图 2.3.3 所示。

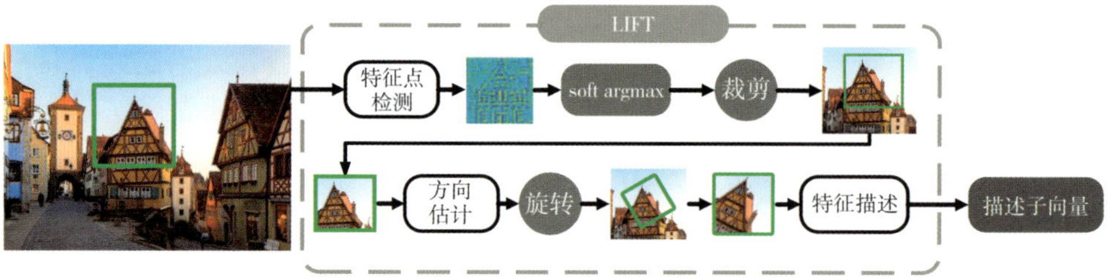

图 2.3.3　LIFT 算法的总体结构图

LIFT 算法的输入并不是整个图像，而是从一个图像中提取出一个图像块，大小为 128×128，图像块的选择方法是运动恢复结构(structure from motion，SfM)算法。然后利用关键点检测模块对图像块进行处理，输出得分图 S，对 S 做 soft argmax 操作从中提取出关键点 x(得分最高的点，soft argmax 保证了整个流程的可微性)。得到关键点 x 的位置后，以 x 为中心再取一个小图像块，大小为 64×64，将小图像块输入到方向估计模块中预测一个旋转角度，并使用空间转换层对图像块进行旋转变换(该过程无须学习且可微)。最后将旋转后的图像块输入特征描述模块中得到最终的描述向量。

SfM 算法是一种三维重建方法，根据同一个物体不同视角下的图像来估计物体的位姿信息，其中必须找到同一个点在多个视角图像中对应的匹配点。LIFT 算法就是利用这一能力从多个视角图像中，找到共同对应的匹配点作为图像块的中心。

(5)控制点标注

在遥感图像配准领域，基于控制点的方法得到了广泛应用。例如：著名遥感图像处理软件 ENVI 具有控制点实现图像配准的功能，MATLAB 也具有该功能。控制点标注是标出基准图像和待配准图像中对应同一目标位置的点，以便于后续进行配准模型参数估计。控制点通常选取图像上易分辨且较精细的特征点，例如：道路交叉点、河流弯曲或分叉处、海岸线弯曲处、轮廓边缘等。在图像边缘处、地面特征变化大的区域，需要增加控制点，并且要保证一定数量的控制点。人工输入的控制点可能存在误差，可以在配准模型参数估计前对控制点进行校正，增强匹配稳定性和准确度。参考文献[18]利用高斯误差函数的泰勒展开式，通过线性插值在控制点附近寻找极值点，对控制点进行校正，使输入的控制点在稳定且位置精度更高的极值点上。

2.3.2　特征匹配与配准模型参数估计

特征匹配是根据一定的相似性度量方法将提取的特征进行一一对应的过程。特征匹配是图像配准中非常重要的一步，匹配的精度直接影响几何变换模型求解的准确性。特征匹配方法包括暴力匹配算法、近似最近邻快速搜索(fast library for approximate nearest neighbors，FLANN)算法、随机采样一致(random sample consensus，RANSAC)算法等。暴力匹配算法计算待匹配特征与参考特征集的相似度，相似度最高的特征即为匹配特征。该方法可以实现最优匹配，但是效率太低，通常使用 FLANN[19] 进行快速匹配。特征的相似度通常使用特征向量间的 Euclidean 距离或余弦，二进制特征通常使用 Hamming 距离。为了剔除误匹配点对，实现精匹配，通常使用由 Fischler 和 Bolles[20] 提出的 RANSAC 算法，该算法通过不断迭代随机选择样本点计算几何变换，保留内点(符合模型参数的点)数量最多的变换作为输出，具有较强容错力，缺点是结果具有随机性，且受迭代次数的影响。下面介绍常用的粗匹配算法 FLANN 算法和精匹配算法 RANSAC 算法。

(1)FLANN 算法

FLANN 算法是一个对大数据集和高维特征进行最近邻搜索的算法集合，其主要包括随机 k-d 树算法(randomized k-d tree algorithm)、优先搜索 k-means 树算法(rriority search k-means tree algorithm)、层次聚类树(hierarchical clustering tree)算法。

①随机 k-d 树算法

k-d 树(k-维树的缩写)是一种在欧几里得空间分割 k 维空间的数据结构，可以应用于搜索多维空间数据，其主要分为标准 k-d 树(classic k-d tree)算法和随机 k-d 树(randomized k-d tree)算法。

标准 k-d 树算法进行数据查找，可以检索在 k-d 树中与查询点距离最近的数据点。当要查询某一点时，标准 k-d 树算法采用二叉搜索，顺着搜索路径找到叶子节点。而最近邻叶子节点处于以查询点为圆心且通过叶子节点的圆域内。随后进行回溯操作，即算法沿搜索路径反向查找是否有距离查询点更近的数据点，判断在该父节点的其他子节点空间中是否有距离查询点更近的数据点。以此反复进行回溯操作，最终找到最近邻点。这种方法在低维度的情况下能取得不错的效果，但是在高维度情况下性能显著下降，于是便出现了随机 k-d 树算法。

Silpa-Anan 和 Hartley[21]针对标准 k-d 树算法进行了改进，提出了随机 k-d 树算法。该算法创建多个随机 k-d 树，从数据方差最大的 d 维中随机选择若干维度来构建随机树，在搜索时，所有随机树中维护一个优先级队列，通过检查固定数量的叶子节点，根据距离排序来搜索，最后返回最佳候选叶子节点。

②优先搜索 k-means 树算法

k-means 树利用数据固有的结构信息，对数据的所有维度进行聚类。首先建立一个层次化的 k-means 树，树的节点为每一层的聚类中心；随后从根节点开始搜索，若根节点是叶子节点，则将同层次的所有叶子节点加入搜索列表，若根节点不是叶子节点，则将它的子节点与查询比较，找出最近的节点 C，同层次的其他节点加入优先队列中，对节点 C 进行递归搜索。

③层次 k-means 树算法

k-d 树算法对低维特征匹配的效率较高。但实际应用中，SIFT 和 SURF 等算法的特征矢量的维度较高，此时 k-d 树算法性能急剧下降，因此引出了一系列在 k-d 树算法基础上进行的改进算法。层次 k-means 树算法是“自顶向下”的层次聚类算法，该算法思路如下：利用 k-means 聚类将每个层次的数据点划分为 k 个不同的区域，然后对每个区域中的点应用相同的方法进行递归，构造层次 k-means 树。当区域内的点数小于 k 时，递归结束。

搜索层次 k-means 树时，步骤如下：

步骤 1：对树进行一次遍历，并将未搜索分支加入优先级队列中。

步骤 2：以未搜索分支为出发点，对树再进行一次遍历。在遍历中，算法不断地将路径上未搜索的分支添加到优先级队列中。当搜索节点数达到固定数量的叶子节点数时停止。

层次 k-means 树算法直接从输入数据中随机选取聚类中心点，该方式建立的树简单有效，又保持多棵树之间的独立性。由于层次聚类算法选择中心点的随机性，该算法可以同时建立多棵树，从而在搜索阶段可以有效提高其性能。

(2)RANSAC 算法

对于距离正确值较远的点，在配准时如果不能很好地剔除它们，将会影响实际效果，从而需要一种更加精准的匹配算法。为了剔除误匹配点对，通常使用由 Fischler 和 Bolles[20]提出的 RANSAC 算法。RANSAC 算法的核心在于将特征点划分为“内点”和“外点”。在一组包含“内点”的数据集中，采用不断迭代的方法，寻找最优参数模型，不符合最优参数模型的特征点，被定义为“外点”。RANSAC 算法通过寻找一个最佳几何变换，使得满足该变换的特征点(即内点)个数最多，从而达到消除错误匹配的目的。RANSAC 算法是一种不确定性算法，会在某个概率下得到合理模型。它通过不断迭代随机选择样本点计算几何变换，保留内点数量最多的变换作为输出，具有较强的容错力，缺点是结果具有随机性，且受迭代次数的影响。

RANSAC 算法描述步骤概括如下：

步骤 1：随机采样 k 个可以满足拟合模型最小需要的点。

步骤 2：对第一步的 k 个点进行拟合，得到的模型定义为初始模型。

步骤 3：若其他点与初始模型的距离小于设定的阈值，则把它当作内点，并统计内点的个数。

步骤 4：重复 M 次步骤 1 至步骤 3，选择内点数最多的模型。

步骤 5：利用步骤 4 得到的最佳模型中的内点，重新估计模型。

由上述算法步骤可知，RANSAC 算法的迭代次数与正确率存在正相关关系，迭代的次数越多，越有可能得到合理模型，也就是最终的配准准确率得到提高。

2.4 图像配准实例

多光谱相机与传统的红绿蓝三通道可见光相机相比，可以获得更多光谱信息。利用多传感器的不同光谱通道对同一场景进行观测，可以得到该场景对应的二维信息和一维光谱信息，有利于信息的提取与分析。基于多传感器的多光谱成像系统具有实时性高、成像质量好的优点，但是由于相机存在非共平面放置的问题，直接叠加多光谱图像将出现通道图像之间的严重错位；在 RGB 模式显示下，错位的部分将会显示为多光谱图像的色差，因此在使用多光谱图像之前，需要进行图像配准。

虽然通过校准光谱仪器，并根据不同光谱摄像头固定位置关系能够确定图像间的几何变换关系，从而实现不同光谱图像的配准。但实际中不同光谱图像的尺度、拍摄角度以及场景都存在较大差异，也难以预先获知不同光谱仪器的相关参数和位置关系，因此仅通过光谱仪无法准确获得图像的变换关系，需要通过软件算法实现不同光谱图像的精确配准。现有配准方法在图像以及场景固定的视频(景深不发生变化)时可以准确配准，但是在场景不断变化的配准任务中，这种方式计算代价大、效率低、配准结果欠佳。另外，多光谱图像不同通道之间灰度差异大，加大了配准难度。因此，对于快速精确配准方法的需求越来越迫切。针对上述问题，结合特征提取与匹配，以及距离先验约束，我们提出一种多通道多光谱相机配准方法[22]，配准精度高，实时性好，能够在景深变化的实际场景下快速准确地完成配准，能够有效解决现有配准技术中景深变化导致的配准精度较低和实时性不高的问题。

(1)配准原理与流程

多通道多光谱相机配准方法总体流程如图 2.4.1 所示，首先将待配准多光谱图像通过预设的 N 组不同距离的场景对应的变换矩阵进行变换，得到 N 组配准结果图像，且每一组变换矩阵中包含的变换矩阵数量为 $m-1$，其中 m 为待配准多光谱图像的通道数；然后对得到的 N 组配准图像，分别计算该图像内部指定通道间的图像相似度，并选择相似度最高的一组配准结果图作为最终配准图像。

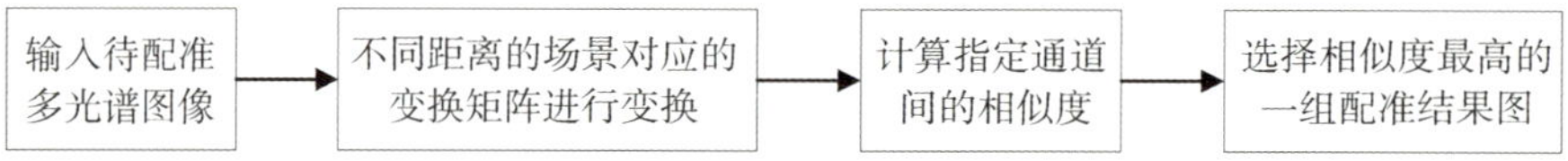

图 2.4.1　多通道多光谱相机配准方法总体流程图

多光谱相机拍摄的场景在一定的深度范围内变化时，其相机通道间的几何关系是固定的，然而实际拍摄过程中，无法保证固定的场景深度，因此需要获取多个距离段的多光谱图像，生成多组不同距离场景对应的变换矩阵来适应待配准多光谱图像，以提高配准精度。N 种不同距离至少包括远、中、近三种距离。三种距离可以根据多光谱相机的成像场景距离范围进行等级划分。实验中远、中、近三种距离的场景各取一种，选择的场景距离分别是 20 m、8 m 和 2 m，因此对应的 N 取值为 3。

根据 N 组不同距离场景下多光谱相机获得的多光谱图像，针对多光谱图像，选择一个通道作为参考通道图像，其余 $m-1$ 个通道作为待配准通道图像，分别提取参考通道图像、待配准通道图像的特征点；遍历各个待配准通道图像的特征点，获取参考通道图像中匹配的特征点；根据各个待配准通道图像的特征点及其参考通道图像中匹配特征点的坐标对应关系构建变换矩阵，将其作为该待配准通道图像对应的变换矩阵，从而得到 N 组不同距离的场景对应的变换矩阵。

具体的配准方法步骤：首先，采用 SURF 算法[16]提取参考通道图像、待配准通道图像的特征点；然后，对待配准图像中每一个特征点，遍历参考图像的特征点，寻找其欧氏距离最小的特征点，重复操作，直至所有的特征点都找到其对应的特征点。

由于在特征点匹配过程中不可避免地会产生错误匹配点对，错误匹配点对的存在将影响配准矩阵的计算结果，从而影响后续图像配准精度。因此，采用 RANSAC 算法消除待配准通道图像与参考通道图像之间的错误匹配点对。具体地，首先从特征点匹配对中随机抽出 4 对特征点样本，并保证这些特征点样本之间不共线，然后利用这 4 对特征点样本数据计算出变换矩阵(最优参数模型)，最后利用这个变换矩阵测试所有剩余的匹配点数据，计算满足这个变换矩阵的样本数和投影误差(代价函数)。通过重复以上操作，寻找最优矩阵，最优矩阵对应的代价函数最小。其中，代价函数的表达式如式(2. 4. 1)所示：

$$\sum_{i=1}^{n}\left[\left(x_{1i}\frac{h_{11}x_{2i}+h_{12}y_{2i}+h_{13}}{h_{31}x_{2i}+h_{32}y_{2i}+h_{33}}\right)^2+\left(y_{1i}\frac{h_{21}x_{2i}+h_{22}y_{2i}+h_{23}}{h_{31}x_{2i}+h_{32}y_{2i}+h_{33}}\right)^2\right] \quad (2.4.1)$$

式中，n 表示特征点匹配对的总数，(x_1, y_1)和(x_2, y_2)分别表示特征点匹配对中待配准通道图像和参考通道图像中特征点的坐标。

综上所述，通过随机抽样求解得到一个变换矩阵，然后验证其他的点是否符合该变换矩阵，符合的特征点成为“内点”，不符合的特征点成为“外点”。下次依然从“新的内点集合”中抽取点构造新的矩阵，重新计算误差。误差最小且特征点数最多的模型就是最终模型，不符合该模型的匹配点即为误匹配点，从而被剔除。

当 N 为 3 时，得到 3 组不同距离的场景对应的变换矩阵，记为 $\boldsymbol{H}_{\text{near}}$，$\boldsymbol{H}_{\text{mid}}$，$\boldsymbol{H}_{\text{far}}$，分别为近、中、远距离场景对应的变换矩阵。若$(x_1, y_1)^{\mathrm{T}}$ 表示图像 A 中的像素点坐标，$(x_2, y_2)^{\mathrm{T}}$ 是图像 B 中的像素点坐标，为了涵盖平移等图像变换，引入齐次坐标，在原有的二维坐标(x, y)的基础上增加一个维度，变为$(x, y, 1)$，通过计算得到的变换矩阵 $\boldsymbol{H}$，可以将图像 B 变换到图像 A。

$$\begin{bmatrix}x_1\\y_1\\1\end{bmatrix}=\begin{bmatrix}h_{11}&h_{12}&h_{13}\\h_{21}&h_{22}&h_{23}\\h_{31}&h_{32}&h_{33}\end{bmatrix}\begin{bmatrix}x_2\\y_2\\1\end{bmatrix} \quad (2.4.2)$$

式中，$h_{11}\sim h_{33}$构成的矩阵记为变换矩阵 $\boldsymbol{H}$。

将待配准多光谱图像通过预设的三组不同距离的场景对应的变换矩阵 $\boldsymbol{H}_{\text{near}}$，

$\boldsymbol{H}_{\mathrm{mid}}$，$\boldsymbol{H}_{\mathrm{far}}$进行变换，得到三种配准结果图像 R_{near}，R_{mid}，R_{far}。然后计算第一通道和第二通道之间的结构相似性 SSIM，也可以根据需要计算其他任意两个通道的相关性。SSIM 的详细介绍参见 3.2.2 节。计算通道图像间的相似度之前将原始图像缩小到原来的 1/4，可以在保证准确度的前提下使计算效率更高。需要说明的是，缩小图像是为了提升计算效率，但是随着图像的缩小，通道间相似度指标将越来越接近，从而影响最高相似度的判断。通过实验，在保证可以选取到最高相似度的情况下选择将图像缩小为原来的 1/4，以在保证准确度的前提下使计算效率更高。

(2)实验结果与分析

实验采用的多光谱相机包含 6 个通道，配置了多光谱传感器和嵌入式系统平台，具有多光谱图像采集及分析能力。相机及参数分别如图 2.4.2 和表 2.4.1 所示，采用滤光片阵列分光设计，使用 6 个不同传感器获取 6 个通道图像，可以非延时地采集同一场景的图像，构成数据立方体，用于提取物体的光谱信息。为了测试不同环境所造成的影响，在室内和室外场景下均进行了实验。多光谱图像包含 6 个通道，选择 1 个通道作为参考通道图像，其余 5 个通道作为待配准通道图像。

图 2.4.2 六通道多光谱相机

表 2.4.1 六通道多光谱相机内部参数

相机内部参数	参数值
通道数	6
光谱范围	450～950 nm
光谱分辨率	100 nm
空间分辨率	1280×960 pixels/channels
像素格式	10 bit RAW
FOV/焦距	34/8 mm
采集帧率	30 FPS
曝光/增益调整	自动/手动

图 2.4.3 和图 2.4.4 分别展示了用多光谱相机拍摄的室内和室外实景图像，6 个图像分别对应了多光谱相机的 6 个通道。从图中可以明显看出 6 个通道图像之间的空间偏差，需要进行图像配准。

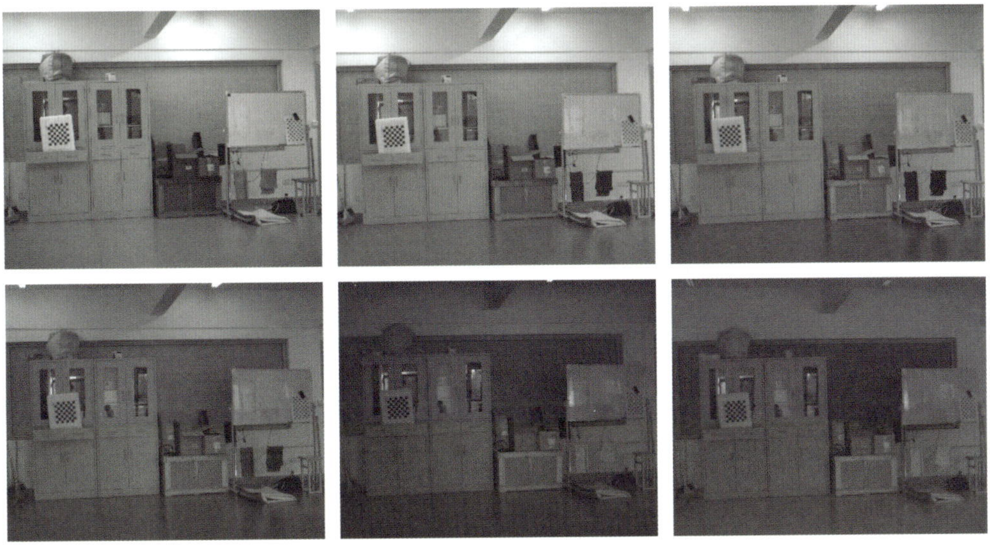

图 2.4.3　室内多光谱相机 6 个通道图像

图 2.4.4　室外多光谱相机 6 个通道图像

图 2.4.5(a)和(b)分别为多通道多光谱相机获取的室内场景原始图像和本方法的配准结果。如图 2.4.5 所示，原多光谱图像中由通道偏移引起的色偏现象和叠影非常明显；配准后，克服了这些问题，明显改善了图像质量。

(a)室内未配准图像

(b)室内配准图像

图 2.4.5　室内配准效果对比

图 2.4.6(a)和(b)分别为多通道多光谱相机获取的室外场景原始图像和本方法的配准结果。类似图 2.4.5，本方法有效地去除了通道偏移引起的色差和叠影现象。根据配准结果，本方法能够实现室外场景、室内场景的精确配准。本方法适用于各种多通道成像多光谱相机景深变化场景下的配准，其稳定性高、实时性好。

(a)室外未配准图像

(b)室外配准图像

图 2.4.6　室外配准效果对比

本章小结

实际获取的多源图像，经常存在同一空间位置在不同源图像中没有对齐的问题，在进行融合前，需先进行图像配准，本章针对多源图像配准进行了介绍。不同的源图像之间的几何形变不同，需要根据实际情况选择相应的几何变换，本章首先对几何变换进行了介绍，包括刚体变换、仿射变换、投影变换、非线性变换等。

图像配准方法主要包括全局优化配准方法和局部特征配准方法。全局优化配准方法根据图像的灰度信息或变换域信息在整个图像上寻找几何变换参数，主要包括相似性测度和配准参数寻优两个步骤。介绍了常用的相似性测度，如相关比测度、互信息测度、相关系数测度、相位相关测度等。配准参数寻优是利用优化方法寻找使得相似性测度最优的几何变换参数，包括经典最优化方法、遗传算法等人工智能优化算法。局部特征配准方法首先检测图像的局部特征点，然后对特征点进行匹配并求解几何变换参数。典型的局部特征点检测方法有 Harris 算法、SIFT 算法、SURF 算法、LIFT 算法等。典型的特征匹配方法有 FLANN 算法和 RANSAC 算法。

最后通过一个多光谱相机的图像配准实例，对多源图像配准技术的应用进行了阐述。基于多传感器的多光谱成像系统具有实时性高、成像质量好的优点，但是由于相机存在非共平面放置的情况，直接叠加多光谱图像将出现通道图像之间的严重错位。为了解决该问题，我们提出了距离先验约束和 SURF 局部特征匹配的多光谱图像配准方法。实验结果表明，经过此方法的配准，显著提升了多光谱图像质量。

参考文献

[1]BOOKSTEIN F L. Thin-plate splines and the atlas problem for biomedical images[C]. Biennial International Conference on Information Processing in Medical Imaging. Springer, Berlin, Heidelberg, 1991: 326-342.

[2]孙冬梅，裘正定. 利用薄板样条函数实现非刚性图像匹配算法[J]. 电子学报，2002(8)：1104-1107.

[3]COLLIGNON A, MAES F, DELAERE D, et al. Automated multi-modality image registration based on information theory[C]. Information Processing in Medical Imaging. 1995, 3(6): 263-274.

[4]VIOLA P, WELLS III W M. Alignment by maximization of mutual information[J]. International Journal of Computer Vision, 1997, 24(2): 137-154.

[5] ROCHE A, MALANDAIN G, PENNEC X, et al. The correlation ratio as a new similarity measure for multimodal image registration[C]. International Conference on Medical Image Computing and Computer-Assisted Intervention. Springer, Berlin, Heidelberg, 1998: 1115-1124.

[6]WOODS R P, MAZZIOTTA J C, CHERRY S R. MRI-PET registration with automated algorithm[J]. Journal of Computer Assisted Tomography, 1993, 17: 536-546.

[7]STUDHOLME C, HILL D L G, HAWKES D J. An overlap invariant entropy measure of 3D medical image alignment[J]. Pattern Recognition, 1999, 32(1): 71-86.

[8]ALLINEY S, MORANDI C. Digital image registration using projections[J]. IEEE Transactions on Pattern Analysis and Machine Intelligence, 1986 (2): 222-233.

[9]MATSOPOULOS G K, MOURAVLIANSKY N A, DELIBASIS K K, et al. Automatic retinal image registration scheme using global optimization techniques[J]. IEEE Transactions on Information Technology in Biomedicine, 1999, 3(1): 47-60.

[10]ROUET J M, JACQ J J, ROUX C. Genetic algorithms for a robust 3－D MR-CT registration[J]. IEEE Transactions on Information Technology in Biomedicine, 2000, 4(2): 126-136.

[11]WACHOWIAK M P, SMOLÍKOVÁ R, ZHENG Y, et al. An approach to multimodal biomedical image registration utilizing particle swarm optimization[J]. IEEE Transactions on Evolutionary Computation, 2004, 8(3): 289-301.

[12]MAES F，COLLIGNON A，VANDERMEULEN D，et al. Multimodality image registration by maximization of mutual information[J]. IEEE Transactions on Medical Imaging，1997，16(2)：187-198.

[13]PRESS W H，TEUKOLSKY S A，VETTERLING W T，et al. Numerical recipes：the art of scientific computing[M]. 3rd ed. Cambridge：Cambridge University Press，2007.

[14]JI J X，PAN H，LIANG Z P. Further analysis of interpolation effects in mutual information-based image registration[J]. IEEE Transactions on Medical Imaging，2003，22(9)：1131-1140.

[15]LOWE D G. Distinctive image features from scale-invariant keypoints[J]. International Journal of Computer Vision，2004，60(2)：91-110.

[16]BAY H，ESS A，TUYTELAARS T，et al. Speeded-up robust features (SURF)[J]. Computer Vision and Image Understanding，2008，110(3)：346-359.

[17]YI K M，TRULLS E，LEPETIT V，et al. LIFT：learned invariant feature transform[C]. European Conference on Computer Vision. Springer，Cham，2016：467-483.

[18]王凌霞，郝红侠. 最优控制点选取的遥感图像亚像素配准算法[J]. 信号处理，2015，31(3)：274-281.

[19]MUJA M，LOWE D G. Fast approximate nearest neighbors with automatic algorithm configuration[J]. VISAPP(1)，2009，2：331-340.

[20]FISCHLER M A，BOLLES R C. Random sample consensus：a paradigm for model fitting with applications to image analysis and automated cartography[J]. Communications of the ACM，1981，24(6)：381-395.

[21]SILPA-ANAN C，HARTLEY R. Optimised KD-trees for fast image descriptor matching[C]. IEEE Conference on Computer Vision and Pattern Recognition，2008：1-8.

[22]李树涛，康旭东，莫言. 一种多通道多光谱相机配准方法、系统及介质：CN 111681271 A[P]. 2020-09-18.

第三章 多源图像融合质量评价

多源图像融合质量评价的目的是对融合图像进行分析，衡量融合图像质量的改善情况，对融合算法性能进行评价，同时也可以通过系统的分析对以后的融合过程进行指导，进而改进融合算法，并为后续处理步骤提供可靠性依据。没有融合结果的评价就没有信息的反馈，所以融合图像质量评价问题在图像融合中占有重要地位。因此，对多源融合图像进行质量评价非常重要。

目前的融合质量评价主要有主观评价法和客观评价法。主观评价由评判员根据经验对融合图像质量进行判定，客观评价是依据一些评价指标进行自动客观判定。客观评价指标可以分成无参考评价指标、全参考评价指标、弱参考评价指标三类。

3.1 主观融合性能评价

融合图像质量主观评价法指评判员根据自己的知识对融合图像的质量进行评价的方法。其具体的做法是由一组评判员，对不同融合图像进行打分，这种方法的主观性比较强。主观评价法具有简单、直观的优点，对明显的图像信息可以进行快捷、方便的评价。但主观评价法受评判员的学识、能力、经验、心理等因素的影响大，带有一定片面性，可重复性较差。此外，不同的评判员、图像类型、应用场合和环境条件等的影响也较大[1,2]。

主观评价可分为两种类型：绝对评价和相对评价。绝对评价是由评判员根据事先规定的评价尺度(即评分标准)和自己的经验，对被评价图像本身的质量进行评估。有些情况下，可提供一组标准图像作为参考，帮助评判员对图像质量做出合适的评估。相对评价是由评判员对一批待评价图像进行比较，得到图像的优劣顺序，并给出相应的评价值。图像主观评价的标准往往要根据应用场合等因素来选择和制定。表 3.1.1 给出了国际上规定的五级好坏质量尺度(亦称主观评价 5 分制)。为了保证图像主观评价在统计上有意义，参加评价的评判员应足够多。应该注意，如果融合图像是评判员很熟悉的内容，那么评判员容易挑出毛病，给出较低分数，而不熟悉图像内容的评判员给出的较高分数并不能准确反映图像的质量。

表 3.1.1　好坏质量尺度

分数	良好尺度	损坏尺度
5 分	非常好	丝毫看不出图像质量变坏
4 分	好	能看出图像质量变坏，但不妨碍观看
3 分	一般	清楚地看出图像质量变坏，对观看稍有妨碍
2 分	差	对观看有妨碍
1 分	非常差	严重地妨碍观看

3.2　客观融合性能评价

客观评价法是由计算机根据评价公式计算融合图像的质量指标。客观评价可以提高判断的准确性和速度，通常单个评价指标不能充分说明融合图像的好坏，一个融合结果不能使所有的客观评价指标都好，所以需要研究出一种综合的融合方法评价方式，使其与主客观评价达到一致。实际中往往结合多种客观指标来弥补各自的缺陷，得到更准确的评价结果。由于客观指标有时存在与图像质量不一致的情况，通常需要结合客观定量评价和主观定性评价对融合图像进行综合评价。如果主观定性评价和客观定量评价存在冲突，通常以主观定性评价为准。

图像融合的基本要求是保存源图像的细节和内容。一种好的融合方法应该能够增强或保留源图像中所有有用的信息。一个图像看上去很清晰，指的是人眼视觉能分辨出图像中的细节。图像细节虽然没有明确定义，但经常应用于图像质量评价中，图像细节与图像的边缘、对比度、锐度和纹理等相关。对融合方法的客观评价可以从融合效率和融合图像质量两方面进行。计算量或计算复杂度决定融合方法是否高效，它和实时性有密切联系。实时性跟具体应用相关，例如在导弹制导方面，要求时间很短；而在城市发展监测方面，时间要求不高。

根据评价指标是否需要参考融合图像，以及融合评价指标中是否需要考虑源图像的信息，现有的图像融合质量客观评价指标可以分为三大类：无参考评价指标、全参考评价指标、弱参考评价指标。为方便说明，以下内容假设 X 和 Y 是两个源图像，F 为实际融合图像，R 为理想的参考融合图像，M 和 N 分别表示图像 F 的行数和列数。

以上三类评价从像素的层面对图像质量进行评价。然而，融合图像除了用于目视查看外，还经常用于后续检测、分割等高级解译任务。因此，也常根据后续任务的相关指标来评价融合图像的优劣。例如，目标检测的精度评价指标包括平均准确度均值(m_{AP})、精确率(precision)、准确率(accuracy)、召回率(recall)，图像分割的准确性指标包括像素准确率、交并比 IoU(intersection-over-union，也称为 Jaccard 系数)、Dice 系数(也称为 F1 score)等。本书主要介绍无参考、全参考、弱参考三类评价指标，对高级任务相关评价指标不做具体介绍。

3.2.1 无参考评价指标

无参考评价指标指不需要其他图像而直接对融合图像本身进行评价。由于此类评价指标相对独立，因此适用范围最为广泛，甚至可以适用于对传感器获取的原始图像进行定量评价，也可以对中间图像进行定量评价。该类评价指标是图像质量评价体系中的基本指标。

(1)均值

均值是图像像素的灰度平均值，反映整个图像的平均亮度信息：

$$\mu=\frac{1}{M\times N}\sum_{i=1}^{M}\sum_{j=1}^{N}F(i,\ j) \tag{3.2.1}$$

(2)标准差

标准差反映像素灰度值相对于均值的离散程度。标准差越大，则灰度级分布越分散。对于同一场景的图像，模糊图像的灰度分布比较集中，相应的标准差通常小；清晰图像的灰度分布比较分散，相应的标准差通常大。因此，标准差反映图像清晰度或图像细节的丰富程度。灰度图像 F 的标准差为：

$$\sigma=\sqrt{\frac{1}{M\times N}\sum_{i=1}^{M}\sum_{j=1}^{N}[F(i,\ j)-\mu]^2} \tag{3.2.2}$$

(3)平均梯度

平均梯度指灰度变化率的平均值，用来评价融合图像的细节丰富程度。图像模糊是指图像中的边界与其两侧附近的灰度较为接近，即灰度变化率小。变化率可以用梯度表示。在图像中，某一方向的灰度级变化率大，它的梯度也就大。因此，平均梯度值可用来衡量图像的清晰度。一般来说，平均梯度越大，图像越清晰。因此，可以用平均梯度评价融合图像在微小细节方面的丰富程度。平均梯度的定义为：

$$\nabla\overline{G}=\frac{1}{M\times N}\sum_{i=1}^{M}\sum_{j=1}^{N}[\nabla_x F(i,j)^2+\nabla_y F(i,j)^2]^{1/2} \tag{3.2.3}$$

式中，$\nabla_x F(i,j)$，$\nabla_y F(i,j)$分别为像素(i,j)在 x，y 方向上的一阶差分。

由于彩色图像的像素的灰度值为三维向量，定义梯度为：

$$\nabla g_{i,j}^{\theta}=\sqrt{\frac{1}{2}[(\nabla g_{i,j}^{x}+\nabla g_{i,j}^{y})+(\nabla g_{i,j}^{y}-\nabla g_{i,j}^{y})\cos 2\theta+2\nabla g_{i,j}^{xy}\sin 2\theta]} \tag{3.2.4}$$

式中，$\nabla g_{i,j}^{\theta}$为像素点在位置(i,j)方向 θ 的梯度；θ 为像素点亮度变化最大的方向；$\nabla g_{i,j}^{x}$，$\nabla g_{i,j}^{y}$与$\nabla g_{i,j}^{xy}$分别表示不同方向的梯度。计算公式如下：

$$\theta=\frac{1}{2}\arctan\left[\frac{2\nabla g_{i,j}^{xy}}{\nabla g_{i,j}^{x}-\nabla g_{i,j}^{y}}\right] \tag{3.2.5}$$

$$\nabla g_{i,j}^{x}=\left|\frac{\partial R}{\partial x}\right|^2+\left|\frac{\partial G}{\partial x}\right|^2+\left|\frac{\partial B}{\partial x}\right|^2 \tag{3.2.6}$$

$$\nabla g_{i,j}^{y}=\left|\frac{\partial R}{\partial y}\right|^2+\left|\frac{\partial G}{\partial y}\right|^2+\left|\frac{\partial B}{\partial y}\right|^2 \tag{3.2.7}$$

$$\nabla g_{i,j}^{xy}=\frac{\partial R}{\partial x}\frac{\partial R}{\partial y}+\frac{\partial G}{\partial x}\frac{\partial G}{\partial y}+\frac{\partial B}{\partial x}\frac{\partial B}{\partial y} \tag{3.2.8}$$

式中，R，G，B 分别表示融合图像 F 的红、绿、蓝三个通道。整个图像的平均梯度按下式计算：

$$\nabla\overline{g}=\frac{1}{M\times N}\sum_{i=1}^{M}\sum_{j=1}^{N}\nabla g_{i,j}^{\theta} \tag{3.2.9}$$

(4)空间频率

空间频率(spatial frequency，SF)评价融合图像的清晰度[3]，其定义为：

$$\begin{aligned}\mathrm{RF}&=\sqrt{\frac{1}{MN}\sum_{i=1}^{M}\sum_{j=2}^{N}[F(i,j)-F(i,j-1)]^2}\\ \mathrm{CF}&=\sqrt{\frac{1}{MN}\sum_{i=2}^{M}\sum_{j=1}^{N}[F(i,j)-F(i-1,j)]^2}\end{aligned} \tag{3.2.10}$$

式中，RF 表示行频率，CF 表示列频率。

(5)信息熵

图像信息熵衡量图像信息丰富程度，熵值越大，融合图像包含的信息越多。如果图像中所有灰度级出现的概率趋于相等，那么包含的信息量趋于最大。信息熵指标是一种基于信息论的评价指标。熵值的大小表示图像所包含信息量的多少，信息量增加是图像融合最基本的要求，因此融合图像的质量可以通过融合前后图像信息熵的大小反映出来。图像的灰度分布为 $p=\{p_0, p_1, \cdots, p_i \cdots, p_{L-1}\}$，其中 p_i 为灰度值等于 i 的像素数与图像总像素数之比，即灰度级 i 的概率，L 表示图像 F 的灰度级总数，则信息熵为：

$$H(F)=-\sum_{i=0}^{L-1} p_i \log_2 p_i \tag{3.2.11}$$

(6)颜色丰富度

颜色丰富度是表示颜色鲜艳程度的一个测量值，主要计算融合图像色彩是否丰富，据此判断是否适合人眼观察。Hasler 和 Süsstrunk 提出了一种基于两种简单对抗颜色空间的颜色丰富度计算方法[4]。对抗颜色空间分别为 $\alpha=R-G$ 和 $\beta=\frac{1}{2}(R+G)-B$。颜色丰富度的计算公式如下：

$$C=\sqrt{\sigma_\alpha^2+\sigma_\beta^2}+0.3\sqrt{\mu_\alpha^2+\mu_\beta^2} \tag{3.2.12}$$

式中，σ_α，σ_β 与 μ_α，μ_β 分别表示为 α，β 颜色空间的标准差和均值。

3.2.2 全参考评价指标

全参考评价指标通常定义为参考图像与融合图像之间的相似性，该类指标的计算除了需要融合图像外，还需要参考图像(即理想融合图像)。由于该类指标综合考虑了参考图像和融合图像信息量变化，能够更加客观地反映融合图像的效果。

(1)均方根误差

实际融合图像 F 与理想融合图像 R 的均方根误差(root mean square error, RMSE)为：

$$\mathrm{RMSE}=\sqrt{\frac{1}{MN}\sum_{i=1}^{M}\sum_{j=1}^{N}[R(i, j)-F(i, j)]^2} \tag{3.2.13}$$

均方根误差越小表示实际融合图像与理想融合图像越接近，融合图像的质量越好。

(2)峰值信噪比

信噪比是信号(有用信息)和背景噪声(干扰信息)的功率比。图像信噪比的定义为：

$$\mathrm{SNR}=10\log_{10}\frac{\sum_{i=1}^{M}\sum_{j=1}^{N}[F(i,j)]^2}{\sum_{i=1}^{M}\sum_{j=1}^{N}[R(i,j)-F(i,j)]^2} \tag{3.2.14}$$

图像信噪比越大表示融合图像质量越好。

峰值信噪比与信噪比相似，其定义为：

$$\mathrm{PSNR}=10\log_{10}\frac{M\times N\{\max F(i,j)-\min F(i,j)\}^2}{\sum_{i=1}^{M}\sum_{j=1}^{N}[R(i,j)-F(i,j)]^2} \tag{3.2.15}$$

对于 8 位图像，$\max F(i,j)-\min F(i,j)$ 为 255。与 SNR 一样，PSNR 也是值越大表示融合图像质量越好。

(3)扭曲度

扭曲度[5]为融合图像与参考图像之间的像素差的绝对值：

$$D=\frac{1}{NM}\sum_{i=1}^{M}\sum_{j=1}^{N}|R(i,j)-F(i,j)| \tag{3.2.16}$$

(4)偏差度

偏差度用来反映融合图像与参考图像的偏差程度[6]，为融合图像 F 与参考图像 R 的差值的绝对值与参考图像 R 的比值：

$$\mathrm{DI}=\frac{1}{M\times N}\sum_{i=1}^{M}\sum_{j=1}^{N}\frac{|R(i,j)-F(i,j)|}{R(i,j)} \tag{3.2.17}$$

(5)交叉熵

交叉熵反映了两个图像对应像素的信息差异，是对两个图像所含信息的相对衡量，其定义为：

$$D(p,q)=\sum_{i=0}^{L-1}p_i\log_2\frac{p_i}{q_i} \tag{3.2.18}$$

式中，p 和 q 分别表示参考图像和融合图像的灰度概率分布。

(6)结构相似性

结构相似性指标(SSIM)[7]评价融合图像与参考图像的结构相似性。SSIM 根据人眼视觉特性得到，即视觉系统对场景内的结构信息比较敏感。SSIM 的定义为：

$$\mathrm{SSIM}=\frac{\sigma_{RF}}{\sigma_R\sigma_F}\cdot\frac{2\mu_R\mu_F}{\mu_R^2+\mu_F^2}\cdot\frac{2\sigma_R\sigma_F}{\sigma_R^2+\sigma_F^2} \tag{3.2.19}$$

式中，μ_R 和 μ_F 分别为参考图像 R 和融合图像 F 的平均值，σ_R 和 σ_F 为 R 和 F 的标准差，σ_{RF} 为 R 和 F 的协方差。SSIM 分为三个部分，它们分别代表相关性、亮度扭曲和对比度扭曲。SSIM 的取值范围是[−1，1]，值越大表示融合图像的质量越好。

在遥感图像融合质量评价中，SSIM 也称为 Q 指标。B 波段图像融合质量评价指标 Q_N 计算的是 B 个光谱波段的多光谱图像的 Q 值，可表示为：

$$Q_N(Z_1, Z_2)=\frac{|\sigma_{Z_1,Z_2}|}{\sigma_{Z_1}\cdot\sigma_{Z_2}}\frac{2\sigma_{Z_1}\cdot\sigma_{Z_2}}{\sigma_{Z_1}^2+\sigma_{Z_2}^2}\frac{2|\bar{Z}_1|\cdot|\bar{Z}_2|}{|\bar{Z}_1|^2+|\bar{Z}_2|^2} \tag{3.2.20}$$

式中，当 $N=4$ 时，$Z_1=e_1+ie_2+je_3+ke_4$，$Z_2=\hat{e}_1+i\hat{e}_2+j\hat{e}_3+k\hat{e}_4$，$e_b$ 和 $\hat{e}_b$ 表示融合图像和参考图像的第 $b(b=1, 2, 3, 4)$ 波段，i，j，k 是虚数单位。

(7)相关系数

相关系数反映两个图像的相关程度，其值越大表示二者相关程度越高，即融合图像的质量越好，理想情况下相关系数为 1。相关系数的公式为：

$$\mathrm{CC}=\frac{\sigma_{RF}}{\sigma_F\sigma_R} \tag{3.2.21}$$

(8)SAM

SAM(spectral angle mapper)反映融合图像相对于参考图像的光谱扭曲程度[5]。用 $\boldsymbol{u}_R=\{u_{R,1}, u_{R,2}, \cdots, u_{R,P}\}$ 表示参考高分辨率多光谱图像的像素向量，$\boldsymbol{u}_F=\{u_{F,1}, u_{F,2}, \cdots, u_{F,P}\}$ 表示融合图像的像素向量，则 SAM 可以通过下式计算得到：

$$\mathrm{SAM}=\arccos\frac{\langle\boldsymbol{u}_R, \boldsymbol{u}_F\rangle}{\|\boldsymbol{u}_R\|_2\cdot\|\boldsymbol{u}_F\|_2} \tag{3.2.22}$$

SAM 的值越小表示融合图像越好。对于理想融合图像，SAM 的值为 0。

(9)ERGAS

ERGAS(erreur relative global adimensionnelle de synthèse)[8] 用来评价全色与多光谱融合图像的质量，其定义为：

$$\mathrm{ERGAS}=100\frac{h}{l}\sqrt{\frac{1}{B}\sum_{b=1}^{B}\frac{\mathrm{RMSE}^2(F_b, R_b)}{\mathrm{mean}^2(R_b)}} \tag{3.2.23}$$

式中，h 是全色图像的空间分辨率，l 为多光谱图像的空间分辨率，B 为多光谱图像的通道数，$\mathrm{mean}(R_b)$ 是参考多光谱图像第 b 通道图像的平均值，$\mathrm{RMSE}(F_b, R_b)$ 为融合图像第 b 通道与参考图像第 b 通道的均方根误差。ERGAS 的值越小，融合图像与参考图像越接近，融合图像质量越好。

3.2.3 弱参考评价指标

在红外与可见光等多模态图像融合中，通常缺乏参考图像，全参考图像质量评价指标不能用于此类融合图像的评价。弱参考评价指标根据各源图像与融合图像之间所包含的信息量大小对融合图像进行评价，由于该类指标联合考虑了源图像和融合图像信息量变化，能够较好地反映融合图像的质量。

(1) $Q^{AB/F}$

$Q^{AB/F}$ 指标由 Xydeas 和 Petrović 提出[9]，评价从源图像传递到融合图像的边缘信息量。该测度首先利用 Sobel 边缘检测算子计算源图像 X 和 Y 以及融合图像 F 每个像素位置的边缘强度 $g(i, j)$和边缘方向 $\alpha(i, j)$。对于图像 X：

$$g_X(i, j)=\sqrt{s_X^x(i, j)^2+s_X^y(i, j)^2} \tag{3.2.24}$$

$$\alpha_X(i, j)=\tan^{-1}\frac{s_X^y(i, j)}{s_X^x(i, j)} \tag{3.2.25}$$

式中，$s_X^x(i, j)$和 $s_X^y(i, j)$分别表示水平和垂直 Sobel 模板对图像 X 在像素(i, j)处的响应。源图像 X 与融合图像 F 的相对边缘强度 $G_{i,j}^{XF}$ 和边缘方向 $\alpha_{i,j}^{XF}$ 的定义为：

$$G_{i,j}^{XF}=\left(\frac{g_{i,j}^F}{g_{i,j}^X}\right)^M, \quad M=\begin{cases}1, & g_X(i, j)>g_F(i, j)\\ -1, & 其他\end{cases} \tag{3.2.26}$$

$$A_{i,j}^{XF}=1-\frac{|\alpha_X(i, j)-\alpha_F(i, j)|}{\pi/2} \tag{3.2.27}$$

$$Q_{i,j}^{XF}=\Gamma_g\Gamma_\alpha\left(1+e^{k_g(G_{i,j}^{XF}-\sigma_g)}\right)^{-1}\left(1+e^{k_\alpha(A_{i,j}^{XF}-\sigma_\alpha)}\right)^{-1} \tag{3.2.28}$$

式中，常量 Γ_g，k_g，σ_g 和 Γ_α，k_α，σ_α 分别确定了用于边缘和方向保持评价的 Sigmoid 函数形状。Q^{YF} 的定义与 Q^{XF} 类似，不再赘述。最后，$Q^{AB/F}$ 通过下式得到：

$$Q^{AB/F}=\frac{\sum_{i,j}Q_{i,j}^{XF}w_{i,j}^X+Q_{i,j}^{YF}w_{i,j}^Y}{\sum w_{i,j}^X+w_{i,j}^Y} \tag{3.2.29}$$

式中，权值 $w_{i,j}^X$ 和 $w_{i,j}^Y$ 为局部重要性感知因子。一般设 $w_{i,j}^X=[g_X(i, j)]^L$ 和 $w_{i,j}^Y=[g_Y(i, j)]^L$，L 为常数，通常设 $L=1$。

(2) Q_0，Q_W，Q_E

为全面表达图像局部信息，先分块计算局部区域的 Q 值(即 SSIM)，再合成一个总体指标：

$$Q(X, F)=\frac{1}{|W|}\sum_{w\in W}Q(X, F|w) \tag{3.2.30}$$

式中，$Q(X, F|w)$ 表示图像 X 和 F 中对应窗口 w 的指标 $Q(X, F)$，W 为所有窗口的集合，$|W|$表示 W 中窗口的个数。图像融合质量评价，需要同时考虑两个源图像与融合图像之间的结构相似度关系，Q_0的定义为[10]：

$$Q_0(X, Y, F)=\frac{1}{|W|}\sum_{w\in W}[\lambda_X(w)Q(X,F|w)+\lambda_Y(w)Q(Y,F|w)] \tag{3.2.31}$$

其中权值定义为$\lambda(w)=s(a|w)/[s(a|w)+s(b|w)]$，$s(a|w)$表示图像 X 在窗口 w 内的活跃度，它可以用对比度、信息熵等来表示。考虑到人类视觉系统重视图像中视觉显著区域，可以对每个窗口赋予不同的权值：

$$c(w)=\frac{C(w)}{\sum_{w'\in W}C(w')}, \quad C(w)=\max\{s(a|w), s(b|w)\} \tag{3.2.32}$$

从而定义 $Q_W(X, Y, F)$为：

$$Q_W(X, Y, F)=\sum_{w\in W}c(w)\{\lambda(w)Q_0(X, F|w)+[1-\lambda(w)]Q_0(Y, F|w)\} \tag{3.2.33}$$

另外考虑边缘特征的重要性定义了 Q_E测度，即

$$Q_E(X, Y, F)=Q_W(X, Y, F)Q_0(X', Y', F')^{\alpha} \tag{3.2.34}$$

式中，X'，Y'，F'分别表示图像 X，Y，F 的边缘图像，α 的取值范围为$[0, 1]$。对于这三个测度(Q_0，Q_W和Q_E)，其值越大则表示融合图像质量越好。

(3) Q_C，Q_Y

Q_C指标[11]在 Q_0的基础上，考虑了源图像与融合图像之间的相似性，利用相似性作为权重对不同源图像与融合图像之间的 Q_0进行加权平均，源图像之间的图像块越相似，赋予的权重越大；反之，源图像之间的图像块越不相似，赋予的权重越小。Q_C的定义如下式所示：

$$Q_C=\sum_{w\in W}\{\mathrm{sim}(X, Y, F|w)Q_0(X, F|w)+[1-\mathrm{sim}(X, Y, F|w)]Q_0(Y, F|w)\} \tag{3.2.35}$$

$$\mathrm{sim}(X, Y, F|w)=\begin{cases}0, & \dfrac{\sigma_{XF}}{\sigma_{XF}+\sigma_{YF}}<0\\ \dfrac{\sigma_{XF}}{\sigma_{XF}+\sigma_{YF}}, & 0\leqslant\dfrac{\sigma_{XF}}{\sigma_{XF}+\sigma_{YF}}\leqslant 1\\ 1, & \dfrac{\sigma_{XF}}{\sigma_{XF}+\sigma_{YF}}>1\end{cases} \tag{3.2.36}$$

图像融合的重要目的是综合集成各源图像的互补信息，Q_Y 指标[11]从互补信息和冗余信息的角度对融合图像进行评价，利用局部结构相似性 SSIM 作为匹配测量。如果源图像的局部结构相似性 SSIM 越高，表明源图像越相似，那么该局部区域为冗余信息；若源图像的局部结构相似性 SSIM 越低，表明源图像之间的差异越大，那么该局部区域为互补信息。因此可以利用 SSIM 来区分互补信息与冗余信息。Q_Y 的定义如下：

$$Q_Y=\begin{cases}\lambda(w)\mathrm{SSIM}(A, F|w)+[1-\lambda(w)]\mathrm{SSIM}(B, F|w), & \mathrm{SSIM}(A, B|w)\geqslant 0.75\\ \max\{\mathrm{SSIM}(A, F|w), \mathrm{SSIM}(B, F|w)\}, & \text{其他}\end{cases} \tag{3.2.37}$$

式中，$\lambda(w)$为局部权重。从上式可以看出，对冗余信息采取加权平均策略，对互补信息采取选择策略。

(4) 互信息

互信息(mutual information，MI)从统计学的角度定义了两个图像之间的相关性。源图像 X 和融合图像 F 之间的互信息为[12]：

$$\mathrm{MI}^{X,F}=\sum_{i=1}^{L}\sum_{j=1}^{L}h_{X,F}(i, j)\log_2\frac{h_{X,F}(i, j)}{h_X(i)h_F(j)} \tag{3.2.38}$$

式中，$h_{X,F}(i, j)$为图像 X 和 F 的归一化联合灰度概率，$h_X(i)$和 $h_F(j)$是两个图像的概率，L 是灰度级数。同样，源图像 Y 和融合图像 F 之间的互信息用 $\mathrm{MI}^{Y,F}$ 表示。图像融合结果可以通过各个源图像与融合图像的互信息的和来评价，即

$$\mathrm{MI}=\mathrm{MI}^{X,F}+\mathrm{MI}^{Y,F} \tag{3.2.39}$$

互信息的值越大，表示融合图像的质量越好。

(5) D_λ，D_S 和 QNR

光谱扭曲度 D_λ、空间扭曲度 D_s 和 QNR 指标[13]用于真实全色与多光谱图像融合性能评估，D_λ 与 D_s 的最优值为 0，QNR 的最优值为 1。D_λ评价参考图像和融合

图像波段间 Q 指标的相似性，通过 D_λ 的值来判断融合图像的光谱扭曲程度，定义如下：

$$D_\lambda = \sqrt{\frac{1}{B(B-1)} \sum_{a=1}^{N} \sum_{b=1, a \neq b}^{N} \left| Q(F_a, F_b) - Q(J_a, J_b) \right|^p} \tag{3.2.40}$$

式中，Q 指标如式(3.2.20)，a 和 b 表示波段序号，B 表示波段总数。F_a 是融合图像的第 a 个波段，J_a 是原始多光谱图像第 a 个波段。Q 代表指标 Q 的值。p 是一个非负整数，用来强调光谱差异。

D_s 评价全色图像和融合图像波段间 Q 指标的相似性，通过 D_s 的值来判断融合图像的细节丢失程度：

$$D_s = \sqrt[q]{\frac{1}{B} \sum_{b=1}^{B} \left| Q(F_b, P) \right| - Q(J_b, P_L)^q} \tag{3.2.41}$$

式中，P 是原始全色图像，P_L 是降采样后的全色图像。q 是一个非负整数，用来强调空间差异，通常取 $p=q=1$。

QNR 由光谱扭曲度 D_λ 和空间扭曲度 D_s 组成，通过 QNR 可以对光谱扭曲和空间扭曲进行综合判定，其定义如下：

$$\text{QNR} = (1 - D_s) \times (1 - D_\lambda) \tag{3.2.42}$$

本章小结

图像融合质量评价对融合图像质量的评价、融合算法的评价与改进均具有重要意义。本章系统介绍了多源图像融合质量评价方法，包括主观评价方法和客观评价方法，并从无参考评价指标、全参考评价指标、弱参考评价指标三个方面对客观评价指标进行了重点介绍。这些指标从空间、光谱质量等多个方面对融合图像进行评价，能评价融合图像本身的质量、融合图像相对源图像或参考图像的质量。这些评价指标涵盖多聚焦图像融合评价、医学图像融合评价、红外与可见光等多模图像融合评价、遥感图像融合评价等，根据实际需要选取。后续第四章到第九章将利用这些指标对融合图像质量进行分析。

主观评价法受评判员的经验等影响较大，不同评判员可能给出不同的评判结果，可重复性较差。目前虽然有较多的图像融合质量客观评价指标，但都只能反映融合图像质量的某一方面，不能反映融合图像的综合质量，所以应结合多种质量指标对融合图像质量进行分析。另外，图像融合质量指标并不是总能反映融合图像的真实质量，有时存在客观指标与主观视觉不一致的问题。此外，实际中有时更关注融合图像用于后续检测、分割等任务的性能。所以，也利用检测、分割等高级任务质量指标来评价融合图像的质量。

参考文献

[1]PETROVIĆ V. Subjective tests for image fusion evaluation and objective metric validation[J]. Information Fusion, 2007, 8(2): 208-216.

[2]GHADIYARAM D, BOVIK A C. Massive online crowdsourced study of subjective and objective picture quality[J]. IEEE Transactions on Image Processing, 2015, 25(1): 372-387.

[3]ZHENG Y, ESSOCK E A, HANSEN B C, et al. A new metric based on extended spatial frequency and its application to DWT based fusion algorithms[J]. Information Fusion, 2007, 8(2): 177-192.

[4]HASLER D, SÜSSTRUNK S. Measuring colorfulness in natural images[C]. Human Vision and Electronic Imaging Ⅷ. SPIE, 2003, 5007: 87-95.

[5]ZHU X X, BAMLER R. A sparse image fusion algorithm with application to pan-sharpening [J]. IEEE Transactions on Geoscience and Remote Sensing, 2013, 51(5): 2827-2836.

[6]JAGALINGAM P, HEGDE A V. A review of quality metrics for fused image[J]. Aquatic Procedia, 2015, 4: 133-142.

[7]WANG Z, BOVIK A C, SHEIKH H R, et al. Image quality assessment: from error visibility to structural similarity[J]. IEEE Transactions on Image Processing, 2004, 13(4): 600-612.

[8]RANCHIN T, AIAZZI B, ALPARONE L, et al. Image fusion: the ARSIS concept and some successful implementation schemes[J]. ISPRS Journal of Photogrammetry and Remote Sensing, 2003, 58(1-2): 4-18.

[9]XYDEAS C S, PETROVIĆ V. Objective image fusion performance measure[J]. Electronics Letters, 2000, 36(4): 308-309.

[10]PIELLA G, HEIJMANS H. A new quality metric for image fusion[R]. The 10th IEEE International Conference on Image Processing, Barcelona, Spain, 2003: 173-176.

[11]LIU Z, BLASCH E, XUE Z, et al. Objective assessment of multiresolution image fusion algorithms for context enhancement in night vision: a comparative study[J]. IEEE Transactions on Pattern Analysis and Machine Intelligence, 2012, 34(1): 94-109.

[12] HAGHIGHAT M B A, AGHAGOLZADEH A, SEYEDARABI H. A non-reference image fusion metric based on mutual information of image features[J]. Computers and Electrical

Engineering，2011，37(5)：744-756.

[13]ALPARONE L，AIAZZI B，BARONTI S，et al. Multispectral and panchromatic data fusion assessment without reference[J]. Photogrammetric Engineering & Remote Sensing，2008，74(2)：193-200.

第四章　成分替换图像融合

成分替换图像融合方法广泛应用于遥感、医学等领域。成分替换法的计算效率通常较高，当变换空间中代表结构信息的分量与替换图像的统计特性接近时，该方法能够获得较好的融合结果。但在实际应用中，变换空间中代表结构信息分量的统计特性与替换图像的统计特性往往存在不同程度的差异，所以不可避免地导致融合图像产生一定的色彩扭曲或细节丢失。本章将介绍经典成分替换图像融合方法和一些改进方法，其中经典成分替换法包括彩色空间变换法、主成分分析法、Gram-Schmidt 变换法等。

4.1　彩色空间变换图像融合

4.1.1　经典 IHS 变换图像融合

图像处理中的彩色表达模型有很多种，RGB 模型和 IHS 模型是两种常用的模型。RGB 模型中的色彩由红(R，red)、绿(G，green)、蓝(B，blue)三种基本颜色组合叠加构成，又称为三原色。IHS 模型采用彩色三要素——亮度(I，intensity)、色调(H，hue)和饱和度(S，saturation)表示不同的色彩。RGB 模型适用于色彩的调制、显示。将多波段遥感图像的三个波段分别对应于 RGB 三原色进行图像的彩色或伪彩色显示，是多波段遥感图像视觉显示的一种常用方法。IHS 模型符合人类视觉的特点，便于提取图像色彩信息。由于 I 分量表示的是亮度信息，反映图像的几何结构特征，因此 I 分量和遥感全色图像具有一定的对等性。

由 RGB 彩色空间到 IHS 彩色空间的变换模型包括：球体变换、圆柱体变换、三角形变换和单六角锥变换。其中比较常用的是圆柱体变换和三角形变换。三角形变换是一种非线性变换。圆柱体变换是一种线性变换，其矩阵变换形式如式(4.1.1)所示：

$$\begin{pmatrix} I \\ V_1 \\ V_2 \end{pmatrix} = \begin{pmatrix} \frac{1}{3} & \frac{1}{3} & \frac{1}{3} \\ \frac{-1}{\sqrt{6}} & \frac{-6}{\sqrt{6}} & \frac{2}{\sqrt{6}} \\ \frac{1}{\sqrt{6}} & \frac{-1}{\sqrt{6}} & 0 \end{pmatrix} \begin{pmatrix} R \\ G \\ B \end{pmatrix} \tag{4.1.1}$$

$$H = \tan^{-1}\left(\frac{V_2}{V_1}\right) \tag{4.1.2}$$

$$S = \sqrt{V_1^2 + V_2^2} \tag{4.1.3}$$

式中，I 为灰度分量，V_1 和 V_2 是中间变量，H 和 S 分别为色调和饱和度。下式为由 IHS 空间到 RGB 空间的逆变换：

$$\begin{pmatrix} R_{new} \\ G_{new} \\ B_{new} \end{pmatrix} = \begin{pmatrix} 1 & -\frac{1}{\sqrt{2}} & \frac{1}{\sqrt{2}} \\ 1 & -\frac{1}{\sqrt{2}} & -\frac{1}{\sqrt{2}} \\ 1 & \sqrt{2} & 0 \end{pmatrix} \begin{pmatrix} I_{new} \\ V_1 \\ V_2 \end{pmatrix} \tag{4.1.4}$$

IHS 融合是遥感[1]和医学[2—4]等领域的经典融合方法。基于 IHS 变换的遥感高分辨率全色图像和低分辨率多光谱图像融合的基本原理是用高分辨率全色图像替换低分辨率多光谱图像的 I 分量，从而提高多光谱图像的分辨率，同时保持色彩信息，即光谱信息。图 4.1.1 给出了 IHS 变换遥感全色和多光谱图像融合的一般流程图。

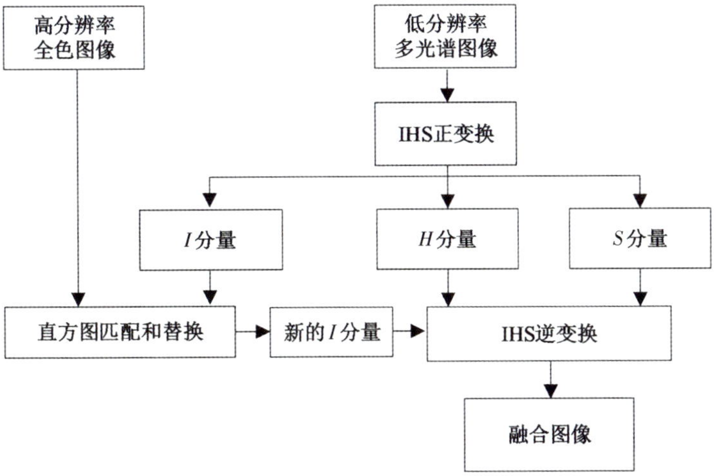

图 4.1.1　IHS 变换遥感全色和多光谱图像融合的一般流程图

其主要步骤如下：

步骤 1：通过 IHS 正变换获得多光谱图像的亮度分量。

步骤 2：将高分辨率灰度图像和亮度分量进行直方图匹配，以消除大气、光照和传感器不同的影响[5]。用匹配后的图像替换多光谱图像的亮度分量。

步骤 3：通过 IHS 逆变换得到融合图像。

上述步骤 3 中，直接用式(4.1.4)实现 IHS 逆变换需要较多的乘法、加法操作，为了减少计算量，将式(4.1.4)变换为式(4.1.5)：

$$\begin{pmatrix} R_{\text{new}} \\ G_{\text{new}} \\ B_{\text{new}} \end{pmatrix} = \begin{pmatrix} 1 & \frac{-1}{\sqrt{2}} & \frac{1}{\sqrt{2}} \\ 1 & \frac{-1}{\sqrt{2}} & \frac{-1}{\sqrt{2}} \\ 1 & \sqrt{2} & 0 \end{pmatrix} \begin{pmatrix} I+(I_{\text{new}}-I) \\ V_1 \\ V_2 \end{pmatrix} = \begin{pmatrix} 1 & \frac{-1}{\sqrt{2}} & \frac{1}{\sqrt{2}} \\ 1 & \frac{-1}{\sqrt{2}} & \frac{-1}{\sqrt{2}} \\ 1 & \sqrt{2} & 0 \end{pmatrix} \begin{pmatrix} I+\delta \\ V_1 \\ V_2 \end{pmatrix} = \begin{pmatrix} R+\delta \\ G+\delta \\ B+\delta \end{pmatrix} \tag{4.1.5}$$

式中，$\delta = I_{\text{new}} - I$。

从式(4.1.5)可以看出，只要在原始图像中添加 δ，就可以很容易地得到融合图像，而不需要进行烦琐的矩阵变换，因此大大减少了计算量。此外，按照式(4.1.1)～(4.1.4)进行 IHS 的正变换和逆变换，多光谱图像只能是三个波段，而遥感图像的多光谱图像通常包含 4 个、8 个甚至更多波段，此时，原始 IHS 方法不再适用。基于式(4.1.5)，可以很容易地将三波段 IHS 融合方法推广到任意波段数的融合方法，即 GIHS(generalized IHS)方法[1]。以四波段 QuickBird 卫星为例，其引入了红外光波段(NIR)，将原有的 RGB 三波段扩展成了四波段，式(4.1.5)变换为式(4.1.6)：

$$\begin{pmatrix} R' \\ G' \\ B' \\ \text{NIR}' \end{pmatrix} = \begin{pmatrix} R+\delta' \\ G+\delta' \\ B+\delta' \\ \text{NIR}+\delta' \end{pmatrix} \tag{4.1.6}$$

式中，$\delta' = I_{\text{new}} - I = I_{\text{new}} - (R+G+B+\text{NIR})/4$。

利用该方法得到的融合图像既具有较高的空间分辨率，又保持了原低分辨率多光谱图像相同的色度和饱和度，且 GIHS 方法处理速度快，能够将 IHS 融合从三波段扩展到任意波段，更加具有普遍性，因此应用广泛，是图像融合领域中一种经典方法。然而，GIHS 融合方法存在一定缺陷，由于不同波段具有不同的光谱特性曲线，GIHS 融合方法容易产生光谱畸变，因而不利于图像的正确识别和分类。特别是对于不同时相多传感器遥感图像融合，GIHS 融合方法无法使融合图像的色调和原多光谱图像的色调保持一致，这种因融合而产生的光谱畸变，将导致融合图像在用于地物识别和反演过程时产生误差。

4.1.2 自适应 IHS 变换图像融合

自适应 IHS(adaptive IHS，AIHS)[6]引入了自适应系数 α，根据图像不同、参数不同来调节自身的 I 值，从而达到全色图像与 I 分量差异较小的目的，使光谱失真最小化。同时，利用边缘检测器提取全色图像的边缘特征，并根据边缘特征自适应地应用 IHS 融合方法。由于边缘自适应和图像自适应系数，AIHS 可以获取更精确的光谱信息和空间信息，以提高融合图像质量。在 IHS 变换中，利用如下公式计算 I：

$$I=\sum_{i=1}^{N}\alpha_i \mathrm{MS}_i \tag{4.1.7}$$

式中，N 为波段数，MS_i 为多光谱图像的第 i 个波段，α_i 表示各波段自适应系数，在经典 IHS 融合方法中，$\alpha_i=1/N$。

为了最小化光谱失真，I 应该尽可能接近全色图像 P。因此，AIHS 方法中，最佳自适应系数 α_i 由以下公式确定：

$$P\approx I=\sum_{i=1}^{N}\alpha_i \mathrm{MS}_i \tag{4.1.8}$$

基于上述假设，引入与 α 相关的 $G(\alpha)$：

$$\min_{\alpha} G(\alpha)=\sum_{x}\{\sum_{i}[\alpha_i \mathrm{MS}_i(x)-P(x)]^2+\gamma\sum_{i}[\max\{0,\ -\alpha_i\}]^2\} \tag{4.1.9}$$

式中，使用拉格朗日乘子 γ 对 α 添加非负约束。上式使得 P 和 I 在数值上尽可能接近。对 $G(\alpha)$ 求导，以求最小化：

$$\frac{\mathrm{d}G(\alpha)}{\mathrm{d}\alpha_n}=2\sum_{x}[\sum_{i=1}^{N}\alpha_i \mathrm{MS}_i(x)-P(x)]\mathrm{MS}_n(x)-2\gamma\max\{0,\ -\alpha_n\} \tag{4.1.10}$$

将偏微分方程离散化，利用偏导数，可以得出：

$$\frac{\alpha_n^{\tau+1}-\alpha_n^{\tau}}{\tau}=-2\sum_x\left[\sum_{i=1}^N\alpha_i^{t+1}\mathrm{MS}_i(x)-P(x)\right]\mathrm{MS}_n(x)+2\gamma\max\{0,\ -\alpha_n\}\tag{4.1.11}$$

求解 $\alpha_n^{\tau+1}$：

$$\begin{aligned}&\alpha_n^{\tau+1}+2\tau\sum_{i=1}^N\left\{\sum_x[\mathrm{MS}_i(x)\mathrm{MS}_n(x)]\alpha_i^{\tau+1}\right\}\\&=\alpha_n^{\tau}+2\tau\sum_x[P(x)\mathrm{MS}_n(x)]+2\tau\gamma\max\{0,\ -\alpha_n^{\tau}\}\end{aligned}\tag{4.1.12}$$

上述方程可以用线性代数方法求解，由于该方法根据原始数据生成自适应系数，因此可以提高光谱质量，并保持 IHS 方法良好的空间质量。为了提取更多信息，在确定自适应系数后，提取全色图像的边缘信息，并将边缘信息注入融合图像中。融合后的多光谱图像第 i 个波段 F 为：

$$F_i=\mathrm{MS}_i+h(x)(P-I)\tag{4.1.13}$$

式中，$h(x)$是边缘检测函数，$h(x)$在边缘处为 1，否则为 0。$h(x)$函数公式如下：

$$h(x)=\exp\left(-\frac{\lambda}{|\nabla P|^4+\varepsilon}\right)\tag{4.1.14}$$

式中，$|\nabla P|$是全色图像的梯度，ε 是一个小的值，保证分母不为零，λ 控制图像的平滑度。$\lambda=10^{-9}$和 $\varepsilon=10^{-10}$时能取得较好的效果。

AIHS 方法保持了较高的空间质量，提高了光谱质量，在一定程度上改善了光谱失真问题。但是，在其空间细节注入步骤中，边缘权重缺乏波段自适应。此外，AIHS 只考虑了将全色图像边缘细节平均到各个波段，并没有考虑到各波段之间边缘信息的联系以及不同，因此 AIHS 可能会导致融合图像过于平滑。针对这些问题，Leung 等人[5]提出了一种改进的 AIHS 方法，根据全色图像和多光谱图像计算波段自适应的边缘注入权重，再将提取的空间细节自适应注入多光谱图像实现融合。

4.2 主成分分析图像融合

主成分分析(principal component analysis，PCA)，也叫主分量分析，是统计基础上的多维正交线性变换[7,8]，通过线性投影该变换能够将数据投影到新的坐标空间中，按信息量分布成分，第一主成分包含的信息量最大，第二主成分次之，并且从此开始所包含的信息量逐渐减小，且变换后各主成分彼此不相关。在变换后的图像中，信息主要集中在前几个主成分中。若在变换域中舍弃信息量较小的主成分，能够在降低数据维度的同时，最大限度地保持原始数据的信息。PCA 广泛应用于图像压缩、图像增强、图像编码等各种应用。下面首先介绍 PCA 变换的原理，然后阐述基于 PCA 的遥感多光谱与全色图像融合。

主成分分析算法如下：设有 M 条 N 维数据矩阵 $\boldsymbol{X}\in\mathbb{R}^{N\times M}$，$\boldsymbol{X}$ 每一行的均值为零，$\boldsymbol{U}$ 是 $\boldsymbol{X}$ 的协方差矩阵 $\boldsymbol{C}$ 的特征向量按其特征值由大到小的顺序排列而构成的变换矩阵，则称 $\boldsymbol{Y}=\boldsymbol{U}\boldsymbol{X}$ 为主成分分析变换。主成分分析算法具有如下性质：

a. 主成分分析是正交变换。

b. 主成分分析后得到的向量 $\boldsymbol{Y}_i$ 互不相关。

c. 主成分分析后，若删除向量的末尾 $(N-d)$ 个元素，仅保留前 d $(d<N)$ 个元素，误差将最小化，符合均方误差最小准则。

在多波段图像的 PCA 变换中，将每个波段看作一个向量。定义 $\boldsymbol{C}$ 为多波段图像波段间的协方差矩阵，通过对 $\boldsymbol{C}$ 的特征值和特征向量的求解，按特征值大小顺序对特征向量进行排序，构成 PCA 变换的变换矩阵 $\boldsymbol{U}$。$\boldsymbol{U}$ 是正交矩阵，因此 $\boldsymbol{U}$ 的逆矩阵 $\boldsymbol{U}^{-1}$ 是 $\boldsymbol{U}$ 的转置矩阵 $\boldsymbol{U}^{\mathrm{T}}$。由于第一主成分(PC1)图像的方差最大，包含的信息最多，所以将第一主成分看作多光谱图像的空间分量。基于 PCA 变换的多光谱图像和全色图像融合法的具体步骤如下：

步骤 1：先将 N 波段多光谱图像的每个波段形成 M 维行向量，再将所有波段堆叠构成矩阵 $\boldsymbol{X}\in\mathbb{R}^{N\times M}$，求其均值向量 $\boldsymbol{m}\in\mathbb{R}^{N}$ 和协方差矩阵 $\boldsymbol{C}\in\mathbb{R}^{N\times M}$，以及 $\boldsymbol{C}$ 的特征值 λ_i 和特征向量 $\boldsymbol{\phi}_i$ $(i=1,2,\cdots,N)$，令 $\boldsymbol{U}^{\mathrm{T}}=(\boldsymbol{\phi}_1,\boldsymbol{\phi}_2,\cdots,\boldsymbol{\phi}_N)$，对应的特征值 $\lambda_1\geqslant\lambda_2\geqslant\cdots\geqslant\lambda_k$，得到 PCA 正变换：

$$\boldsymbol{Y}=\boldsymbol{U}(\boldsymbol{X}-\boldsymbol{m}) \tag{4.2.1}$$

步骤 2：将高分辨率全色图像与存在于 $\boldsymbol{Y}$ 的第一主成分图像进行直方图匹配，以使其具有与第一主成分相同的均值和方差，随后用匹配后的高分辨率图像代替第一主成分，再与其他主成分一起构成矩阵 $\boldsymbol{Y}'$，对其进行 PCA 反变换，得融合图像 $\boldsymbol{F}$：

$$\boldsymbol{F}=\boldsymbol{U}^{\mathrm{T}}\boldsymbol{Y}'+\boldsymbol{m} \tag{4.2.2}$$

PCA 融合算法对多光谱图像的波段数没有要求，可以实现任意波段数的多光谱图像融合。简单地用高分辨率全色图像替换低分辨率多光谱图像的第一主成分会使得运行 PCA 融合算法时，低分辨率图像第一主成分中的部分光谱信息丢失，从而导致融合图像产生严重光谱畸变。此外，当第一主成分与全色图像的统计特性差异较大时，也会使得融合图像产生严重光谱扭曲。在 5.4.2 节将介绍 PCA 变换与小波分解相结合的方法，该方法能在一定程度上克服光谱扭曲问题。

4.3 Gram-Schmidt 变换图像融合

4.3.1 经典 Gram-Schmidt 变换图像融合

Gram-Schmidt(GS)正交化从一个线性无关向量组构造出标准正交向量组，是一种常用的数值线性代数方法。Laben 和 Brower[9]在 2000 年提出基于 GS 正交化的遥感图像融合方法，该方法已经集成在著名遥感图像处理软件 ENVI 中。GS 变换与 PCA 变换的区别在于：PCA 变换的第一主成分包含最多信息，随后成分的信息量递减；而 GS 变换生成的各成分是正交的，它们的信息量没有明显差异。另外，GS 变换的一个特点是变换后的第一成分与原始第一成分相同，数值保持不变。

GS 融合算法首先生成低分辨率全色图像，然后对低分辨率全色图像和低分辨率多光谱图像进行 Gram-Schmidt 变换，其中低分辨率全色图像用作 GS 变换前的第一分量。随后，调整高分辨率全色图像的统计值，以匹配 GS 变换后第一分量的统计值，生成新的高分辨率全色图像。接着，将其替换为 GS 变换后的第一分量，然后进行 GS 逆变换，得到高分辨率多光谱融合图像。GS 变换遥感图像融合方法的具体步骤如图 4.3.1 所示。

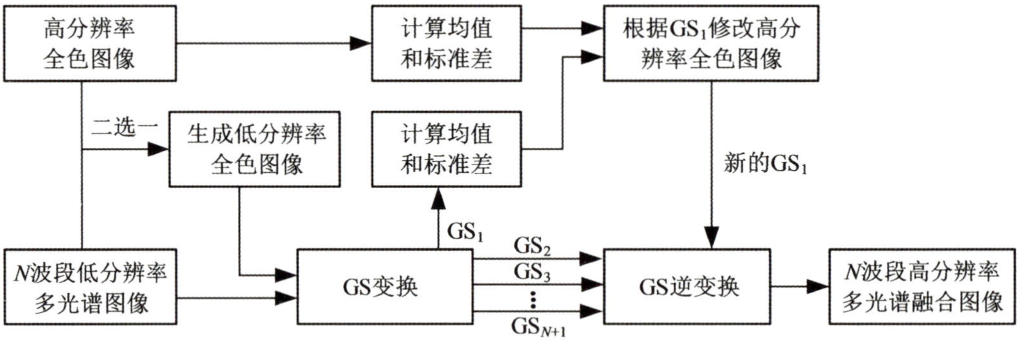

图 4.3.1 GS 变换图像融合流程图

下面介绍具体步骤细节：

步骤 1：生成低分辨率全色图像。生成方法有两种，第一种是利用权重 ω_i 对多光谱图像的波段进行加权得到低分辨率全色图像 $P_L=\sum_{i=1}^{N}\omega_i\times MS_i$ ，其中，MS_i 为

多光谱图像第 i 波段，权重 ω_i 可以根据光谱响应函数得到，实际中为了简便可取 $\omega_i=1/N$；第二种是将高分辨率全色图像模糊并下采样到低分辨率多光谱图像相同大小。

步骤 2：将低分辨率全色图像作为第一分量，与低分辨率多光谱图像一起进行 GS 变换。如果输入图像波段间完全相关，GS 正交化将产生全零波段。在实际中，波段间可能高度相关，这将产生数值很小的波段，不利于融合。为了解决该问题，GS 融合方法对 Gram-Schmidt 正交化进行了修改，在 Gram-Schmidt 正交化前，将每个波段的像素值减去该波段的均值。修改后的 Gram-Schmidt 变换过程如下：

$$\mathrm{GS}_n(i,j)=[\mathrm{MS}_n(i,j)-\mu_n]-\sum_{l=1}^{n-1}\rho(\mathrm{MS}_n,\mathrm{GS}_l)\times\mathrm{GS}_l(i,j) \tag{4.3.1}$$

$$\mu_n=\frac{\sum_{j=1}^{C}\sum_{i=1}^{R}\mathrm{MS}_n(i,j)}{C\times R} \tag{4.3.2}$$

$$\rho(\mathrm{MS}_n,\mathrm{GS}_l)=\frac{\mathrm{Cov}(\mathrm{MS}_n,\mathrm{GS}_l)}{\sigma(\mathrm{GS}_l,\mathrm{GS}_l)^2} \tag{4.3.3}$$

式中，GS_l 是 GS 变换后的第 l 个分量，MS_i 是原始低分辨率多光谱图像的第 i 个波段，μ_n 表示 MS_n 的均值，$\mathrm{Cov}(\mathrm{MS}_n,\mathrm{GS}_l)$ 表示 MS_n 和 GS_l 之间的协方差，$\sigma(\mathrm{GS}_l,\mathrm{GS}_l)$ 表示 GS_l 的标准差。

步骤 3：通过调整高分辨率全色图像的统计值以匹配 GS 变换后的第一分量，获得经过修正的高分辨率全色图像，具体调整过程如下式所示：

$$P'=g\times(P-\mu_P)+\mu_{\mathrm{GS}_1},\quad g=\frac{\sigma_{\mathrm{GS}_1}}{\sigma_P} \tag{4.3.4}$$

式中，P' 和 P 分别表示调整后的高分辨率全色图像和原高分辨率全色图像，GS_1 是 GS 变换后的第一分量，也就是模拟产生的低分辨率全色图像，μ 和 σ 分别表示均值和标准差。通过上述调整后，新的高分辨率全色图像具有与 GS 变换后的第一分量相同的均值和标准差。

步骤 4：将新的高分辨率全色图像替换 GS_1，产生一个新的分量集。

步骤 5：对新的分量集进行 GS 反变换，最终得到高分辨率多光谱融合图像。其 GS 反变换定义为：

$$\mathrm{MS}_n(i,j)=[\mathrm{GS}_n(i,j)+\mu_n]+\sum_{l=1}^{n-1}\rho(\mathrm{MS}_n,\mathrm{GS}_l)\times\mathrm{GS}_l(i,j) \tag{4.3.5}$$

GS 反变换将得到 $N+1$ 个分量，其中，第 1 个分量就是新的高分辨率全色图像，第 2 到 $N+1$ 个分量是融合的高分辨率多光谱图像。

4.3.2 自适应 Gram-Schmidt 变换图像融合

经典 Gram-Schmidt 图像融合第一步有两种模拟低分辨率全色图像的方法，第一种方法利用权重对低分辨率多光谱图像各波段进行加权，该方法获得的融合图像具有较好的空间结构，但由于多光谱图像的光谱响应通常与全色图像的光谱响应不同，因此存在光谱失真的情况；第二种方法对原高分辨率全色图像进行模糊，通常该方法光谱失真的情况较轻，但是可能由于模糊方法或亚像素配准不当而导致空间分辨率较低，造成空间失真。针对第一种方法，Aiazzi 等人[10]于 2007 年提出了一种自适应 Gram-Schmidt(GSA)融合方法。

在理想情况下，多光谱图像的 RGB 波段都应该在全色波段的光谱范围内，并且 RGB 波段互不重叠。但是，Aiazzi 等人通过对 IKONOS 卫星数据集光谱通道的相对光谱响应进行分析后，发现 G 和 B 波段大部分重叠，并且 B 波段超出了全色波段的光谱范围，而在产生低分辨率全色图像的第一种方法中，由于利用相等的权重对多光谱图像的波段进行加权，因此得到的亮度分量是多光谱波段的平均值，并不能反映实际的光谱响应。为了解决这个问题，文献[11]提出了根据光谱通道重要程度进行加权的思想，但是该方法对场景的适应性较差。Aiazzi 等人提出的 GSA 方法在全色图像和多光谱波段之间进行线性回归，获得自适应权重 w_i。以四波段 IKONOS 卫星数据集为例，GSA 具体步骤如下：

首先，将原多光谱图像的各波段进行上采样，使其大小与全色图像相同，得到 $\{\widetilde{B}, \widetilde{R}, \widetilde{G}, \widetilde{NIR}\}$，然后利用权重 $\{w_i: i=1, 2, 3, 4\}$ 对 4 个波段进行加权，合成亮度分量 I，定义为：

$$I = w_1 \cdot \widetilde{B} + w_2 \cdot \widetilde{G} + w_3 \cdot \widetilde{R} + w_4 \cdot \widetilde{NIR} + b \tag{4.3.6}$$

式中，w_i 和 b 通过线性回归得出，b 是偏移量，用以消除在采集数据或传感器光谱成像过程中产生的影响，因为实际上全色图像的光谱范围大于多光谱图像范围，而且不同波段的光谱也存在差别。在考虑了这一偏移量后，不同尺度上的权重都更加可靠。之后将得到的亮度分量 I 作为 Gram-Schmidt 变换的第一分量，其他步骤与经典 GS 融合方法一致。

4.4 波段自适应细节注入图像融合

4.4.1 经典波段自适应细节注入图像融合

PCA 和 GS 等成分替换图像融合方法，由于直接用包含丰富空间细节的全色图像替换多光谱图像的一个分量，通常能够保持融合图像的空间结构。但是这种方法仅适用于全色图像与多光谱图像之间高度相关的情况。在光谱波段之间差异较大的情况下，这种分量替换方法不适用，因为会导致图像之间光谱不匹配而产生局部差异，从而引起明显的光谱失真。为了克服该问题，学者们提出了一些改进方法。

Garzelli 等人提出了根据多光谱图像的波段获得广义亮度分量，为每个波段从全色图像中提取最佳细节的方法[12]，这种方法称为波段自适应空间细节图像融合(band-dependent spatial-detail，BDSD)方法。该方法以最小均方误差(MMSE)为目标，从全色图像中提取空间细节注入每个多光谱波段中，整体融合过程如图 4.4.1 所示，可由下式表示：

$$\hat{\mathrm{MS}}_l=\widetilde{\mathrm{MS}}_l+g_l\left(P-\sum_{k=1}^{N}\alpha_{l,k}\widetilde{\mathrm{MS}}_k\right),\ l=1,\ \cdots,\ N \tag{4.4.1}$$

式中，$\hat{\mathrm{MS}}_l$，P 和$\widetilde{\mathrm{MS}}_l$ 分别表示融合图像的第 l 波段、全色图像以及上采样到全色图像相同大小的低分辨率多光谱图像第 l 波段。$\sum_{k=1}^{N}\alpha_{l,k}\widetilde{\mathrm{MS}}_k$ 可以看成多光谱图像对应的自适应广义亮度分量。因此，BDSD 方法用全色图像替换自适应的广义亮度分量，利用分量替换过程将全色图像的细节注入低分辨率多光谱图像中，并在细节注入过程中引入自适应增益。考虑到 $N\times(N+1)$个参数，即 N 个增益参数 g_l 和 N^2 个权重 $\alpha_{l,k}$，式(4.4.1)可以改写成如下形式：

$$\hat{\mathrm{MS}}_l=\widetilde{\mathrm{MS}}_l+\sum_{k=1}^{N}\gamma_{l,k}\widetilde{\mathrm{MS}}_k+\gamma_{l,N+1}P \tag{4.4.2}$$

其中 $\gamma_{l,k}$分为以下两种情况：

$$\gamma_{l,k}=\begin{cases}g_l, & k=N+1\\ -g_l\alpha_{l,k}, & \text{其他}\end{cases} \tag{4.4.3}$$

式(4.4.2)也可以被简写为：

$$\hat{\mathrm{MS}}_l=\widetilde{\mathrm{MS}}_l+\boldsymbol{H}\boldsymbol{\gamma}_l \tag{4.4.4}$$

式中，$\boldsymbol{H}=(\widetilde{\mathrm{MS}}_1\quad\widetilde{\mathrm{MS}}_2\quad\cdots\quad\widetilde{\mathrm{MS}}_N\quad P)$为线性模型的观测矩阵。参数 $\boldsymbol{\gamma}_l=(\gamma_{l,1}$

$\gamma_{l,2} \quad \cdots \quad \gamma_{l,N+1})^{\mathrm{T}}$ 可以在 MMSE 目标下，利用最小方差无偏估计法得出：

$$\boldsymbol{\gamma}_l = (\boldsymbol{H}_d^{\mathrm{T}} H_d)^{-1} \boldsymbol{H}_d^{\mathrm{T}} (\widetilde{\mathrm{MS}}_l - \widetilde{\mathrm{MS}}_l^{LP}) \tag{4.4.5}$$

式中，$\widetilde{\mathrm{MS}}_l^{LP}$ 表示对多光谱图像每个波段 MS_l 利用调制传递函数(modulation transfer function，MTF)滤波并将其上采样到与全色图像相同大小后的图像，下标 d 表示先在原低分辨率多光谱图像上进行操作，再上采样到与全色图像相同大小，T 表示转置。

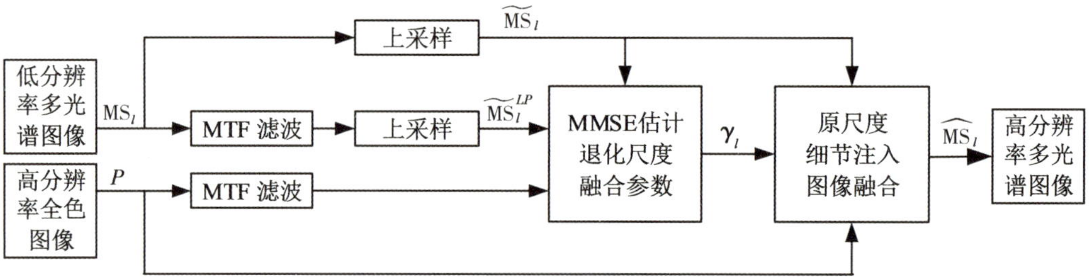

图 4.4.1　BDSD 融合过程

4.4.2　非局部优化波段自适应细节注入图像融合

上一小节 BDSD 图像融合方法的参数 $\boldsymbol{\gamma}_l$ 是在整个图像上计算出的全局参数，但由于图像区域内容的差异性，这种全局求解得到的不是最优解，因此不能保证获得的是最佳结果。Garzelli 在 BDSD 的基础上提出了利用聚类(clustering)方法进行非局部优化的 BDSD(C-BDSD)方法[13]。C-BDSD 方法根据全色图像的亮度和局部标准差，利用 K 均值(K-means)聚类算法，将图像的像素划分为 K 组，也可以采用其他聚类方法进行像素分组。对每类像素都应用上一节的 BDSD 方法估计参数 $\boldsymbol{\gamma}_l$。C-BDSD 与 BDSD 的不同之处在于通过 K 均值聚类算法实现参数的非局部优化，从而解决在局部像素块计算参数时不稳定的问题，以及全局计算参数时自适应性差的问题。值得注意的是，即使采用的聚类特征是在局部窗口上计算的，C-BDSD 方法是在一个非局部的像素集上优化融合参数。该方法有两个优点：相对于在滑动窗口上操作的非常精确的 BDSD 方法来说，计算复杂度降低；由于在具有相似局部空间信息的像素上进行参数优化，细节注入非常有效。此外，C-BDSD 引入偏移量 z_l 对 BDSD 模型进行扩展：

$$\widehat{\mathrm{MS}}_l = \widetilde{\mathrm{MS}}_l + g_l \left(P - \sum_{k=1}^{N} \alpha_{l,k} \widetilde{\mathrm{MS}}_k\right) + z_l, \qquad l = 1, \cdots, N \tag{4.4.6}$$

C-BDSD 方法的具体步骤如下：

步骤 1：在大小为 $w \times w$ 的滑动窗口上计算全色图像的局部标准差 S_w。

步骤 2：利用全色图像的局部标准差 S_w 和像素灰度值 P 构造特征矩阵 $\boldsymbol{Q}$。

$$\boldsymbol{Q} = (P/\max(P) \quad S_w/\max(S_w)) \tag{4.4.7}$$

步骤 3：通过 K-means 聚类，从特征矩阵 $\boldsymbol{Q}$ 中计算出全分辨率下的聚类图 $C^{(1)}$（上标表示尺度，1 即全分辨率尺度）。

步骤 4：对 $C^{(1)}$ 下采样 R 倍提取低分辨率尺度聚类图 $C^{(R)}$。

步骤 5：利用 MTF 滤波退化全色图像得到 P^{LP}。

步骤 6：利用波段相关的 MTF 低通滤波器对多光谱图像的各波段 MS_l 进行滤波，对 P^{LP} 进行下采样，从而在低分辨率尺度上构造矩阵 $\boldsymbol{H}_d = (\mathrm{MS}_1^{LP} \quad \cdots \quad \mathrm{MS}_N^{LP} \quad \mathbf{1} \quad P^{LP}_{\downarrow R})$，其中 1 表示全是 1 向量。

步骤 7：在所有像素上求解全局参数 $\boldsymbol{\gamma}_{\text{global}}$。

$$\boldsymbol{\gamma}_{\text{global}} = (\boldsymbol{H}_d^{\mathrm{T}} \boldsymbol{H}_d)^{-1} \boldsymbol{H}_d^{\mathrm{T}} (\mathrm{MS}_l - \mathrm{MS}_l^{LP}) \tag{4.4.8}$$

步骤 8：对低分辨率多光谱图像进行上采样得到$\widetilde{\mathrm{MS}}_l$，构造矩阵 $\boldsymbol{H} = (\widetilde{\mathrm{MS}}_1 \quad \cdots \quad \widetilde{\mathrm{MS}}_N \quad \mathbf{1} \quad P)$。

步骤 9：对每一类像素，根据式(4.4.8)计算出 $\boldsymbol{\gamma}^{(c)}$。如果对于该 $\boldsymbol{\gamma}^{(c)}$，下式中的增益 g_l 为负，用全局参数 $\boldsymbol{\gamma}_{\text{global}}$替代 $\boldsymbol{\gamma}^{(c)}$，即 $\boldsymbol{\gamma}^{(c)} \leftarrow \boldsymbol{\gamma}_{\text{global}}$。

$$\gamma_{l,k} = \begin{cases} -g_l \alpha_{l,k}, & k = 1, \cdots, N \\ g_l z_l, & k = N+1 \qquad l = 1, \cdots, N \\ g_l, & k = N+2 \end{cases} \tag{4.4.9}$$

步骤 10：根据下式，利用所有类的参数 $\boldsymbol{\gamma}$ 得到融合图像。

$$\widehat{\mathrm{MS}}_l = \widetilde{\mathrm{MS}}_l + \boldsymbol{H}\boldsymbol{\gamma}_l \tag{4.4.10}$$

C-BDSD 方法的输入是全色图像、低分辨率多光谱图像、全色图像与多光谱图像之间的分辨率比值 R(一般为 4)和聚类数量 K。聚类数量 K 对融合性能具有较大影响，最佳的聚类数量 K 应该明显大于 1，当 $K=1$ 时，该算法就变成上一小节的全局参数估计 BDSD 方法。K 的取值取决于图像的大小，为了实现准确的参数估计，每个类应该平均包含至少 100 个像素，因此，$K < n/100$。另外，K 不能设置得太大，以避免聚类计算时间过长。通常，设置 $K \in [20, 40]$以平衡融合性能和计算复杂度。

4.4.3 物理约束波段自适应细节注入图像融合

前两小节的 BDSD 方法都需要计算参数 $\boldsymbol{\gamma}_l$，由于缺少参考图像作为监督，因此只能选择在降低分辨率的情况下进行处理，从而利用原始多光谱图像作为参考图像。因此，可以定义为与式(4.4.4)类似的形式：

$$\boldsymbol{y}_{l,d} = \boldsymbol{H}_d \boldsymbol{\gamma}_l \tag{4.4.11}$$

式中，$\boldsymbol{y}_{l,d}=(y_{l,d}^1 \quad \cdots \quad y_{l,d}^N)^{\mathrm{T}}=\widetilde{\mathrm{MS}}_l-\widetilde{\mathrm{MS}}_{l,d}$。

最常用的求解上式的方法是由 Huber[14]提出来的 M-Estimators 方法，它在像素级别上进行处理：

$$y_{l,d}^i = \boldsymbol{H}_d^j \boldsymbol{\gamma}_l \tag{4.4.12}$$

式中，$\boldsymbol{H}_d^j$ 表示 $\boldsymbol{H}_d$ 的第 j 列。M-Estimators 方法旨在最小化如式(4.4.13)所示关于 $\boldsymbol{\gamma}_l$ 的目标函数 ρ，从而得到合适的参数：

$$\hat{\boldsymbol{\gamma}}_l = \arg\min_{\boldsymbol{\gamma}_l} \sum_{j=1}^{N} \rho(y_{l,d}^j - \boldsymbol{H}_d^j \boldsymbol{\gamma}_l) \tag{4.4.13}$$

针对不同的目标函数 ρ，能够有不同的基于 BDSD 的融合方法。下面介绍由 Vivone[15]提出的在优化过程中加入物理约束（physical constraints，PC）的 BDSD（BDSD-PC）方法，即

$$\hat{\boldsymbol{\gamma}}_l = \arg\min_{\boldsymbol{\gamma}_l} \| \boldsymbol{y}_{l,d} - \boldsymbol{H}_d \boldsymbol{\gamma}_l \|^2,\ \text{s.t.}\ \{\gamma_{l,k}\}_{l=1}^{K} \leqslant 0,\ \gamma_{l,K+1} \geqslant 0 \tag{4.4.14}$$

利用牛顿法最小化上述二次函数，得到 $\hat{\boldsymbol{\gamma}}$ 的估计值。与式(4.4.3)中定义的 $\gamma_{l,k}$ 不同的是，该方法中对估计值添加约束，即对于所有 g_l 和 $\alpha_{l,k}$ 都大于或等于 0，这里的 g_l 和 $\alpha_{l,k}$ 是指式(4.4.1)中提到的增益参数和权重。具体来说，对 $\alpha_{l,k}$ 的约束涉及多光谱图像与全色图像之间相对光谱响应的重叠量，$g_l \geqslant 0$ 约束多光谱图像的波段和全色图像之间呈现正相关。通过式(4.4.14)计算得出 $\hat{\boldsymbol{\gamma}}_l$，然后利用式(4.4.11)或者通过式(4.4.12)进行处理，得到空间分辨率增强后的多光谱图像。

4.5 空谱成分替换图像融合

本节介绍我们提出的基于抠图模型的遥感高分辨率全色图像与低分辨率多光谱图像融合(也称为全色锐化)方法[16]。首先，利用局部线性假设估计多光谱图像的前景、背景和 α 通道；然后，用全色图像代替多光谱图像的 α 通道，利用合成操作重

建高分辨率多光谱图像，即融合图像。该方法不依赖于成像模型假设。因此，它可以直接应用于不同卫星捕获的图像，例如 QuickBird、IKONOS 和 WorldView－2 等不同卫星捕获的图像，或者包含城市、水、植被和矿山等不同场景的图像。

(1)抠图模型

图像抠图最初用于从图像中提取前景对象，本方法假设图像 I[图 4.5.1(a)]可以建模为前景 FG[图 4.5.1(b)]和背景 BG[图 4.5.1(c)]的线性合成：

$$I_m = \alpha_m \mathrm{FG}_m + (1 - \alpha_m)\mathrm{BG}_m \tag{4.5.1}$$

式中，m 表示第 m 个像素，α 表示前景的不透明度[α 在图 4.5.1(d)中显示，通常称为 α 通道]。图像抠图是为了获得可以准确提取前景对象的 α 通道。但是，由于式(4.5.1)通常只有 I 已知，导致 α 的估计非常困难，所以需要用户交互。本节方法基于抠图模型的局部线性假设，如果 α 通道包含图像局部窗口的大部分边缘信息，那么窗口中相应的前景和背景具有空间平滑的特点。例如，图 4.5.1(b)～(d)显示了(a)的前景、背景和 α 通道，图 4.5.1(e)显示了由原始 α 通道、退化的前景和背景重构的图像(前景和背景首先以 1/4 的比例下采样，然后上采样至原始大小)。从图 4.5.1 可以看出，尽管前景和背景分辨率已降低，但输入图像也可以很好地重建。原因是前景和背景在空间上表现出较大的平滑性，因此在重采样过程中只会丢失少量信息。

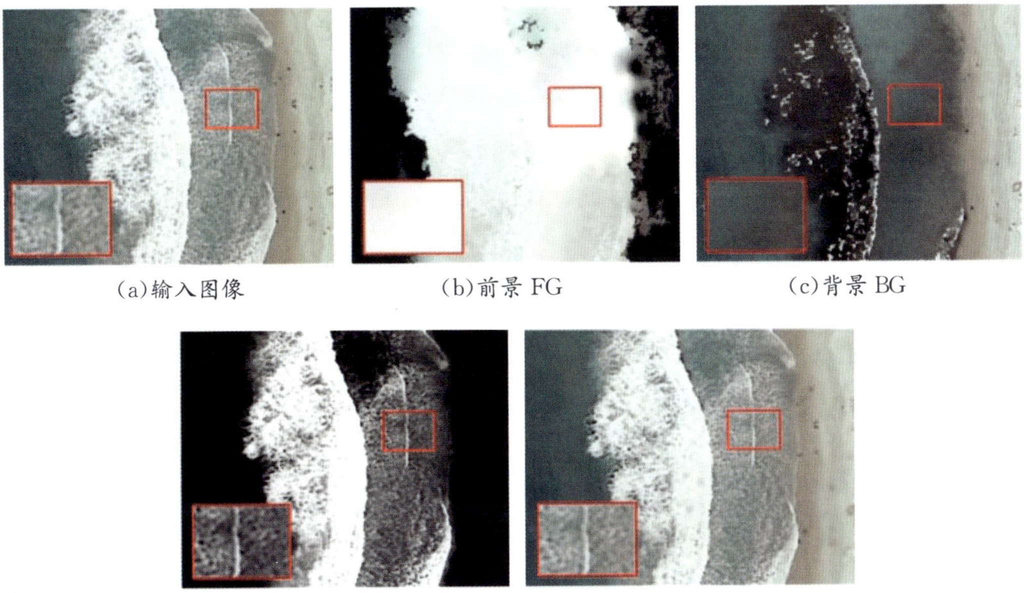

(a)输入图像　(b)前景 FG　(c)背景 BG

(d)α 通道　(e)退化重构的图像

图 4.5.1　图像抠图示例

(2)基于抠图模型的融合方法

根据前面的分析，通过将合适的 α 通道、前景 FG 和背景 BG 替换到式(4.5.1)中重建高分辨率多光谱图像。全色图像包含了理想高分辨率多光谱图像的大部分边缘信息。因此，全色图像是 α 通道的一个很好的替代。此外，低分辨率的前景和背景可以很容易地估计，因为低分辨率多光谱图像是已知的。因此，Kang 等人[16]提出一种基于抠图模型成分替换的多光谱图像和全色图像融合方法，图 4.5.2 展示了该方法的结构图。可以看出，该方法包括五个主要步骤：对比度压缩、下采样、光谱估计、上采样和合成。以下是五个主要步骤的详细介绍。

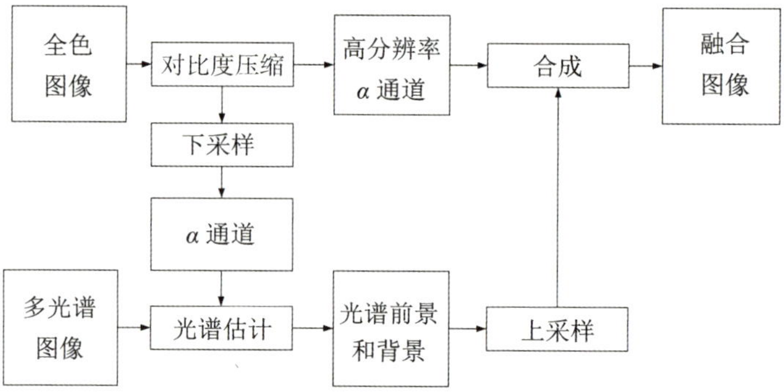

图 4.5.2　基于抠图模型成分替换的多光谱图像和全色图像融合方法结构图

步骤 1：对比度压缩。对高分辨率全色图像 P 进行对比度压缩：

$$\hat{P_m}=\frac{(1-2\rho)P_m}{v}+\rho \tag{4.5.2}$$

式中，v 是 P 中像素值的最大值，ρ 是一个常数，该常数确定所得对比度压缩图像 $\hat{P_m}$ 中像素值的范围。此步骤旨在将全色图像的像素值压缩到一个相对较小的范围内，以确保在随后的光谱估计过程中对全色图像的边缘特征进行均等处理。

步骤 2：下采样。对比度压缩的全色图像下采样到低分辨率多光谱图像的大小：

$$\mathrm{LP}=\downarrow \hat{P} \tag{4.5.3}$$

式中，$\downarrow$ 为双三次插值的下采样操作，LP 表示下采样的低分辨率全色图像，将 LP 作为低分辨率多光谱图像的 α 通道。

步骤 3：光谱估计。利用 α 通道 LP 和低分辨率多光谱图像 LM，基于以下两个假设可以估计出相应的低分辨率前景 LF 和背景 LB。一是 α 通道、前景和背景能够按照式(4.5.1)重建低分辨率多光谱图像。二是前景和背景在空间上是平滑的。通过求解以下具有封闭解的能量函数来满足这两个假设：

$$\min \sum_{m \in \mathrm{LM}} \sum_{c} (\mathrm{LP}_m \mathrm{LF}_m^c + (1-\mathrm{LP}_m)\mathrm{LB}_m^c)^2 + |\mathrm{LP}_{mx}|[(\mathrm{LF}_{mx}^c)^2 + (\mathrm{LB}_{mx}^c)^2] + |\mathrm{LP}_{my}|[(\mathrm{LF}_{my}^c)^2 + (\mathrm{LB}_{my}^c)^2] \tag{4.5.4}$$

式中，m 和 c 分别表示第 m 个像素，第 c 种颜色通道；LF_{mx}^c，LF_{my}^c，LB_{mx}^c，LB_{my}^c，$\hat{\mathrm{LP}}_{mx}$，$\hat{\mathrm{LP}}_{my}$ 分别为前景 LF^c、背景 LB^c 和低分辨率 α 通道 LP 的水平和垂直导数。

步骤 4：上采样。分别对 LF 和 LB 进行上采样来近似估计高分辨率光谱前景 HF、背景 HB：

$$\mathrm{HF}^c = \uparrow \mathrm{LF}^c \tag{4.5.5}$$

$$\mathrm{HB}^c = \uparrow \mathrm{LB}^c \tag{4.5.6}$$

式中，$\uparrow$ 代表双三次插值的上采样操作。

步骤 5：合成。按抠图模型结合高分辨率前景 HF、背景 HB 和 α 通道 P，获得锐化的多光谱图像，即高分辨率多光谱融合图像 HM：

$$\mathrm{HM}_m^c = P_m \mathrm{HF}_m^c + (1-P_m)\mathrm{HB}_m^c \tag{4.5.7}$$

4.6 实验结果与分析

在本节，对前述部分方法的性能进行实验对比，对比方法包括 GIHS (generalized IHS)[1]、AIHS(adaptive IHS)[6]、PCA[8]、GS(Gram-Schmidt)[9]、GSA(GS adaptive)[10]、BDSD(band-dependent spatial-detail)[12]、C-BDSD (clustering-BDSD)[13]、BDSD-PC(BDSD-physical constraint)[15]。在四通道的 QuickBird 卫星数据集上分别进行了模拟图像以及真实图像融合实验。在这两个实验中，均包含 20 对多光谱与全色测试图像，大小均为 256×256。在模拟图像融合实验中，选取 Q 指标、光谱角(SAM)、全局相对误差(ERGAS，erreur relative global adimensionnelle de synthèse)、空间相关系数(SCC)、N 波段 Q 指标(Q_N)等 5 项评价指标对融合图像进行空间和光谱性能评估。在真实图像融合实验中，由于没有参考图像，所以采用无参考图像的客观评价指标，分别是光谱扭曲度(D_λ)、空间扭曲度(D_s)和 QNR(quality with no-reference)。具体实验结果如表 4.6.1 所示。

表 4.6.1 QuickBird 卫星遥感图像融合结果评价指标

	模拟图像融合实验评价指标					真实图像融合实验评价指标		
	Q	SAM	ERGAS	SCC	Q_N	D_λ	D_s	QNR
	→1	→0	→0	→1	→1	→0	→0	→1
GIHS	0.6696	4.5042	2.8100	0.7796	0.6741	0.0998	0.1123	0.8000
AIHS	0.7233	4.1714	2.6066	0.8259	0.7238	0.0919	0.0894	0.8281
PCA	0.6943	3.8034	2.6372	0.8839	0.7233	0.0371	0.1009	0.8658
GS	0.7354	3.5238	2.412	0.8939	0.7406	0.0253	0.0634	0.9132
GSA	0.7947	2.6609	1.9176	0.9217	0.8126	0.0529	0.0827	0.8697
BDSD	0.8231	2.7607	1.9166	0.9249	0.8288	0.022	0.0418	0.9372
C-BDSD	0.8245	2.6936	1.9385	0.9284	0.8280	0.0156	0.0303	0.9546
BDSD-PC	0.8195	2.6619	1.8686	0.9264	0.8286	0.0283	0.0534	0.9202

从表 4.6.1 中可以看出，在模拟图像和真实图像两种实验中，AIHS 的性能均优于 GIHS。尤其是在模拟图像实验中，AIHS 的 SAM 指标和 SCC 指标比 GIHS 提升较大，说明在光谱质量和空间细节上均有较大改善。在真实图像实验中，AIHS 的综合指标 QNR 比 GIHS 也有较大提高。PCA 方法与 IHS 方法相比，在模拟图像实验中虽然只有 SAM 和 SCC 指标具有优势，但从真实图像实验来看，在光谱上提升较多，综合指标 QNR 也更好。GS 方法的性能优于 PCA、GIHS、AIHS 方法，而在 GS 与 GSA 的比较之中，GSA 在模拟图像实验中性能优于 GS 方法，但是在真实图像实验中，GS 方法比 GSA 要好。BDSD 系列方法总体优于 IHS、PCA、GS 系列方法，尤其在真实图像实验中表现出了较大的性能改善。

为了展现上述各方法融合图像之间的差异，图 4.6.1 给出了两组融合结果，图 4.6.1(a)为低分辨率多光谱图像(LRMS)，图 4.6.1(b)～(d)分别为 IHS，GS 和 BDSD 方法的融合结果。从图 4.6.1 中可以看出，IHS 方法具有严重的光谱失真，但是空间细节保留较好；GS 和 BDSD 方法在光谱上都较好，BDSD 方法的空间细节优于 GS 方法。

(a)LRMS (b)IHS (c)GS (d)BDSD

图 4.6.1 不同融合方法在真实图像下的融合结果

本章小结

成分替换图像融合方法首先对源图像进行某种变换，然后将变换后的某一个分量进行替换，最后进行相应的逆变换获得融合图像，此类方法广泛应用于遥感图像融合、医学图像融合等领域。

本章详细介绍了典型的成分替换图像融合方法，包括 IHS，PCA，GS 和 BDSD 系列方法，以及基于抠图模型的空谱成分替换方法。首先，基于 IHS 色彩空间，介绍了三通道 IHS 图像融合方法，考虑到遥感等图像包含的波段数通常大于 3，将 IHS 方法推广到任意波段数，为了提高 IHS 方法的自适应性，对多光谱图像各波段进行加权平均产生自适应亮度分量，从而获得自适应 IHS 方法。然后，基于 PCA 和 GS 两种正交变换介绍了相应的图像融合方法，并基于自适应亮度分量，进一步介绍了自适应 GS 方法。接下来，介绍了波段自适应空间细节注入的 BDSD 方法，该方法根据多光谱图像的波段获得广义亮度分量，为每个波段从全色图像自适应提取最佳细节，并从参数的非局部优化和实际的物理约束两个方面进行了改进。分析了抠图模型与遥感图像融合的内在关联，利用全色图像替换抠图模型中的 α 通道，提出了基于抠图模型的空谱成分替换图像融合方法。最后，在遥感图像上，对这些方法进行了实验对比，从客观指标和融合图像目视评价两方面进行了对比分析。

参考文献

[1]TU T M, SU S C, SHYU H C, et al. A new look at IHS-like image fusion methods[J]. Information Fusion, 2001, 2(3): 177-186.

[2]JAMES A P, DASARATHY B V. Medical image fusion: a survey of the state of the art[J]. Information Fusion, 2014, 19: 4-19.

[3]HE C, LIU Q, LI H, et al. Multimodal medical image fusion based on IHS and PCA[J]. Procedia Engineering, 2010, 7: 280-285.

[4]HERMESSI H, MOURALI O, ZAGROUBA E. Multimodal medical image fusion review: theoretical background and recent advances[J]. Signal Processing, 2021, 183: 108036.

[5]LEUNG Y, LIU J, ZHANG J. An improved adaptive intensity-hue-saturation method for the fusion of remote sensing images[J]. IEEE Geoscience and Remote Sensing Letters, 2014, 11 (5): 985-989.

[6]RAHMANI S, STRAIT M, MERKURJEV D, et al. An adaptive IHS pan-sharpening method[J]. IEEE Geoscience and Remote Sensing Letters, 2010, 7(4): 746-750.

[7]AL-AZZAWI N, SAKIM H A M, ABDULLAH A K W, et al. Medical image fusion scheme using complex contourlet transform based on PCA[C]. Annual International Conference of the IEEE Engineering in Medicine and Biology Society. IEEE, 2009: 5813-5816.

[8]VIVONE G, ALPARONE L, CHANUSSOT J, et al. A critical comparison among pan-sharpening algorithms[J]. IEEE Transactions on Geoscience and Remote Sensing, 2015, 53(5): 2565-2586.

[9]LABEN C A, BROWER B V. Process for enhancing the spatial resolution of multispectral imagery using pan-sharpening: U. S. Patent 6011875[P]. 2000.

[10]AIAZZI B, BARONTI S, SELVA M. Improving component substitution pansharpening through multivariate regression of MS + Pan data[J]. IEEE Transactions on Geoscience and Remote Sensing, 2007, 45(10): 3230-3239.

[11]ALPARONE L, BARONTI S, GARZELLI A, et al. Landsat ETM+ and SAR image fusion based on generalized intensity modulation[J]. IEEE Transactions on Geoscience and Remote Sensing, 2004, 42(12): 2832-2839.

[12]GARZELLI A, NENCINI F, CAPOBIANCO L. Optimal MMSE pan sharpening of very high resolution multispectral images[J]. IEEE Transactions on Geoscience and Remote Sensing, 2008, 46(1): 228-236.

[13]GARZELLI A. Pansharpening of multispectral images based on nonlocal parameter optimization[J]. IEEE Transactions on Geoscience and Remote Sensing, 2015, 53(4): 2096-2107.

[14] HUBER P J. Robust statistics [M]//International encyclopedia of statistical science. Springer, Berlin, Heidelberg, 2011: 1248-1251.

[15]VIVONE G. Robust band-dependent spatial-detail approaches for panchromatic sharpening [J]. IEEE Transactions on Geoscience and Remote Sensing, 2019, 57(9): 6421-6433.

[16]KANG X, LI S, BENEDIKTSSON J A. Pansharpening with matting model[J]. IEEE Transactions on Geoscience and Remote Sensing, 2014, 52(8): 5088-5099.

第五章　多尺度分解图像融合

多尺度分解是在多个尺度、多个方向上分析研究信号的一种信号分解方法。神经生理学的研究表明，人类视觉系统也采用类似的多尺度方法处理视觉信息，在不同的尺度下对信号的感知会产生不同的结果。一般来说，人们对信号中感兴趣的信息往往不是局限在一个尺度上。例如粗尺度下人们看到的是目标的概貌，相当于人们在远处观测目标。在细尺度下，人们可以得到更多的图像细节信息。在某种尺度下难以检测到的信号特征，可能在另一尺度下容易检测到。多尺度分解可以根据具体待处理信号改变分析的尺度，以便对信号进行自适应分析。多尺度分解为人们提供了一种既方便又有效的处理和分析信号的方法，该类方法已广泛应用于数据压缩、信号增强、复原、特征提取、模式识别等信号处理和分析领域，特别是在图像和视频信息处理中更显示其重要性。基于多尺度分解的图像融合方法旨在充分利用不同尺度和不同方向上的信息融合图像。本章将重点介绍多尺度分解理论和基于多尺度分解的图像融合方法。

5.1　多尺度分解理论

多尺度分解是一种有效的信号分析方法，已广泛应用于图像处理、计算机视觉和模式识别等领域，特别是在图像处理领域具有十分重要的作用，基于多尺度分解的图像处理方法受到了学者们的广泛关注。图像多尺度分析将图像分解成不同尺度、不同方向的子带，然后根据具体目的设计这些子带的处理方案，这与人类视觉系统处理图像信息的方式非常类似。图像多尺度子带包括低频子带和高频子带，低频子带包含图像的整体轮廓信息，高频子带包含图像的细节信息。基于多尺度分解的图像融合方法是一类非常重要的图像融合方法，其基本过程是先将源图像分解到不同尺度子带，然后根据给定的融合规则对不同源图像的子带进行融合，最后在融合的子带上进行多尺度逆变换获得融合图像。多尺度分解图像融合方法主要包括基于塔式分解的图像融合、基于小波分解的图像融合、基于多尺度几何分析的图像融合、基于多尺度边缘保持分解的图像融合。

多尺度分解图像融合研究始于 Burt 和 Adelson[1] 提出的拉普拉斯金字塔算法，它在一系列高斯金字塔图像的基础上，利用相邻尺度高斯图像的差形成一系列误差图像。Toet[2] 在考虑人类视觉系统对局部对比度敏感的基础上，提出了对比度金字塔算法，这种算法能够较好地保留图像细节。Toet 和 Burt 等人[3—5] 还提出了形态学金字塔变换和梯度金字塔变换等其他塔式分解算法，并将其用于图像融合领域。利用金字塔分解的图像融合算法具备较高的运算效率和良好的融合效果，因此在一些实际的图像融合系统中依然被广泛使用。

自从法国地球物理学家 Morlet 和理论物理学家 Grossman 提出小波的概念后，小波理论被不断地完善并在图像处理等领域获得广泛应用[6]。Chipman 等人[7] 提出了基于小波变换的图像融合方法。小波变换不仅可以将图像分解到不同尺度，而且可以获得水平、垂直、对角三个方向的高频细节信息。因而，相对于塔式分解图像融合方法，小波图像融合方法通常具有更好的融合性能。因此，基于小波变换的图像融合方法吸引了众多学者的关注。为了进一步提高基于小波变换的图像融合性能，学者们提出了多进小波、小波包、静态小波、复小波等新型小波变换理论及对应的图像融合方法。

多进小波由于采用了多个小波函数，从而可以对频带进行更加细致的划分。Wang[8] 提出了基于多进小波的图像融合方法，并在多聚焦图像、遥感图像、医学图像、红外与可见光图像上验证了其有效性。小波的多尺度分解是在近似子带上迭代进行，小波包不仅在近似子带上进行分解，在细节子带上也做进一步的多尺度分解，从而能够获得信号更加细致的分解。鉴于小波包的这些优点，张登荣等人[9] 提出了基于小波包的遥感图像融合方法。小波变换由于在多尺度过程中进行了下采样，丧失了平移不变性。为了克服该问题，学者们提出了静态小波变换。在此基础上，Li 等人[10] 提出了基于静态小波的遥感图像融合方法。静态小波变换虽然具有平移不变性，但其代价是提高了冗余度。为了在冗余度和平移不变性之间找到平衡，学者们提出了双树复小波，双树复小波具有近似平移不变性，并且冗余度低于静态小波。Lewis 等人[11] 提出了基于双树复小波的像素级和区域级图像融合方法。Zhang 和 Blum[12] 对基于塔式分解和小波变换的多尺度图像融合方法进行了综述研究，给出了基于多尺度分解的图像融合框架，并分析了框架中各步骤的具体实现方案，例如活跃度度量方法、系数融合方法等。Li 等人[13]进行了基于小波变换的图像融合方法综述，对各种多尺度分解图像的融合性能进行了比较。

基于小波变换的图像处理方法虽然取得了较好的性能，但由于小波变换最初源于一维信号处理技术，并没有考虑二维或更高维信号的几何结构特点，其在图像表示上只有三个方向，因此处理性能受到一定的限制。为了提高图像处理性能，结合图像自身的几何结构特性，学者们提出了多尺度几何分析理论，包括脊波(ridgelet)、曲波(curvelet)、轮廓波(contourlet)、剪切波(shearlet)等。Candès 和 Donoho[14]提出了脊波变换理论，脊波变换能够较好地反映图像的直线奇异性。Chen 等人[15]提出了基于脊波变换的遥感图像融合方法。相比直线，曲线在图像中更为常见。因此，为了更好地表示曲线，Candès 和 Donoho[16]在脊波变换的基础上提出了曲波变换。Nencini 等人[17]提出了基于曲波变换的遥感图像融合方法。为了有效利用小波和曲波之间的互补特性，Li 和 Yang[18]提出了结合小波和曲波的多聚焦图像融合方法。曲波等多尺度几何分析方法都是先在连续域中提出，再进行离散化。Do 和 Vetterli[19]提出了直接在离散域构造“真正”的二维图像表示的轮廓波变换。由于轮廓波变换中含有下采样操作，因此它是移变的。为了克服该问题，Da Cunha 等人[20]提出了非下采样的轮廓波变换，Yang 等人[21]提出了基于非下采样轮廓波变换的图像融合方法，Lim[22]提出了剪切波变换方法，Miao 等人[23]提出了基于剪切波变换的图像融合方法。

边缘是一种非常重要的图像结构，对图像处理性能有着非常重要的影响，为了有效保持图像的边缘结构，学者们提出了多尺度边缘保持分解方法。Perona 和 Malik[24]提出了基于各向异性扩散的边缘保持分解方法，该方法加强区域内平滑，抑制区域间平滑，从而更好地保持区域边界信息。Tomasi 和 Manduchi[25]提出了非常经典的边缘保持分解方法——双边滤波方法，该滤波器的权重不仅考虑了像素之间的欧氏距离，还考虑了像素的亮度差异，在实现平滑图像的基础上还保留了边缘信息。为了结合不同源图像的特点，并有效提取多尺度细节，Hu 和 Li[26]提出了多尺度联合双边滤波，并将其应用于遥感图像融合。为了结合双边滤波的边缘保持特性和图像的几何结构特性，Hu 和 Li[27]提出了多尺度方向双边滤波法。为了改善任意尺度细节的提取能力，Farbman 等人[28]提出了基于加权最小二乘法的边缘保持分解方法。在此基础上，Jiang 和 Wang[29]提出了基于加权最小二乘法多尺度边缘保持分解的图像融合方法。He 等人[30]提出了近年来广泛使用的边缘保持分解方法——引导滤波，该方法克服了双边滤波出现梯度反向的问题。Li 等人[31]提出了基于引导滤波的图像融合方法，获得了很好的融合性能。

5.1.1 多尺度金字塔分解

图像融合中常用的多尺度金字塔分解方法包括高斯金字塔、拉普拉斯金字塔、对比度金字塔、梯度金字塔等。下面具体介绍这些金字塔分解方法。

(1)高斯金字塔分解和拉普拉斯金字塔分解

高斯金字塔分解先将图像与低通滤波器进行卷积，再对卷积结果作隔行隔列下采样，通过重复以上两个步骤得到多级分解结果。设 G_0 表示输入源图像，并作为高斯金字塔的底层，它的第 j 层图像的每一像素值均可用滤波器 w 对第 $j-1$ 层图像的相应像素值进行加权和得到。图 5.1.1 展示了第 j 级高斯金字塔分解框图，G_{j-1}表示第 j 层分解的输入，G_j 表示第 j 层高斯金字塔分解的输出。2↓ 表示 2 倍下采样，即每隔一行取一行，隔一列取一列。得到的图像大小为变换前图像大小的四分之一。2↑ 表示 2 倍上采样，即每隔一行和一列都补零，是内插算子的一部分。

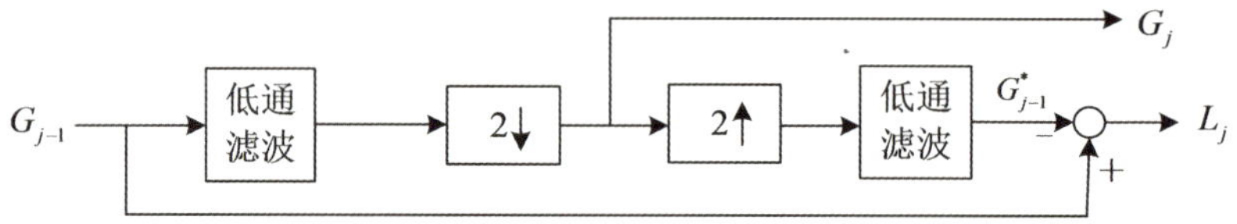

图 5.1.1 第 j 层高斯金字塔分解和拉普拉斯金字塔分解

低通滤波器 $\boldsymbol{w}(m, n)$的表示式如式(5.1.1)：

$$\boldsymbol{w}=\frac{1}{256}\begin{bmatrix}1 & 4 & 6 & 4 & 1\\4 & 16 & 24 & 16 & 4\\6 & 24 & 36 & 24 & 6\\4 & 16 & 24 & 16 & 4\\1 & 4 & 6 & 4 & 1\end{bmatrix} \tag{5.1.1}$$

由于低通滤波器 $\boldsymbol{w}(m, n)$的形状类似于高斯分布函数，因此 $\boldsymbol{w}(m, n)$也被称为高斯权重矩阵，也可以采用其他类型的低通滤波器。经 N 层分解后，由 G_0，G_1，…，G_N 组成高斯金字塔，其中 G_0 为金字塔的底层，G_N 为金字塔的顶层。可见，金字塔分解方法使金字塔结构中相邻两级图像的频带以 1/8 倍率减小，图像大小以 1/4 倍率减小。

拉普拉斯金字塔分解通过将高斯金字塔同层图像与其上一层图像进行放大后相减得到，等效于进行带通滤波。因此，拉普拉斯金字塔也被称为带通塔式分解。简而言之，拉普拉斯金字塔的分解包含四个主要步骤：低通滤波、降采样(减小图像尺寸)、插值(放大图像尺寸)以及带通滤波(图像差分)。图 5.1.1 展示了第 j 层拉普拉斯金字塔的分解过程。G_{j-1}通过低通滤波器并进行 2 倍下采样，生成上一层高斯金字塔图像 G_j，对该图像进行 2 倍上采样再通过低通滤波器滤波，将生成的图像 G_{j-1}^*与原图像 G_{j-1}相减即得到第 j 层拉普拉斯分解图像 L_j。原图像可以通过迭代算法采用拉普拉斯系数完全重构。图 5.1.2 为第 j 层拉普拉斯金字塔重构，先对上一层高斯金字塔图像 G_j 进行内插处理(即先上采样再低通滤波)，再与拉普拉斯图像 L_j 相加得到下一层高斯金字塔图像G_{j-1}。图 5.1.3 为高斯金字塔分解和拉普拉斯金字塔分解的例子。

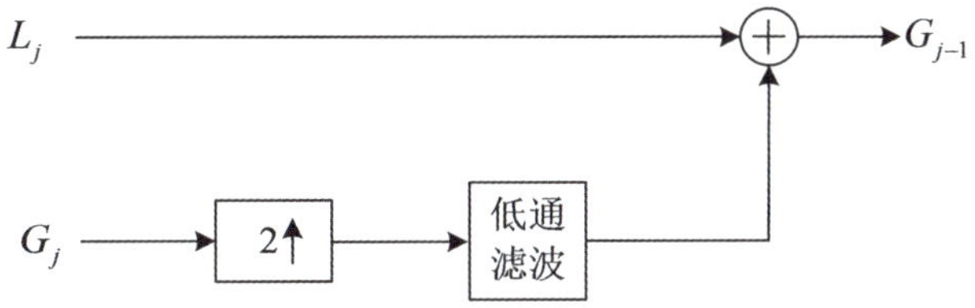

图 5.1.2　第 j 层拉普拉斯塔式重构

(a)三层高斯金字塔分解

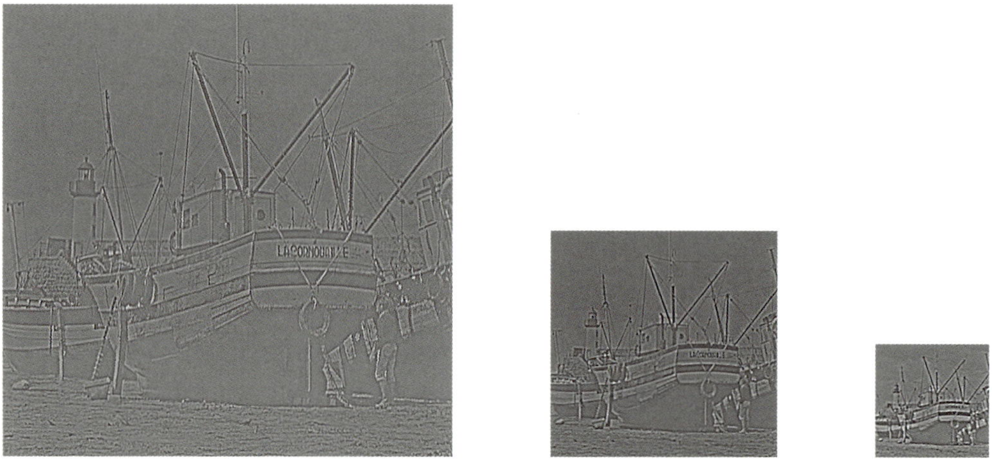

(b)三层拉普拉斯金字塔分解

图 5.1.3　高斯金字塔分解和拉普拉斯金字塔分解

(2)对比度金字塔分解

文献[5]借鉴人眼视觉系统对局部对比度的敏感性，提出了多尺度对比度金字塔分解方法，应用于红外与可见光图像融合。构建对比度金字塔的第一步是建立图像的高斯金字塔，对比度金字塔 C_j 是高斯金字塔中相应各级图像之比，即

$$\begin{aligned} &C_j=G_{j-1}/G_{j-1}^{*}，\ 0\leqslant j\leqslant N-1 \\ &C_N=G_N \end{aligned} \tag{5.1.2}$$

通过式(5.1.2)得到对比度金字塔(C_0，C_1，…，C_N)，其每一层表示了不同尺度下图像对比度信息，因此，对比度金字塔的图像融合算法可以有效增强图像中的对比度信息。

(3)梯度金字塔分解

梯度金字塔分解是一种方便、灵活的多尺度分解方法，与高斯金字塔分解和拉普拉斯金字塔分解相比，它还具有方向性。该分解的步骤如下：

首先生成图像的高斯金字塔分解序列 $\boldsymbol{G}$，然后对金字塔层(除了最顶层)分别应用梯度方向滤波，从而实现梯度金字塔分解：

$$\boldsymbol{D}_{l,k}=\boldsymbol{d}_k*(\boldsymbol{G}_l+\boldsymbol{w}*\boldsymbol{G}_l)，\ 0<l<L，\ k=1，2，3，4 \tag{5.1.3}$$

式中，$*$ 为卷积运算，$\boldsymbol{D}_{l,k}$ 表示第 l 层第 k 方向梯度金字塔图像，$\boldsymbol{G}_l$ 为高斯金字塔的第 l 层图像，$\boldsymbol{d}_k$ 表示第 k 方向梯度滤波算子，定义为：

$$\boldsymbol{d}_1=(1\quad -1)，\ \boldsymbol{d}_2=\begin{pmatrix}0 & -1\\ 1 & 0\end{pmatrix}\frac{1}{\sqrt{2}}，\ \boldsymbol{d}_3=\begin{pmatrix}-1\\ 1\end{pmatrix}，\ \boldsymbol{d}_4=\begin{pmatrix}-1 & 0\\ 0 & 1\end{pmatrix}\frac{1}{\sqrt{2}} \tag{5.1.4}$$

式(5.1.3)中 $\boldsymbol{w}$ 为 3×3 的卷积核，定义为：

$$\boldsymbol{w}=\frac{1}{16}\begin{pmatrix}1 & 2 & 1\\ 2 & 4 & 2\\ 1 & 2 & 1\end{pmatrix} \tag{5.1.5}$$

通过对高斯金字塔各层图像进行 $\boldsymbol{d}_1$，$\boldsymbol{d}_2$，$\boldsymbol{d}_3$，$\boldsymbol{d}_4$ 四个方向的梯度滤波处理，可以在每个分解层(顶层除外)获得包含水平、垂直和两个对角线方向的细节信息的四幅分解图像。图像的梯度金字塔分解不仅实现了多尺度分解，而且在每一层级(最高层除外)包含四幅方向细节图像。

5.1.2 多尺度小波分解

小波分析是 20 世纪 80 年代发展起来的一种信号处理方法，是自傅立叶分析以来的一个新的里程碑，是泛函分析、傅立叶分析以及调和分析的完美结晶。它在短时傅立叶变换局部化思想基础上，解决了窗口大小不随频率变化的问题，能够提供一个随频率变化的“时间-频率”窗口，成为信号时频分析和处理的重要工具。通过伸缩平移运算对信号(函数)逐步进行多尺度细化，实现在高频处窗口高而窄，精确定位突变信号的位置，在低频处窗口矮而宽，分析缓变信号。小波分析能够聚焦到信号的每一个细节，克服了傅立叶变换的一些限制，被认为是继傅立叶变换之后的一个重大突破。

(1)一维连续小波变换

“小波”顾名思义就是小区域、长度有限的波形。“小”是指它具有衰减性，而“波”则是指它的波动性，表现为振幅正负相间的振荡。设 $\psi(\omega)$是 $\psi(t)$的傅立叶变换，若函数 $\psi(t)$被看成小波，则 $\psi(\omega)$必须是 $L^2(\mathbb{R})$内的实值或复值函数，当且仅当式(5.1.6)成立时：

$$\int_{-\infty}^{\infty}\frac{|\psi(\omega)|^2}{|\omega|}\mathrm{d}\omega<+\infty \tag{5.1.6}$$

式(5.1.6)的等价形式为 $\int_{-\infty}^{\infty}\psi(t)\mathrm{d}t=0$，即 $\psi(t)$是振荡的并且与时间轴间的面积和为零。在实际应用系统中，常用的小波函数包括墨西哥帽(Mexican hat)小波、莫莱(Morlet)小波、高斯函数的一阶导数、二次 B 样条函数及其一阶与二阶导数等等。满足式(5.1.6)的小波函数 $\psi(t)$通常称为母小波(mother wavelet)，母小波缩放(或称膨胀）a 倍并平移 b 得到：

$$\psi_{a,b}(t)=\frac{1}{\sqrt{a}}\psi\left(\frac{t-b}{a}\right),\ a\in\mathbb{R},\ b\in\mathbb{R}\text{且}\ b\neq 0 \tag{5.1.7}$$

小波变换可以表示为：

$$W_f(a,\ b)=\frac{1}{\sqrt{a}}\int_{-\infty}^{\infty}f(t)\psi\left(\frac{t-b}{a}\right)\mathrm{d}t \tag{5.1.8}$$

式中，W_f 为函数 f 的小波变换系数，也可以看作 a 和 b 的函数。参数 a 为尺度因子，参数 b 为平移因子，定位变换系数的空间位置。两个参数的结合，使小波变换不仅可以表示原始信号的频率信息，还能够提供空间位置信息，所以，小波变换是一种信号的时间（空间）频率局部化分析方法。满足式（5.1.6）的小波 $\psi(t)$ 可以看作带通滤波器的脉冲响应函数，因此由式（5.1.8）得到的小波变换系数可以看作函数 f 经过带通滤波的输出。另外，由小波系数 W_f 还可以准确地恢复原始信号 f，即存在小波逆变换：

$$f(t)=\frac{1}{W_h}\int_{-\infty}^{\infty}\int_{-\infty}^{\infty}W_f(a,\ b)\psi_{a,\ b}(t)\mathrm{d}a\,\mathrm{d}b \tag{5.1.9}$$

（2）离散小波变换

由于实际应用中的信号多为离散信号，比如数字图像等，因此需要将小波变换从连续域推广到离散域。为了方便表示，重新定义参数 a 和 b：

$$a=a_0^m,\ b=nb_0a_0^m \tag{5.1.10}$$

式中，$a_0>0$，$b_0\in\mathbb{R}$，$(m,\ n)\in\mathbf{Z}^2$。与公式（5.1.10）对应的小波函数变为：

$$\psi_{m,n}(t)=a_0^{-m/2}\psi(a_0^{-m}t-nb_0) \tag{5.1.11}$$

因此，离散小波从集中在某个区间上的母小波函数开始，用标度因子 a_0 来对其进行扩张或压缩，以规定步长向左或向右移动波形，从而形成一系列小波。用这些小波函数与待分解信号做内积得出相应的小波系数，因此小波变换可以表示为：

$$DW_{m,n}=\langle f(t),\ \psi_{m,n}(t)\rangle,\ (m,\ n)\in\mathbf{Z}^2 \tag{5.1.12}$$

可以通过改变参数 a_0，b_0 和 m 来适应实际待分析信号的非平稳性。在实际应用当中最常用的为二进制小波，即取 $a_0=2$，$b_0=1$，$m=j$，这时小波函数的定义为：

$$\psi_{j,n}(t)=2^{-j/2}\psi(2^{-j}t-n),\ (j,\ n)\in\mathbf{Z}^2 \tag{5.1.13}$$

用这种形式定义的小波函数为标准正交小波基，对应的小波变换称为离散正交二进小波变换，即

$$W_{j,n}f(t)=\langle f(t), \psi_{j,n}(t)\rangle=\frac{1}{2^j}\sum_{t=0}^{N-1}f(t)\psi(2^{-j}t-n)\mathrm{d}t \tag{5.1.14}$$

原信号 $f(t)$可以由二进制小波系数精确重建得到，即

$$f(t)=\sum_{-\infty}^{\infty}W_{j,n}\cdot\hat{\psi}_{j,n}(t) \tag{5.1.15}$$

式中，$\hat{\psi}_{j,n}(t)=\psi_{j,n}(-t)$。

在金字塔算法的启发下，Mallat 建立了离散正交小波的一种快速算法——Mallat 算法。设 V_j 是分辨率为 2^{-j} 的信号空间，A_j 是信号 $f(t)$在 V_j 的投影，W_j 为 V_j 的正交补空间，D_j 为 $f(t)$在 W_j 上的投影，ϕ 和 ψ 分别是相应的尺度函数和小波函数。其中：

$$\phi_{j,n}(t)=2^{-j/2}\phi(2^{-j}t-n) \tag{5.1.16}$$

$$\psi_{j,n}(t)=2^{-j/2}\psi(2^{-j}t-n) \tag{5.1.17}$$

A_j 可以表示为：

$$A_jf(t)=\sum_{n=-\infty}^{+\infty}\langle f(u), \sqrt{2^j}\phi_{j,n}(u)\rangle\sqrt{2^j}\phi_{j,n}(t) \tag{5.1.18}$$

离散信号 $A_j^df(t)=\langle f(u), \phi_{j,n}(u)\rangle$称为 $f(t)$在分辨率 2^{-j} 的离散逼近。D_j 可表示为：

$$D_jf(t)=\sum_{n=-\infty}^{+\infty}\langle f(u), \sqrt{2^{-j}}\psi_{j,n}(u)\rangle\sqrt{2^j}\psi_{j,n}(t) \tag{5.1.19}$$

离散信号 $D_j^df(t)=\langle f(u), \psi_{j,n}(u)\rangle$称为 $f(t)$在分辨率 2^{-j} 的离散细节信号。由于$\sqrt{2^j}\phi_{j,n}(t)$和$\sqrt{2^j}\psi_{j,n}(t)$的正交性，A_j^df 和 D_j^df 可直接由 A_{j-1}^df 导出：

$$A_j^df(n)=\sum_{k=-\infty}^{+\infty}h(k-2n)A_{j-1}^df(k) \tag{5.1.20}$$

$$D_j^df(n)=\sum_{k=-\infty}^{+\infty}g(k-2n)A_{j-1}^df(k) \tag{5.1.21}$$

式中，$h(n)=\langle\phi_{1,0}(u), \phi(u-n)\rangle$，$g(n)=\langle\psi_{1,0}(u), \psi(u-n)\rangle=(-1)^nh(1-n)$。

假设 $h(n)$与 $g(n)$对应的离散滤波器分别为 H 和G，$\widetilde{H}$ 和$\widetilde{G}$ 分别为 H 和G 的镜像滤波器，其冲激响应分别为 $\tilde{h}(n)=h(-n)$与 $\tilde{g}(n)=g(-n)$。从式(5.1.20)和式(5.1.21)可以看出，A_{j-1}^df 经过离散线性滤波 $\widetilde{H}$ 和$\widetilde{G}$，再抽样得到 A_j^df 和 D_j^df。由此可知，数据的小波变换可以由数据通过高通滤波器 $\widetilde{G}$ 和低通滤波器 $\widetilde{H}$ 来实现，如图 5.1.4 所示。

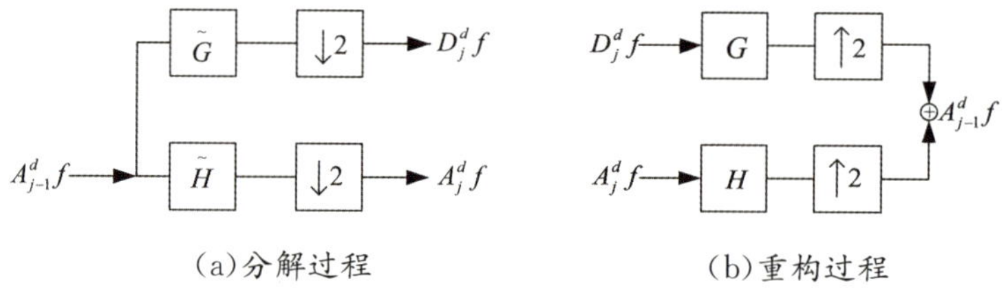

图 5.1.4 一维小波分解与重构

(3)二维可分离小波变换

当应用小波变换进行图像处理时，需要将小波的概念从一维推广到二维。其中最简单的方法是利用张量的形式将一维小波函数变换成二维可分离的小波函数。设 $\phi(x)$和 $\phi(y)$为一维尺度函数，二维尺度函数 $\phi(x,\ y)\in L^2(\mathbb{R}^2)$可以表示为 $\phi(x,\ y)=\phi(x)\phi(y)$。$\psi(x)$和 $\psi(y)$为一维小波函数，则二维的二进小波可表示为：

$$\psi^1(x,\ y)=\phi(x)\psi(y) \tag{5.1.22}$$

$$\psi^2(x,\ y)=\psi(x)\phi(y) \tag{5.1.23}$$

$$\psi^3(x,\ y)=\psi(x)\psi(y) \tag{5.1.24}$$

从所构造的二维小波函数的形式可以看出，它可以分成两个一维函数的乘积，所以称为二维可分离的小波函数。其实现过程也可以分开进行，即先在行的方向做一维小波变换，再对其结果做列方向的一维小波变换，加快实现速度。在实际运算过程中，通常采用与所选小波函数相应的高(低)通滤波器来实现。设小波函数对应的低通滤波器为 H，高通滤波器为 G，它们的镜像滤波器分别为 $\widetilde{H}$ 和$\widetilde{G}$。相应的二维 Mallat 小波分解算法如图 5.1.5 所示。A_j 表示其上一层近似函数 A_{j-1}的近似分量，HL 为 A_{j-1}在水平方向上的细节分量，LH 为 A_{j-1}在垂直方向上的细节分量，HH 为 A_{j-1}在对角方向上的细节分量。图 5.1.6 为一层小波分解，其中采用“db1”小波基。

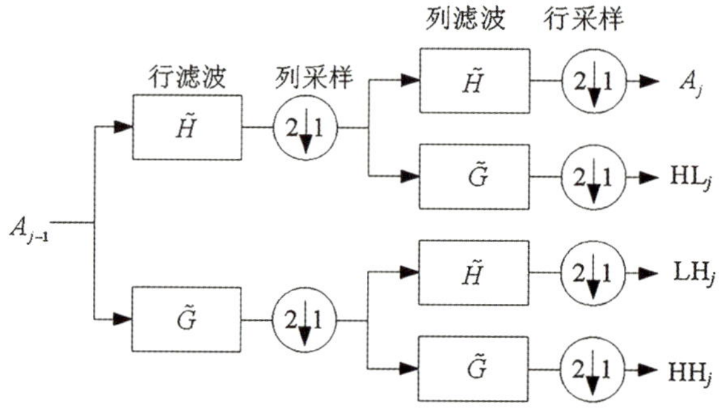

图 5.1.5 二维 Mallat 小波分解算法

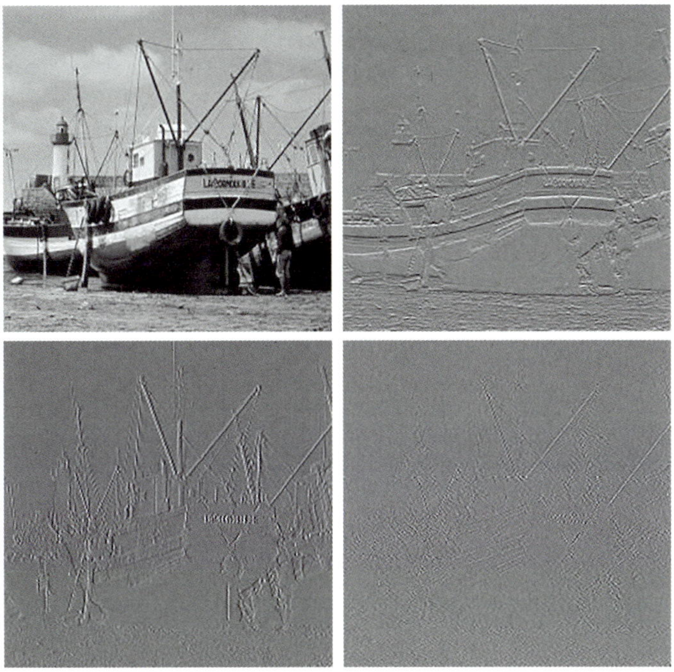

图 5.1.6 一层小波分解

(4)改进小波变换

随着小波理论的发展，一些改进的小波变换先后被提出，其中包括静态小波变换、树状小波帧变换、形态小波变换、复小波变换和多小波变换等。一般的小波变换不具有平移不变的特性，即输入信号发生平移时会引起小波分解系数很大的变化，这是由小波变换的抽样操作引起的。因此，基于小波变换的图像融合也是移变的，在源图像没有严格配准或无法严格配准的情况下，可能导致融合图像出现严重异常。分解过程中没有抽样操作的静态小波变换具有平移不变性，因此利用静态小波变换进行图像融合能够避免移变问题。在小波分解中，后一层只对前一层的近似分量进行小波变换，三个细节分量不做进一步分解。小波包变换对每一层的四个频段都进行进一步的分解，增加了计算和存储负担。一种折中的变换是树状静态小波变换，它不是简单地对每一频段都进行分解，而是依据该频段的信息含量决定是否进行进一步分解。相比小波包变换，树状静态小波变换能够节约存储空间和计算量。实小波变换只能显示信号的幅值信息，无法提供相位信息。而复小波变换不仅能提供信号的幅度，还能提供相位信息。因此，复小波变换为解决小波变换在噪声鲁棒性差等问题上提供了新的方案。伴随着多小波的成功构造，小波家族中诞生了新成员，它弥补了单小波的很多缺陷，与单小波相比具有很多优点，如紧支性、正交性、对称性和消失矩等，这些特性在图像处理中非常重要，因此引起了学者们的浓厚兴趣。下面介绍一种常用的改进小波变换，即静态小波变换。

1995 年，Nason 和 Silverman[32]提出了具有平移不变特性的静态小波变换(stationary wavelet transform，SWT)。静态小波变换不存在下采样操作，解决了移变的问题。然而只简单地取消下采样操作，会导致小波变换失去二进制小波的特性，并且当利用高通滤波器对第二层尺度图像再进行滤波时，由于与之对应的图像的高频信息在上一层滤波时已经被去掉，所以很难再提取有效信息。解决方法是，静态小波变换对输入信号进行低通和高通滤波后，再对滤波器进行上采样操作，这样可以减小低通滤波器频率响应特性的带宽，缩小高通滤波频率响应特性对应的频带范围。

设小波基对应的低通和高通滤波器分别为 H_1 和 G_1，H_j 和 G_j 表示由 H_1 和 G_1 上采样到第 j 尺度上的滤波器(即在相邻两个滤波器系数之间插入 2^j-1 个零)，则二维图像的静态小波变换的流程框图如图 5.1.7 所示。系数矩阵 LH，HL 和 HH 分别表示水平、垂直和对角线方向的细节信息，由于没有下采样操作，系数矩阵与输入图像具有相同大小，所以当将输入图像分解成 J 层时，系数的冗余度为 $3J+1$。

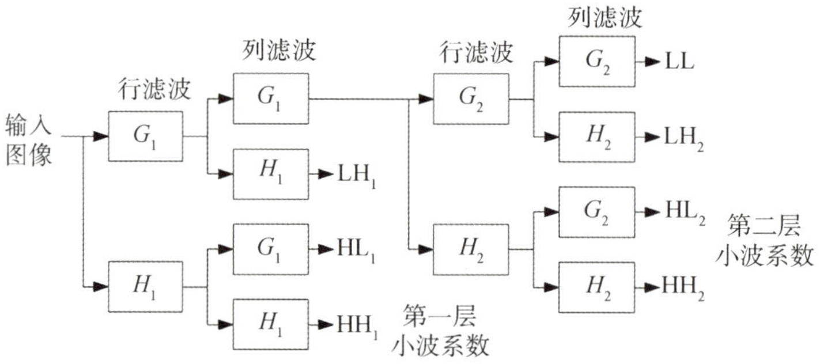

图 5.1.7　静态小波变换

5.1.3　多尺度几何分析

小波多尺度分解的思想和方法在数值计算和信号处理等诸多领域得到了非常广泛的应用，但在处理高维信号方面，小波方法仍然存在一定的局限。从目前二维图像的小波变换实现来看，都是分成行和列两次一维小波变换，所以其逼近能力只是一维小波的逼近能力。数学理论研究表明小波变换适用于表示具有各向同性奇异性的对象。然而对于各向异性的奇异性，例如数字图像中的边缘线条，小波并不是最有效的表示工具。对此，小波分析发展的先驱者，Daubechies、Mallat、Cohen、Donoho、Vetterli、Starck 等人对小波进行了改进，提出了一类重要的方法，即多尺度几何分析(multiscale geometric analysis)[33]。检测、表示和处理高维空间中的数据是发展多尺度几何分析的主要目标，这些数据的主要特点是数据的某些重要特征集中体现于其低维子集中(如曲线、平面等)。比如，对于二维图像，主要特征可以由边缘刻画；在三维图像中，其重要特征又体现为丝状物(filaments)或管状物(tubes)。目前，学者们提出的多尺度几何分析方法主要有：Candès 和 Donoho[14,16]提出的脊波(ridgelet)变换(1999 年)和曲波(curvelet)变换(1999 年)[16]、Do 和 Vetterli[19]提出的轮廓波(contourlet)变换(2005 年)、Kutyniok 和 Labate[34]提出的剪切波(shearlet)变换(2007 年)等。这些新方法的提出，无不基于这样一个事实：在高维数据处理中，小波分析没有充分利用数据本身的几何特征，因此并不是最优的或者最稀疏的函数表示方法，而多尺度几何分析的目的和动机正是要致力于发展一种新的高维数据的最佳表示方法。

本小节主要介绍脊波变换、曲波变换、轮廓波变换和剪切波变换。

(1)脊波变换

脊波变换本质上是对小波基函数引入方向参数，所以它不但和小波一样具有局部时频分析能力，还具有很强的方向选择和辨识能力，可以有效地表示信号中具有方向性的奇异特征，如图像的边缘轮廓等。因此，脊波变换特别适合于描述具有直线或平面奇异性的高维信号。

设光滑函数 ψ，$\mathbb{R}\rightarrow\mathbb{R}$，满足条件 $\int\psi(t)\mathrm{d}t=0$ 及容许条件：

$$K_{\psi}\int\frac{|\hat{\psi}(\zeta)|^{2}}{|\zeta|^{2}}\mathrm{d}\zeta<\infty \tag{5.1.25}$$

容许函数的定义与小波变换中一样，而脊波母函数与小波母函数不同的是脊波中加入了方向参数：

$$\psi_{a,b,\theta}(x)=a^{-1/2}\psi[(x_{1}\cos\theta+x_{2}\sin\theta-b)/a] \tag{5.1.26}$$

根据定义可以知道脊波的支撑集是带状区域，在垂直于脊线 $x_1\cos\theta+x_2\sin\theta=b$ 方向上的横截面是一条形似小波的曲线，这样脊波就在小波的基础上增强了沿脊线的方向信息，从而可以有效地表示和检测信号中具有方向性的线状奇异特性。

类似于小波变换，函数 $f(x)$的脊波变换定义为：

$$\mathrm{RFT}_f(a,\ b,\ \theta)=\int_{\mathbb{R}^2}\psi_{a,\ b,\ \theta}f(x)\mathrm{d}x \tag{5.1.27}$$

可以看出脊波变换的定义和小波变换的定义非常相似。为了方便进一步说明，先简单介绍连续 Radon 变换。

设 $f(x)\in L^2(\mathbb{R}^2)$，称变换：

$$R_f(\theta,\ t)=\int_{\mathbb{R}^2}f(x)\delta(x_1\cos\theta+x_2\sin\theta-t)\mathrm{d}x \tag{5.1.28}$$

为 $\mathbb{R}^2$ 上的连续 Radon 变换。

由上述定义可知，在二维空间中，点与线通过 Radon 变换相联系，而脊波变换与小波变换通过 Radon 变换相联系，即

$$\mathrm{RFT}_f(a,\ b,\ \theta)=\int_{\mathbb{R}}\psi_{a,\ b}(x)R_f(\theta,\ t)\mathrm{d}t \tag{5.1.29}$$

因此，脊波变换是 Radon 变换域的一维小波变换。由式(5.1.27)～(5.1.29)及 Radon 变换切片定理可知，可以利用傅立叶变换、Radon 变换和小波变换实现脊波变换。脊波变换的流程图如图 5.1.8 所示。先对傅立叶域的极线分别进行一维反傅立叶变换，然后采用非正交的小波变换，即直接在傅立叶域内进行一维小波变换。

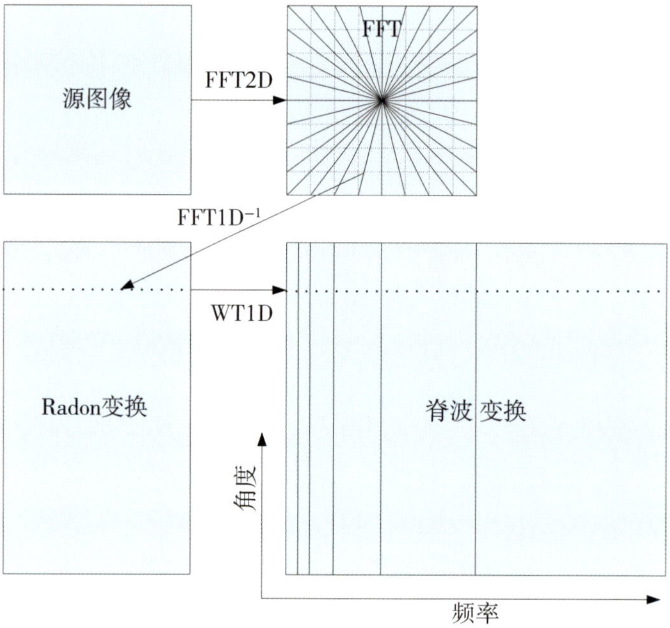

图 5.1.8　脊波变换流程图

脊波变换在描述直线特征的表示和提取中非常有效，但对奇异边缘为曲线的对象，在 Radon 变换后，奇异边缘仍然是曲线，即与小波系数一样不具有稀疏性。为

了解决这个问题，Candès 等人提出可以对整个目标区域作均匀分割，然后对分割的子区域分别作脊波变换。由于选定恰当尺度或者子区域尺寸后，落在每个小区域中的奇异边缘可以用直线近似表示，所以各个小区域的脊波变换的系数具有很好的稀疏性，这种方法称为单尺度脊波分析(monoscale ridgelet analysis)或者局部脊波变换(local ridgelet transform)。另外，对于特定大小的图像，Donoho 通过定义有限 Radon 变换(FRAT)，提出了有限脊波变换，该变换是一种可逆的、正交的、重建性很好的脊波变换。

(2)曲波变换

为了更好地表示图像的曲线特征，在脊波变换和单尺度脊波变换的基础上，Candès 等人又构造了多尺度脊波变换，即第一代曲波变换。其基本思想是在足够小的图像区域内，曲线可以近似当作直线来看待。与小波变换相比，曲波增加了一个方向参量。与小波变换类似，连续曲波变换的尺度、位置和方向均定义在连续的参数空间。曲波基具有连续可变的宽度和长度，在精细尺度下曲波的宽度为长度的平方，即 $\text{width}=\text{length}^2$，因此，曲波的各向异性会随着曲波基函数尺度的减小而增加。曲波函数可以用三个参数来表示：$u=(a, \theta, b)$，其中 a 为尺度参数，满足 $0<a<1$，θ 为方向参数，b 表示位移。第一代曲线波变换的主要步骤如下：

步骤 1：对图像进行子带分解。

步骤 2：对分解出的子带进行平滑分割处理。

步骤 3：对分割出的子块进行正则化处理。

步骤 4：对正则化后的块进行脊波变换，得到曲波变换系数。

从以上步骤可以看出，第一代曲波的具体实现比较复杂，而且曲波的多尺度分解会产生数据冗余，当使用尺度为 J 时，冗余因子为 $16J+1$。针对这些问题，Candès 和 Donoho[35]提出了更简单、更便于理解的快速曲波变换算法，即第二代曲波变换。第二代曲波变换与第一代曲波变换没有直接关系，二者之间的相同点仅在于紧支撑、框架等抽象的数学意义。相对于第一代曲波变换，第二代曲波变换与傅立叶变换相结合，具有概念简洁、实现速度快、冗余度小等优点。第二代曲波变换有两种实现方法，一种为非等间隔快速傅立叶变换法(unequally-spaced fast Fourier transforms，USFFT)，另外一种为基于特殊选择的傅立叶采样的卷绕法(wrapping of specially selected Fourier samples，WARP)。下面以 USFFT 为例介绍第二代曲波变换的实现步骤。

步骤 1：对图像进行二维傅立叶变换，得到傅立叶频率函数 $\hat{F}(n_1, n_2)$，其中 $-n/2 \leqslant n_1, n_2 \leqslant n/2$（$n$ 为正方形图像的边长）。

步骤 2：在 $\hat{F}(n_1, n_2)$ 中，对每一个尺度角度参数组 (j, l)（即“楔形”窗）进行插值，得到新的函数 $\hat{F}(n_1, n_2 - n_1 \tan\theta_l)$，$(n_1, n_2) \in P_j$。$P_j$ 的定义为：

$$P_j = \{(n_1, n_2): n_{1,0} \leqslant n_1 < n_{1,0} + L_{1,j}, n_{2,0} \leqslant n_2 < n_{2,0} + L_{2,j}\} \tag{5.1.30}$$

式中，$(n_{1,0}, n_{2,0})$ 是矩阵的最左下角点的坐标，$L_{1,j} \approx 2^j$，$L_{2,j} \approx 2^{j/2}$。

步骤 3：用抛物窗 $\widetilde{U}_j(n_1, n_2)$ 乘以 $\hat{F}(n_1, n_2 - n_1 \tan\theta_l)$ 得到式(5.1.31)。

$$\widetilde{F}_{j,l}(n_1, n_2) = \hat{F}(n_1, n_2 - n_1 \tan\theta_l)\widetilde{U}_j(n_1, n_2) \tag{5.1.31}$$

步骤 4：对每一个 $\widetilde{F}_{j,l}$ 进行二维傅立叶逆变换，得到离散曲波系数 $c^D(j, l, k)$。

(3)轮廓波变换

Do 等人提出了一种“真正”的图像二维表示方法——轮廓波变换，它是一种具有局域性、方向性的多尺度几何分析方法。轮廓波变换保留了曲波变换的各向异性尺度特征，因此，可以认为它在某种程度上是曲波变换的另一种实现方式。轮廓波基的支撑区间具有长宽比随尺度而变化的“长条形”结构。轮廓波变换与其他多尺度几何分析方法的一个重要区别是轮廓波变换直接在离散域上构造，而前面的多尺度几何分析方法都是先在连续域构造再离散化得到离散实现。

轮廓波变换将多尺度分析和方向分析分开进行。首先用拉普拉斯金字塔分解来“捕获”奇异点，接着由方向滤波器组(directional filter bank)将分布在同方向上的奇异点合成为一个系数，它的最终结果是用类似于线段(contour segment)的基结构来逼近原图像。

轮廓波变换的方向滤波器组用来对图像进行多方向分解。通过对双通道五点梅花形滤波器组进行修剪操作，可以实现方向滤波器 l 级的二叉树分解，产生 2^l 个楔形的频率划分，这种结构使得轮廓波变换可以在每个尺度上选择任意多的方向进行分解。对应于多方向滤波器，轮廓波定义了一组正交基：

$$\theta_{j,k,n}^{(l)}(t) = \sum_{m \in \mathbb{Z}^2} g_k^{(l)}[m - S_k^{(l)} n]\phi_{j,m}(t) \tag{5.1.32}$$

集合 $\{\theta_{j,k,n}^{(l)}\}_{n \in Z^2}$ 是一组在方向子空间 $V_{j,k}^{(l)}(k=0, \cdots, 2^l-1)$ 上的正交基，它可以

实现对图像高频信息的多方向分解。

将拉普拉斯金字塔分解和方向滤波器结合起来就实现了轮廓波变换，而单独用任何一部分都不能很好地描述图像。这是因为拉普拉斯金字塔缺乏方向性，而方向滤波器对高频部分能很好地分解，对低频部分不能较好地分解。二者的结合能够充分发挥它们各自的优势，从而获得更好的图像描述。图 5.1.9 为轮廓波变换的实现框架图。

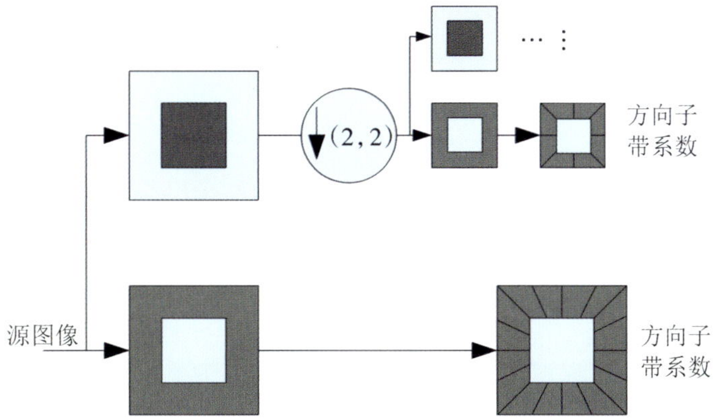

图 5.1.9 轮廓波变换实现框架图

轮廓波最突出的特点是具有很强的各向异性，与小波变换只有水平、垂直、对角线三个方向的高频分量相比，轮廓波通过方向滤波器对高频部分的信号进行处理，能够把高频信息分解成多个方向分量的组合，这种结构使得轮廓波有很好的非线性逼近性能，可以近似最优地逼近任意具有线性奇异性的二维分段光滑函数。

轮廓波变换的金字塔分解和方向滤波过程都包含下采样操作，因此导致系数的移变问题。为解决此问题，2006 年，Da Cunha 等人[20]提出了非下采样轮廓波变换(nonsubsampled contourlet transform，NSCT)，非下采样轮廓波变换采用了非下采样金字塔分解(nonsubsampled pyramid，NSP)和非下采样方向滤波器组(nonsubsampled directional filter bank，NSDFB)，解决了轮廓波变换不具有平移不变性、会引起吉布斯现象等问题。图 5.1.10 为 NSCT 示意图。NSCT 由两部分组成：

a. NSP，它类似于拉普拉斯金字塔分解，但其变换过程不包含下采样运算，使得 NSCT 具备平移不变性和多尺度特性。NSP 是通过在拉普拉斯分解时去除下采样过程，并对滤波器进行相应的上采样(插值)来完成，这样对图像进行多尺度分解的同时就无须再对滤波器重新进行设计。

b. 基于 à trous 算法[36]实现的 NSDFB，它使得 NSCT 具备了多方向性。

NSDFB 是通过在 DFB 的滤波过程中去掉下采样过程，并对滤波器进行相应的上采样来构造。NSDFB 中所有的滤波器由单个的扇形滤波器得到，而且 NSDFB 中的每个滤波器计算复杂度与原滤波器相当。

NSP 和 NSDFB 的结合使得 NSCT 具备了多尺度性、多方向性和平移不变性。

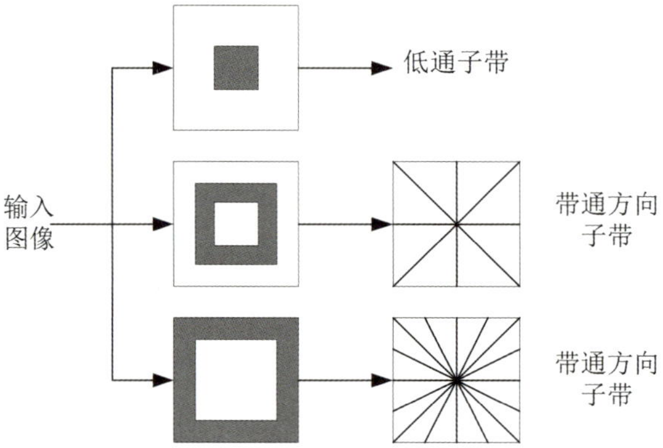

图 5.1.10 NSCT 示意图

(4)剪切波变换

剪切波变换能够实现对多维信号和各向异性信息在多个尺度和多个方向上的稀疏表示。所以，剪切波变换能够准确地检测二维图像中的奇异特征，例如边缘。采用经典的具有合成膨胀性质的仿射系统理论，把几何变换和多尺度分析结合起来去构造剪切波。

对于连续 $\psi \in L^2(\mathbb{R}^2)$，具有合成膨胀的二维仿射系统形式如下：

$$A_{\boldsymbol{AB}}(\psi)=\{\psi_{j,\ l,\ k}(x)=|\det \boldsymbol{A}|^{j/2}\psi(\boldsymbol{B}^l\boldsymbol{A}^j x-k):\ j,\ l\in\mathbb{Z},\ k\in\mathbb{Z}^2\} \tag{5.1.33}$$

式中，$\boldsymbol{A}$ 和 $\boldsymbol{B}$ 为 2×2 可逆矩阵，$|\det \boldsymbol{B}|=1$。如果 $A_{\boldsymbol{AB}}(\psi)$ 具有如下形式的 Parseval 框架(也称为紧框架)，即对任意的 $f\in L^2(\mathbb{R}^2)$，有

$$\sum_{j,\ l,\ k}|\langle f,\ \psi_{j,\ l,\ k}\rangle|^2=\|f\|^2 \tag{5.1.34}$$

那么称 $A_{\boldsymbol{AB}}(\psi)$ 为合成小波。其中，$\boldsymbol{A}^j$ 决定尺度变换，$\boldsymbol{B}^l$ 决定几何变换，如旋转和剪切变换。

如果 $\psi\in L^2(\mathbb{R}^2)$ 满足下列条件：

a. $\hat{\psi}(\xi)=\hat{\psi}(\xi_1,\ \xi_2)=\hat{\psi}_1(\xi_1)\hat{\psi}_2\left(\dfrac{\xi_2}{\xi}\right)$，其中 $\hat{\psi}$ 为 ψ 的傅立叶变换；

b. ψ_1 为连续小波，$\hat{\psi}_1\in C^\infty(\mathbb{R})$，$\mathrm{supp}\hat{\psi}_1\subset[-2,\ -1/2]\cup[1/2,\ 2]$；

c. $\hat{\psi}_2 \in C^{\infty}(\mathbb{R})$ 且 $\mathrm{supp}\hat{\psi}_2 \subset [-1, 1]$，在区间 $(-1, 1)$ 上，$\psi_2 > 0$ 且 $\| \psi_2 \| = 1$。

那么称由 ψ，$\boldsymbol{A}_a = \begin{pmatrix} a & 0 \\ 0 & \sqrt{a} \end{pmatrix}$ 以及 $\boldsymbol{B}_s = \begin{pmatrix} 1 & s \\ 0 & 1 \end{pmatrix}$ 所生成的下列系统：

$$\{\psi_{ast}(x) = a^{-3/4}\psi[\boldsymbol{A}_a^{-1}\boldsymbol{B}_s^{-1}(x-t)],\ a \in \mathbb{R}^+,\ t \in \mathbb{R}^2\} \tag{5.1.35}$$

为剪切波系统，称 $\psi_{ast}(x)$ 为剪切波，其中 $\boldsymbol{A}_a$ 和 $\boldsymbol{B}_s$ 分别为各向异性膨胀矩阵和剪切矩阵。

函数 $f \in L^2(\mathbb{R}^2)$ 的剪切波变换定义为：

$$SH_{\psi}f(a, s, t) = \langle f, \psi_{ast} \rangle \tag{5.1.36}$$

在实际应用中，常取 $\boldsymbol{A}_a = \boldsymbol{A}_0 = \begin{pmatrix} 4 & 0 \\ 0 & 2 \end{pmatrix}$，$\boldsymbol{B}_s = \boldsymbol{B}_0 = \begin{pmatrix} 1 & 1 \\ 0 & 1 \end{pmatrix}$，$t \in \mathbb{Z}^2$。

剪切波的离散化具有频域和时域两种实现方法，鉴于频域实现的直观性和方便性，下面仅介绍基于频域的剪切波实现方法。关于剪切波的时域实现可参看文献[37]。频域剪切波实现的具体步骤如下：

步骤 1：对源图像进行 J 层拉普拉斯金字塔分解，获得低频近似子带系数 C_a^J 和高频细节子带系数 C_d^j，$j=1, \cdots, J$。

步骤 2：根据笛卡儿坐标系和伪极坐标系之间的对应关系，在伪极坐标系中计算 C_d^j 的傅立叶变换得到矩阵 $\boldsymbol{P}_d^j$。

步骤 3：将矩阵 $\boldsymbol{P}_d^j$ 应用带通滤波得到 $\hat{\boldsymbol{P}}_d^j$。

步骤 4：根据步骤 2 中的笛卡儿坐标系和伪极坐标系的对应关系，将 $\hat{\boldsymbol{P}}_d^j$ 映射到笛卡儿坐标中，并对其进行二维傅立叶反变换，得到剪切波变换系数。

由于剪切波变换不具备平移不变性，会产生伪吉布斯现象，影响融合性能。为了克服该问题，Easley 等人提出了非下采样剪切波变换(nonsubsampled shearlet transform，NSST)。非下采样剪切波变换包括两步：多尺度分解和方向局部化。多尺度分解是通过非下采样金字塔滤波器组实现，图像经过 J 层分解后得到 1 个低频和 J 个高频子带图像，每个子带图像均与原图像大小相同。方向局部化通过剪切滤波器实现。标准的剪切波变换使用的剪切滤波器是在伪极化坐标系中通过窗函数的平移操作实现的，此过程包含下采样操作，因此不具有平移不变性。非下采样剪切波变换将标准的剪切滤波器从伪极化坐标系映射回笛卡儿坐标系，摒弃了下采样操作实现了平移不变性。

5.1.4 多尺度边缘保持分解

边缘保持分解(edge preserving filtering)的目的在于去除图像中细节部分而保留明显的图像边缘结构。边缘保持分解应具备两个条件：第一，需要有使图像细节变得平滑的能力，同时能够抑制噪声；第二，分解后的近似分量与源图像要尽量相似，保持边缘的锐化程度。下面介绍三种典型的边缘保持分解。

(1)双边滤波

作为一种基本的图像处理技术，滤波已经被广泛地应用在图像处理的各个领域。其中最常用的滤波为高斯滤波，它是在牺牲图像细节的情况下使图像变得平滑以减少图像中的噪声。高斯滤波对高斯噪声具有较好的去噪效果，它具有简单、快速的优点。高斯滤波核的值只跟空间邻域距离有关，与图像内容无关，因而在每个像素处滤波核都一样，不能随像素所处的图像内容发生改变而自适应改变。

双边滤波(bilateral filtering)由 Tomasi 和 Manduchi[25] 在 1998 年提出，该滤波器在高斯滤波器的基础上，将空间邻域信息和灰度相似性结合在一起，能够在滤除噪声的同时很好地保持图像的边缘结构特征。双边滤波器可用如下公式表示：

$$O_p = \frac{\sum\limits_{q \in S_P} w_q I_q}{\sum\limits_{q \in S_P} w_q} \tag{5.1.37}$$

式中，p 和 q 表示像素的空间位置，S_P 表示模板中心点 P 的 $(2r+1)\times(2r+1)$ 邻域；权重因子 w_p 是以下两部分的乘积：

$$w_{p,s} = \exp\left(-\frac{\| p-q \|^2}{2\sigma_s^2}\right) \tag{5.1.38}$$

$$w_{p,r} = \exp\left(-\frac{| I_p - I_q |^2}{2\sigma_r^2}\right) \tag{5.1.39}$$

式中，$w_{p,s}$ 为空间相似度权重，$w_{p,r}$ 为亮度相似度权重。从上式可以看出，双边滤波器的权重因子是空间相似度权重和亮度相似度权重的组合。前者随像素点与模板中心点的欧氏距离的增大而减小，后者随像素点与模板中心点的像素值差异的增大而减小。在图像变化缓慢的区域，由于像素值差很小，双边滤波器类似于高斯低通滤波器；在图像边缘区域，由于像素值差异大，双边滤波器将模板中心点附近像素值差异比较小的像素值加权平均取代原有的像素值，从而既能使图像变得平滑，又能保留图像的边缘细节。

(2)加权最小二乘滤波

Farbman 等人[28]在 2008 年提出了一种基于加权最小二乘(weighted least squares，WLS)优化框架的边缘保持滤波器。给定一个输入图像 I，加权最小二乘滤波的目的是使滤波后的平滑图像 O 尽可能与输入图像 I 近似，滤波后的图像 O 可以表示为下式所描述的目标函数：

$$O=\arg\min_{O}\left\{(O_p-I_p)^2+\lambda\left[a_{x,p}(I)\left(\frac{\partial O}{\partial x}\right)_p^2+a_{y,p}(I)\left(\frac{\partial O}{\partial y}\right)_p^2\right]\right\} \tag{5.1.40}$$

$$a_{x,p}(I)=\left(\left|\frac{\partial L}{\partial x}(p)\right|^{\alpha}+\varepsilon\right)^{-1} \tag{5.1.41}$$

$$a_{y,p}(I)=\left(\left|\frac{\partial L}{\partial y}(p)\right|^{\alpha}+\varepsilon\right)^{-1} \tag{5.1.42}$$

式中，下标 p 表示像素的空间位置；$a_{x,p}$ 和 $a_{y,p}$ 代表平滑因子；λ 是正则化参数，用以调整两项之间的平衡；L 是输入图像 I 亮度通道的对数；指数 α 确定对 I 的梯度的敏感度；ε 是一个非常小的常数，通常为 0.0001，可防止在灰度恒定的区域分母为 0。

(3)引导滤波

He 等人[30]于 2010 年提出引导滤波(guided filtering)，其最大的特点是在滤波过程会考虑引导图像的内容，引导图像可以是其他图像，也可以是输入图像本身。引导滤波假设引导图像 G 和滤波输出图像 O 具有如下线性关系：

$$O_p=a_qG_p+b_q,\quad \forall p\in\omega_q \tag{5.1.43}$$

式中，ω_q 表示以像素 q 为中心、大小为 $r\times r$ 的窗口，(a_q,b_q)是 ω_q 中的线性系数。从式(5.1.43)可以看出，O 是 G 在窗口中的线性变换，并可以得出 $\nabla O=\nabla G$。因此，在 G 的边缘处，O 仍将保持该边缘，也即引导滤波具有边缘保持特性。为了确定线性系数(a_q,b_q)，最小化滤波输出图像 O 和输入图像 I 之间的差异，即在窗口 ω_q 中使以下代价函数最小化：

$$E(a_q,b_q)=\sum_{p\in\omega q}\left[(a_qG_p+b_q-I_p)^2+\varepsilon a_q^2\right] \tag{5.1.44}$$

其中第二项是正则项，用于避免出现过大的 a_q；$\varepsilon>0$，是正则化参数。根据线性回归分析，a_q，b_q 的最优解表达式为：

$$a_q=\frac{\frac{1}{|\omega|}\sum_{p\in\omega q}G_pI_p-\mu_{G,q}\mu_{I,q}}{\sigma_{G,q}^2+\varepsilon},\ b_q=\mu_{G,q}-a_q\mu_{G,q}\tag{5.1.45}$$

式中，$\mu_{G,q}$和$\sigma_{G,q}^2$分别是引导图像G在局部窗口ω_q中的均值和方差，$\mu_{I,q}$是输入图像I在局部窗口ω_q中的均值，$|\omega|$为窗口ω_q中像素的数量。由于像素p被多个窗口所包含，在不同的窗口ω_q中，a_q，b_q取值不同，所以需要对窗口ω_q内所有a_q，b_q值取平均。因此，输出图像O可以写成：

$$O_p=\bar{a}_pG_p+\bar{b}_p,\ \bar{a}_p=\frac{1}{|\omega|}\sum_{q\in\omega p}a_q,\ \bar{b}_p=\frac{1}{|\omega|}\sum_{q\in\omega p}b_q\tag{5.1.46}$$

5.2 多尺度分解图像融合框架

基于多尺度分解的图像融合框架如图5.2.1所示。首先对源图像进行多尺度分解，将其分解为不同频段、不同方向的多分辨率系数子带，然后根据一定的融合规则将不同图像对应的多尺度系数子带进行融合，构成融合多尺度系数子带，最后对融合多尺度系数子带进行逆变换得到融合图像。多尺度结构中的各级子带(或系数)表示分辨率逐级降低的输入图像，此种结构描述了图像的特征信息，这种表示方法很适合图像融合。

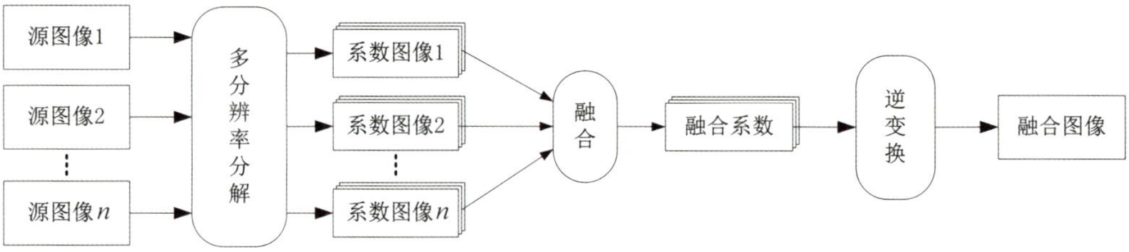

图5.2.1 基于多尺度分解的图像融合框架图

基于多尺度分解的图像融合研究主要包括两个方面，一方面是图像的多尺度分解与重构。图像的多尺度分解方法包括经典的金字塔分解、小波变换、多尺度几何分析、多尺度边缘保持分解，这些分解方法在5.1节进行了详细介绍。另一方面是融合规则，包括基于像素的融合规则、基于窗口的融合规则和基于区域的融合规则。融合规则设计包括活跃度度量与系数融合两个部分，活跃度度量反映像素或窗口的显著性或重要性，再根据显著性对系数进行合并。下面介绍常用融合规则的活跃度度量与系数融合方法。

为方便介绍，两个源图像分别用X和Y表示，融合图像用F表示。当源图像数目大于2时，这些方法可以很容易地推广到多个图像，或者可以分解为两两图像的融合。因此，以下只以两个输入图像为例进行介绍，不对多个源图像的情况特别说明。C_I 表示图像 I 的多尺度分解系数，A_I 表示 C_I 的活跃度。用 $p=(m, n, k, l)$ 表示一个特定的多分辨率分解系数的位置，m 和 n 分别表示系数所在的行和列，k 表示当前系数矩阵所在的分解层，l 表示系数矩阵的方向。$C_I(p)$ 表示一个特定位置的多尺度分解系数，$A_I(p)$ 表示这个系数的活跃度。

(1)活跃度计算方法

多尺度系数的活跃度反映该像素点的局部重要程度。例如，对于多聚焦图像，活跃度越大表示对应像素在源图像中越清晰，活跃度越小表示该点越模糊。计算一个像素活跃度的方法有三种：单一系数法、窗口法和区域法。

①单一系数法

单一系数法在计算活跃度的时候只考虑单个系数，不考虑周围其他系数，其活跃度通常直接用系数的绝对值或者是系数的平方值来表示，即

$$A_I(p)=|D_I(p)| \quad \text{或} \ A_I(p)=[D_I(p)]^2 \tag{5.2.1}$$

②窗口法

单一系数法的活跃度容易受到噪声的干扰，基于窗口的方法考虑了局部窗口中的信息，对噪声具有较好的鲁棒性。局部空间频率是一种典型的基于窗口的活跃度。基于窗口的活跃度还可以利用系数窗口对应的一些统计特性来表示其活跃程度，例如均值和方差。以均值为例，其具体实现步骤如下：首先以融合系数点作为中心点选取窗口，一般大小为3×3或5×5，然后采用加权平均的方法来求得其活跃度，其公式如式(5.2.2)所示。

$$A_I(p)=\sum \mathbf{w}(s, t)|C_I(m+s, n+t, k, l)| \tag{5.2.2}$$

式中，$\mathbf{w}(s, t)$ 是权重矩阵，且 $\sum \mathbf{w}(s, t)=1$。

另一种窗口法是排序滤波器法，定义算子 $\mathrm{rank}(i)(Q)$ 为选择集合 Q 按从大到小排列的第 i 个数。设 $Q=|C_I(m+s, n+t, k, l)|$，其系数的活跃度定义为 $A_I(p)=\mathrm{rank}(i)(Q)$。通常选择最大值作为其活跃度，也就是令 $i=1$。这种方法实际上就是选择其局部区域最明显的特征作为其活跃度。但是当 $i=1$ 时，选择到的有可能是噪声点，所以为了减少噪声的影响，i 的值也可以取2或者3。

③区域法

区域法的活跃度准则跟基于窗口的活跃度准则类似，只是区域的形状可能不规则，能够根据图像内容自适应发生改变。用 R^k 代表第 k 个分割区域，定义 R^k 对应的高频系数为 $C(R^k)$，图像 I 中区域 R^k 的活跃度 $A_I(R^k)$ 可由下面的公式得到：

$$A_I(R^k)=\frac{1}{N_k}\sum_{p\in C(R^k)}A_I(p) \tag{5.2.3}$$

式中，N_k 表示 $C(R^k)$ 中系数的个数，$A_I(p)$ 可以直接由基于单个系数的活跃度准则得到，源图像的多分辨率系数的活跃度采用它所在区域的活跃度来代替。

(2)系数融合方法

将两组多分辨率系数融合为一组多分辨率系数的基本方法主要有两种：加权平均法和选择法。加权平均法得到的融合结果比较稳定，但可能会使得源图像中的部分模式形态丢失，这是由于两个源图像差别较大时，在平均的过程中对应的特征有可能相互抵消。选择法可以避免这种情况的发生，这种方法能将表达源图像显著信息的边缘等特征有效地合并到融合图像中，但这种方法对噪声的抑制作用不如加权平均法。下面介绍这两种系数融合方法。

①加权平均法

在坐标 p 处，融合系数表示为：

$$C_F(p)=w_X(p)C_X(p)+w_Y(p)C_Y(p) \tag{5.2.4}$$

式中，权值 $w_X(p)$ 和 $w_Y(p)$ 取决于对应源图像多分辨率系数的活跃度和相似程度，一种简单的权重：

$$w_X(p)=\frac{A_X(p)}{A_X(p)+A_Y(p)},\quad w_Y(p)=\frac{A_Y(p)}{A_X(p)+A_Y(p)} \tag{5.2.5}$$

②选择法

由多尺度分解得到的系数，低频子带的所有系数值为正数，高频子带系数值符号不固定，主要分布在零附近。高频子带系数绝对值大，对应源图像中灰度变化大，即源图像中较显著的信息，例如，边缘、线和区域边界等。因此，选择系数绝对值最大值的方法是图像融合中常用的方案，即只选择对应系数中活跃度大的系数作为融合系数，舍弃源图像相同位置的其他系数。如果用 F 表示融合图像，其过程可以表示为：

$$C_F(p)=\begin{cases}C_X(p), & A_X(p)>A_Y(p)\\ C_Y(p), & \text{其他}\end{cases} \tag{5.2.6}$$

选择法可以得到一个与对应尺度下多分辨率系数矩阵大小一样的二值决策矩阵，其值记录着对应源图像系数的选择结果，可以对这二值决策矩阵进行一致性校验处理。一致性是指融合图像 F 的某系数是来源于图像 X 还是图像 Y 应该与其邻域像素一致，一致性检验是检验二值决策矩阵是否具有这种一致性。例如，如果某一多分辨率系数来自源图像 X，而它的周围绝大部分的系数来自源图像 Y，那么应该改变这个值，使其融合系数也来自图像 Y。通常用 3×3 或 5×5 的窗口对决策矩阵进行一致性校验。选择法有利于将源图像中尽可能多的显著信息合并到融合图像中。

此外，也可以结合加权平均法和选择法，先计算源图像或源图像局部区域之间的相似度，如果相似度低，互补性强，就采用选择法；如果相似度高，互补性弱，就采用加权平均法。

5.3 多尺度金字塔分解图像融合

在日常生活中，常常会遇到拍摄场景亮度过高的情况，一般相机不能拍摄这么高亮度的图像，会出现过度曝光或欠曝光现象，即图像中部分区域很亮或很暗，大量细节丢失。为了解决该问题，人们通常用相机拍摄同一场景一系列不同曝光度的图像，在不同曝光度下，图像的细节信息不同，对这样的图像序列进行融合处理，得到更高质量图像的技术称为多曝光图像融合技术。本节介绍一种典型的基于多尺度金字塔分解的多曝光图像融合方法[38]。

该方法的融合过程如图 5.3.1 所示，主要包括三个步骤：先对每个输入图像进行拉普拉斯金字塔分解；然后利用对比度、饱和度和曝光度构建输入图像的权重图，对权重图进行高斯金字塔分解；再利用分解后的权重对输入图像的分解系数进行加权融合，得到融合系数；最后对融合系数进行拉普拉斯金字塔重构得到融合图像。金字塔分解与重构参见 5.1.1 节，不再赘述。下面具体介绍权重图的计算和融合过程。

权重图作为多曝光图像融合的重要部分，反映图像各分解系数的重要程度。对于欠曝光和过度曝光的区域，图像可能很平坦或者色彩平淡，质量较差，应赋予较低的权重。对于曝光良好的区域，色彩和细节丰富，应将这些区域合并到融合图像

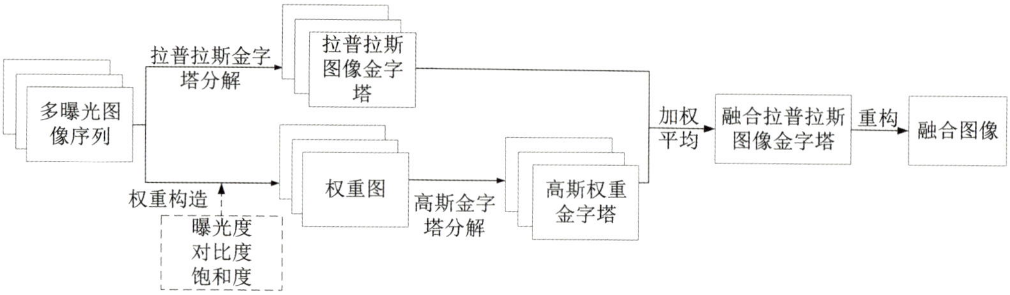

图 5.3.1　金字塔分解多曝光图像融合过程

中，因此需赋予较高的权重。该算法以对比度 C、饱和度 S、曝光度 E 作为活跃度计算权重图。为了方便计算活跃度权重，先将图像的像素值归一化到[0，1]。

对比度 C：首先将彩色图像转为灰度图像，之后对图像进行拉普拉斯滤波，滤波器模板如式(5.3.1)所示。拉普拉斯滤波能够提取图像的细节，其值的大小可以反映图像的清晰程度。然而，拉普拉斯滤波的结果值有可能为正，也有可能为负，所以，最后取滤波结果的绝对值作为对比度 C。

$$\boldsymbol{h}=\begin{bmatrix}0 & 1 & 0\\1 & -4 & 1\\0 & 1 & 0\end{bmatrix} \tag{5.3.1}$$

饱和度 S：饱和度能够反映图像的色彩鲜艳程度，色彩鲜艳的像素或区域应赋予较大权重。本算法以每个像素在 R、G、B 三个通道内的标准差作为饱和度 S，其计算公式如下所示：

$$S_n(i, j)=\sqrt{\frac{\sum\limits_{k\in\{R, G, B\}}[I_n(i, j, k)-\mu_n(i, j)]^2}{3}},$$
$$\mu_n(i, j)=\sum_{k\in\{R, G, B\}}\frac{I_n(i, j, k)}{3} \tag{5.3.2}$$

式中，$I_n(i, j, k)$表示第 n 个源图像在位置(i, j)、通道 k 处的像素值，$S_n(i, j)$表示第 n 个源图像在位置(i, j)处的饱和度。

曝光度 E：曝光过度的图像偏亮，欠曝光的图像偏暗，过暗和过亮都会导致图像缺乏细节，图像质量差。若图像的灰度值适中，则曝光良好。

基于以上原理，设计了曝光度 E：

$$E_n(i, j)=\prod_{k\in\{R, G, B\}}\exp\left[-\frac{(I_n(i, j, k)-0.5)^2}{2\sigma^2}\right] \tag{5.3.3}$$

活跃度权重由对比度 C、饱和度 S、曝光度 E 三部分共同构成，具体公式如下：

$$W_n(i, j)=[C_n(i, j)]^{w_C}[S_n(i, j)]^{w_S}[E_n(i, j)]^{w_E} \tag{5.3.4}$$

式中，w_C，w_S 和 w_E 分别是对比度、饱和度和曝光度的指数加权参数。若某项 w 等于 0，则对应的度量不起作用。如果只是简单结合这三项，可以将这三个权重都设为 1。为了便于后续系数融合，先对 N 个输入图像的权重进行归一化：

$$\hat{W}_n(i, j)=\left[\sum_{n=1}^{N} W_n(i, j)\right]^{-1} W_n(i, j) \tag{5.3.5}$$

求出权重图后，直接利用权重对源图像进行加权，获得的融合图像质量通常较差。这是因为当权重变化快时，图像曝光时间不同而包含不同亮度，融合图像将出现接缝等问题。为了避免这一情况，该方法求出权重图后，对权重图和源图像分别进行高斯金字塔分解和拉普拉斯金字塔分解，获得不同尺度的权重与图像细节，之后在每层金字塔间进行系数融合，进而对融合系数通过拉普拉斯重构获得融合图像。系数融合过程可用下式表示：

$$L\{F\}_{i, j, k}^{l}=\sum_{n=1}^{N} G\{\hat{W}_n\}_{i, j, k}^{l} L\{I_n\}_{i, j, k}^{l} \tag{5.3.6}$$

式中，$G\{\hat{W}_n\}_{i, j, k}^{l}$ 表示第 n 个源图像的归一化权重的高斯分解系数，l 表示第 l 层，i 和 j 表示空间位置，k 表示通道；$L\{I_n\}$ 表示第 n 个源图像 I_n 的拉普拉斯分解系数；$L\{F\}$ 表示融合图像 F 的拉普拉斯分解系数。

5.4 多尺度小波分解图像融合

5.4.1 小波分解图像融合

由于小波不具有平移不变性，使得其融合性能受限。小波帧分解由于取消了下采样，克服了移变问题，能够获得更好的性能。图 5.4.1 以遥感图像融合为例展示了基于小波帧分解的融合流程[10]。具体步骤如下：

步骤 1：将低分辨率多光谱图像在几何上与高分辨率全色图像进行配准和插值，使得多光谱图像和全色图像具有相同空间大小，并保证两个图像的对应像素所在的空间位置相同。

步骤 2：采用小波帧分解方法对两个图像进行相同层数的分解。以两层分解为例，设多光谱图像某一波段的分解子带为{MD_{LH}^1，MD_{HL}^1，MD_{HH}^1，MD_{LH}^2，MD_{HL}^2，

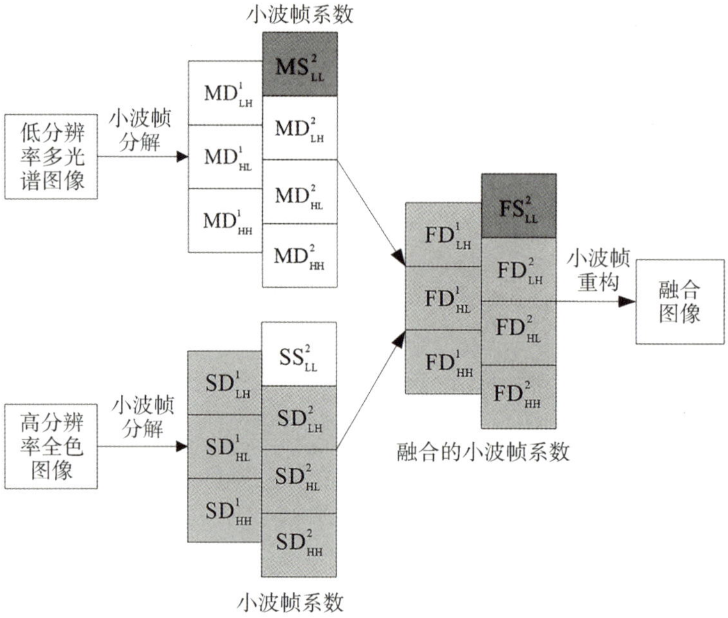

图 5.4.1　基于小波帧分解的遥感图像融合方法

MD^2_{HH}，MS^2_{LL}}，全色图像的分解子带为{SD^1_{LH}，SD^1_{HL}，SD^1_{HH}，SD^2_{LH}，SD^2_{HL}，SD^2_{HH}，SS^2_{LL}}，其中下标 LL 表示低频子带，下标 LH，HL，HH 分别表示水平、垂直、对角三个方向的高频细节子带，上标表示第几层分解。

步骤 3：全色图像包含了丰富的细节，而低分辨率多光谱图像包含融合图像的低频总体轮廓信息，希望将全色图像的细节迁移到融合图像，并保持低分辨率多光谱图像的总体轮廓信息和光谱信息，因此，将多光谱图像的低频子带作为融合图像小波帧分解的低频子带，将全色图像的垂直、水平和对角方向上的高频细节子带作为融合图像小波帧分解的高频细节子带，形成新的小波帧系数表达。设融合图像某一波段的分解子带为{FD^1_{LH}，FD^1_{HL}，FD^1_{HH}，FD^2_{LH}，FD^2_{HL}，FD^2_{HH}，FS^2_{LL}}，则有：

$$FS^2_{LL}=MS^2_{LL}$$

$$FD^1_{LH}=SD^1_{LH},\ FD^1_{HL}=SD^1_{HL},\ FD^1_{HH}=SD^1_{HH},$$

$$FD^2_{LH}=SD^2_{LH},\ FD^2_{HL}=SD^2_{HL},\ FD^2_{HH}=SD^2_{HH} \tag{5.4.1}$$

步骤 4：对融合的小波帧系数进行小波帧逆变换即可得到融合图像。

5.4.2　小波分解与成分替换图像融合

成分替换和小波分解是两类常用的遥感图像融合方法。成分替换法的融合图像通常细节丰富，但存在严重的光谱失真。小波分解融合图像的光谱通常较好，但存在细节不足的问题。结合小波分解和成分替换，能够充分利用这两种方法的优点，在优化融合图像细节的同时较好地保持其光谱特性。下面介绍两个常用的小波分解与成分替换相结合的方法。

(1)小波分解与 IHS 变换相结合的融合算法

IHS(intensity-hue-saturation)变换融合方法提高了图像的空间信息表现能力，但光谱失真严重。若在 IHS 变换融合算法中，对多光谱图像的 I 分量与全色图像进行融合，并用融合后的图像替代 I 分量，则既能融入全色图像的空间结构信息，又能保留多光谱图像的光谱信息，从而使融合图像在多光谱信息保持和空间细节信息表现能力两方面的综合性能得到提高。利用小波分解融合多光谱图像的 I 分量与全色图像，可得到一种基于 IHS 变换与小波分解的融合算法。

具体算法流程如图 5.4.2 所示，先利用 IHS 变换分离多光谱图像 I，H 和 S 分量，执行 I 分量与高空间分辨率全色图像的小波分解，再对小波分解后各子带的系数依据一定的融合规则进行融合，最后经过小波逆变换得到新的 I 分量，最后将新的 I 分量与原 H，S 分量一起进行 IHS 逆变换得到融合图像。

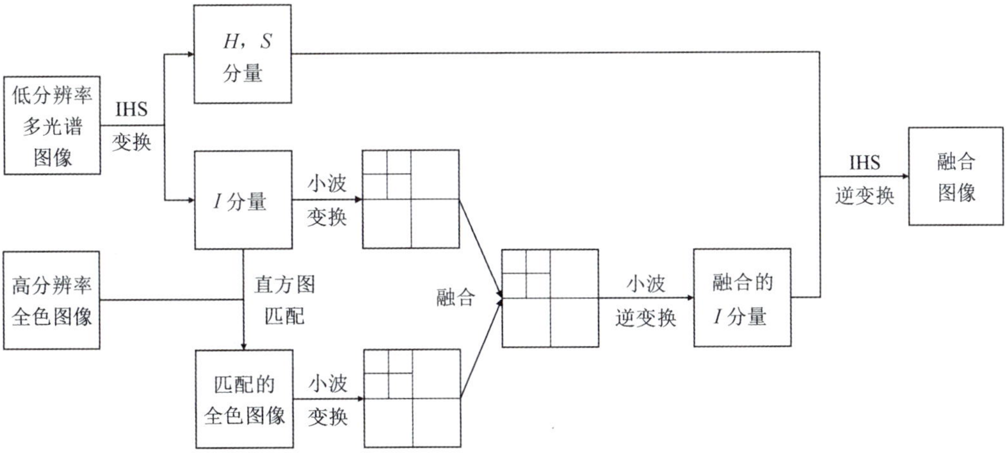

图 5.4.2 结合小波与 IHS 变换融合原理图

(2)小波分解与 PCA 变换相结合的融合算法

由于多光谱图像经 PCA(principal component analysis)变换的第一主分量的光谱特性与全色图像的光谱特性并不完全一致，所以直接利用全色图像替代第一主分量，容易造成光谱扭曲。在 PCA 融合算法中，若改变全色图像直接替代多光谱图像第一主分量的方式，通过选取合适的融合法，对多光谱图像的第一主分量与全色图像进行融合，既能融入全色图像的细节信息，又能保留多光谱图像的光谱信息，从而使融合图像既能提高空间细节，又能保持光谱信息。

类似于基于小波分解与 IHS 变换的融合方法，综合小波分解和 PCA 变换融合算法的优点，在 PCA 变换融合算法基础上引入小波分解融合算法，保留多波段遥感图像第一主分量中反映光谱特性的有用信息，进一步增强融合图像的效果，其融合算法原理如图 5.4.3 所示，具体步骤如下：

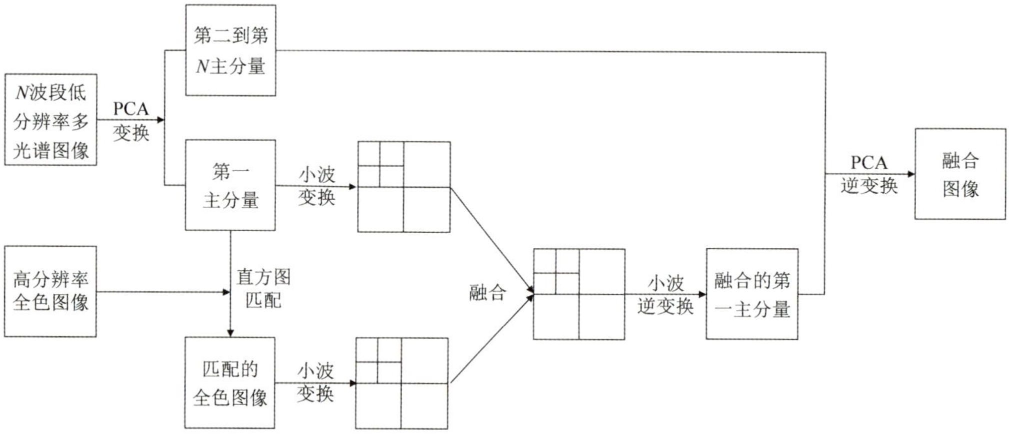

图 5.4.3　小波与 PCA 变换相结合的融合原理图

步骤 1：对 N 个波段的低分辨率多光谱图像进行 PCA 变换，得到 N 个主分量。

步骤 2：对第一主分量和高分辨率全色图像进行直方图匹配，使多光谱图像的第一主分量和高分辨率全色图像有相同的均值和方差。

步骤 3：对第一主分量和直方图匹配后的全色图像执行小波分解、系数融合、小波逆变换得到新的第一主分量。

步骤 4：对融合后的第一主分量和其他多波段遥感图像主分量做 PCA 逆变换，得到融合的高分辨率多光谱图像。

5.5　多尺度几何分析图像融合

5.5.1　曲波图像融合

本小节以可见光图像与红外图像融合为例，介绍曲波图像融合方法。目前的可见光图像和红外图像融合主要是针对灰度图像，而利用人眼彩色视觉的高分辨力和高灵敏度的特性，实现彩色图像融合可提高目标探测和识别能力，能增强场景理解、突出目标，有利于在隐藏、伪装和迷惑的军事背景下更快更精确地探测目标。另外，将融合图像显示成适合人眼观察的自然图像形式，可明显提高人眼的识别度，减少观察者的疲劳感。但是，由于彩色图像融合的色彩往往与人类本身的视觉不同，过于鲜明的彩色图像对比易使观察者产生疲劳和烦恼，不适宜长时间密集观察。因此，寻找接近人眼视觉感的彩色图像融合算法成为研究重点。

本小节介绍一种可见光图像与红外图像彩色融合算法[39]，其算法流程如图5.5.1所示。将可见光图像分别与红外图像及其负图像进行基于曲波变换的灰度图像融合，得到两个灰度图像。另一个灰度图像通过简单的线性组合得到。根据人眼视觉特性(冷色调显示为蓝色，暖色调显示为红色)，将得到的灰度融合图像送到RGB三通道进行显示。这样既最大程度保留了各个源图像的细节信息，提高了融合图像目标的可探测性，又使得融合结果颜色接近真实、自然的颜色。

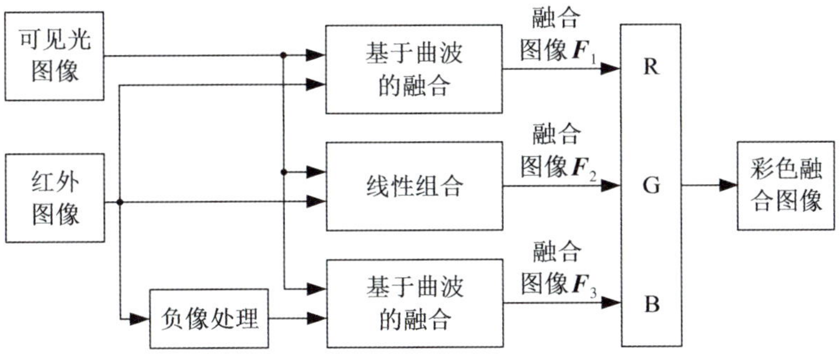

图5.5.1　基于曲波的可见光图像与红外图像彩色融合流程图

一般热红外图像包含背景的细节信息较少，而可见光图像包含丰富的细节信息。但是，在光线较暗或有少量烟、云、雾的环境中，可见光图像质量较差，热红外图像中的目标却依然较为清晰。同时，热红外图像反映场景的温度对比度，可见光图像反映场景的亮度对比度。因此，对这两类图像进行融合时，应根据其互补性各取所长，即应当保留可见光图像的纹理部分以及红外图像中特别亮或特别暗的部分(通常是所要探测的目标)，而且应尽可能保留各图像的边缘。

融合之前，先对红外图像进行负像处理。负像处理是一种简单的灰度变换。负像处理简单明了，将图像黑白颠倒，在某些情况下会增强图像的对比度，特别是对偏暗的图像有较明显的增强作用。对于256级灰度的图像，负像处理的灰度变换公式如下：

$$\mathrm{IR}'(x,\ y)=255-\mathrm{IR}(x,\ y) \tag{5.5.1}$$

式中，IR 为原始的红外图像，IR′为负像处理得到的图像，(x, y)为空间坐标。

通过融合红外图像与可见光图像、红外负图像和可见光图像，可得到两个灰度融合图像。热目标在原始的红外图像中显示为高亮区域，而在红外负图像中却恰恰相反，高亮的部分为红外图像中的冷目标。热目标在红外图像与可见光图像融合得到的图像 F_1 中同样为高亮区域，冷目标在红外负图像与可见光图像融合得到的图像 F_2 中则相对较亮。将融合图像 F_1 送入红色通道，将融合图像 F_2 送入蓝色通道。红外图像中的热目标随灰度级的大小呈现不同强度的红色。蓝色的强度主要由红外图像的负图像决定，负图像中的灰度级越高(红外图像中灰度级低的冷目标)，呈现出越强的蓝色。用冷的蓝色和暖的红色分别突出了红外图像的冷热目标。对于绿色通道，一些研究者直接将可见光图像送入绿色通道，但是研究发现这样得到的融合结果色彩不自然，且很可能会覆盖红外图像的特征。为了弥补这些不足，将红外图像与可见光图像的加权融合图像送入绿色通道。加权融合公式如式(5.5.2)所示：

$$F_3(i, j)=\alpha(i, j)\times \mathrm{VI}(i, j)+[1-\alpha(i, j)]\times \mathrm{IR}(i, j)$$

$$\alpha(i, j)=\frac{\mathrm{IR}(i, j)-\min(\mathrm{IR})}{\max(\mathrm{IR})-\min(\mathrm{IR})} \tag{5.5.2}$$

式中，$\alpha(i, j)$表示可见光图像在点(i, j)处的权重系数，在可见光图像中加入少量的红外图像信息，$\mathrm{VI}(i, j)$和 $\mathrm{IR}(i, j)$分别为可见光图像和红外图像在点(i, j)处的像素值。在加权融合图像中，可见光图像得到增强。在军事侦察等情况下，背景大部分是绿色植被，所以可见光图像中细节清晰的背景被赋予绿色。同时，红外图像中的一些重要信息得到保留而非直接丢弃。

通过上述组合和符合人眼视觉特性的彩色映射所形成的彩色融合图像，不仅可用不同的色彩突出红外图像中环境温度较低和较高的目标，而且可保留丰富的可见光细节，增强红外图像中重要目标的对比度，使彩色图像颜色接近真实、自然，给人以更好的视觉观感；同时图像的对比度较佳，目标醒目，有利于观察者识别。

曲波作为一种新的多尺度分解方法，它比小波更加适合分析二维图像中的曲线或直线状边缘特征，而且具有更高的逼近精度和更强的稀疏表达能力。将曲波变换应用于图像融合，能够更好地提取原始图像的特征，为融合图像提供更多的信息。图 5.5.2 为基于曲波变换的图像融合流程图。以两个图像的融合为例，基本步骤如下：

步骤 1：对两个源图像分别进行曲波变换，得到不同分辨率层次下的曲波系数，

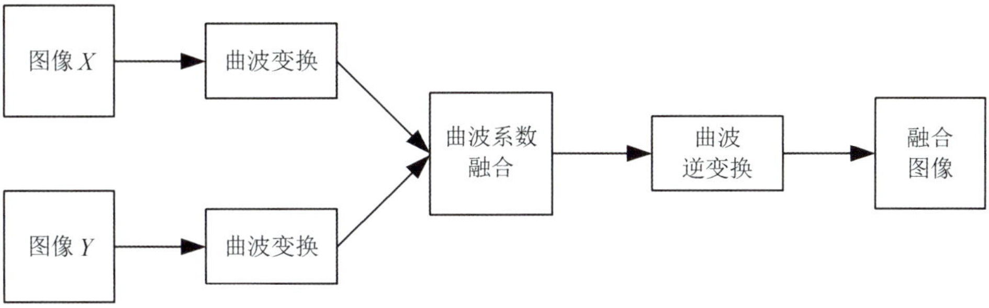

图 5.5.2 基于曲波变换的图像融合流程图

包括一层低频和多层高频系数。

步骤 2：对低频子带系数和高频子带系数用不同的融合规则进行融合处理，最终得到融合后的各层曲波系数。由于图像的边缘等细节特征在曲波域中表现为一些幅值较大的高频曲波系数，即曲波域中幅值较大的高频系数包含了更多的边缘等信息，所以对曲波变换后的高频系数采用幅值绝对值取大的融合规则；而变换后的粗尺度系数包含了两个图像的概貌，即低频信息，因此采用平均的融合规则。

步骤 3：对融合后的各层曲波系数进行曲波逆变换(即进行图像重构)，所得到的重构图像即为融合图像。

5.5.2 剪切波图像融合

剪切波变换不仅提供了最优的非线性近似特性，如曲线和轮廓，而且还提供了一组具有不同参数的函数，用于一个基函数产生的拉伸、旋转和移动。剪切波变换能获得二维仿射系统，以显示图像的几何和数学特性，如方向性、拉长形状、尺度、振荡。剪切波变换的分解与轮廓波相似，但在剪切方向上没有限制。Easley 等人[37]提出将非下采样拉普拉斯金字塔变换与剪切滤波器的几种不同组合的非下采样剪切波变换(NSST)。非下采样剪切变换具有平移不变性，因此，该变换不仅可以获得更多的融合信息，而且可以有效地减少配准误差对融合结果的影响。下面介绍一种简单的 NSST 图像融合方法。

该方法包含三个步骤：首先，利用 NSST 将源图像分解为低频和高频子带；然后，应用融合规则对各源图像的低频子带和高频子带分别进行融合；最后，在融合子带上应用 NSST 逆变换重建融合图像。融合框架如图 5.5.3 所示，$\boldsymbol{X}$ 和 $\boldsymbol{Y}$ 是一对几何配准的源图像，$\boldsymbol{F}$ 是融合图像。$\boldsymbol{C}^{J+1}$ 和 $\boldsymbol{C}^{j,l}$ 分别表示低频子带系数和第 j 层第 l

方向的高频子带系数。

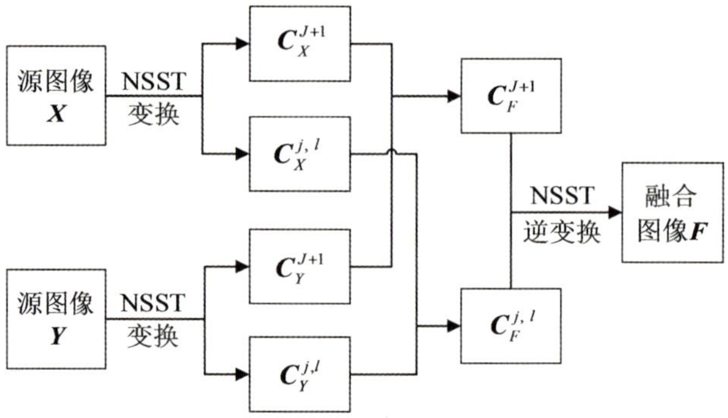

图 5.5.3 NSST 图像融合框架图

采用平均法融合低频子带系数：

$$\boldsymbol{C}_F^{J+1}=\frac{1}{2}(\boldsymbol{C}_X^{J+1}+\boldsymbol{C}_Y^{J+1}) \tag{5.5.3}$$

采用绝对值取大法融合高频系数：

$$\boldsymbol{C}_F^{j,l}(m,n)=\begin{cases}\boldsymbol{C}_X^{j,l}(m,n), & |\boldsymbol{C}_X^{j,l}(m,n)|>|\boldsymbol{C}_Y^{j,l}(m,n)| \\ \boldsymbol{C}_Y^{j,l}(m,n), & |\boldsymbol{C}_X^{j,l}(m,n)|\leqslant|\boldsymbol{C}_Y^{j,l}(m,n)|\end{cases} \tag{5.5.4}$$

5.6 多尺度边缘保持分解图像融合

5.6.1 多尺度联合双边滤波图像融合

双边滤波虽然具有边缘保持的优点，但它在滤波过程中只考虑一个图像。而图像融合的输入包含多个图像，因此，需要对标准的双边滤波进行扩展。本节首先在双边滤波的基础上，提出多尺度联合双边滤波，然后介绍基于多尺度联合双边滤波的遥感图像融合[26]。

Bennett 等人[40]提出的联合双边滤波(dual bilateral filter，DBF)是双边滤波的变体，联合双边滤波同时考虑了两个图像。联合双边滤波公式如式(5.6.1)所示：

$$\mathrm{DBF}[I^{\mathrm{out}}]_p=\frac{1}{W_p}\sum_{q\in S}G_1(\|p-q\|)G_2(\|I_p^{\mathrm{in}}-I_q^{\mathrm{in}}\|)G_3(\|I_p^{\mathrm{au}}-I_q^{\mathrm{au}}\|)I_q^{\mathrm{in}} \tag{5.6.1}$$

式中，$W_p=\sum_{q\in S}G_1(\|p-q\|)G_2(\|I_p^{\mathrm{in}}-I_q^{\mathrm{in}}\|)G_3(\|I_p^{\mathrm{au}}-I_q^{\mathrm{au}}\|)$为归一化因子，$p$ 和 q 表示空间位置，S 表示 p 的邻域，I^{in}，I^{au}和 $\mathrm{DBF}[I^{\mathrm{out}}]$分别表示滤波输入图像、辅助图像和滤波输出图像，$G_1$ 为空间高斯核，G_2 和 G_3 分别为图像 I^{in}和 I^{au}的灰度

高斯核。

通常，自然图像中包含多个尺度的细节，遥感图像亦然。因此，为了获得较好的遥感图像融合性能，需要提取全色图像多个尺度的细节。为了实现该目的，在原来单尺度双边滤波的基础上，本小节提出多尺度联合双边滤波方法。同时，考虑到平移不变性对图像融合性能具有重要影响，在滤波过程不对图像进行下采样，而是通过对滤波核进行上采样实现多尺度滤波，即采用 à trous 的思想[36]。多尺度联合双边滤波公式如式(5.6.2)到式(5.6.6)所示：

$$\mathrm{DBF}[\mathrm{PAN}]_p^{n+1}=\frac{1}{W_p^n}\sum_{q\in S}W_{p,q}^n\mathrm{PAN}_q^n \tag{5.6.2}$$

$$\mathrm{DBF}[\mathrm{MS}]_p^{n+1}=\frac{1}{W_p^n}\sum_{q\in S}W_{p,q}^n\mathrm{MS}_q^n \tag{5.6.3}$$

$$D^n=\mathrm{PAN}^{n-1}-\mathrm{PAN}^n \tag{5.6.4}$$

$$W_{p,q}^n=G_1(\|p-q\|)G_2(\|\mathrm{PAN}_p^n-\mathrm{PAN}_q^n\|)G_3(\|\mathrm{MS}_p^n-\mathrm{MS}_q^n\|) \tag{5.6.5}$$

$$W_p^n=\sum_{q\in S}W_{p,q}^n \tag{5.6.6}$$

这五个公式表示从第 n 个尺度到 $n+1$ 个尺度的滤波过程。PAN^n 和 MS^n 分别代表全色图像与多光谱图像在第 n 个尺度的近似图像，PAN^0 和 MS^0 表示原始的全色图像和经过重采样到全色图像一样大小的多光谱图像，D^n 表示从全色图像提取的第 n 个尺度的细节，$W_{p,q}^n\{q\in S\}$ 表示像素 p 处的滤波核，W_p^n 为像素 p 处的归一化因子，即滤波核的所有元素之和。可以发现，从多尺度分解的全色图像细节子带和近似子带可以很容易完全重构原始全色图像：

$$\mathrm{PAN}=\mathrm{PAN}^N+\sum_{n=1}^{N}D^n \tag{5.6.7}$$

式中，N 表示多尺度分解总的尺度数。

从式(5.6.2)到式(5.6.7)可以看出，多尺度联合双边滤波是通过对全色图像与多光谱图像进行连续滤波实现的，为了避免下采样带来的移变问题，在该连续滤波过程中，并没有像传统小波那样对滤波后的图像进行下采样，而是采取对滤波核进行上采样的策略。对滤波核进行上采样是在上一尺度滤波核采样位置的基础上拓宽滤波核并进行隔行隔列采样，在滤波核数值不变的情况下，对滤波核进行上采样意味着第 n 个尺度的滤波核等价于在第 1 个尺度滤波核的每行(每列)之间插入 $2^{n-1}-1$ 行(列)的零值。实际上对滤波核进行上采样就是修改滤波核的采样位置，对应多尺度联合双边滤波就是修改邻域范围 S。图 5.6.1 为 5×5 滤波核上采样支撑域示意图，小方块表示图像像素，黑色小方块为滤波核的中心，同时也是当前滤波像素位置，也即像素 p；灰色方块为滤波核所在像素位置，也就是参与中心黑色像素滤波的像素，也即像素 p 的邻域像素 $q \in S$。从该图可以看出，在第 1 个尺度，滤波核为连续的 5×5 的模板，第 2 个尺度的滤波核在第 1 个尺度滤波核的各行(列)之间都隔了 1 行(列)，第 3 个尺度的滤波核在第 1 个尺度滤波核的各行(列)之间都隔 3 行(列)。

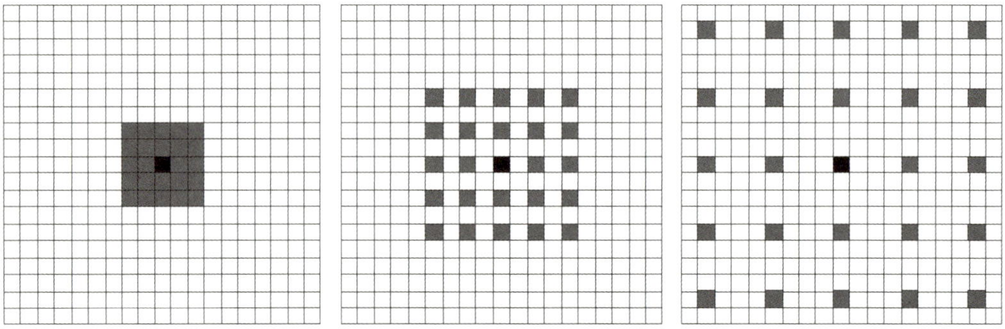

(a)第 1 个尺度　　(b)第 2 个尺度　　(c)第 3 个尺度

图 5.6.1　5×5 滤波核上采样支撑域示意图

接下来介绍如何将多尺度联合双边滤波应用于遥感图像融合。基于 IHS 变换的遥感图像融合方法具有速度快和符合人眼视觉特性等优点，同时考虑到遥感多光谱图像的波段数通常大于 3，利用广义 IHS 变换获得多光谱图像的亮度分量，再利用多尺度联合双边滤波对亮度分量和全色图像进行融合。具体流程图如图 5.6.2 所示，主要包括以下五个步骤：

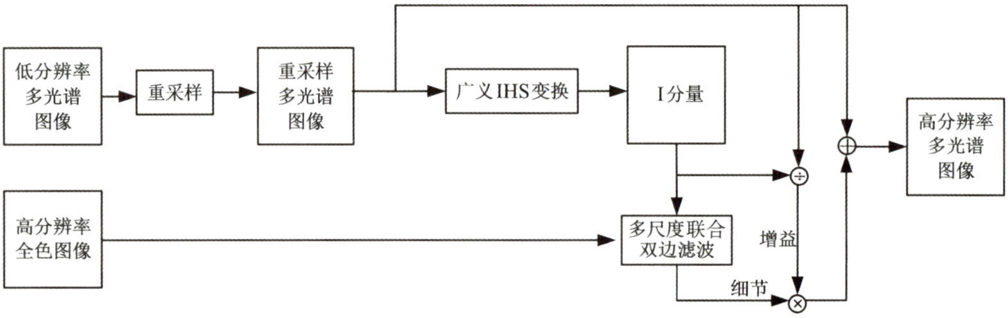

图 5.6.2　基于多尺度联合双边滤波的遥感图像融合流程图

步骤 1：重采样。由于低分辨率多光谱图像与全色图像的分辨率不一样，它们的图像大小也不一样，为了便于融合，利用双立方插值方法将低分辨率多光谱图像放大到与全色图像一样大小。

步骤 2：广义 IHS 变换。根据下式对放大的多光谱图像进行广义 IHS 变换获得其亮度(intensity)分量 I。

$$I=\frac{R+G+B+\mathrm{NIR}}{4} \tag{5.6.8}$$

式中，R，G，B 和 NIR 分别表示多光谱图像的红、绿、蓝和近红外波段。

步骤 3：多尺度联合双边滤波。结合多光谱的亮度分量对全色图像进行多尺度联合双边滤波获得近似子带图像 PAN_A 和 N 级细节子带图像 PAN_D^n，$n\in\{1，2，\cdots，N\}$。

步骤 4：增益调节。考虑到多光谱图像与亮度图像之间存在灰度差异，因此并不是直接将全色图像的细节注入多光谱图像中，而是在进行细节注入前，根据其灰度强度进行一定的调节，增益调节因子计算公式如式(5.6.9)所示。

$$g_i=\frac{\mathrm{MS}_i}{I}，\ i\in\{R，G，B，\mathrm{NIR}\} \tag{5.6.9}$$

步骤 5：高分辨率多光谱图像合成。结合低分辨率多光谱图像、提取的细节子带图像、增益调节因子获得最终的高分辨率多光谱(high resolution multispectral，HRM)图像。HRM_i 表示高分辨率多光谱图像的第 i 个波段：

$$\mathrm{HRM}_i=\mathrm{MS}_i+g_i\sum_{n=1}^{N}\mathrm{PAN}_D^n \tag{5.6.10}$$

5.6.2 多尺度方向双边滤波图像融合

边缘和线等几何结构广泛存在于各种图像中，而且这些结构具有各种各样的方向。图像处理研究表明方向特性是图像的一个非常重要的特征；视觉感知研究也表明脊椎动物的视网膜和视觉皮层中的细胞具有明显的方向选择特性。因而有效捕获图像的边缘和方向等几何结构对提高图像处理性能具有重要作用。为此，本小节提出多尺度方向双边滤波方法，该方法通过结合非下采样方向滤波的方向捕获特性和非下采样多尺度双边滤波的边缘保持特性来同时获取图像的方向和边缘几何结构，具有多尺度、多方向和平移不变等优点。多尺度方向双边滤波包括两个步骤：首先对图像进行多尺度双边滤波分解，从而获得图像的多尺度细节子带和近似子带；然后，利用非下采样方向滤波对细节子带进一步分解来捕获图像的方向信息，获得图像在各个尺度上的方向子带。

下面首先介绍多尺度方向双边滤波方法，然后将其应用于图像融合[27]。

多尺度双边滤波采用 à trous 的思想实现多尺度，舍弃了传统多尺度方法中的下采样，对滤波器进行上采样，使得多尺度双边滤波具有平移不变性。多尺度双边滤波在不同尺度上迭代应用双边滤波来实现多尺度。

双边滤波能够分解图像获得低频近似子带和高频细节子带，近似子带为滤波后得到的图像，细节子带为原图像与近似子带的差。通常进行这样的单尺度分解并不足以提取图像的重要信息。利用 à trous 的思想提出多尺度双边滤波：

$$I_p^{j+1}=\frac{1}{W_p}\sum_{q\in S}w^j(p-q)G_{\sigma_r}(I_p^j-I_q^j)I_q^j \tag{5.6.11}$$

$$w^j(x)=\begin{cases}G_{\sigma_s}\left(\left\|\dfrac{x}{2^j}\right\|\right), & \dfrac{x}{2^j}\in\mathbb{Z}^2,\ \left\|\dfrac{x}{2^j}\right\|<m\\ 0, & \text{其他}\end{cases} \tag{5.6.12}$$

式中，p 和 q 表示像素二维位置，j 表示第 j 层分解，I_p^j 表示图像的灰度值，W_p 为归一化因子，邻域 S 包含 W^j 为非零处的像素点，m 限定邻域大小，G_σ 表示标准差为 σ 的高斯函数。I_p^{j+1} 表示第 j 层双边滤波后的近似子带，细节子带为相邻两层子带的差：

$$D^j=I^j-I^{j+1} \tag{5.6.13}$$

在经过 J 层分解后，获得 J 个细节子带 $D^j(j=1,\cdots,J)$ 和一个最终的近似子带 I^{J+1}。

方向滤波是提出的多尺度方向双边滤波的另一个重要组成部分，方向滤波通过在细节子带上应用方向滤波器组实现，下面介绍方向滤波器组构造方法。通过结合临界采样的双通道扇形滤波器组和重采样运算，Bamberger 和 Smith[41] 提出了一种二维方向滤波器组(directional filter bank，DFB)。该方向滤波器组能够通过 l 层二叉树分解有效实现，产生 2^l 个具有楔形频率分割特点的方向子带。这种方向滤波器组的一个缺点是没有低通子带和高通子带，研究人员在此基础上提出了多分辨率临界采样的方向滤波器组。方向滤波器组由于临界采样的原因，都是移变的，即如果对图像平移一个像素，滤波后的系数并不是相应地平移一个像素，有的可能系数完全发生了变化。然而，平移不变特性对图像融合等许多图像处理任务非常重要。平移不变特性能够利用非下采样的方向滤波器组获得，通过去除原滤波过程中的下采样处理，对相应的滤波器组进行上采样即可实现非下采样的方向滤波器组。类似于临界采样方向滤波器组，非下采样的滤波器组树结构从单一的非下采样扇形滤波器组获得，迭代应用非下采样方向滤波器组就可获得多方向特性。图 5.6.3 为由双通道扇形滤波器组构成的四通道非下采样方向滤波器组示意图。

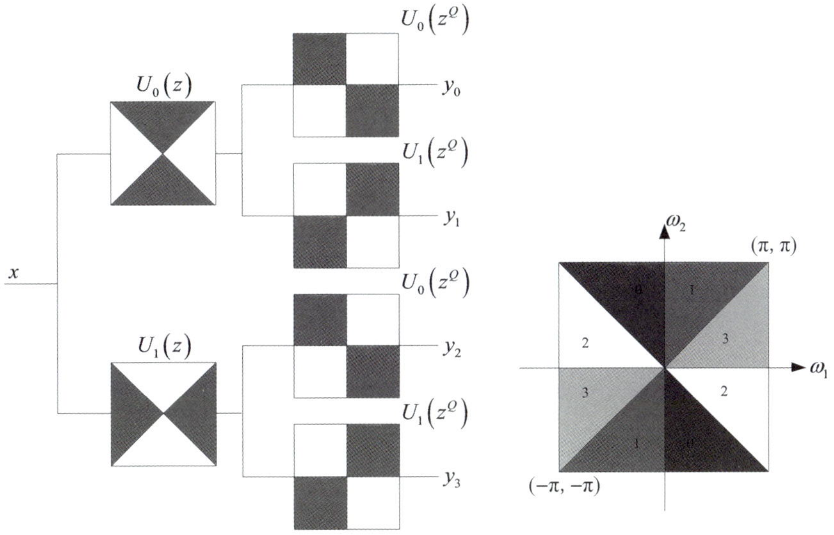

(a)滤波结构　　　　(b)频域分割图

图 5.6.3　由双通道扇形滤波器组构成的四通道非下采样方向滤波器组示意图

图 5.6.4 为多尺度方向双边滤波过程中用到的非下采样方向滤波伪代码，符号“$*$”表示卷积运算，第 L 层二叉树分解的方向数为 2^L。非下采样方向滤波重构过程与分解过程类似，重构采用重构滤波器组，分解采用分解滤波器组。为了实现完全重构，重构滤波器组和分解滤波器组之间一定要满足 Bezout 等式。

接下来将提出的多尺度方向双边滤波方法应用于多模图像融合。基本思想是利用多尺度方向双边滤波来表示图像的显著信息，将源图像的显著信息综合集成到融合图像。用 X 和 Y 表示两个源图像，F 表示融合图像。具体融合步骤如下：

输入：带通子带 C，二叉树分解层数 L，方向滤波器组 DFB。 输出：方向细节子带$\{D^d, d=1, \cdots, 2^L\}$。

初始化：$D^1=C$
for $l=1, \cdots, L$ do
　for $d=1, \cdots, 2^{l-1}$ do
　　$[K^{2d-1}, K^{2d}]=D^d * \mathrm{DFB}_d$
　end for
　$D^d \leftarrow K^d$
end for

图 5.6.4　非下采样方向滤波伪代码

步骤 1：利用多尺度方向双边滤波对两个源图像进行分解获得近似子带 $\boldsymbol{C}_X^{J+1}$，$\boldsymbol{C}_Y^{J+1}$，以及方向细节子带 $\boldsymbol{C}_X^{j,l}$，$\boldsymbol{C}_Y^{j,l}$（$j=1, 2, \cdots, J$；$l=1, 2, \cdots, 2^{l_j}$），J 表示分解层数，j 和 l 分别表示第 j 个尺度和第 l 个方向。

步骤 2：根据给定的融合规则，对近似子带和方向细节子带分别进行融合获得融合子带 $\boldsymbol{C}_F^{J+1}$ 和 $\boldsymbol{C}_F^{j,l}$。

步骤 3：对融合的近似子带和方向细节子带进行多尺度方向双边滤波逆变换获得融合图像 $\boldsymbol{F}$。

图像融合的目的是综合各源图像的显著信息。融合规则设计是图像融合方法的一个重要部分，对图像融合性能具有重要影响。由于多尺度方向双边滤波具有边缘保持和方向捕获特性，本小节利用多尺度方向双边滤波系数来辨识显著特征。图像的边缘对应尖锐的亮度变化，大的亮度变化使得双边滤波器的灰度权重发生较大改变，因而对应较大的变换值。此外，同一方向的边缘在方向滤波后能呈现较大响应。因此，多尺度方向双边滤波系数能够直接用来测量显著性，并且系数的绝对值越大，显著性越强。故经典的绝对值取大融合规则仍然能够用来融合方向细节子带：

$$\boldsymbol{C}_F^{j,l}(p)=\begin{cases}\boldsymbol{C}_X^{j,l}(p), & |\boldsymbol{C}_X^{j,l}(p)|>|\boldsymbol{C}_Y^{j,l}(p)| \\ \boldsymbol{C}_Y^{j,l}(p), & \text{其他}\end{cases} \tag{5.6.14}$$

式中，p 表示子带系数的空间位置。近似子带为被分解图像的一个低分辨率近似，包含目标的概貌信息，可采用平均法融合：

$$\boldsymbol{C}_F^{J+1}(p)=\frac{\boldsymbol{C}_X^{J+1}(p)+\boldsymbol{C}_Y^{J+1}(p)}{2} \tag{5.6.15}$$

上面以两个图像融合为例介绍了所提出的方法。事实上，该方法能够很容易地扩展到多个图像的情况，只需对每个源图像都进行多尺度方向双边滤波分解，方向细节子带融合时在所有源图像上取绝对值最大的系数，融合近似子带时对所有源图像的近似子带进行平均。

5.6.3 多尺度引导滤波图像融合

引导滤波是一种非常典型的边缘保持分解方法，克服了双边滤波的梯度反向问题。本小节介绍基于多尺度引导滤波的图像融合方法，该方法如图 5.6.5 所示。主要包括三个步骤：

步骤 1：两尺度图像分解，利用均值滤波将源图像分解为基层和细节层。

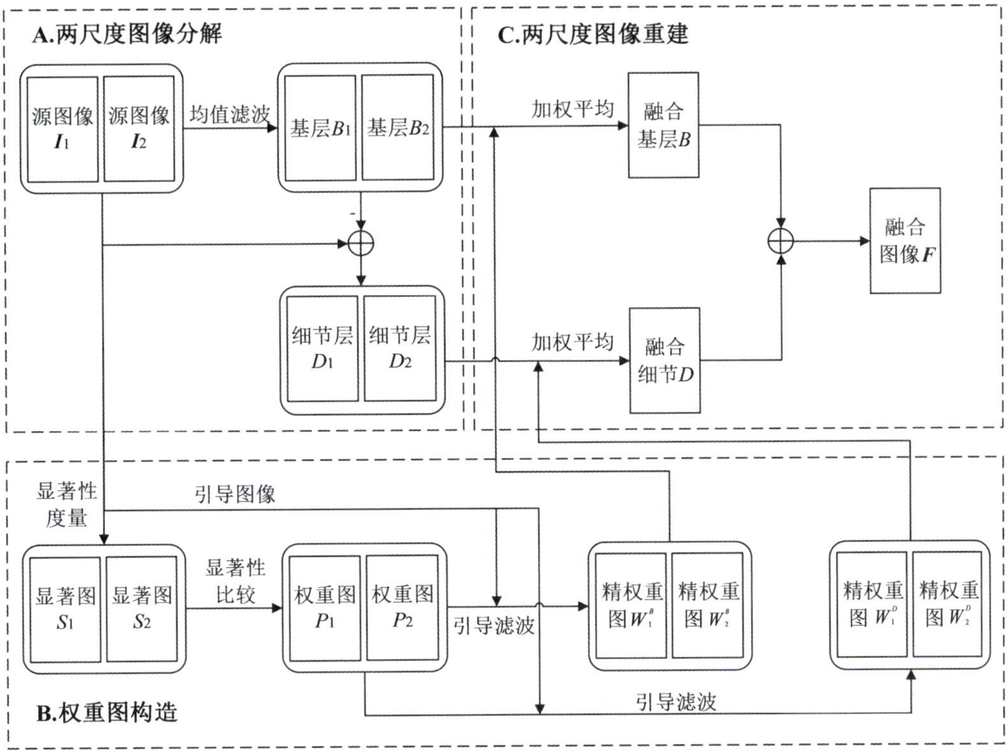

图 5.6.5 基于多尺度引导滤波的图像融合框架图

步骤 2：基于引导滤波的权重图构造，首先利用拉普拉斯滤波进行活跃度分析，再基于活跃度取大法获得初步权重，然后利用引导滤波的引导特性和边缘保持特性来优化权重。

步骤 3：两尺度图像重建，利用权重对各源图像的基层和细节层进行系数融合，再结合合并的基层和细节层重构融合图像。

(1)两尺度图像分解

两尺度图像分解步骤旨在将每个源图像分离为包含大尺度变化的基层(base layer)和包含小尺度细节的细节层(detail layer)。通过平均滤波将源图像分解为两个尺度表示。每个源图像的基层获得方法如下：

$$B_n = \boldsymbol{I}_n * Z \tag{5.6.16}$$

式中，$\boldsymbol{I}_n$ 是第 n 个源图像，Z 是平均滤波器，并且通常将平均滤波器的大小设置为 31×31。一旦获得基层，从源图像中减去基层可以获得细节层：

$$D_n = \boldsymbol{I}_n - B_n \tag{5.6.17}$$

(2)基于引导滤波的权重图构造

首先，将拉普拉斯滤波应用于每个源图像以获得高通图像 H_n：

$$H_n = \boldsymbol{I}_n * L \tag{5.6.18}$$

式中，L 是一个 3×3 拉普拉斯滤波器。然后，使用 H_n 绝对值的局部平均值构造显著性图 S_n：

$$S_n = |H_n| * g_{r_g,\sigma_g} \tag{5.6.19}$$

式中，g 是大小为$(2r_g+1)(2\sigma_g+1)$的高斯低通滤波器，参数 r_g 和 σ_g 都设置为 5。该显著性图可很好地表征细节信息的显著程度。接下来，将显著性图进行比较以确定权重图，如下所示：

$$P_n^k = \begin{cases} 1, & S_n^k = \max\{S_1^k, S_2^k, \cdots, S_N^k\} \\ 0, & 其他 \end{cases} \tag{5.6.20}$$

式中，N 是源图像的数量，S_n^k 是第 n 个图像中像素 k 的显著性值。但是，上面获得的权重图通常比较杂乱，并且与对象边缘没有对齐，可能会使融合图像产生伪影。使用空间一致性是解决此问题的有效方法。空间一致性指的是，当两个相邻像素具有相似的亮度或颜色时，它们将趋于具有相似的权重。当时，基于空间一致性的融合方法是设计一个能量函数，将像素的显著性编码在该函数中，并且边缘对齐的权重由正则项(例如，平滑度项)反映。然后可以将该能量函数全局最小化以获得所需的权重图。但是，基于优化的方法通常效率较低。

在本小节中，提出一种新的方法替代基于优化的方法。在每个权重图 P_n 上执行引导图像滤波，并以相应的源图像 $\boldsymbol{I}_n$ 作为引导图像：

$$W_n^B = G_{r_1,\sigma_1}(P_n, \boldsymbol{I}_n), \quad W_n^D = G_{r_2,\sigma_2}(P_n, \boldsymbol{I}_n) \tag{5.6.21}$$

式中，r_1，σ_1 和 r_2，σ_2 是引导滤波器的参数，W_n^B 和 W_n^D 是基层和细节层的最终权重图。最终，将 N 个权重图的值归一化，使得它们在每个像素处和为 1。

提出的权重构建方法的动机如下。根据引导滤波原理可知，如果像素 i 处的局部方差很小，这意味着像素 i 位于引导图像的平坦区域中，则滤波系数 a_k 将变得近似为 0，滤波输出 O 将等于$\overline{P_k}$，即相邻输入像素的平均值。相反，如果像素 i 的局部方差非常大，这意味着像素 i 在边缘区域中，则 a_k 将远离 0。引导滤波能够使滤波输出图像与输入图像之间的梯度呈现近似线性关系，即$\nabla O \approx \bar{a} \nabla I$，这意味着仅边缘一侧的权重将被平均。在这两种情况下，具有相似颜色或亮度的像素往往具有相似的权重，这正是空间一致性的原理。

基层在空间上较为平滑，权重也应该在空间上平滑。否则，可能会产生人造边缘。相反，细节层应选用和锐利边缘对齐的权重，因为当权重过度平滑时，细节可能会丢失。因此，对于融合基层可设置较大的引导滤波器尺寸和较大的模糊度，而对于细节层可选择较小的引导滤波器尺寸和较小的模糊度。

(3)两尺度图像重建

两尺度图像重建包括以下两个步骤：

步骤 1：通过加权平均将不同的源图像的基层和细节层融合在一起。

$$\overline{B}=\sum_{n=1}^{N}W_n^BB_n,\ \overline{D}=\sum_{n=1}^{N}W_n^DD_n \tag{5.6.22}$$

步骤 2：通过结合基层 $\overline{B}$ 和细节层 $\overline{D}$ 获得融合图像 $\boldsymbol{F}$。

$$\boldsymbol{F}=\overline{B}+\overline{D} \tag{5.6.23}$$

5.7　混合多尺度分解图像融合

普通多尺度分解图像融合算法只使用了一种多尺度分解方法，导致其性能受限。因为任何一种图像多尺度变换基函数的构造都有严格的限制，使其在表达图像特征时都存在一定程度的局限。经研究发现，不同的多尺度分解方法具有不同的特性，各种基之间存在互补特性。例如，曲波、轮廓波的优势在于高度灵活的方向表达特性，在图像的各向异性表达上优于小波变换；小波对小细节和点状特征具有更好的表达。图 5.7.1(a)展示了两个曲波基，容易看出曲波基适合表示曲线特征。图 5.7.1(b)展示了两个小波基，其支撑区间为正方形，主要适合表示点状特征。比较这两种变换基函数可以看出，曲波基和小波基呈现明显不同的特性。因此，如何综合利用不同多尺度分解方法之间的互补特性具有很大的研究空间，对提高图像处理的性能具有重要意义。

无论是小波变换，还是多尺度几何分解方法，平移不变特性对融合图像的质量影响很大。静态小波变换是一种典型的平移不变小波变换，它能够有效保留源图像角点、纹理等细节信息。然而静态小波变换只能表达三个方向的图像细节，缺少对连续边缘的表达能力；特别是当图像中的曲线和边缘较多时，单纯用静态小波变换的性能受到局限。轮廓波变换能很好地表达图像的曲线和边缘，被认为是一种“真

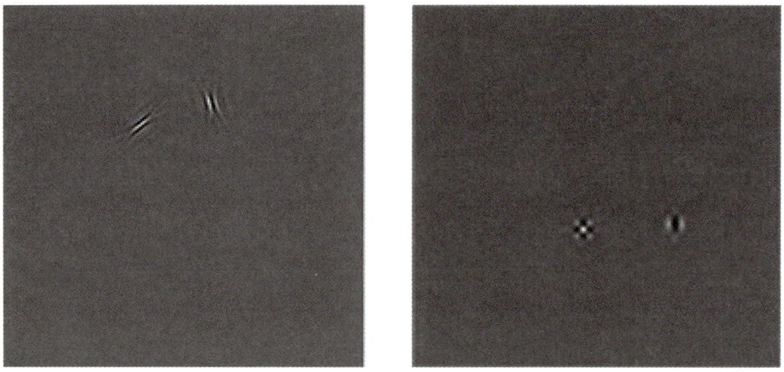

(a)两个曲波基　　(b)两个小波基

图 5.7.1　曲波基和小波基比较

正”的二维图像表示方法。非下采样轮廓波变换是一种更灵活的多尺度多方向的图像分解方法，能够有效提取图像中的几何结构特征。然而，轮廓波变换对一些细小特征表达能力不足，例如用小波基和轮廓波基分别逼近一条曲线，其逼近情况有明显的不同，如图 5.7.2 所示。这是因为由一维小波扩展成的二维小波基被限制在一个正方形的区域，因此对曲线的逼近能力比轮廓波基要差，但是随着分辨率的提高，小波基则更容易捕捉到图像中的点状信息。因此考虑将具有平移不变特性的静态小波变换(stationary wavelet transform，SWT)和非下采样轮廓波变换(nonsubsampled contourlet transform，NSCT)相结合进行多源图像融合。

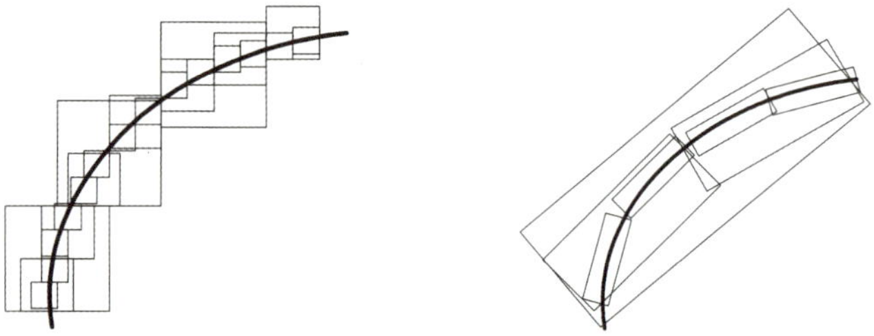

(a)小波　　(b) 轮廓波

图 5.7.2　小波变换和轮廓波变换逼近二维曲线示意图

单一多尺度分解方法的缺陷主要来自构造基函数所受到的限制，可以结合具有互补特性的两种多尺度分解方法来弥补单一分解的不足，构造混合多尺度分解。混合多尺度分解的过程：首先用一种多尺度方法对图像进行分解，得到对应的多尺度分解系数；然后利用具有互补特性的另一种多尺度方法对上一步得到的分解系数继续进行分解，得到图像的混合多尺度分解系数。通过两种多尺度分解的结合，可以更全面地表达图像信息。利用混合多分辨率分解方法进行图像融合，可以将更多的源图像信息传递到融合图像中。

混合多分辨率分解图像融合框架如图 5.7.3 所示。

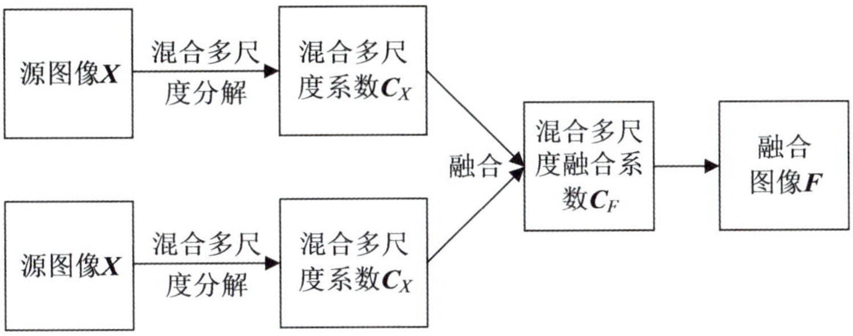

图 5.7.3 混合多分辨率分解图像融合框架图

具体实施步骤如下：

步骤 1：根据两种多尺度分解互补的特点，设计能够充分结合各自优点的混合多尺度分解方法。

步骤 2：将源图像进行混合多尺度分解。

步骤 3：在混合多尺度分解域内对分解系数进行融合。

步骤 4：通过逆变换得到融合图像。

在该框架思想指导下，结合小波变换与曲波变换的互补特性以及静态小波变换与非下采样轮廓波变换的互补特性，提出了两种基于混合多尺度分解的图像融合方法。

5.7.1 混合小波与曲波图像融合

虽然单独使用曲波进行图像融合能够取得较好的融合效果，但是由于曲波变换在表达图像细节信息时的局限性，制约了图像融合算法性能的进一步提高。为了对比曲波和小波融合性能的差异，设计如下实验：首先利用高斯低通滤波器对 Boat 图像的中间区域和四周区域分别进行滤波，得到两个人造多聚焦源图像，如图 5.7.4(a)和(b)所示。然后分别用曲波变换和小波变换对这两个图像进行融合。其融合图像如图 5.7.4(c)和(d)所示，其中图 5.7.4(c)为基于曲波变换的融合图像，图 5.7.4(d)为基于小波变换的融合图像。为了方便看出两个融合图像的不同特点，分别用这两个融合图像与原 Boat 参考图像相减，并用假彩色显示其误差图像，如图 5.7.4(e)和(f)所示。误差图像特征明显的地方表示融合图像效果较差。比较这两个误差图像，可以看到，在曲波变换的融合图像中，具有细节特征的区域误差较大。而在小波变换的融合图像中，边缘所在的区域误差较大。实验结果表明，曲波变换和小波变换在图像融合过程中存在互补特性。基于以上分析，我们提出了一种小波变换与曲波变换相结合的多聚焦图像融合方法[42]。

(a)中间模糊图像

(b)四周模糊图像

(c)基于曲波变换的融合图像

(d)基于小波变换的融合图像

(e)图(c)与原参考图像的误差图像

(f)图(d)与原参考图像的误差图像

图 5.7.4　曲波变换和小波变换图像融合结果比较

虽然单独应用小波变换或者曲波变换进行图像融合都能够取得较好的融合效果，但是由于小波变换和曲波变换互补特性的存在，仍然有很大的改进空间来进一步提高融合图像的质量。源图像经过曲波变换之后，曲波系数能够反映源图像的边缘信息。如果系数的绝对值大，表示源图像中有强的边缘。但对于源图像中的细小特征，比如纹理或者角点，曲波系数的绝对值仍然比较小。因此进一步利用小波变换对曲波系数进行分解，这样分解系数不仅能表示源图像的边缘，还可以有效地体现源图像的细小特征信息。图 5.7.5 为算法的结构图，具体实现步骤如下：

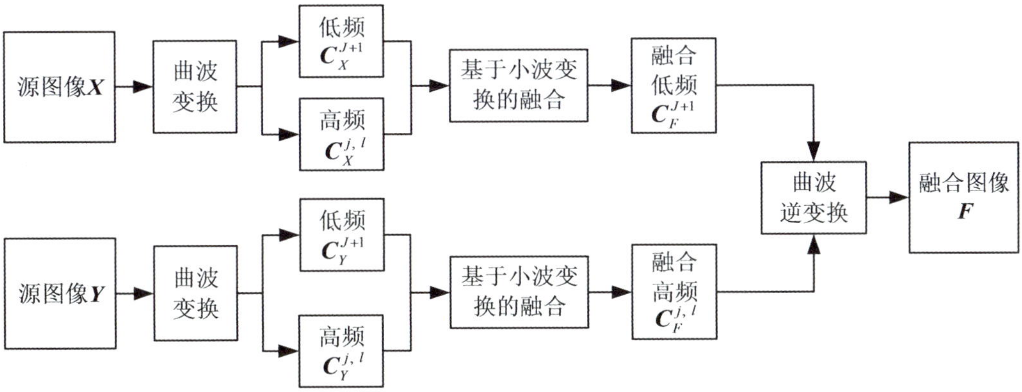

图 5.7.5　基于混合小波与曲波变换的图像融合算法结构图

步骤 1：将源图像进行配准处理，使图像中目标与每个源图像中的位置相对应，假设所有源图像在预处理阶段已经完全配准。

步骤 2：分别对两个多聚焦源图像 $\boldsymbol{X}$ 和 $\boldsymbol{Y}$ 进行曲波变换，得到它们的低频曲波系数 $\boldsymbol{C}_X^{J+1}$ 和 $\boldsymbol{C}_Y^{J+1}$，以及在不同分辨率和不同方向上的高频曲波系数 $\boldsymbol{C}_X^{j,l}$ 和 $\boldsymbol{C}_Y^{j,l}(j=1, \cdots, J; l=1, \cdots, L_j)$，其中 $\boldsymbol{C}_X^{j,l}$ 和 $\boldsymbol{C}_Y^{j,l}$ 分别表示图像 $\boldsymbol{X}$ 和 $\boldsymbol{Y}$ 在 j 尺度和 l 方向上的高频方向子带系数。这里对曲波变换只作两层分解，即 $j\in\{1, 2\}$。当 $j=1$ 时，$L_1=1$；当 $j=2$ 时，$L_2=8$。

步骤 3：利用基于小波变换的融合方法对曲波变换系数 $\boldsymbol{C}_X$ 和 $\boldsymbol{C}_Y$ 进行融合得到合成曲波变换系数 $\boldsymbol{C}_F$。选择“db1”小波基，小波变换的分解层数设置为 3，融合规则选择最常用的绝对值取大策略。

步骤 4：对融合的曲波变换系数 $\boldsymbol{C}_F$ 实施曲波逆变换，得到融合图像 $\boldsymbol{F}$。

5.7.2　混合小波与轮廓波图像融合

图 5.7.6 为基于混合静态小波与非下采样轮廓波变换的图像融合方法示意

图[43]。该算法的具体步骤如下：

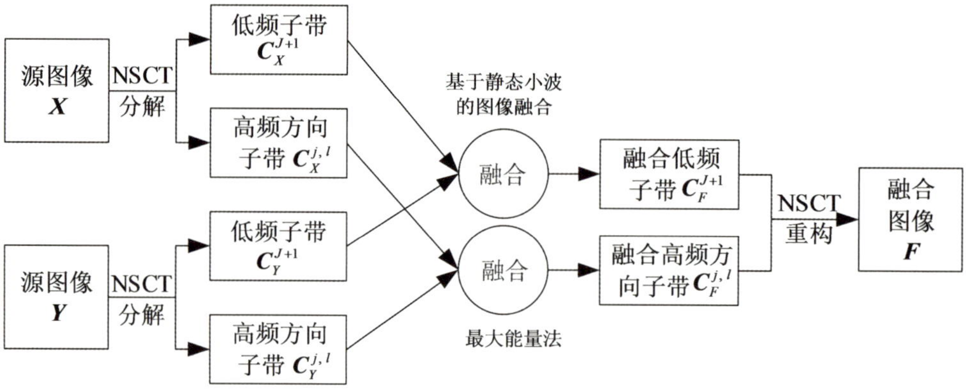

图 5.7.6　基于混合静态小波与非下采样轮廓波变换的图像融合方法示意图

步骤 1：将已经配准的两个源图像 $\boldsymbol{X}$ 和 $\boldsymbol{Y}$ 进行 NSCT 分解，得到低频子带系数 $\boldsymbol{C}_X^{J+1}$ 和 $\boldsymbol{C}_Y^{J+1}$，以及高频子带系数 $\boldsymbol{C}_X^{j,l}$ 和 $\boldsymbol{C}_Y^{j,l}$（$j=1$，…，J；$l=1$，…，L_j），J 为分解的尺度数，L_j 表示第 j 尺度的方向数。NSCT 分解是在拉普拉斯金字塔分解的基础上对高频继续按不同方向进行细分，对高频进行方向分解可以充分提取各种方向的几何结构信息。

步骤 2：对于 NSCT 分解的高频子带系数，能量值较大的系数对应于图像中对比度变化较大的边缘等特征，而人眼对于这些特征比较敏感。所以对于高频子带，采用基于窗口能量值最大的系数融合规则，取对应像素能量值较大者作为融合结果，窗口大小为 5×5。像素能量的计算公式为：

$$E(i,k)=\sum_{j=1}^{J}\sum_{l=1}^{L_j}\sum_{m=-2}^{2}\sum_{n=-2}^{2}W(m+3,n+3)\left|C^{(j,l)}(i+m,k+n)\right| \tag{5.7.1}$$

式中，W 为权重：

$$W=\frac{1}{256}\begin{pmatrix}4&4&4&4&4\\4&16&16&16&4\\4&16&64&16&4\\4&16&16&16&4\\4&4&4&4&4\end{pmatrix} \tag{5.7.2}$$

融合系数的选择规则为：

$$C_F^{(j,l)}(i,k)=\begin{cases}C_X^{(j,l)}(i,k), & E_X(i,k)>E_Y(i,k)\\ C_Y^{(j,l)}(i,k), & \text{其他}\end{cases} \tag{5.7.3}$$

步骤3：对于NSCT低频系数，采用基于静态小波变换的图像融合方法进行融合。基于静态小波的图像融合算法如下：

a. 对 C_X^{J+1} 和 C_Y^{J+1} 分别做三层静态小波分解，得到它们对应的静态小波系数，包含高频系数和低频系数。

b. 对于静态小波变换域的低频系数，采用平均法进行融合。

c. 对于静态小波高频分解系数，能量值大的系数往往代表了源图像的边缘等重要的特征，采用基于能量最大的方法进行融合，具体融合过程类似于式(5.7.1)～(5.7.3)。

d. 对融合得到的静态小波低频系数和高频系数做静态小波逆变换，得到NSCT低频系数。

步骤4：对融合的NSCT低频系数和高频系数执行NSCT重构，得到融合图像。

5.8 实验结果与分析

(1)融合规则实验

我们在3个图像数据库上进行实验，即Petrovic数据库、多聚焦图像数据库、多曝光和多模态图像数据库。Petrovic数据库包含50对图像，包括航空图像、室外图像和室内图像；多聚焦图像数据库包含10对多聚焦图像；多曝光和多模态图像数据库包含2对彩色多曝光图像和8对多模态图像。测试图像已在许多相关论文中使用。图5.8.1(a)展示了Petrovic数据库的9对图像，图5.8.1(b)展示了多聚焦图像数据库，图5.8.1(c)展示了多曝光和多模态图像数据库。实验涉及的图像类型丰富，图像数量充足。利用5个评价指标对实验结果进行分析：基于信息论的互信息MI，基于结构相似性的 Q_Y 和 Q_C，基于特征相似性的 Q_G 和 Q_P。

在基于多尺度分解的图像融合中，低频近似层(即基层)和高频细节层最常用的融合规则分别是平均法和绝对值取大法。我们将这两个融合规则与多尺度引导滤波方法中提出的引导滤波融合规则进行对比，实验结果如表5.8.1所示，其中AVG和GB分别表示基层的平均融合和引导滤波融合，ABS和GD分别表示细节层的绝对值最大融合和引导滤波融合，“－”前的字母表示低频融合规则，“－”后的字母表

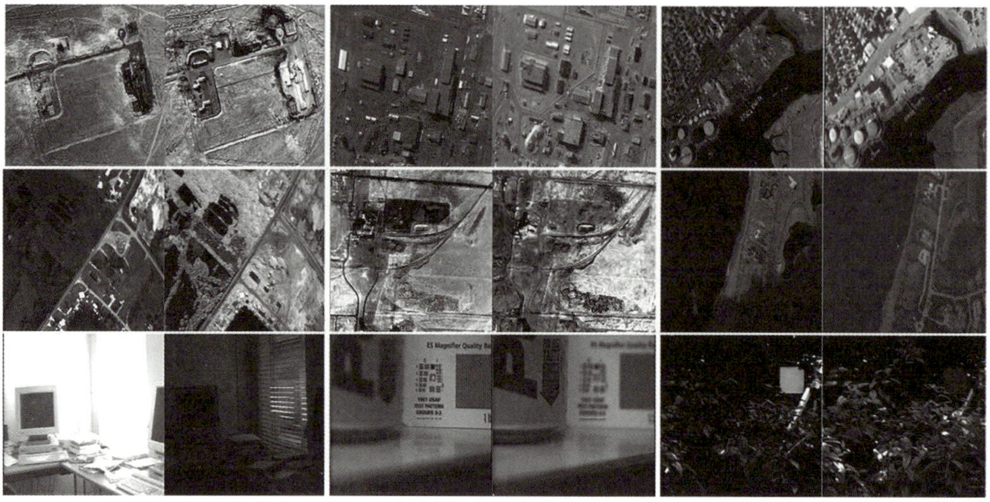

(a)Petrovic 数据库

(b)多聚焦图像数据库

(c)多曝光和多模态图像数据库

图 5.8.1 融合规则实验数据集

示高频融合规则。对比 AVG—ABS 和 GB—ABS 能够发现，采用引导滤波的低频融合规则明显优于平均法。对比 AVG—ABS 和 AVG—GD 能够发现，采用引导滤波的高频融合规则显著优于绝对值最大法。此外，对比 GB—ABS，AVG—GD 和 GB—GD也能够发现，基于引导滤波的低频融合规则 GB 和高频融合规则 GD 表现出良好的性能。平均值和绝对值最大的融合规则虽然很简单，但融合性能通常有限。通过引入局部或区域等信息(如本实验中的引导滤波融合规则),能够显著改进融合性能。

表 5.8.1 不同融合规则的定量评价对比

评价指标	AVG−ABS	GB−ABS	AVG−GD	GB−GD
Q_Y	0.824	0.853	0.923	0.934
Q_C	0.739	0.755	0.807	0.808
Q_G	0.651	0.652	0.672	0.672
Q_P	0.498	0.502	0.631	0.632
MI	0.489	0.573	0.540	0.630

(2)多尺度分解实验

为了分析不同多尺度分解对图像融合性能的影响,我们在 5 对多模态图像上进行了实验,包括 2 对医学多模态图像和 3 对可见光与红外多模态图像,具体如图 5.8.2 所示。我们选取了一些具有代表性的多尺度分解方法进行对比,具体包括小波融合方法(DWT)、静态小波融合方法(SWT)、非下采样轮廓波融合方法(NSCT)、多尺度方向双边滤波方法(MDBF)。由于本实验重点分析不同多尺度分解的融合性能,为了简单起见,所有融合方法均采用低频平均、高频绝对值最大的融合规则。小波融合方法和静态小波融合方法的小波基均采用“bior2.2”,LeGall 5-3 抽头滤波器和四分之一采样偏移正交 10-10 抽头滤波器分别用作双树复小波第一个尺度和其他尺度的滤波器。采用从具有二阶消失矩的一维最大平坦映射函数推导出的“pyrexc”滤波器作为非下采样轮廓波融合方法的金字塔滤波器,采用从 McClellan 变换推导的“vk”滤波器作为方向滤波器。这些滤波器在以上方法中均呈现了最优性能。多尺度方向双边滤波方法的方向滤波器采用与非下采样滤波器一样的“vk”滤波器。所有比较方法的多尺度分解层数均为三层,非下采样轮廓滤波融合方法从粗到细尺度每层的方向数分别为 8,8 和 16。

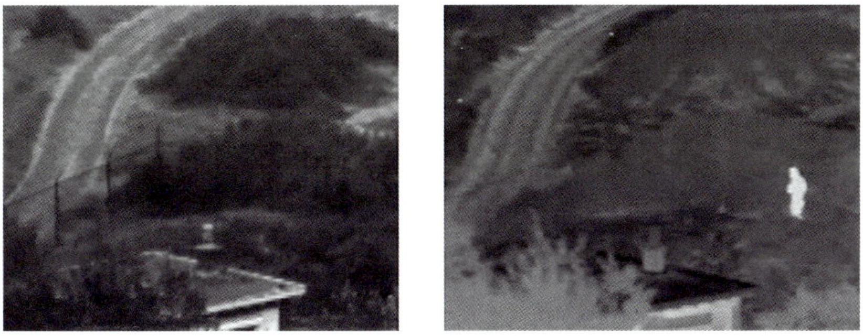

(a)UN camp 可见光与红外多模态图像

(b)Gun 可见光与红外多模态图像

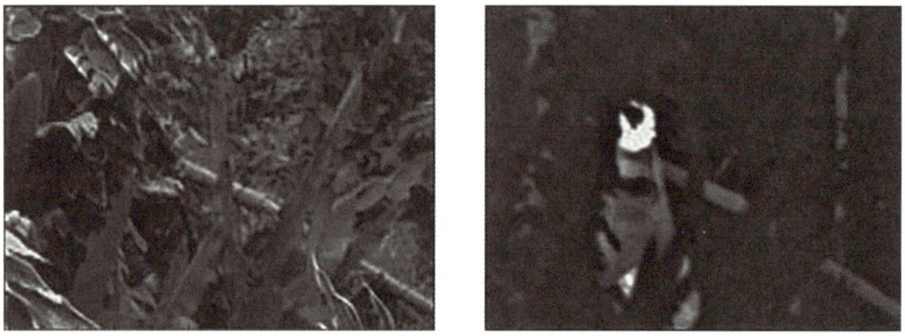

(c)Tropical 可见光与红外多模态图像

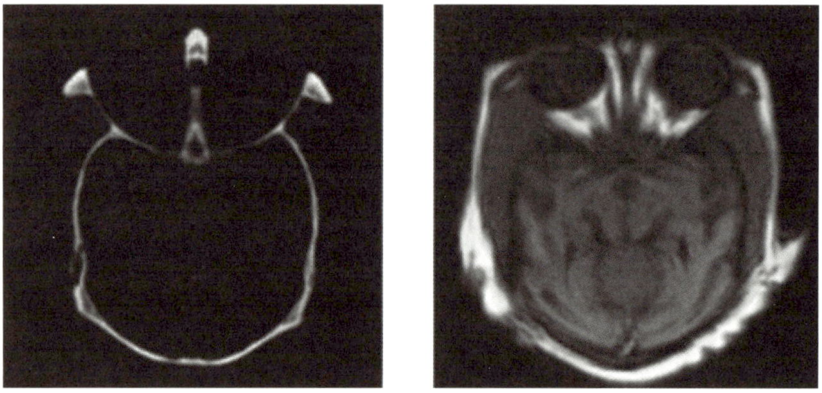

(d)CT 和 MRI 医学多模态图像

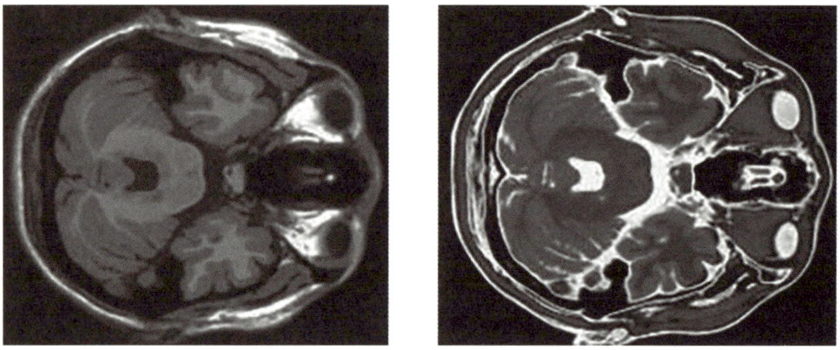

(e)MRI-T1 和 MRI-T2 医学多模态图像

图 5.8.2　多尺度分解对比实验图像

采用六个常用的客观评价指标对融合性能进行评估，具体为互信息(mutual information，MI)，Q_0，Q_W，Q_E，$Q^{AB/F}$和视觉信息保真度(visual information fidelity，VIF)。表5.8.2～5.8.6给出了5对图像的评价结果。从这5个表中可以看出，总体而言，DWT，SWT，NSCT，MDBF的性能依次提升。DWT和SWT都是典型的小波方法，区别在于DWT是下采样小波方法，而SWT是非下采样的小波方法，非下采样的小波方法一般优于下采样的小波方法，这是因为下采样可能丢失空间细节。NSCT是多尺度几何分析方法，其考虑了图像的多尺度几何轮廓结构，因此，其性能优于传统小波方法DWT和SWT。MDBF是多尺度边缘保持方法，其考虑了图像的多尺度几何结构，又考虑了图像的边缘特性，因此其性能优于NSCT，更优于DWT和SWT方法。

表5.8.2　“UN camp”图像的客观评价指标比较

融合方法	VIF	MI	$Q^{AB/F}$	Q_W	Q_E	Q_0
DWT	0.5731	2.0678	0.4063	0.6429	0.4627	0.5891
SWT	0.6315	2.0699	0.4246	0.6432	0.4627	0.6031
NSCT	0.6363	2.0728	0.4458	0.6668	0.4881	0.6312
MDBF	0.6377	2.0744	0.4450	0.7093	0.5135	0.6347

表5.8.3　“Gun”图像的客观评价指标比较

融合方法	VIF	MI	$Q^{AB/F}$	Q_W	Q_E	Q_0
DWT	0.5730	2.3185	0.6566	0.8545	0.7286	0.7304
SWT	0.6491	2.3233	0.6758	0.8565	0.7414	0.7176
NSCT	0.6714	2.3269	0.6982	0.8656	0.7485	0.7470
MDBF	0.7201	2.3294	0.7103	0.8882	0.7773	0.7599

表5.8.4　“Tropical”图像的客观评价结果

融合方法	VIF	MI	$Q^{AB/F}$	Q_W	Q_E	Q_0
DWT	0.5589	2.2137	0.6059	0.8109	0.6758	0.7785
SWT	0.6329	2.2235	0.6436	0.8176	0.6918	0.7912
NSCT	0.6445	2.2255	0.6584	0.8304	0.7072	0.8037
MDBF	0.6909	2.2375	0.6728	0.8606	0.7425	0.8254

表 5.8.5　CT 和 MRI 图像的客观评价结果

融合方法	VIF	MI	$Q^{AB/F}$	Q_W	Q_E	Q_0
DWT	0.6255	2.2544	0.6208	0.6546	0.4513	0.6244
SWT	0.7169	2.2811	0.6878	0.6433	0.4450	0.6390
NSCT	0.7161	2.2802	0.6921	0.6581	0.4487	0.6448
MDBF	0.7705	2.2821	0.7195	0.7397	0.5328	0.6618

表 5.8.6　MRI－T1 和 MRI－T2 图像的客观评价结果

融合方法	VIF	MI	$Q^{AB/F}$	Q_W	Q_E	Q_0
DWT	0.3099	2.4247	0.5578	0.6409	0.4525	0.5027
SWT	0.3772	2.4614	0.6305	0.6462	0.4701	0.5136
NSCT	0.3623	2.4666	0.6397	0.6535	0.4652	0.5366
MDBF	0.3753	2.4721	0.6435	0.6926	0.5002	0.5458

表 5.8.7 总结了各图像的大小、各方法的运行时间。从表 5.8.7 可以看出，DWT 方法速度最快，接下来依次为 SWT，NSCT 和 MDBF。即传统下采样多尺度小波方法最快，SWT 由于是非下采样的，各子带的大小与输入图像大小一样，导致运行时间显著增加。NSCT 不仅要进行多尺度分解，还要进行复杂几何轮廓结构分析，导致其运行时间进一步增加。MDBF 由于同时涉及图像的边缘特性和几何轮廓特性，运行时间更长。因此，总体而言，DWT，SWT，NSCT，MDBF 的性能依次变好，但是其运行时间依次增加。

表 5.8.7　各算法融合效率比较

图像	大小	DWT/s	SWT/s	NSCT/s	MDBF/s
UN Camp	320×256	0.1364	0.7686	5.349	12.6035
Gun	240×160	0.0763	0.3462	2.4105	5.9637
Tropical	256×192	0.1055	0.4215	3.0405	7.2137
CT 和 MRI	256×256	0.1419	0.5250	4.0987	10.0261
MRI－T1 和 MRI－T2	224×192	0.0950	0.3716	2.7645	6.6766

(3)混合多尺度分解实验

为了验证所提出的基于混合小波变换与曲波变换图像融合方法的有效性，仿真了两组多聚焦源图像，如图 5.8.3 所示。将该混合多尺度分解融合方法与基于小波变换的融合方法、基于曲波变换的图像融合方法进行对比实验。对于基于小波变换的方法，采用“db1”小波基，分解层数为 3。采用常用的融合规则：低频小波系数取平均、高频小波系数取绝对值最大的方法，并实施基于 5×5 窗口的一致性校验。对于曲波变换，将源图像分解为两层，其中高频部分包括八个方向。

表 5.8.8 展示了不同方法融合图像的熵、空间频率、均方根误差，可以看出，基于小波变换和曲波变换相结合的融合图像与参考图像之间的均方根误差最小，熵和空间频率最大，表明基于混合多尺度分解的融合图像与参考图像最接近，空间细节最好，包含的信息最多。因此，基于小波变换和曲波变换相结合的融合图像的性能最好，优于单一多尺度方法小波或曲波变换。

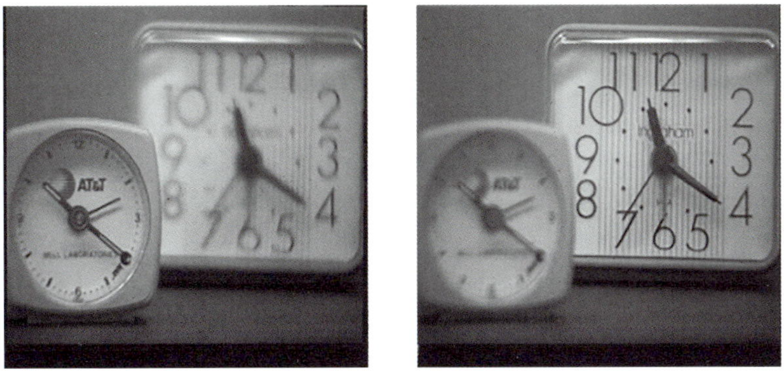

(a)分别聚焦左边与右边钟表的图像

(b)分别聚焦左边与右边书本的图像

图 5.8.3 两组多聚焦源图像

表 5.8.8 混合多尺度分解对比实验

图像	熵			空间频率			均方根误差		
	小波	曲波	小波+曲波	小波	曲波	小波+曲波	小波	曲波	DWT+曲波
钟表	7.105	7.183	7.286	8.307	8.030	8.371	2.707	2.110	2.002
书本	7.091	7.078	7.104	24.818	23.507	25.196	4.793	5.417	4.605

本章小结

本章对基于多尺度分解的多源图像融合方法进行了详细、深入的分析和研究。首先系统阐述了多尺度分解方法，包括多尺度金字塔分解、多尺度小波分解、多尺度几何分析、多尺度边缘保持分解等，分析了这些方法的发展过程，以及各自的优缺点，为后续图像融合和其他图像处理提供了理论依据。然后给出了基于多尺度分解的图像融合框架，介绍了融合规则的活跃度度量方法以及多尺度分解系数融合方法。

在对多尺度分解方法和融合规则深入研究的基础上，介绍了一系列基于多尺度分解的多源图像融合方法，如基于小波、曲波、剪切波变换的图像融合方法。经研究发现，各种多尺度分解方法具有不同的特性，各种小波基之间存在互补特性。例如，曲波、轮廓波的优势在于高度灵活的方向表达特性，在图像的各向异性表达上优于小波变换，小波则在小细节和点状特征上具有更好的表达特性。因此，不同多尺度分解方法之间具有互补性，为了有效利用互补性，提出了混合多尺度分解，并将其应用于图像融合，如混合小波和曲波的图像融合方法，混合静态小波和非下采样轮廓波变换的图像融合方法。考虑到边缘对图像处理的重要性，通过结合边缘保持特性和多尺度分解，提出了多尺度边缘保持方法及其在图像融合中的应用，具体包括多尺度联合双边滤波图像融合方法、多尺度方向双边滤波图像融合方法、多尺度引导滤波图像融合方法。

最后，在多模态图像、遥感图像、多聚焦图像、多曝光图像等多源图像上，对融合规则、多尺度分解方法、混合多尺度分解方法进行了实验对比和分析。

参考文献

[1]BURT P J, ADELSON E H. The Laplacian pyramid as a compact image code[J]. IEEE Transactions on Communications, 1983, 31(4): 532-540.

[2]TOET A. Image fusion by a ratio of low-pass pyramid[J]. Pattern Recognition Letters, 1989, 9(4): 245-253.

[3]TOET A. A morphological pyramidal image decomposition[J]. Pattern Recognition Letters, 1989, 9(4): 255-261.

[4]BURT P J. A gradient pyramid basis for pattern-selective image fusion[C]. Proc. SID 1992, 1992: 467-470.

[5]TOET A, VAN RUYVEN L J, VALETON J M. Merging thermal and visual images by a contrast pyramid[J]. Optical Engineering, 1989, 28(7): 789-792.

[6]MALLAT S. A wavelet tour of signal processing[M]. Amsterdam: Elsevier, 1999.

[7]CHIPMAN L J, ORR T M, GRAHAM L N. Wavelets and image fusion[C]. International Conference on Image Processing, 1995, 3: 248-251.

[8] WANG H H. A new multiwavelet-based approach to image fusion [J]. Journal of Mathematical Imaging and Vision, 2004, 21(2): 177-192.

[9]张登荣，张霄宇，俞乐，等. 基于小波包移频算法的遥感图像融合技术[J]. 浙江大学学报(工学版)，2007，41(7)：1097-1100.

[10]LI S, KWOK J T, WANG Y. Using the discrete wavelet frame transform to merge Landsat TM and SPOT panchromatic images[J]. Information Fusion, 2002, 3(1): 17-23.

[11]LEWIS J J, O'CALLAGHAN R J, NIKOLOV S G, et al. Pixel-and region-based image fusion with complex wavelets[J]. Information Fusion, 2007, 8(2): 119-130.

[12]ZHANG Z, BLUM R S. A categorization of multiscale-decomposition-based image fusion schemes with a performance study for a digital camera application[J]. Proceedings of the IEEE, 1999, 87(8): 1315-1326.

[13]LI S, YANG B, HU J. Performance comparison of different multi-resolution transforms for image fusion[J]. Information Fusion, 2011, 12(2): 74-84.

[14]CANDÈS E J, DONOHO D L. Ridgelets: a key to higher-dimensional intermittency? [J].

Philosophical Transactions of the Royal Society of London. Series A: Mathematical, Physical and Engineering Sciences, 1999, 357(1760): 2495-2509.

[15]CHEN T, ZHANG J, ZHANG Y. Remote sensing image fusion based on ridgelet transform [C]. International Geoscience and Remote Sensing Symposium, 2005, 2: 1150-1153.

[16]CANDÈS E J, DONOHO D L. Curvelets: a surprisingly effective nonadaptive representation for objects with edges[J]. Vanderbilt University Press, Saint-Malo, 1999.

[17]NENCINI F, GARZELLI A, BARONTI S, et al. Remote sensing image fusion using the curvelet transform[J]. Information Fusion, 2007, 8(2): 143-156.

[18]LI S, YANG B. Multifocus image fusion by combining curvelet and wavelet transform[J]. Pattern Recognition Letters, 2008, 29(9): 1295-1301.

[19]DO M N, VETTERLI M. The contourlet transform: an efficient directional multiresolution image representation[J]. IEEE Transactions on Image Processing, 2005, 14(12): 2091-2106.

[20]DA CUNHA A L, ZHOU J, DO M N. The nonsubsampled contourlet transform: theory, design, and applications[J]. IEEE Transactions on Image Processing, 2006, 15(10): 3089-3101.

[21]YANG B, LI S, SUN F. Image fusion using nonsubsampled contourlet transform[C]. Fourth International Conference on Image and Graphics, 2007: 719-724.

[22]LIM W Q. The discrete shearlet transform: a new directional transform and compactly supported shearlet frames[J]. IEEE Transactions on Image Processing, 2010, 19(5): 1166-1180.

[23]MIAO Q, SHI C, XU P, et al. A novel algorithm of image fusion using shearlets[J]. Optics Communications, 2011, 284(6): 1540-1547.

[24]PERONA P, MALIK J. Scale-space and edge detection using anisotropic diffusion[J]. IEEE Transactions on Pattern Analysis and Machine Intelligence, 1990, 12(7): 629-639.

[25]TOMASI C, MANDUCHI R. Bilateral filtering for gray and color images[C]. The Sixth International Conference on Computer Vision, 1998: 839-846.

[26]HU J, LI S. Fusion of panchromatic and multispectral images using multiscale dual bilateral filter[C]. The 18th IEEE International Conference on Image Processing, 2011: 1489-1492.

[27]HU J, LI S. The multiscale directional bilateral filter and its application to multisensor image fusion[J]. Information Fusion, 2012, 13(3): 196-206.

[28]FARBMAN Z, FATTAL R, LISCHINSKI D, et al. Edge-preserving decompositions for multi-scale tone and detail manipulation[J]. ACM Transactions on Graphics, 2008, 27(3): 1-10.

[29]JIANG Y, WANG M. Image fusion using multiscale edge-preserving decomposition based on weighted least squares filter[J]. IET Image Processing, 2014, 8(2): 183-190.

[30]HE K, SUN J, TANG X. Guided image filtering[J]. IEEE Transactions on Pattern Analysis and Machine Intelligence, 2010, 35(6): 1397-1409.

[31]LI S, KANG X, HU J. Image fusion with guided filtering[J]. IEEE Transactions on Image Processing, 2013, 22(7): 2864-2875.

[32]NASON G P, SILVERMAN B W. The stationary wavelet transform and some statistical applications[M]//Wavelets and statistics. Springer, New York, NY, 1995: 281-299.

[33]焦李成，侯彪，王爽，等. 图像多尺度几何分析理论与应用：后小波分析理论与应用[M]. 西安：西安电子科技大学出版社，2008.

[34]KUTYNIOK G, LABATE D. Construction of regular and irregular shearlet frames[J]. Journal of Wavelet Theory and Application, 2007, 1(1): 1-12.

[35]CANDÈS E J, DONOHO D L. Continuous curvelet transform: I. resolution of the wavefront set[J]. Applied and Computational Harmonic Analysis, 2005, 19(2): 162-197.

[36]SHENSA M J. The discrete wavelet transform: wedding the *à* trous and Mallat algorithms [J]. IEEE Transactions on Signal Processing, 1992, 40(10): 2464-2682.

[37]EASLEY G, LABATE D, LIM W Q. Sparse directional image representations using the discrete shearlet transform[J]. Applied and Computational Harmonic Analysis, 2008, 25(1): 25-46.

[38]MERTENS T, KAUTZ J, VAN REETH F. Exposure fusion[C]. The 15th Pacific Conference on Computer Graphics and Applications, 2007: 382-390.

[39]孙凤梅. 多传感器图像彩色融合方法研究[D]. 长沙：湖南大学，2009.

[40]BENNETT E P, MASON J L, MCMILLAN L. Multispectral bilateral video fusion[J]. IEEE Transactions on Image Processing, 2007, 16(5): 1185-1194.

[41]BAMBERGER R H, SMITH M J T. A filter bank for the directional decomposition of images: theory and design[J]. IEEE Transactions on Signal Processing, 1992, 40(4): 882-893.

[42]LI S, YANG B. Multifocus image fusion by combining curvelet and wavelet transform[J]. Pattern Recognition Letters, 2008, 29(9): 1295-1301.

[43]LI S, YANG B. Hybrid multiresolution method for multisensor multimodal image fusion[J]. IEEE Sensors Journal, 2010, 10(9): 1519-1526.

第六章　稀疏表示图像融合

稀疏表示理论源于对神经生物学“有效编码”的研究。Olshausen 和 Field 的实验结果表明，仅依赖少量视觉神经元，人类视觉皮层的感受野就能够很好地“捕获”到关键信息，也就是说视觉皮层对复杂场景的表达是采用“稀疏”的形式[1]。视网膜 V1 区的简单细胞检测的是细胞感受野某一特定位置的方位信息，且在视网膜和外侧膝状体(LGN)内的神经节细胞数远小于皮层 V1 区第四层的细胞数。因此，V1 区细胞对 LGN 细胞发放输出信息的特征表达存在超定性质，它的编码表达空间的维数大于其输入空间的维数，表明稀疏表示是神经信息群体分布式表达的一种有效方式。

研究者经过大量的实验验证了稀疏表示的有效性。在图像处理领域，人们普遍认为自然图像具有稀疏性，例如流行的 JPEG 和 JPEG－2000 编码标准都是变换域的稀疏表示方式。稀疏表示理论认为每个图像都可以表示成少数基本信号的线性组合，这些基本信号被称为原子，原子的集合构成字典。近些年来，稀疏表示在图像融合、复原、超分辨重建、分类识别等领域取得优越的性能。

本章对稀疏表示理论及其在图像融合中的应用进行深入分析和研究，阐述稀疏表示理论及其图像融合框架，介绍一系列基于稀疏表示的图像融合方法。

6.1　稀疏表示理论

图像稀疏表示最早由 Mallat 提出，其基本思想是用称为字典的冗余函数系统取代非冗余的正交基函数，字典中的元素被称为原子，信号由原子的线性组合表示[2]。其中原子的数目比信号的维数大，由此产生了冗余。由于这种冗余性，信号有很多种表示，其中具有最少非零系数(最稀疏)的表示是最简单的，被认为是最优的一种表示方法。最早 Mallat 采用 Gabor 字典对图像进行稀疏表示，并提出了匹配追踪(matching pursuit，MP)算法[2]。稀疏表示理论是继傅立叶、小波与多尺度几何分析方法之后信号表示领域的另一研究热点。

稀疏表示理论使得很多图像处理方法的性能得以改进，主要得益于稀疏表示的两个特性：字典的过完备性和表达系数的稀疏性。过完备性使得字典内容更加丰富，其中字典中的原子不仅可以是傅立叶变换、小波变换、离散余弦变换，以及脊波(ridgelet)、曲波(curvelet)、带波(bandelet)、轮廓波(contourlet)等变换的基函数，还可以是这些变换基的组合，以适应不同类型的处理对象。另外，字典还可以根据不同的图像类型以及不同图像处理任务通过样本学习得到，增强其针对性。稀疏性使得稀疏表示能够自适应地选择与处理对象最相关的原子，增强信号处理方法的自适应能力。

给定一个集合 $\boldsymbol{D}=\{\boldsymbol{d}_i: i=1, 2, \cdots, K\}$，其元素是扩展成整个 Hilbert 空间 $\Gamma=\mathbb{R}^N$ 的单位矢量，且 $K>N$，集合 $\boldsymbol{D}$ 称为字典，$\boldsymbol{d}_i$ 称为原子。任意给定的信号 $\boldsymbol{x}\in\Gamma$，可以表示成原子的线性组合：

$$\boldsymbol{x}=\sum_{i=1}^{K}\alpha_i\boldsymbol{d}_i \tag{6.1.1}$$

式中，α_i 为表示系数。鉴于字典的冗余性 $K>N$，矢量 $\boldsymbol{d}_i$ 不再是线性独立的，因此，式(6.1.1)中信号 $\boldsymbol{x}$ 的表示不唯一。稀疏表示是所有表示中分解系数最为稀疏的一个，即在给定的超完备字典中用尽可能少的原子来表示信号，降低信息分析难度。当以图像作为输入信号时，可以将其看作是从过完备字典中选出的一些图像基叠合而成，如图 6.1.1 所示。

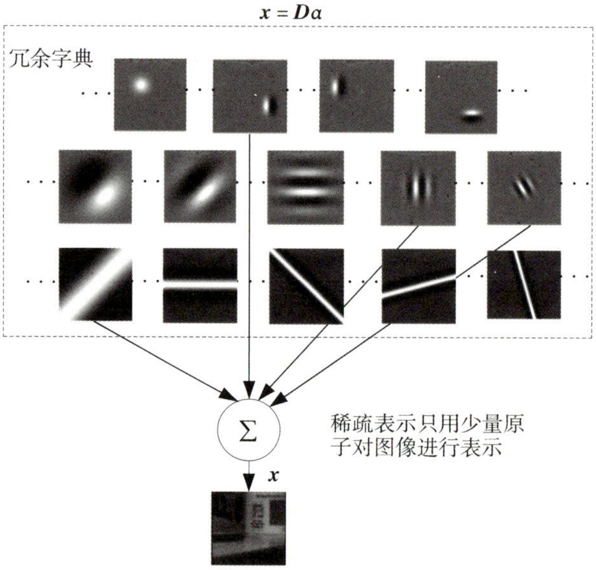

图 6.1.1　图像稀疏表示示意图

6.1.1 稀疏表示求解

为了将信号稀疏性这一目标量化，需建立一个度量信号稀疏性的函数。图6.1.2给出了 p 取不同值时，p 范数 $\|\boldsymbol{\alpha}\|_p=\left[\sum_{n=1}^{N}(\alpha_n)^p\right]^{\frac{1}{p}}$ 的曲线形式，当 $p=1$ 和 $p=2$ 时，分别为 l_1 范数和 l_2 范数；当 p 的值不断减小时，函数的曲线不断地接近图中的粗线形式；当 $p=0$ 时，为 l_0 范数，$\|\boldsymbol{\alpha}\|_0$ 表示向量 $\boldsymbol{\alpha}$ 中非零元素的个数。

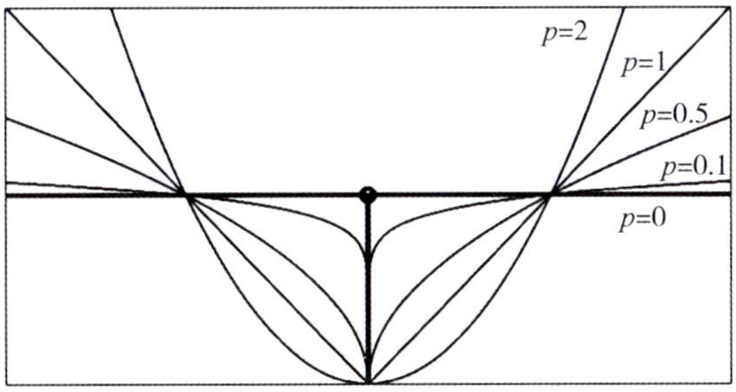

图 6.1.2　p 范数曲线

信号的稀疏表示可以表达为如式(6.1.2)的形式：

$$\min_{\boldsymbol{\alpha}}\|\boldsymbol{\alpha}\|_0 \quad \text{s. t.}\ \ x=\boldsymbol{D\alpha} \tag{6.1.2}$$

然而该优化问题是非凸和高度非光滑的，需将所有原子的组合都计算一遍才能够找到真正的最优解，是一个 NP-hard 问题。通常这种问题无法得到一个精确解。解决该问题有两种方法，第一种方法是凸松弛算法，这种算法通常是用 l_1 范数代替 l_0 范数，将式(6.1.2)转化为凸问题，经典的方法包括基追踪(basis pursuit，BP)和 Lasso。已经证明在系数足够稀疏的情况下，l_1 范数可以代替 l_0 范数而求取合适的近似解。基于凸松弛，式(6.1.2)可以转化为式(6.1.3)的形式：

$$\min_{\boldsymbol{\alpha}}\|\boldsymbol{\alpha}\|_1 \quad \text{s. t.}\ \ \boldsymbol{x}=\boldsymbol{D\alpha} \tag{6.1.3}$$

在实际应用中，信号通常容易被噪声所污染，考虑到对噪声的鲁棒性，式(6.1.3)可改写成式(6.1.4)的形式：

$$\min_{\boldsymbol{\alpha}}\|\boldsymbol{\alpha}\|_1 \quad \text{s. t.} \quad \|\boldsymbol{x}-\boldsymbol{D\alpha}\|_2\leqslant\varepsilon \tag{6.1.4}$$

式中，ε 表示噪声误差，该问题也称作基追踪降噪(basis pursuit denoising，BPDN)。在图像处理领域，式(6.1.4)也常写成如式(6.1.5)的无约束形式：

$$\min_{\boldsymbol{\alpha}}\frac{1}{2}\|\boldsymbol{x}-\boldsymbol{D\alpha}\|_2+\lambda\|\boldsymbol{\alpha}\|_1 \tag{6.1.5}$$

第二种方法为贪婪算法，这种方法在稀疏度的约束下通过不断地迭代来求取它的解。下面通过介绍正交匹配追踪算法(orthogonal match pursuit，OMP)来详细阐述贪婪算法。不同于凸松弛算法将式(6.1.2)转化为 l_1 范数进行求解，正交匹配追踪通过贪婪算法来直接逼近式(6.1.2)的解。

(1)正交匹配追踪算法

Mallat 和 Zhang[2]提出了一种近似的稀疏求解方法，即匹配追踪算法，其主要思想是采用迭代贪婪算法，首先从字典里选择最能匹配信号结构的一个原子来逼近信号，并计算原信号与逼近信号的残差，记为残差信号，然后进行迭代计算，在每一次迭代过程中，都从字典里选择最能匹配残差信号的原子，并更新残差，直到残差的值小到一定程度，算法停止。贪婪算法的一个缺点是，在已选原子组成的子空间上，信号的扩展可能不是最好的，得到的最终结果往往只是局部最优解。正交匹配追踪算法对匹配追踪算法进行了改进[3]，它在迭代的过程中对所选原子的集合进行正交化，使得算法速度大大提高。虽然它得到的结果仍然是局部最优解，但可以满足大多数图像处理任务的需要。下面首先介绍匹配追踪算法，然后展示正交匹配追踪算法。令 $\langle \boldsymbol{a}, \boldsymbol{b}\rangle$ 表示向量 $\boldsymbol{a}$ 和 $\boldsymbol{b}$ 的内积，首先初始化迭代数 $l=0$，残差向量 $\boldsymbol{r}$ 初始化为：

$$\boldsymbol{r}^0=\boldsymbol{x} \tag{6.1.6}$$

然后进行迭代运算，每次迭代都从字典里选出与残差信号最匹配的原子，即计算残差向量 $\boldsymbol{r}^l$ 与过完备字典中每一个原子 $\boldsymbol{d}_t$ 的内积，选择内积最大所对应的原子：

$$t_l^*=\arg\max_t\langle \boldsymbol{r}^l, \boldsymbol{d}_t\rangle \tag{6.1.7}$$

更新稀疏表示系数：

$$s(t_l^*)=\langle \boldsymbol{r}^l, \boldsymbol{d}_{t_l^*}\rangle \tag{6.1.8}$$

更新残差信号：

$$\boldsymbol{r}^{l+1}=\boldsymbol{r}^l-s(t_l^*)\boldsymbol{d}_{t_l^*} \tag{6.1.9}$$

迭代运算至式(6.1.10)得到满足：

$$\|\boldsymbol{r}^l\|^2=\left\|\boldsymbol{x}-\sum_{i=1}^{l}s(t_i^*)\boldsymbol{d}_{t_i^*}\right\|^2<\varepsilon \tag{6.1.10}$$

正交匹配追踪算法与匹配追踪算法的主要区别是残差信号更新的方式不同，正交匹配追踪算法的残差信号更新公式为：

$$\boldsymbol{r}^{l+1}=\boldsymbol{x}-P_{\mathrm{span}\{\boldsymbol{d}_{t_1^*}, \boldsymbol{d}_{t_2^*}, \cdots, \boldsymbol{d}_{t_l^*}\}}\boldsymbol{x} \tag{6.1.11}$$

式中，P 表示正交映射的子空间。正交匹配追踪求解过程中，信号残差与每一步中从字典中选择的原子进行正交，在有限维空间中，正交匹配追踪能在有限迭代后收敛。所以正交化步骤能明显地改进匹配追踪算法的收敛性。

(2)同步正交匹配追踪算法

同步正交匹配追踪算法(simultaneous orthogonal match pursuit，SOMP)[4]是对 K 个输入信号同时进行稀疏求解，并且用来表示所有信号的原子集合相同。K 个输入信号记为$(\boldsymbol{x}_k)_{k=1}^{k}$，$\boldsymbol{x}_k \in \mathbb{R}^n$，字典 $\boldsymbol{D}=(\boldsymbol{d}_1\ \ \boldsymbol{d}_2\ \ \cdots\ \ d_T)$，重构误差 ε，输出为信号对应的稀疏系数$(\boldsymbol{\alpha}_k)_{k=1}^{k}$，$\boldsymbol{\alpha}_k \in \mathbb{R}^T$。具体迭代算法如下：

首先进行初始化，计数器 $l=1$。$\boldsymbol{r}_k^l$ 表示 $\boldsymbol{x}_k$ 经过 l 次迭代后所得残差，$\boldsymbol{r}_k^0=\boldsymbol{p}_k$；稀疏系数向量 $\boldsymbol{\alpha}_k=0$，$\boldsymbol{\alpha}_k \in \mathbb{R}^T$，$k \in \{1,\ 2,\ \cdots,\ K\}$，以及空矩阵 $\boldsymbol{\Phi}$。然后重复以下迭代过程直至收敛。

步骤 1：选择与所有残差信号最相关的原子，即选择一个原子，使得该原子与所有残差信号的内积最大。

$$\hat{t}_l=\arg\max_{t=1,\ 2,\ \cdots,\ T}\sum_{k=1}^{K}\left|\langle \boldsymbol{r}_k^{l-1},\ \boldsymbol{d}_t\rangle\right| \tag{6.1.12}$$

步骤 2：更新矩阵 $\boldsymbol{\Phi}_l=(\boldsymbol{\Phi}_{l-1}\quad \boldsymbol{d}_{\hat{t}_l})$。

步骤 3：根据所选择的原子更新稀疏系数和残差。

$$\alpha_k^{(l)}=\arg\min_{\boldsymbol{\alpha}}\|\boldsymbol{x}_k-\boldsymbol{\Phi}_l\boldsymbol{\alpha}\|_2=(\boldsymbol{\Phi}_l^{\mathrm{T}}\boldsymbol{\Phi}_l)^{-1}\boldsymbol{\Phi}_l^{\mathrm{T}}\boldsymbol{x}_k,\ k=1,\ 2,\ \cdots,\ K \tag{6.1.13}$$

$$\hat{x}_k^{(l)}=\boldsymbol{\Phi}_l\alpha_k^{(l)},\ k=1,\ 2,\ \cdots,\ K \tag{6.1.14}$$

$$r_k^{(l)}=x_k-\hat{x}_k^{(l)},\ k=1,\ 2,\ \cdots,\ K \tag{6.1.15}$$

步骤 4：更新计数器 $l=l+1$，如果 $\sum_{k=1}^{K}\|r_k^{(l)}\|_2^2>\varepsilon^2$，则返回第一步，否则程序结束。

6.1.2　字典学习

传统理论中，字典一般由正交变换的基函数构成，包括傅立叶变换、小波变换、离散余弦变换等。这属于分析型字典，这种类型的字典通过简单的数学变换而来，它们通常具有相对固定的结构而不失一般性，而且由于基函数是一种规范的数学表达，因此求取分析型字典具有很快的速度。然而通常对于不同的图像处理任务，图像的特征差异很大，用分析型字典不能够准确地表示这些不同的特征。特定的信号通常需要训练特定的字典以表示其特有的结构，在这种情况下，学习型字典应运而生。学习型字典通过自身信号集或者外部相似信号集训练而成，字典中的原子包含了信号自身的或外部相似的特征，因此学习型字典能够更精确地表示输入信号。学习型字典训练方法能够有效利用训练数据集的特点，针对性更强，而且能够结合实际应用场景对字典原子加入各种约束。以下主要介绍学习型字典，给定训练样本 $\boldsymbol{X}$，求取字典 $\boldsymbol{D}$ 和系数 $\boldsymbol{A}=(\alpha_1 \quad \cdots \quad \alpha_i \quad \cdots \quad \alpha_n)$，并不断迭代得到表示能力比较强的字典 $\boldsymbol{D}$。在此问题中，只有一个输入 $\boldsymbol{X}$，而需要求取的变量包含冗余字典 $\boldsymbol{D}$ 和稀疏系数 $\boldsymbol{A}$。假设系数 $\boldsymbol{A}$ 固定，则求取字典 $\boldsymbol{D}$ 相对容易；假设字典 $\boldsymbol{D}$ 固定，则求解系数 $\boldsymbol{A}$ 也相对容易。基于这样的假设，字典训练的一般思想为在字典初始化之后，固定字典更新系数，再固定系数更新字典，如此迭代多次之后可以逼近得到一个表示能力较强的字典。

K 奇异值分解(K-SVD)是一种经典的字典学习方法，该算法由 Aharon 等人[5]提出，其核心思想是利用奇异值分解更新字典来降低表示误差。在合理设置字典大小和稀疏度之后，K-SVD 总可以保证误差单调下降或不变。由于初始字典是随机选择的，因此很有可能在初始化阶段获取一个表示能力很差的字典，这种初始化将导致字典中部分原子永远不会被用到或者使用频率很低。为了改善字典随机初始化出现的这一问题，同时提高训练字典的表示能力，K-SVD 用本次迭代中未被用到的原子逐列更新字典，这一操作通过不断迭代更新每个原子的方式提高了字典的表示能力。以第 j 次更新为例，在得到第 $j-1$ 次迭代的字典 $\boldsymbol{D}_{j-1}$ 后，对原子逐个进行更新，更新第 k 个原子 $\tilde{\boldsymbol{d}}_k$ 时，利用贪婪算法求解更新原子后的稀疏系数，然后找到第 $j-1$ 次表示的稀疏系数 $\boldsymbol{A}_{j-1}$ 中第 k 行的非零元素，其列索引代表该次表示中用到第 k 个原子的信号。计算整体表示误差矩阵，即

$$\boldsymbol{E}_k=\boldsymbol{X}-\sum_{j\neq k}\boldsymbol{d}_j\alpha_T^j \tag{6.1.16}$$

从误差矩阵 $\boldsymbol{E}_k$ 中取出对应上述用到第 k 个原子的列构成新的误差矩阵 $\boldsymbol{E}_k^R$，对其进行奇异值分解：

$$\boldsymbol{E}_k^R=\boldsymbol{U}\Delta\boldsymbol{V}^{\mathrm{T}} \tag{6.1.17}$$

然后用 $\boldsymbol{U}$ 的第一列更新第 k 个原子 $\tilde{\boldsymbol{d}}_k$，用 $\boldsymbol{V}$ 的第一列乘以 $\Delta(1,1)$更新稀疏系数 α_R^k。其字典训练过程如算法 6.1.1，K-SVD 算法具有速度快、抗噪能力强、对原

子的正负没有限制等优点，但对于较大的样本处理能力有限，容易陷入局部最优解。

算法 6.1.1 K-SVD 算法

输入：训练样本$\{\boldsymbol{x}_i\}_{i=1}^{N}$。

输出：冗余字典 $\boldsymbol{D}$。

步骤 1：设置列归一化的初始化字典 $\boldsymbol{D}_0 \in \mathbb{R}^{m\times n}$，并设置迭代 $j=1$。

步骤 2：稀疏编码阶段，利用任意追踪算法为每个样本 x_i 计算表示向量 $\boldsymbol{\alpha}_i$，即求解 $\min\limits_{\boldsymbol{\alpha}_i} \|\boldsymbol{x}_i - \boldsymbol{D}\boldsymbol{\alpha}_i\|_2 \quad \text{s.t.} \quad \|\boldsymbol{\alpha}_i\|_0 \leqslant T$。

步骤 3：字典更新阶段，对于字典 $\boldsymbol{D}_{j-1}$ 中的每一列，即每一个原子$\tilde{\boldsymbol{d}}_k$，$k=1, 2, \cdots, n$，通过以下方式进行更新。

(1)定义被表示信号中用到该第 k 个原子的信号集合为 $\omega_k=\{i \mid 1\leqslant i\leqslant N, \alpha_T^k(i)\neq 0\}$。

(2)计算总体表示误差 $\boldsymbol{E}_k = \boldsymbol{X} - \sum\limits_{j\neq k}\boldsymbol{d}_j\alpha_T^j$。选择 ω_k 集合中的列，得到 $\boldsymbol{E}_k^R$。

(3)用 SVD 分解 $\boldsymbol{E}_k^R=\boldsymbol{U}\Delta\boldsymbol{V}^T$，选择 $\boldsymbol{U}$ 的第一列作为新的原子$\tilde{\boldsymbol{d}}_k$，用 $\boldsymbol{V}$ 的第一列乘以 $\Delta(1, 1)$更新稀疏系数 α_R^k。

步骤 4：设置 $j=j+1$。

步骤 5：判断是否满足停止迭代条件，若满足则输出字典 $\boldsymbol{D}$，若不满足则重复步骤 1～4。

K-SVD 算法在大多数情况下能满足字典训练的要求，但是在一些特定情况下，原子和系数需要添加其他约束，为解决这个问题，学者们提出了在线字典学习方法。另外 K-SVD 通常是对各输入信号单独训练，而在实际中输入信号之间存在相似的结构，考虑信号之间的内部结构相似性有利于训练得到更富有表示力的字典。为了利用信号之间内部结构的相似性，通常对输入信号进行聚类，对每一类分别训练子字典，这类方法在图像复原方面有广泛的应用，包括广义 PCA 字典学习方法等。

6.2 稀疏表示图像融合框架

对于图像融合任务，有效和完整地提取源图像的特征，能够使得融合图像更加准确。通过以上分析我们知道稀疏表示正好可以满足这个要求，即少量的稀疏系数就可以准确描述图像信息。然而，稀疏表示理论与小波变换有着不同的变换形式，基于传统多分辨率分解的图像融合框架并不适用于稀疏表示。考虑到图像融合主要处理局部显著信息的特点，下面采用滑窗技术，同时构造与滑窗大小对应的过完备字典，在每一个滑窗内对图像进行稀疏表示，并进行融合处理。

由稀疏表示理论可知，每一个稀疏表示系数对应过完备字典中的一个原子。跟小波基一样，过完备字典中的原子也需要更好地表达图像边缘等源图像的显著信息。因此，源图像稀疏表示系数的活跃度仍然可以用对应系数的绝对值来表示。加权平均和取绝对值最大是两种最常用的图像融合规则。加权平均法根据活跃度计算权值，然后对稀疏表示系数进行加权平均，再对融合的稀疏系数进行重构得到最终的融合结果。加权平均法能够保留源图像的重要图像特征，但是边缘、线等重要的细节特征在融合图像中往往会变模糊。对于系数的合并方法，希望能够将源图像的所有信息都传递到融合图像中。然而在实际的融合过程中，不可能将源图像的所有信息都传递到融合图像中，更为实际的方法是尽量将最重要的信息保留到融合图像中。因此取绝对值最大的方法更适合用来合并融合系数，即选择最大活跃度对应的系数作为融合系数。基于以上分析，本节构建了稀疏表示图像融合框架，其结构如图6.2.1所示。

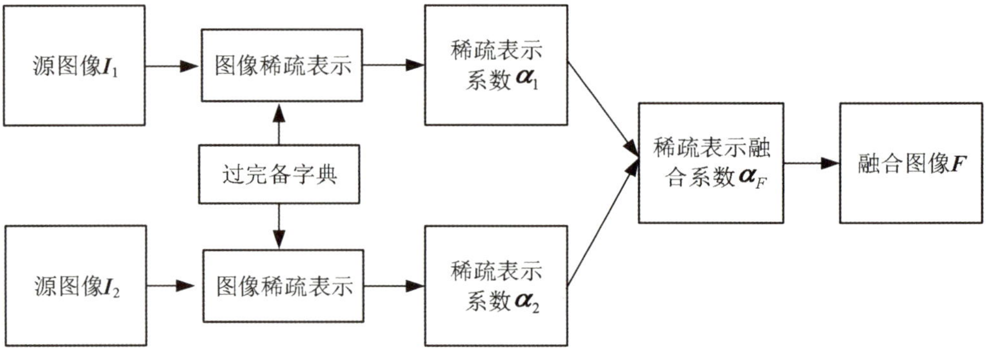

图 6.2.1　稀疏表示图像融合框架图

具体实施步骤如下：

步骤1：构建稀疏表示过完备字典，字典中原子的长度等于滑窗中像素个数。

步骤2：将源图像在滑窗内的区域进行稀疏分解，得到其对应的稀疏表示系数。

步骤3：利用滑窗图像对应的稀疏表示系数来衡量图像的局部显著特性，并对稀疏表示系数进行融合。

步骤4：结合融合的稀疏表示系数与过完备字典重构融合图像。

在稀疏表示图像融合框架下，首先提出了稀疏表示图像融合系列方法，包括多源联合稀疏表示图像融合、成像模型稀疏表示图像融合、空谱稀疏表示图像融合、注意力引导稀疏表示图像融合、稀疏表示同步融合与去噪、稀疏表示同步融合与超分辨率。之后，考虑图像的结构化特性，提出了结构化稀疏表示图像融合系列方法，包括组稀疏表示图像融合、超像素组稀疏表示图像融合、非局部稀疏表示图像融合。下面对这些方法进行详细介绍。

6.3 稀疏表示图像融合

6.3.1 多源联合稀疏表示图像融合

在稀疏表示图像融合框架下对多模态图像进行融合时，对应同一区域的不同传感器图像，利用稀疏表示可能分解到不同的字典子集上，其结果类似于对不同的源图像用具有不同小波基的小波变换对其进行分解。不同的稀疏表示系数对应字典中不同的原子，这时稀疏系数的融合规则难以设计。事实上，在多传感器图像融合中，希望多源图像能同时分解并且多源图像由相同原子的线性组合表示。传统的基于匹配追踪和正交匹配追踪的稀疏表示分解算法都不能满足要求，对此采用同步正交匹配追踪算法[4]对多源图像进行联合稀疏表示。同步正交匹配追踪在每一次迭代选择时保证所有待分解信号都能最优表示，对多个信号同时进行稀疏分解，并将其分解到相同的字典子集上，其特点非常适合进行多模态图像融合。因此，Yang 和 Li 提出了基于同步正交匹配追踪的多源图像融合方法[6]。

基于同步正交匹配追踪的多源联合稀疏表示图像融合方法流程图如图 6.3.1 所示。设有 K 个已配准的源图像 I_1，I_2，…，I_K，具体算法步骤如下：

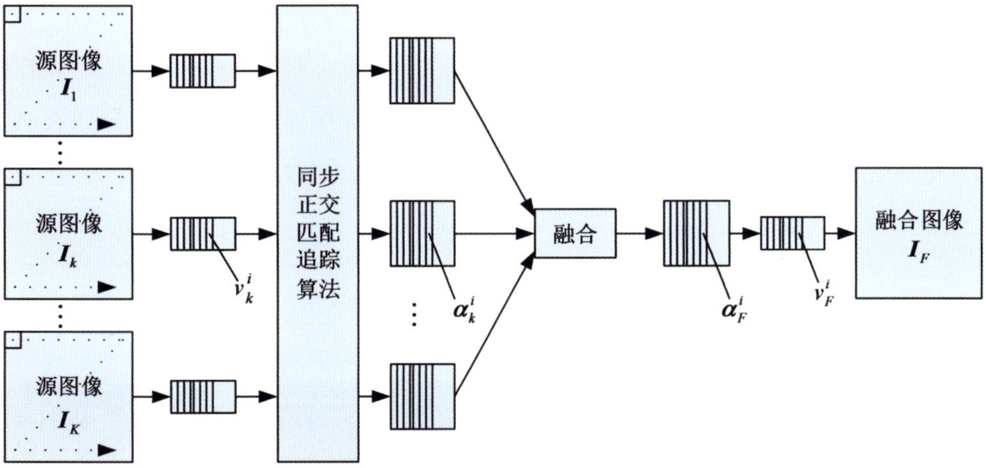

图 6.3.1 多源联合稀疏表示图像融合方法流程图

步骤 1：将所有待融合源图像转化为一定大小的列向量集合以满足稀疏表示计

算需要。具体过程如下：首先采用大小为 8×8 的正方形滑窗，依照从左到右、从上至下的顺序逐像素地对源图像进行交叠采样，将每个源图像转化为若干个大小为8×8 的图像块。为了减小图像亮度对算法的影响，对应每一个图像块都减去对应的平均值。再以列优先的方式将每个图像块转换成长度为 64 的列向量。对全部的 K 个待融合源图像进行上述分块并向量化。对于每一个位置 i，可以得到 K 个列向量 $\{\boldsymbol{v}_k^i\}_{k=1}^K$，$\boldsymbol{v}_k^i$ 表示第 k 个图像的第 i 个图像块对应的向量。

步骤 2：采用同步正交匹配追踪算法求解不同源图像对应位置向量的稀疏表示系数。对于每一个位置 i 对应源图像块向量$\{\boldsymbol{v}_k^i\}_{k=1}^K$的稀疏系数为$\{\alpha_k^i\}_{k=1}^K$。

步骤 3：采用绝对值最大法对上一步所得的待融合源图像 K 个对应向量的稀疏表示系数α_1^i，α_2^i，…，α_K^i 进行融合，融合的稀疏表示系数为 α_F^i，具体过程如下式所示：

$$\alpha_F^i(q)=\alpha_{j^*}^i(q)，\ j^*=\arg\max_j(|\alpha_j^i(q)|) \tag{6.3.1}$$

式中，$\alpha_{j^*}^i(q)$是向量 $\boldsymbol{\alpha}_{j^*}^i$ 的第 q 个元素值。

步骤 4：将稀疏表示系数 α_F^i 转化为融合图像对应的向量，即将融合的稀疏表示系数 α_F^i 乘以稀疏表示过完备字典得到融合结果向量 $\boldsymbol{v}_F^i$。

$$\boldsymbol{v}_F^i=\boldsymbol{D}\alpha_F^i \tag{6.3.2}$$

将所有的源图像对应向量的稀疏表示系数按照式(6.3.1)和式(6.3.2)进行融合得到全部的融合结果向量。另外，每一个图像块的平均值相当于小波变换的低频分解系数，因此可以采用直接求平均值的方法对每个图像块的平均值进行融合。

步骤 5：将上一步所得融合结果向量以列优先方式还原为 8×8 图像块，即相应的融合图像块。将每一个融合图像块放回融合图像的相应位置，交叠部分像素值相加，再将每个叠加所得像素值除以其叠加次数即得融合图像 I_F。

6.3.2 成像模型稀疏表示图像融合

一类常用遥感图像融合方法是将图像融合过程看成反问题来求解。假设低分辨率多光谱图像有 4 个通道，且它与全色图像的分辨率之比为 4，则低分辨率多光谱图像单通道的 1 个像素对应高分辨率多光谱图像单通道的 16 个像素。已知低分辨率多光谱图像 4 个通道的 4 个像素值和全色图像的 16 个像素值，遥感图像融合可以看成从这 20 个(16 个+4 个)值中估计高分辨率多光谱融合图像的 64 个(4 个×16)值，显然该问题是一个病态问题，也就是说很多个解都可以满足其数学表达式。所以，为了得到有用解必须做一些假设，或者根据成像过程添加一些约束。贝叶斯方法是解决病态反问题的一种有效工具，在贝叶斯框架下，可以将融合图像看作贝叶斯后验概率分布的结果，后验概率分布可以通过样本学习得到，还可以将人为的先验知识和约束添加到贝叶斯框架中[7,8]。但是基于统计的方法都是在大量样本存在的假设下才能够有效，当样本数量有限时，会在一定程度上影响融合结果。本小节构建多光谱图像成像模型，提出一种利用压缩感知理论求解反问题实现稀疏表示遥感图像融合的方法[9]。

1928 年，美国电信工程师奈奎斯特(Nyquist)提出了奈奎斯特采样定理。1948 年，信息论的创始人香浓(Shannon)对奈奎斯特采样定理加以明确说明，因此该定理又称为 Nyquist-Shannon 采样定理，即为了不失真地恢复模拟信号，采样频率应该不小于模拟信号频谱中最高频率的 2 倍。一直以来，Nyquist-Shannon 采样定理支配着几乎所有信号/图像的获取、处理、存储、传输等。但目前该理论已成为信息领域进一步发展的瓶颈之一，主要表现在两个方面：一方面，对于单个信号/图像，特别是超宽带信号处理，Nyquist 采样硬件成本昂贵、获取效率低下；另一方面，传统的先用 Nyquist 方式获取数据然后进行压缩的信号处理方式造成很大程度的资源浪费，更合理的方法是直接获取压缩数据。对此，美国科学院院士 Donoho、曲波的提出者 Candès 以及华裔科学家 Tao 等人提出了一种新的信息获取理论，即压缩感知理论(compressed sensing，CS)[10,11]。它是图像稀疏表示理论的重要应用之一，其一经提出，就在信息论、信号处理、地质勘探、雷达成像、无线通信等领域受到高度关注，2007 年被美国《科技评论》评为年度十大科技进展之一。该理论表明，以远低于 Nyquist 标准的方式对原始信号进行采样，仍能够设计重建算法来精确地恢复原始信号。压缩感知的核心思想是将压缩与采样合并进行，首先采集信号的非自适应线性投影，然后根据重构算法由测量值重构原始信号。遥感图像融合问题可以转化为具有线性约束的信号恢复问题，而该问题正好能够应用压缩感知理论来进行求解。

(1)压缩感知理论

考虑如下线性变换：

$$\boldsymbol{y}=\boldsymbol{\Phi x} \tag{6.3.3}$$

式中，$\boldsymbol{x}$ 是一个 K 稀疏的向量，即 $\boldsymbol{x}$ 中非零元素的个数不超过 K 个，矩阵 $\boldsymbol{\Phi} \in \mathbb{R}^{M \times N}$，$M \ll N$，$\boldsymbol{y} \in \mathbb{R}^{M}$。式(6.3.3)可以看成稀疏信号 $\boldsymbol{x}$ 在 $\boldsymbol{\Phi}$ 下的线性投影，压缩感知的任务就是在已知 $\boldsymbol{y}$ 和 $\boldsymbol{\Phi}$ 的情况下求解 $\boldsymbol{x}$。但是 $M \ll N$，使得 $\boldsymbol{y}$ 的长度远远小于 $\boldsymbol{x}$，这使得求解 $\boldsymbol{x}$ 的问题是一个不适定的问题，也就是说有很多个不同的 $\boldsymbol{x}$ 经过式(6.3.3)都可以得到相同的 $\boldsymbol{y}$。所以要想使得式(6.3.3)能够求解，就必须对 $\boldsymbol{x}$ 和 $\boldsymbol{\Phi}$ 做一定的假设，并且增加合适的正则化约束。Candès 等给出证明，如果 $\boldsymbol{x}$ 是 K 稀疏向量，$\boldsymbol{y}$ 的维数 M 不小于 $M=O[K\ln(N)]$，且矩阵 $\boldsymbol{\Phi}$ 满足约束等距性条件[11]，即对于任意 $\boldsymbol{c} \in \mathbb{R}^{|T|}$ 和常数 $\delta_K \in (0,1)$，下式成立：

$$(1-\delta_K)\|\boldsymbol{c}\|_2^2 \leqslant \|\boldsymbol{\Phi}_T \boldsymbol{c}\|_2^2 \leqslant (1+\delta_K)\|\boldsymbol{c}\|_2^2 \tag{6.3.4}$$

式中，$T \in \{1, \cdots, N\}$，$|T| \leqslant K$，$\boldsymbol{\Phi}_T$ 为 $\boldsymbol{\Phi}$ 中索引 T 所指的列构成的矩阵，那么向量 $\boldsymbol{x}$ 可以由少量的线性采样值 $\boldsymbol{y}$ 通过求解最优 l_0 范数的问题精确重构：

$$\hat{\boldsymbol{x}} = \arg\min \|\boldsymbol{x}\|_0 \quad \text{s. t. } \boldsymbol{\Phi x} = \boldsymbol{y} \tag{6.3.5}$$

式中，$\|\boldsymbol{x}\|_0$ 表示向量 $\boldsymbol{x}$ 的 l_0 范数，即向量 $\boldsymbol{x}$ 中非零元素的个数。若设 $\boldsymbol{x}$ 为待测量信号，$\boldsymbol{\Phi}$ 为全局线性采样系统对应的测量矩阵，$\boldsymbol{y}$ 为采样值，则待检测信号 $\boldsymbol{x}$ 可以准确地通过测量矩阵 $\boldsymbol{\Phi}$ 和采样值 $\boldsymbol{y}$ 重构得到，即压缩感知名称的来由。

然而在实际应用中常见的自然信号在时域内几乎都不稀疏，例如时域中的图像、声音等，因此式(6.3.4)对应的恢复算法不能直接应用。但自然信号在变换域中是稀疏的，即

$$\boldsymbol{x} = \boldsymbol{\Psi \alpha} \tag{6.3.6}$$

式中，$\boldsymbol{\alpha}$ 是稀疏向量，$\boldsymbol{\Psi}$ 表示变换基，可以是小波变换、离散余弦变换、曲波变换等的基函数。将式(6.3.6)代入式(6.3.3)，得到：

$$\boldsymbol{y} = \boldsymbol{\Phi x} = \boldsymbol{\Phi \Psi \alpha} = \widetilde{\boldsymbol{\Phi}} \boldsymbol{\alpha} \tag{6.3.7}$$

式中，$\widetilde{\boldsymbol{\Phi}} = \boldsymbol{\Phi \Psi}$ 称为传感矩阵。这时只要使传感矩阵 $\widetilde{\boldsymbol{\Phi}}$ 满足约束等距性条件，则由：

$$\hat{\boldsymbol{\alpha}} = \arg\min \|\boldsymbol{\alpha}\|_0 \quad \text{s. t. } \widetilde{\boldsymbol{\Phi}} \boldsymbol{\alpha} = \boldsymbol{y} \tag{6.3.8}$$

求解得到待测量信号 $\boldsymbol{x}$ 在基函数 $\boldsymbol{\Psi}$ 下的稀疏系数 $\hat{\boldsymbol{\alpha}}$，并根据 $\hat{\boldsymbol{x}} = \boldsymbol{\Psi} \hat{\boldsymbol{\alpha}}$ 得到恢复信号。

由以上分析我们知道压缩感知理论的研究主要包括 3 个部分，即信号的稀疏表示、编码测量矩阵的设计和快速有效的重构。离散余弦变换、快速傅立叶变换、离散小波变换是常用的信号稀疏表示方法，另外曲波变换和轮廓波变换等多尺度几何

分析方法也经常用来将信号表示成稀疏的形式。除此之外，利用过完备字典的形式可以将源信号表示成更为稀疏的形式。编码测量矩阵 $\widetilde{\boldsymbol{\Phi}}$ 首先要满足约束等距性条件。Baraniuk[12]提出约束等距性的等价条件是指矩阵 $\boldsymbol{\Phi}$ 和稀疏变换 $\boldsymbol{\Psi}$ 不相关，即要求 $\boldsymbol{\Phi}$ 行不能够由 $\boldsymbol{\Psi}$ 的列稀疏表示，而且 $\boldsymbol{\Psi}$ 的列也不能用 $\boldsymbol{\Phi}$ 的行稀疏表示。然而真正设计出容易计算又能够使 $\widetilde{\boldsymbol{\Phi}}$ 满足约束等距性条件的矩阵 $\boldsymbol{\Phi}$ 并不容易。对此，文献[11]和[13]退而求其次，证明了当 $\boldsymbol{\Phi}$ 取高斯随机矩阵时，测量矩阵 $\widetilde{\boldsymbol{\Phi}}$ 会以很大的概率满足约束等距性条件，而且它几乎与任意稀疏变换矩阵 $\boldsymbol{\Psi}$ 都不相关。但随机矩阵的缺点是所需存储空间很大，且非结构化的本质导致其计算相当复杂。

压缩感知快速有效的重构算法是压缩感知领域的一个重要研究内容，除了匹配追踪系列算法，还有最小 l_1 范数法、最小全变分方法、迭代阈值算法等。式(6.3.8)所示的最小 l_0 范数问题是一个 NP-hard 问题，也就是说要得到全局最优解，唯一的方法就是排列所有字典的组合，然后从中挑出满足条件的解。在求解实际问题时，这种方法显然是不可行的。一种更为实用的方法是匹配追踪方法，它能找到局部最优解，而且求解速度快，在完成实际信号/图像处理任务时经常用到。另外，Donoho 证明了式(6.3.8)所示的最小 l_0 范数问题可以转化为最小 l_1 范数的问题，即

$$\hat{\boldsymbol{\alpha}}=\arg\min\|\boldsymbol{\alpha}\|_1 \quad \text{s. t. } \widetilde{\boldsymbol{\Phi}}\boldsymbol{\alpha}=\boldsymbol{y} \tag{6.3.9}$$

假设源信号存在着一定的噪声分量，上式还可以表示为：

$$\hat{\boldsymbol{\alpha}}=\arg\min\|\boldsymbol{\alpha}\|_1 \quad \text{s. t. } \|\boldsymbol{y}-\widetilde{\boldsymbol{\Phi}}\boldsymbol{\alpha}\|_2^2\leqslant\varepsilon \tag{6.3.10}$$

一种常用的也是非常有效的求解式(6.3.9)所示问题的方法为基追踪法(basis pursuit，BP)[14]，即将上式转化为：

$$\min \boldsymbol{c}^{\mathrm{T}}\theta \text{ s. t. } \boldsymbol{A}\theta=\boldsymbol{b}，\theta\geqslant 0 \tag{6.3.11}$$

式中，$\boldsymbol{\theta}=(\boldsymbol{\alpha}^+ \ \ \boldsymbol{\alpha}^-)$，$\boldsymbol{c}=(1 \ \ 1)$，$\boldsymbol{A}=(\widetilde{\boldsymbol{\Phi}} \ \ -\widetilde{\boldsymbol{\Phi}})$，$\boldsymbol{b}=\boldsymbol{y}$。用线性规划可以很容易求得 θ，然后根据 $\hat{\boldsymbol{\alpha}}=\boldsymbol{\alpha}^+-\boldsymbol{\alpha}^-$ 求得待测量信号 $\boldsymbol{x}$ 在基函数 $\boldsymbol{\Psi}$ 下的稀疏系数 $\hat{\boldsymbol{\alpha}}$，然后根据 $\hat{\boldsymbol{x}}=\boldsymbol{\Psi}\hat{\boldsymbol{\alpha}}$ 求待测量信号。

(2)融合算法

设 $\boldsymbol{X}_p^{\text{high}}$ 表示第 p 通道的理想高分辨率多光谱图像，$\boldsymbol{Y}_p^{\text{low}}$ 表示与之对应的低分辨率图像，$p=1，\cdots，P$，P 为多光谱图像的通道数，其值与卫星所携带的具体传感器类型有关。低分辨率多光谱图像 $\boldsymbol{Y}_p^{\text{low}}$ 与理想高分辨率多光谱图像 $\boldsymbol{X}_p^{\text{high}}$ 的关系可以

表示为：

$$\boldsymbol{Y}_p^{\mathrm{low}}=\boldsymbol{M}_1\boldsymbol{X}_p^{\mathrm{low}}+\boldsymbol{n}_p \tag{6.3.12}$$

式中，$\boldsymbol{M}$ 为空间下采样矩阵，$\boldsymbol{n}_p$ 为噪声分量，即低分辨率多光谱图像的像素值可以看作高分辨率多光谱图像对应邻域像素值的平均加上噪声。

根据遥感图像单一通道图像像素值产生的原理，可知像素值与CCD传感器阵列上的光强、光敏器件对入射光的波长范围 Ω 以及光敏器件接受光强的面积 A 有关，图像像素值产生模型：

$$\iint_{A\Omega} L(a,\omega)F(\omega)\mathrm{d}\omega\,\mathrm{d}a \tag{6.3.13}$$

式中，$L(a,\omega)$为光线强度函数，$F(\omega)$为图像传感器光谱反应函数。IKONOS卫星成像传感器的光谱响应如图6.3.2所示。

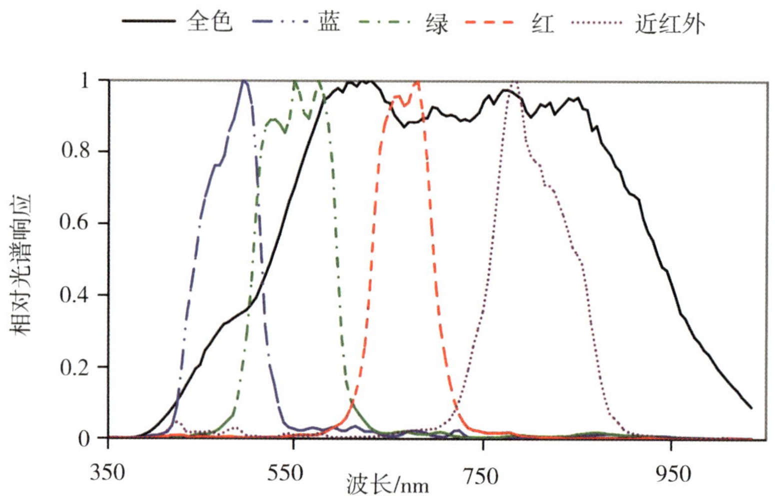

图6.3.2 IKONOS卫星成像传感器的光谱响应

假设对应低分辨率图像和高分辨率图像是完全配准的，它们对应像素的位置关系可以用图6.3.3表示，其中 A_i 表示低分辨率图像对应光敏器件接受光强的面积，$A_{i,j}$表示高分辨率图像对应光敏器件接受光强的面积，且 $A_i=\bigcup_j A_{i,j}$ 并且$\varnothing_i=\underset{j}{I}A_{i,j}$。

对于任一个图像光谱通道，比如红色通道：

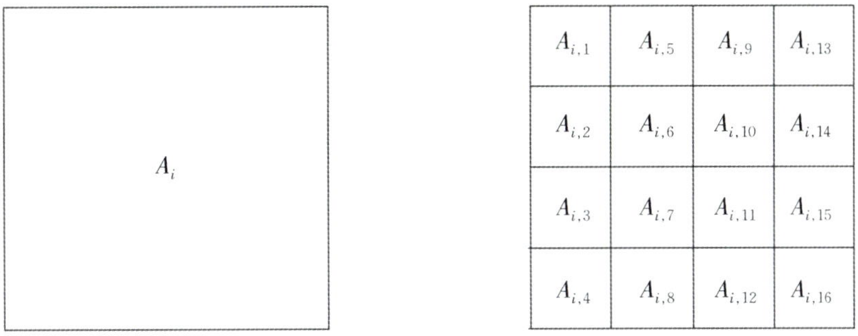

图 6.3.3　低分辨率和高分辨率图像对应光敏器件接受光强的面积

$$
\begin{aligned}
R_i^{\text{low}} &= \iint_{A\,\Omega} L(a,\ \omega) F^{\text{red}}(\omega)\,\mathrm{d}\omega\,\mathrm{d}a \\
&= \sum_{j=1}^{16} \int_{A_{i,\ j}} \int_{\Omega} L(a,\ \omega) F^{\text{red}}(\omega)\,\mathrm{d}\omega\,\mathrm{d}a \\
&= \sum_{j=1}^{16} R_{i,\ j}^{\text{high}}
\end{aligned}
\tag{6.3.14}
$$

考虑到通道归一化过程，上式关系可以修正为：

$$R_i^{\text{low}} = \frac{1}{16}\sum_{j=1}^{16} R_{i,\ j}^{\text{high}} \tag{6.3.15}$$

同理，对于绿、蓝、近红外通道，可得到以下关系：

$$G_i^{\text{low}} = \frac{1}{16}\sum_{j=1}^{16} G_{i,\ j}^{\text{high}} \tag{6.3.16}$$

$$B_i^{\text{low}} = \frac{1}{16}\sum_{j=1}^{16} B_{i,\ j}^{\text{high}} \tag{6.3.17}$$

$$\text{NIR}_i^{\text{low}} = \frac{1}{16}\sum_{j=1}^{16} \text{NIR}_{i,\ j}^{\text{high}} \tag{6.3.18}$$

从图 6.3.2 可以看出全色图像对应的光谱曲线覆盖了比较广的范围，而多光谱图像单个通道对应的光谱曲线覆盖的范围都比较窄。全色图像对应的光谱曲线与多光谱图像单个通道对应的光谱曲线相互重叠或者部分重叠，基于这种重叠特性，可以用多光谱图像的加权平均近似表示全色图像：

$$\text{PAN} = w_{\text{R}} R + w_{\text{G}} G + w_{\text{B}} B + w_{\text{NIR}} \text{NIR} + n \tag{6.3.19}$$

式中，w 为加权系数，其值与多光谱图像单通道与全色图像的光谱曲线重合程度有关。n 是加性零均值的高斯噪声。需要注意上式只是一种近似表示，实际上由于光照、卫星或地面目标的运动和天气变化等复杂因素的影响，全色图像与多光谱图像的确切关系通常是非常复杂的，很难准确表示。

下面考虑多光谱图像有 4 个通道的情况，4 个通道分别是红(R)、绿(G)、蓝(B)和近红外(NIR)。全色图像与多光谱图像的分辨率之比为 4∶1。上文所描述的遥感图像成像模型可以用图 6.3.4 来表示。

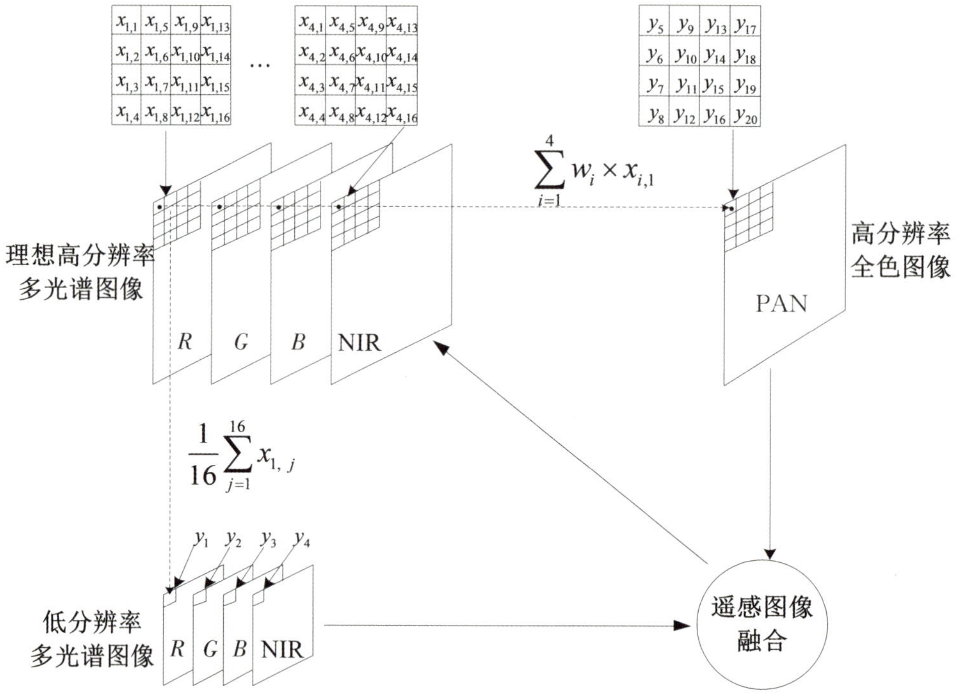

图 6.3.4　遥感图像成像模型

用 $\boldsymbol{x}=(x_{1,1}\ \cdots\ x_{1,16}\ \cdots\ x_{4,1}\ \cdots\ x_{4,16})^{\mathrm{T}}$ 表示将高空间分辨率多光谱图像对应的 4×4×4 的图像块按照列优先的顺序排列后得到的向量，$\boldsymbol{y}_{\mathrm{MS}}=(y_1\ \ y_2\ \ y_3\ \ y_4)^{\mathrm{T}}$ 表示对应的低空间分辨率图像块生成的向量，如图 6.3.4 所示。根据上文得到的高空间分辨率多光谱图像与低空间分辨率多光谱图像之间的关系，可以得到：

$$\boldsymbol{y}_{\mathrm{MS}}=\boldsymbol{M}_1\boldsymbol{x}+\boldsymbol{n}_1 \tag{6.3.20}$$

式中，$\boldsymbol{M}_1$ 为 4×64 下采样矩阵，$\boldsymbol{n}_1$ 为长度为 4 的加性零均值高斯噪声向量。根据图 6.3.4 所示的关系，下采样矩阵 $\boldsymbol{M}_1$ 可以写成 $\boldsymbol{M}_1=\frac{1}{16}\cdot\boldsymbol{I}\otimes\boldsymbol{1}^{\mathrm{T}}$，其中 $\boldsymbol{I}\in\mathbb{R}^{4\times4}$ 为单位矩阵，$\boldsymbol{1}$ 为长度为 16 的全 1 向量。

令 $\boldsymbol{y}_{\mathrm{PAN}}=(y_5\ \cdots\ y_{20})^{\mathrm{T}}$ 表示将高空间分辨率全色图像对应的 4×4 的图像块按照列优先的顺序排列后得到的向量，如图 6.3.4 所示，则：

$$\boldsymbol{y}_{\mathrm{PAN}}=\boldsymbol{M}_2\boldsymbol{x}+\boldsymbol{n}_2 \tag{6.3.21}$$

式中，$\boldsymbol{M}_2=(w_1\boldsymbol{I}\ \ w_2\boldsymbol{I}\ \ w_3\boldsymbol{I}\ \ w_4\boldsymbol{I})$，$\boldsymbol{I}\in\mathbb{R}^{16\times16}$ 为单位矩阵，$\boldsymbol{n}_2$ 为长度为 16 的加性零均值高斯噪声向量。假设 $\boldsymbol{n}_1$ 和 $\boldsymbol{n}_2$ 具有相同的标准差 σ，则由式(6.3.20)和(6.3.21)合并可以得到：

$$\boldsymbol{y}=\boldsymbol{M}\boldsymbol{x}+\boldsymbol{n} \tag{6.3.22}$$

式中，$\boldsymbol{y}=\begin{pmatrix}\boldsymbol{y}_{\mathrm{MS}}\\ \boldsymbol{y}_{\mathrm{PAN}}\end{pmatrix}$，且 $\boldsymbol{M}=\begin{pmatrix}\boldsymbol{M}_1\\ \boldsymbol{M}_2\end{pmatrix}$。

遥感图像融合的目的就是通过由低分辨率多光谱和高分辨率全色图像对应位置图像区域组成的向量 $\boldsymbol{y}$，求高分辨率多光谱对应位置图像区域的向量 $\boldsymbol{x}$。根据压缩感知理论可知，如果信号是稀疏的或者在变换域是稀疏的，那么该信号可以从其少量测量中准确恢复。基于此，将求解式(6.3.22)的问题转化为解具有稀疏约束的最小化 l_0 范数问题：

$$\hat{\boldsymbol{\alpha}}=\arg\min\|\boldsymbol{\alpha}\|_0\ \text{s. t.}\ \ \|\boldsymbol{y}-\boldsymbol{\Phi}\boldsymbol{\alpha}\|_2^2\leqslant\varepsilon \tag{6.3.23}$$

式中，$\boldsymbol{\Phi}=\boldsymbol{M}\boldsymbol{D}$，$\boldsymbol{D}=(d_1\ \ d_2\ \ \cdots\ d_K)$为稀疏表示字典，保证 $\boldsymbol{x}=\boldsymbol{D}\boldsymbol{\alpha}$，即 $\boldsymbol{x}$ 可以表示为过完备字典 $\boldsymbol{D}$ 中原子的稀疏线性组合，$\boldsymbol{\alpha}$ 为稀疏向量。$\hat{\boldsymbol{\alpha}}$ 为式(6.3.23)求解得到的稀疏向量，则估计向量 $\hat{\boldsymbol{x}}$ 可以通过 $\hat{\boldsymbol{x}}=\boldsymbol{D}\hat{\boldsymbol{\alpha}}$ 得到。参数 ε 可以通过 $\varepsilon=k(C\sigma)^2$ 来设置，其中 k 为信号 $\boldsymbol{y}$ 的长度，C 为常数，噪声标准差 σ 可以通过实际的卫星传感器特性得到。C 的具体数值可以依据 Rayleigh 准则来进行设置。假设所有噪声均为加性零均值的高斯噪声，则式(6.3.23)与式(6.3.8)相同，因此可以利用基追踪算法来求解式(6.3.23)。

另外，式(6.3.22)对应的高空间分辨率多光谱图像块大小为 4×4×4，对应全色图像块只有 4×4，低空间分辨率多光谱图像只有一个像素。由于图像块过小，所包含的纹理和结构信息都比较少。但是如果选用的图像块尺寸太大则缺乏泛化能力，而且计算复杂度会迅速增加，因此我们取高空间分辨率多光谱图像块的尺寸为 8×8×4，对应全色图像块为 8×8，低空间分辨率多光谱图像块为 2×2×4。这样式(6.3.20)中的采样矩阵 $\boldsymbol{M}_1$ 重新写为 $\frac{1}{16}\cdot\boldsymbol{I}_{8\times8}\otimes(\boldsymbol{1}^{\mathrm{T}}\otimes(\boldsymbol{I}_{2\times2}\otimes\boldsymbol{1}^{\mathrm{T}}))$，其中 $\boldsymbol{I}_{N\times N}$ 为 $N\times N$ 的单位矩阵，$\boldsymbol{1}$ 为 4×1 的全 1 向量。变换矩阵 $\boldsymbol{M}_2$ 可以写为 $(w_1\boldsymbol{I}\ \ \ w_2\boldsymbol{I}\ \ \ w_3\boldsymbol{I}\ \ \ w_4\boldsymbol{I})$，其中 $\boldsymbol{I}\in\mathbb{R}^{64\times64}$ 为单位矩阵。

通过以上分析，所提出的压缩感知遥感图像融合方法可以用图 6.3.5 表示。如图 6.3.5 所示，所有全色(PAN)图像和多光谱(MS)图像的图像块按照从左到右、从上到下的顺序进行处理。首先，根据图 6.3.5 所示将 PAN 块对应的向量 $\boldsymbol{y}_{\mathrm{PAN}}$ 与 MS 块对应的向量 $\boldsymbol{y}_{\mathrm{MS}}$ 进行合并得到向量 $\boldsymbol{y}$；然后，利用基追踪算法求解稀疏约束问题式(6.3.23)，得到稀疏系数 $\hat{\boldsymbol{\alpha}}$；再用 $\hat{\boldsymbol{x}}=\boldsymbol{D}\hat{\boldsymbol{\alpha}}$ 得到融合图像块对应的向量 $\hat{\boldsymbol{x}}$；最后将 $\hat{\boldsymbol{x}}$ 添加到融合图像相应位置，循环所有图像块，得到最终的融合图像。

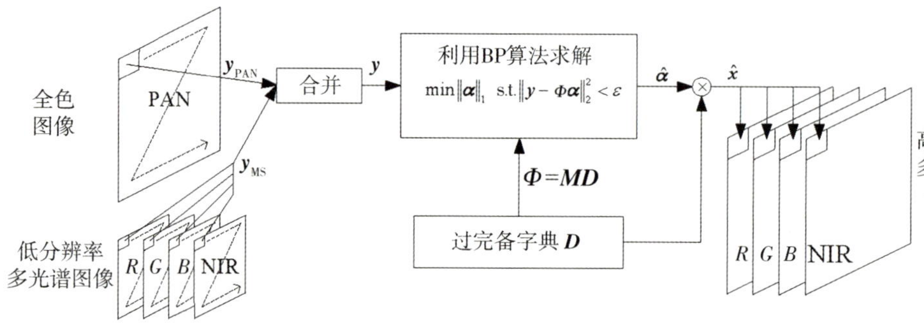

图 6.3.5 基于压缩感知的遥感图像融合框架图

字典对稀疏表示性能具有重要影响，一种简单而非常有效的字典构造方法为直接从与待处理信号有相似统计特性的训练数据中随机抽取图像块作为过完备字典。这种类型的字典已在图像超分辨率、人脸识别中成功得到应用。该方法从高分辨率多光谱图像中随机选取图像块来构造字典。由于不同卫星的光学传感器都有自己的光谱响应特性，因此从同一类型传感器得到的高分辨率多光谱遥感图像中抽取的图像块构成的稀疏字典保留了这种特性。当用稀疏约束来求解优化问题式(6.3.23)时，提出的方法自适应地选择与待处理图像块最相关的若干个原子，因此基于这种方法得到的重构图像块能保留真实场景的光谱信息。实验结果也证实了随机采样字典的有效性。另外根据压缩感知理论，采样矩阵 $\boldsymbol{M}$ 与稀疏字典的 $\boldsymbol{D}$ 的不相关程度越大，信号 $\boldsymbol{x}$ 能够恢复出来的可能性也就越大。因为本方法中采用的字典是从实际图像数据中随机选取得到的，所以它会在很大程度上满足与采样矩阵 $\boldsymbol{M}$ 的不相关性。

6.3.3 空谱稀疏表示图像融合

基于成像模型的遥感图像融合方法，假设全色图像和低分辨率多光谱图像是其对应的高分辨率多光谱图像的退化形式，然后对其进行建模并构造相应的优化模型。在构造优化模型时，由于遥感图像的退化，得到的模型往往是病态的反问题。因此，必须采用正则项(对应某种先验信息)来约束解空间，从而获得最佳的融合结果。为此，研究者提出了各种先验假设或正则项，比如非一致性的高斯-马尔科夫随机场先验[15]等。稀疏性是近些年提出的一种新型的先验假设，它符合人类的视觉特性。在上一小节，利用稀疏先验信息，提出了一种基于压缩感知的遥感图像融合算法[9]，该算法通过压缩感知理论重构出高分辨率多光谱图像。压缩感知理论建立在稀疏假设基础上，因此，字典的选择直接影响压缩感知的重构性能。为了确保稀疏性，上一小节采用随机选取图像块的策略来构造字典。通过此种策略必须选取足够多图像块才能保证字典涵盖遥感图像绝大部分特征。然而通过随机选取高分辨率多光谱图像块构造的字典存在不确定性，导致算法性能并不能达到最优，而且字典维数越大，所付出的计算代价就越高。而且，在实际中，缺乏高分辨率多光谱图像。Jiang 等人[16]采用了学习字典替代随机选取的图像块，在进行字典学习时，利用低分辨率多光谱图像的插值图像和全色图像构成训练集进行字典学习，提高了实用性。但是利用插值图像和全色图像构成训练集仍不能充分反映高分辨率多光谱图像的特点。

针对上述问题，作者团队提出一种基于学习字典的空谱稀疏表示遥感融合算法[17]。全色图像字典和低分辨率多光谱图像字典从源图像中自适应地联合学习得到，而由于实际并不存在高分辨率多光谱图像，因此我们无法通过样本学习得到高分辨率多光谱图像对应的字典。针对这一问题，我们设计了一种高分辨率多光谱图像字典的构造策略。我们提出联合字典学习算法可以有效地确保全色图像、低分辨率多光谱图像以及高分辨率多光谱图像在相应的字典作用下具有相同的稀疏表示系数。与上一小节中的方法相比，该方法具有如下三点创新：第一，提出了一种全新的字典学习算法代替了通过随机选取图像块构造字典的方法，通过学习字典能降低字典的维数、加速稀疏分解以及提高融合算法的有效性和鲁棒性；第二，提出的字典学习算法可以在源图像中直接学习得到，提高了字典的自适应性；第三，在字典学习算法中，高分辨率多光谱图像字典通过全色图像字典和低分辨率多光谱图像字典构造出来，不需要高分辨率多光谱图像训练样本，极大地提高了算法的实际应用性能。

(1)全色图像和多光谱图像模型

假设全色图像 $\boldsymbol{Y}^{\mathrm{PAN}}$ 与对应的低分辨率多光谱图像 $\boldsymbol{Y}_j^{\mathrm{MS}}$($j=1$，2，…，$B$)是配准的，并设 $\boldsymbol{X}$ 为具有 B 个波段的高分辨率多光谱图像，其中 $\boldsymbol{X}$ 的第 j 个波段记为 X_j

($j=1, 2, \cdots, B$)。为了更加有效地对遥感图像的局部信息进行稀疏表示，我们考虑用局部的图像块来代替整个图像。假设 $\boldsymbol{x}_j (j=1, 2, \cdots, B)$是从 $\boldsymbol{X}_j$ 中提取的大小为$\sqrt{n}\times\sqrt{n}$图像块，并将其转换成长度为 n 的列向量，那么，向量 $\boldsymbol{x}=(\boldsymbol{x}_1^{\mathrm{T}} \ \cdots \ \boldsymbol{x}_j^{\mathrm{T}} \ \cdots \ \boldsymbol{x}_B^{\mathrm{T}})\in\mathbb{R}^{Bn\times 1}$表示从 $\boldsymbol{X}$ 中提取的图像块(具有 B 个波段)，其中 T 表示向量或矩阵的转置。设 $\boldsymbol{y}^{\mathrm{PAN}}$是从 $\boldsymbol{Y}^{\mathrm{PAN}}$中提取的图像块，并将其转换成列向量。由于全色图像覆盖了多光谱图像中所有波段，因此 $\boldsymbol{y}^{\mathrm{PAN}}\in\mathbb{R}^{n\times 1}$可以表示成多光谱图像块各个波段的线性组合。从而，全色图像块和多光谱图像块之间的关系可以表示成如下形式：

$$\boldsymbol{y}^{\mathrm{PAN}}=\sum_{j=1}^{B}\boldsymbol{\omega}_j\boldsymbol{x}_j+\boldsymbol{n}^{\mathrm{PAN}} \tag{6.3.24}$$

式中，$\omega_j (j=1, 2, \cdots, B)$是每个波段对应的权重，并且满足 $\sum\limits_{j=1}^{B}\omega_j=1$，$\boldsymbol{n}^{\mathrm{PAN}}$是高斯噪声。权重 $\omega_j (j=1, 2, \cdots, B)$可以根据光谱覆盖区域计算得到。通过引入下面的变量：

$$\boldsymbol{W}=(\omega_1\boldsymbol{I} \quad \omega_2\boldsymbol{I} \quad \cdots \quad \omega_B\boldsymbol{I})\in\mathbb{R}^{n\times Bn} \tag{6.3.25}$$

式中，$\boldsymbol{I}\in\mathbb{R}^{n\times n}$是单位矩阵。式(6.3.24)可以等价地转换为：

$$\boldsymbol{y}^{\mathrm{PAN}}=\boldsymbol{W}\boldsymbol{x}+\boldsymbol{n}^{\mathrm{PAN}} \tag{6.3.26}$$

由多光谱图像的成像特点可知，低分辨率多光谱图像可以表示成对应的高分辨率多光谱图像的退化形式，其退化形式为：

$$\boldsymbol{y}_j^{\mathrm{MS}}=\boldsymbol{S}\boldsymbol{H}_j\boldsymbol{x}_j+\boldsymbol{n}_j^{\mathrm{MS}},\ j=1, 2, \cdots, B \tag{6.3.27}$$

式中，$\boldsymbol{y}_j^{\mathrm{MS}}$ 是从低分辨率多光谱图像第 j 波段 $\boldsymbol{Y}_j^{\mathrm{MS}}$ 提取的图像块，$\boldsymbol{H}_j$ 表示第 j 波段的模糊算子，$\boldsymbol{S}$ 是下采样算子，$\boldsymbol{n}_j^{\mathrm{MS}}$ 为多光谱图像第 j 波段的高斯噪声。一般地，遥感卫星的成像系统中存在调制传递函数(modulation transfer function，MTF)，MTF 是一个“钟型”函数，为了防止混淆(aliasing)，MTF 的截止频率远低于 0.5[18]。因此，第 j 波段的模糊算子 $\boldsymbol{H}_j$ 可以假设为具有相应截止频率的 MTF 滤波器。类似高分辨率多光谱图像块 $\boldsymbol{x}$ 的形式，低分辨率多光谱图像块 $\boldsymbol{y}^{\mathrm{MS}}$可以写成 $\boldsymbol{y}^{\mathrm{MS}}=((\boldsymbol{y}_1^{\mathrm{MS}})^{\mathrm{T}}\cdots(\boldsymbol{y}_j^{\mathrm{MS}})^{\mathrm{T}}\cdots(\boldsymbol{y}_B^{\mathrm{MS}})^{\mathrm{T}})^{\mathrm{T}}\in\mathbb{R}^{\frac{Bn}{\gamma^2}\times 1}$，则式(6.3.27)以写成如下形式：

$$\boldsymbol{y}^{\mathrm{MS}}=L^{\mathrm{all}}\boldsymbol{x}+\boldsymbol{n}^{\mathrm{MS}} \tag{6.3.28}$$

式中，$L^{\mathrm{all}}=\mathrm{diag}(\boldsymbol{S}\boldsymbol{H}_1 \ \cdots \ \boldsymbol{S}\boldsymbol{H}_j \ \cdots \ \boldsymbol{S}\boldsymbol{H}_B)$，$\boldsymbol{n}^{\mathrm{MS}}=((\boldsymbol{n}_1^{\mathrm{MS}})^{\mathrm{T}} \ \cdots \ (\boldsymbol{n}_j^{\mathrm{MS}})^{\mathrm{T}} \ \cdots \ (\boldsymbol{n}_B^{\mathrm{MS}})^{\mathrm{T}})^{\mathrm{T}}$。

(2)基于稀疏重构的融合模型

根据式(6.3.26)和(6.3.28)，可以从全色图像块 $\boldsymbol{Y}^{\mathrm{PAN}}$ 和低分辨率多光谱图像块 $\boldsymbol{Y}_j^{\mathrm{MS}}(j=1, 2, \cdots, B)$ 中重构出高分辨率多光谱图像块 $\boldsymbol{x}_j(j=1, 2, \cdots, B)$。然而式(6.3.26)和(6.3.28)是欠定方程，具有无数多个解。为了确保解的唯一性，我们结合稀疏性先验信息，利用稀疏准则约束解空间。通过稀疏表示理论，高分辨率多光谱图像块 $\boldsymbol{x}\in\mathbb{R}^{Bn\times 1}$ 可以表示成少数原子线性组合的形式，即

$$\boldsymbol{x}=\sum_{k=1}^{N}\boldsymbol{\alpha}_k\boldsymbol{d}_{hk}^{\mathrm{MS}} \tag{6.3.29}$$

式中，原子 $\{\boldsymbol{d}_{hk}^{\mathrm{MS}}\}_{k=1}^{N}$ 构成高分辨率多光谱图像字典 $\boldsymbol{D}_h^{\mathrm{MS}}=(\boldsymbol{d}_{h1}^{\mathrm{MS}}\ \ \boldsymbol{d}_{h2}^{\mathrm{MS}}\ \ \cdots\ \ \boldsymbol{d}_{hN}^{\mathrm{MS}})$，$\boldsymbol{\alpha}_k(k=1, 2, \cdots, N)$是稀疏表示系数。

$$\boldsymbol{\alpha}=(\boldsymbol{\alpha}_1\ \ \boldsymbol{\alpha}_2\ \ \cdots\ \ \boldsymbol{\alpha}_N)^{\mathrm{T}}\in\mathbb{R}^N \tag{6.3.30}$$

高分辨率多光谱图像块 $\boldsymbol{x}$ 则可以写成：

$$\boldsymbol{x}=\boldsymbol{D}_h^{\mathrm{MS}}\boldsymbol{\alpha} \tag{6.3.31}$$

结合式(6.3.26)和(6.3.28)，全色图像块和低分辨率多光谱图像块可以分别表示成：

$$\boldsymbol{y}^{\mathrm{PAN}}=\boldsymbol{W}_X+\boldsymbol{n}^{\mathrm{PAN}}=\boldsymbol{W}\boldsymbol{D}_h^{\mathrm{MS}}\boldsymbol{\alpha}+\boldsymbol{n}^{\mathrm{PAN}}=\boldsymbol{D}^{\mathrm{PAN}}\boldsymbol{\alpha}+\boldsymbol{n}^{\mathrm{PAN}} \tag{6.3.32}$$

$$\boldsymbol{y}^{\mathrm{MS}}=\boldsymbol{L}^{\mathrm{all}}\boldsymbol{X}+\boldsymbol{n}^{\mathrm{MS}}=\boldsymbol{L}^{\mathrm{all}}\boldsymbol{D}_h^{\mathrm{MS}}\boldsymbol{\alpha}+\boldsymbol{n}^{\mathrm{MS}}=\boldsymbol{D}_l^{\mathrm{MS}}\boldsymbol{\alpha}+\boldsymbol{n}^{\mathrm{MS}} \tag{6.3.33}$$

式中，$\boldsymbol{D}^{\mathrm{PAN}}=\boldsymbol{W}\boldsymbol{D}_h^{\mathrm{MS}}$，$\boldsymbol{D}_l^{\mathrm{MS}}=\boldsymbol{L}^{\mathrm{all}}\boldsymbol{D}_h^{\mathrm{MS}}$ 分别对应于全色图像字典和低分辨率多光谱图像字典。式(6.3.31)、式(6.3.32)和式(6.3.33)表明高分辨多光谱图像块、全色图像块以及低分辨率多光谱图像块分别对于字典 $\boldsymbol{D}_h^{\mathrm{MS}}$，$\boldsymbol{D}^{\mathrm{PAN}}$ 和 $\boldsymbol{D}_l^{\mathrm{MS}}$ 具有相同的稀疏表示系数，这条性质也是我们提出算法的基本前提条件。

此时，假设字典 $\boldsymbol{D}_h^{\mathrm{MS}}$，$\boldsymbol{D}^{\mathrm{PAN}}$ 和 $\boldsymbol{D}_l^{\mathrm{MS}}$ 已知，提出的遥感图像融合模型如下：

$$\begin{cases}\boldsymbol{\alpha}^*=\arg\min\limits_{\boldsymbol{\alpha}}\|\boldsymbol{\alpha}\|_0\ \text{s. t.}\ \|\boldsymbol{y}^{\mathrm{PAN}}-\boldsymbol{D}^{\mathrm{PAN}}\boldsymbol{\alpha}\|_2^2\leqslant\varepsilon_1,\ \|\boldsymbol{y}^{\mathrm{MS}}-\boldsymbol{D}_l^{\mathrm{MS}}\boldsymbol{\alpha}\|_2^2\leqslant\varepsilon_2\\ \boldsymbol{x}=\boldsymbol{D}_h^{\mathrm{MS}}\boldsymbol{\alpha}^*\end{cases} \tag{6.3.34}$$

式中，ε_1，$\varepsilon_2\geqslant 0$，分别对应于 $\boldsymbol{y}^{\mathrm{PAN}}$ 和 $\boldsymbol{y}^{\mathrm{MS}}$ 的稀疏表示误差。当选择 $\varepsilon=\min\{\varepsilon_1, \varepsilon_2\}$ 时，融合模型式(6.3.34)中的优化问题可以近似地转换成如下形式：

$$\boldsymbol{\alpha}^*=\arg\min_{\boldsymbol{\alpha}}\|\boldsymbol{\alpha}\|_0\ \text{s. t.}\ \left\|\begin{pmatrix}\boldsymbol{y}^{\mathrm{PAN}}\\ \boldsymbol{y}^{\mathrm{MS}}\end{pmatrix}-\begin{pmatrix}\boldsymbol{D}^{\mathrm{PAN}}\\ \boldsymbol{D}_l^{\mathrm{MS}}\end{pmatrix}\right\|_2^2\leqslant\varepsilon \tag{6.3.35}$$

由我们提出算法的前提条件可知，式(6.3.35)求解得到的稀疏系数 $\boldsymbol{\alpha}^*$ 也是相应的

高分辨率多光谱图像块的稀疏表示系数。从而，融合的高分辨率多光谱图像块可以计算为 $\boldsymbol{x}=\boldsymbol{D}_h^{\mathrm{MS}}\boldsymbol{\alpha}^*$。由于正交匹配追踪算法计算复杂度较低，因此采用正交匹配追踪算法来求解式(6.3.35)。

(3)字典 $\boldsymbol{D}^{\mathrm{PAN}}$和 $\boldsymbol{D}_l^{\mathrm{MS}}$ 学习

假设 $\boldsymbol{\Omega}=\{\boldsymbol{Z}^{\mathrm{PAN}}, \boldsymbol{Z}_l^{\mathrm{MS}}\}$是训练图像集，其中 $\boldsymbol{Z}^{\mathrm{PAN}}=\{z_1^{\mathrm{PAN}}, \cdots, z_i^{\mathrm{PAN}}, \cdots, z_N^{\mathrm{PAN}}\}$和 $\boldsymbol{Z}_l^{\mathrm{MS}}=\{z_1^{\mathrm{MS}}, \cdots, z_i^{\mathrm{MS}}, \cdots, z_N^{\mathrm{MS}}\}$分别是全色图像和低分辨率多光谱图像训练样本，$z_i^{\mathrm{PAN}}$ 和 $z_i^{\mathrm{MS}}(i=1, 2, \cdots, N)$分别是全色图像和低分辨率多光谱图像(包含 B 个波段)的第 i 个训练样本，N 表示训练样本的个数。为了确保全色图像和低分辨率多光谱图像具有相同的稀疏表示系数，提出如下优化模型对字典 $\boldsymbol{D}^{\mathrm{PAN}}$和 $\boldsymbol{D}_l^{\mathrm{MS}}$ 进行联合学习：

$$\arg\min_{\{\boldsymbol{D}^{\mathrm{PAN}},\boldsymbol{D}_l^{\mathrm{MS}},\boldsymbol{A}\}} \|\boldsymbol{Z}^{\mathrm{PAN}}-\boldsymbol{D}^{\mathrm{PAN}}\boldsymbol{A}\|_F^2+\|\boldsymbol{Z}_l^{\mathrm{MS}}-\boldsymbol{D}_l^{\mathrm{MS}}\boldsymbol{A}\|_F^2 \quad \text{s.t.} \quad \forall i, \ \|\boldsymbol{\alpha}_i\|_0\leqslant\tau \tag{6.3.36}$$

式中，$\boldsymbol{A}=(\boldsymbol{\alpha}_1 \ \boldsymbol{\alpha}_2 \ \cdots \ \boldsymbol{\alpha}_N)$是稀疏表示系数矩阵，$\tau$ 是控制稀疏度的自然数。引入下面的辅助变量：

$$\boldsymbol{D}_{\mathrm{train}}=\begin{pmatrix}\boldsymbol{D}^{\mathrm{PAN}}\\ \boldsymbol{D}_l^{\mathrm{MS}}\end{pmatrix} \text{和} \boldsymbol{Z}=\begin{pmatrix}\boldsymbol{Z}^{\mathrm{PAN}}\\ \boldsymbol{Z}_l^{\mathrm{MS}}\end{pmatrix} \tag{6.3.37}$$

字典学习模型式(6.3.36)可以等价地写成如下形式：

$$\arg\min_{\boldsymbol{D}_{\mathrm{train}},\boldsymbol{A}} \|\boldsymbol{Z}-\boldsymbol{D}_{\mathrm{train}}\boldsymbol{A}\|_F^2 \ \text{s.t.} \ \forall i, \ \|\boldsymbol{\alpha}_i\|_0\leqslant\tau \tag{6.3.38}$$

通过优化模型式(6.3.38)，字典 $\boldsymbol{D}^{\mathrm{PAN}}$和 $\boldsymbol{D}_l^{\mathrm{MS}}$ 可以通过联合学习得到。我们采用 K-SVD 算法[5]求解字典学习模型式(6.3.38)。为了与优化问题式(6.3.35)求解算法保持一致，在 K-SVD 算法的稀疏编码阶段，仍然采用正交匹配追踪算法进行求解。此外，K-SVD 算法的初始字典由随机选取的样本构成。

(4)字典 $\boldsymbol{D}_h^{\mathrm{MS}}$ 学习

实际上，遥感卫星并不能提供高分辨率多光谱图像，因此不可能通过样本学习的方式来学习字典 $\boldsymbol{D}_h^{\mathrm{MS}}$。为了解决无字典训练样本的难题，我们提出一种新的高分辨率多光谱图像字典 $\boldsymbol{D}_h^{\mathrm{MS}}$ 构造算法，该算法不需要高分辨率多光谱图像训练样本集，而是从字典 $\boldsymbol{D}^{\mathrm{PAN}}$和 $\boldsymbol{D}_l^{\mathrm{MS}}$ 中构造出。

式(6.3.32)和(6.3.33)表明字典 $\boldsymbol{D}_h^{\mathrm{MS}}$，$\boldsymbol{D}^{\mathrm{PAN}}$和 $\boldsymbol{D}_l^{\mathrm{MS}}$ 之间存在如下关系：

$$\boldsymbol{D}^{\mathrm{PAN}}=\boldsymbol{W}\boldsymbol{D}_h^{\mathrm{MS}},\ \boldsymbol{D}_l^{\mathrm{MS}}=\boldsymbol{L}^{\mathrm{all}}\boldsymbol{D}_h^{\mathrm{MS}} \tag{6.3.39}$$

基于字典之间的这种关系，字典 $\boldsymbol{D}_h^{\mathrm{MS}}$ 可以通过如下优化问题，从字典 $\boldsymbol{D}^{\mathrm{PAN}}$ 和 $\boldsymbol{D}_l^{\mathrm{MS}}$ 中构造得到：

$$\min_{\boldsymbol{D}_h^{\mathrm{MS}}}\|\boldsymbol{D}^{\mathrm{PAN}}-\boldsymbol{W}\boldsymbol{D}_h^{\mathrm{MS}}\|_F^2+\|\boldsymbol{D}_l^{\mathrm{MS}}-\boldsymbol{L}^{\mathrm{all}}\boldsymbol{D}_h^{\mathrm{MS}}\|_F^2+\lambda\|\boldsymbol{D}_h^{\mathrm{MS}}\|_F^2 \tag{6.3.40}$$

可以通过如下形式来逼近优化问题式(6.3.40)的最优解：

$$\begin{cases}\min\limits_{\boldsymbol{D}_h^{\mathrm{MS}}}\|\boldsymbol{D}^{\mathrm{PAN}}-\boldsymbol{W}\boldsymbol{D}_h^{\mathrm{MS}}\|_F^2+\lambda\|\boldsymbol{D}_h^{\mathrm{MS}}\|_F^2\\ \min\limits_{\boldsymbol{D}_h^{\mathrm{MS}}}\|\boldsymbol{D}_l^{\mathrm{MS}}-\boldsymbol{L}^{\mathrm{all}}\boldsymbol{D}_h^{\mathrm{MS}}\|_F^2\end{cases} \tag{6.3.41}$$

显然地，式(6.3.41)上半部分的最优解可以计算为：

$$\boldsymbol{D}_h^{\mathrm{MS}}=(\boldsymbol{W}^{\mathrm{T}}\boldsymbol{W}+\lambda\boldsymbol{I})^{-1}\boldsymbol{W}^{\mathrm{T}}\boldsymbol{D}^{\mathrm{PAN}} \tag{6.3.42}$$

式中，$\boldsymbol{I}$ 是单位矩阵。采用梯度下降法对式(6.3.41)下半部分进行求解，并设初始值为式(6.3.42)。根据多光谱图像的光谱特性，字典 $\boldsymbol{D}_h^{\mathrm{MS}}$ 的第 i 个原子 $\boldsymbol{d}_{hi}^{\mathrm{MS}}$ 可以表示成如下形式：

$$\boldsymbol{d}_{hi}^{\mathrm{MS}}=((\boldsymbol{d}_{hi}^{\mathrm{MS}}(1))^{\mathrm{T}}\ \cdots\ (\boldsymbol{d}_{hi}^{\mathrm{MS}}(j))^{\mathrm{T}}\ \cdots\ (\boldsymbol{d}_{hi}^{\mathrm{MS}}(B))^{\mathrm{T}})^{\mathrm{T}} \tag{6.3.43}$$

式中，$\boldsymbol{d}_{hi}^{\mathrm{MS}}(j)\in\mathbb{R}^{n\times1}(i=1,2,\cdots,N)$ 是原子 $\boldsymbol{d}_{hi}^{\mathrm{MS}}$ 对应第 j 波段的部分。类似地，字典 $\boldsymbol{D}_l^{\mathrm{MS}}$ 中的每个原子也有如下类似的表示形式：

$$\boldsymbol{d}_{li}^{\mathrm{MS}}=((\boldsymbol{d}_{li}^{\mathrm{MS}}(1))^{\mathrm{T}}\ \cdots\ (\boldsymbol{d}_{li}^{\mathrm{MS}}(j))^{\mathrm{T}}\ \cdots\ (\boldsymbol{d}_{li}^{\mathrm{MS}}(B))^{\mathrm{T}})^{\mathrm{T}} \tag{6.3.44}$$

从而，式(6.3.41)可以转换成下式：

$$\min_{\boldsymbol{d}_{hi}^{\mathrm{MS}}(j)}\|\boldsymbol{d}_{li}^{\mathrm{MS}}(j)-\boldsymbol{S}\boldsymbol{H}_j\boldsymbol{d}_{hi}^{\mathrm{MS}}(j)\|_2^2,\ j=1,2,\cdots,B,\ i=1,2,\cdots,N \tag{6.3.45}$$

子问题式(6.3.45)可以通过梯度下降法求解，其迭代形式为：

$$\boldsymbol{d}_{hi}^{\mathrm{MS}}(j)_{(t)}=\boldsymbol{d}_{hi}^{\mathrm{MS}}(j)_{(t-1)}+((\boldsymbol{d}_{li}^{\mathrm{MS}}(j)-\boldsymbol{S}\boldsymbol{H}_j\boldsymbol{d}_{hi}^{\mathrm{MS}}(j)_{(t-1)})\uparrow\gamma)*\boldsymbol{p} \tag{6.3.46}$$

式中，$\boldsymbol{d}_{hi}^{\mathrm{MS}}(j)_t$ 表示第 t 次迭代值，$\uparrow\gamma$ 表示上采样 γ 倍，$\boldsymbol{p}$ 是反投影滤波器并设为高斯滤波器，$*$ 表示卷积。从而，在第 t 次迭代，字典 $\boldsymbol{D}_h^{\mathrm{MS}}$ 可以计算为：

$$(\boldsymbol{D}_h^{\mathrm{MS}})_{(t)}=\begin{bmatrix}\boldsymbol{d}_{h1}^{\mathrm{MS}}(1)_{(t)} & \cdots & \boldsymbol{d}_{hi}^{\mathrm{MS}}(1)_{(t)} & \cdots & \boldsymbol{d}_{hN}^{\mathrm{MS}}(1)_{(t)}\\ \vdots & \vdots & \vdots & \vdots & \vdots\\ \boldsymbol{d}_{h1}^{\mathrm{MS}}(j)_{(t)} & \cdots & \boldsymbol{d}_{hi}^{\mathrm{MS}}(j)_{(t)} & \cdots & \boldsymbol{d}_{hN}^{\mathrm{MS}}(j)_{(t)}\\ \vdots & \vdots & \vdots & \vdots & \vdots\\ \boldsymbol{d}_{h1}^{\mathrm{MS}}(B)_{(t)} & \cdots & \boldsymbol{d}_{hi}^{\mathrm{MS}}(B)_{(t)} & \cdots & \boldsymbol{d}_{hN}^{\mathrm{MS}}(B)_{(t)}\end{bmatrix} \tag{6.3.47}$$

6.3.4 注意力引导稀疏表示图像融合

大多数图像融合方法假设有用信息由局部特征(如对比度、方差和梯度)决定，没有考虑整个源图像的全局视觉注意力，其包含了源图像的重要信息。在本小节，我们提出一种基于视觉注意力引导的联合稀疏表示图像融合方法[19]。首先，将源图像分割成固定大小的重叠块，并减去每个块的平均值，以减小亮度对稀疏表示的影响。然后，用联合稀疏模型融合不同源图像相同位置的图像块。图像块的局部均值反映了源图像的局部强度，对于人类的视觉感知和进一步的图像处理非常重要。因此，我们通过考虑源图像的视觉注意图来融合均值。最后，融合图像由融合后的图像块及其局部均值构成。该方法确保源图像中的视觉“感兴趣”对象保留到融合图像中。因此，融合后的图像将更适合于视觉观察和进一步的图像处理应用。

由于多源图像是从同一场景中获取的，因此它们之间具有很强的相关性，这意味着它们之间存在互补信息。对于图像融合，目的是分离多源图像之间的互补信息，将多源图像的公共信息和互补信息融合到结果图像中。基于这一点，文献[20]提出一种新的基于联合稀疏模型的图像融合方法，用于分离多源图像的互补信息。利用联合稀疏模型，源图像被稀疏地表示为具有过完备字典的共同和互补分量。然后，根据某种融合规则将共同和互补分量进行融合。

用大写字母 X 表示 $M_1 \times M_2$ 大小的图像，图像 X 被分割成多个 $N \times N$ 的图像块 $p_i(i \in [1, L])$，$L=(M_1-N+1)\times(M_2-N+1)$。按照列优先的顺序，将每个图像块 p_i 转换成向量 $\boldsymbol{v}_i$。为了产生无偏向量，对向量 $\boldsymbol{v}_i$ 减去其均值 $\boldsymbol{m}_i$。在本方法中，使用联合稀疏表示模型来融合 $\boldsymbol{v}_{i,1}$ 和 $\boldsymbol{v}_{i,2}$。在联合稀疏模型中，$\boldsymbol{v}_{i,1}$ 和 $\boldsymbol{v}_{i,2}$ 可以表示为：

$$\boldsymbol{v}_{i,j}=\boldsymbol{\phi}\boldsymbol{\theta}_i^c+\boldsymbol{\phi}\boldsymbol{\theta}_{i,j}^r, \quad j=1, 2 \tag{6.3.48}$$

式中，$\boldsymbol{\phi} \in \mathbb{R}^{N \times K}$ 是给定的过完备字典，$\boldsymbol{\theta}_i^c \in \mathbb{R}^K$ 是两个图像块向量 $\boldsymbol{v}_{i,1}$ 和 $\boldsymbol{v}_{i,2}$ 的公共稀疏系数，$\boldsymbol{\theta}_{i,j}^r \in \mathbb{R}^K$ 表示单个图像块的互补稀疏系数。如果写 $\boldsymbol{X}=(\boldsymbol{v}_{i,1}^{\mathrm{T}}, \boldsymbol{v}_{i,2}^{\mathrm{T}})^{\mathrm{T}} \in \mathbb{R}^{2D}$，$\boldsymbol{D}=\begin{bmatrix} \boldsymbol{\Phi} & \boldsymbol{\Phi} & \boldsymbol{0} \\ \boldsymbol{\Phi} & \boldsymbol{0} & \boldsymbol{\Phi} \end{bmatrix}$，$\boldsymbol{0} \in \mathbb{R}^{N \times K}$，那么稀疏系数向量 $\boldsymbol{\Theta}=((\boldsymbol{\theta}_i^c)^{\mathrm{T}} \quad (\boldsymbol{\theta}_{i,1}^r)^{\mathrm{T}} \quad (\boldsymbol{\theta}_{i,2}^r)^{\mathrm{T}})^{\mathrm{T}} \in \mathbb{R}^{3 \times K}$，可以利用正交匹配追踪(OMP)最小化以下优化问题得到：

$$\hat{\boldsymbol{\Theta}}=\arg\min_{\boldsymbol{\Theta}} \|\boldsymbol{\Theta}\|_0 \quad \text{s. t.} \quad \|\boldsymbol{X}-\boldsymbol{D}\boldsymbol{\Theta}\| \leqslant \varepsilon \tag{6.3.49}$$

对于图像融合，需要从 $\boldsymbol{\theta}_i^c$，$\boldsymbol{\theta}_{i,1}^r$ 和 $\boldsymbol{\theta}_{i,2}^r$ 构造 $\boldsymbol{\theta}_{i,F}$。由于 $\boldsymbol{\theta}_i^c$ 是共同信息，$\boldsymbol{\theta}_{i,1}^r$ 和 $\boldsymbol{\theta}_{i,2}^r$ 是互补信息，所以，我们直接结合三者获得 $\boldsymbol{\theta}_{i,F}$：

$$\boldsymbol{\theta}_{i,F}=\boldsymbol{\theta}_i^c+\boldsymbol{\theta}_{i,1}^r+\boldsymbol{\theta}_{i,2}^r \tag{6.3.50}$$

每个源图像的所有块都存在 L 个局部亮度均值。为简单起见，我们将局部均值表示为 $m_{1,1}$，$m_{2,1}$，$m_{3,1}$，…，$m_{L,1}$ 和 $m_{1,2}$，$m_{2,2}$，$m_{3,2}$，…，$m_{L,2}$，其下标代表两个不同的源图像。从局部均值重建的图像可以看作是源图像的低频分量。因此，局部均值融合很重要，因为它保留了全局特征。通常，大多数图像融合方法对源图像的低频分量使用算术平均融合：

$$\boldsymbol{m}_i^F=w_1\boldsymbol{m}_{i,1}+w_2\boldsymbol{m}_{i,2} \tag{6.3.51}$$

式中，$w_1\in[0,1]$，$w_2=1-w_1$。所有图像块都设置为相同的权重。对于多聚焦图像融合，算术平均规则是合理的，因为对应的图像块向量 $\boldsymbol{m}_{i,1}$ 和 $\boldsymbol{m}_{i,2}$ 具有相似的亮度。然而，对于多模图像，算术平均融合规则会降低融合图像的对比度，因为输入图像的亮度范围差异较大，局部均值的不适当融合将恶化融合性能。

文献[21]将图像融合转化为一个最优问题，其优化目标由 Piella 质量指标定义，优化变量为 $w_1\in[0,1]$，通过最大化 Piella 质量指标，获得最优 w_1 的近似解。另一种融合方案是根据图像块本身的重要性对亮度进行平均。通常假设局部亮度的重要性与其相应分解系数的活跃程度成正比。因此，可以根据分解系数的活跃度对稀疏系数 $\boldsymbol{\theta}_1$ 和 $\boldsymbol{\theta}_2$ 进行加权平均。然而，对于多模态图像融合，局部亮度的重要性与相应的高频系数的活跃程度不一定相关，这是因为它们反映的是源图像中不同的信息。此外，由于重建图像的邻域局部亮度值可能不一致，会在融合图像中引入伪影。

我们注意到融合后的图像实际上是一个人造图像，很难指定组合局部亮度的最佳方式。假设局部亮度融合的目标有两个：一是需要保留全局特征，保证融合图像的自然外观；二是需要将“感兴趣”的对象保存到融合图像中。这两个目标同时保证了融合图像适合人类感知和计算机的进一步处理。为实现这两个目标，局部图像块的融合应充分考虑图像全局先验信息。

人类视觉系统有一种机制来识别场景中的重要信息。计算机模拟这种能力来找到图像的重要区域，这种技术被称为图像显著性检测。对于图像融合，我们也希望将“感兴趣”的对象保留到融合后的图像中。在本图像融合方案中，通过全部图像块的稀疏系数计算图像局部视觉注意力显著性。首先，源图像中每个图像块的稀疏表示通过 $\boldsymbol{\theta}_i=\boldsymbol{\theta}_i^c+\boldsymbol{\theta}_i^r$，$i=1, 2, \cdots, L$ 计算。然后，每个图像块的显著性计算如下：

$$s_i=\sum_{j=1}^{N}\|\boldsymbol{\theta}_i(j)-\boldsymbol{F}(j)\| \tag{6.3.52}$$

式中，$\boldsymbol{\theta}_i(j)$是 $\boldsymbol{\theta}_i$ 的第 j 个系数，$\boldsymbol{F}(j)=\sum_{i=1}^{L}\boldsymbol{\theta}_i(j)/L$ 用于描述第 j 个特征的平均活跃度，显著性衡量特定视觉模式的能量。根据自下而上的视觉显著性，较大的能量表示较大的信号显著性。最后，通过 $s=s/s_{\max}$ 计算视觉注意图，其中 $s_{\max}$ 是 s 中的最大值。利用源图像的视觉注意图来指导局部亮度(即图像块的均值)融合。s 的值反映了当前图像块在整个源图像中的重要性。值越大，图像块越重要。对于图像融合，应该在融合后的图像中保留该图像块的特征。因此，我们根据源图像中图像块的重要性将局部亮度融合为：

$$\boldsymbol{m}_{i,F}=w_{i,1}\boldsymbol{m}_{i,1}+w_{i,2}\boldsymbol{m}_{i,2} \tag{6.3.53}$$

式中，$w_{i,1}=(s_{i,1})^{p_1}/[(s_{i,1})^{p_1}+(s_{i,2})^{p_2}]$，$w_{i,2}=1-w_{i,1}$。参数 p_1 和 p_2 是用于调整不同模态源图像重要性的相应“加权”指数。

6.3.5 稀疏表示同步融合与去噪

对于多聚焦图像，在图像清晰区域，图像的边缘、纹理等图像特征都比较明显，也就是说图像清晰度与图像的局部显著信息相对应，图像显著信息多的区域图像比较清晰。由图像稀疏表示性质可知，能够由图像局部区域稀疏表示系数来衡量图像的显著特征以及图像清晰度。基于此，本小节提出稀疏表示多聚焦图像融合算法[22]。

另外，常用的图像融合方法都建立在源图像不含噪声的假设之上。在该假设下，多数方法能够得到很好的融合效果。然而，在实际图像获取和传输过程中，源图像都会受到不同程度噪声的干扰。考虑到稀疏表示在图像去噪方面的优势，我们将多聚焦图像稀疏表示的融合算法进一步改进，使其可对源图像进行同步融合与去噪处理。

考虑到局部信息在像素级图像融合中的重要性，我们仍然对图像块而不是整个图像进行稀疏表示。首先定义一个小尺寸的滑窗，然后建立与滑窗大小相对应的过完备字典，再对滑窗内每一个图像块进行融合，即滑窗技术，最后对融合的图像区域进行重构得到融合图像。该图像融合方式为移不变操作，这点对图像融合非常重要。

采用滑窗技术将源图像 $\boldsymbol{X}$ 分解成图像块，并将所分割的图像块向量化，其变换过程如图 6.3.6 所示。首先从图像 $\boldsymbol{X}$ 中将第 j 个图像块取出来，并将其向量化，用 $\boldsymbol{v}^j$ 表示：

$$\boldsymbol{v}^j=\sum_{p=1}^{P}\boldsymbol{\alpha}^j(p)\boldsymbol{d}_p \tag{6.3.54}$$

式中，$\boldsymbol{d}_p$ 为字典 $\boldsymbol{D}=(\boldsymbol{d}_1\ \cdots\ \boldsymbol{d}_p\ \cdots\ \boldsymbol{d}_P)$ 中的第 p 个原子，P 表示字典中总的原子个数。$\boldsymbol{\alpha}^j=(\boldsymbol{\alpha}^j(1)\ \cdots\ \boldsymbol{\alpha}^j(p)\ \cdots\ \boldsymbol{\alpha}^J(P))^{\mathrm{T}}$ 为由式(6.1.2)得到的稀疏系数。

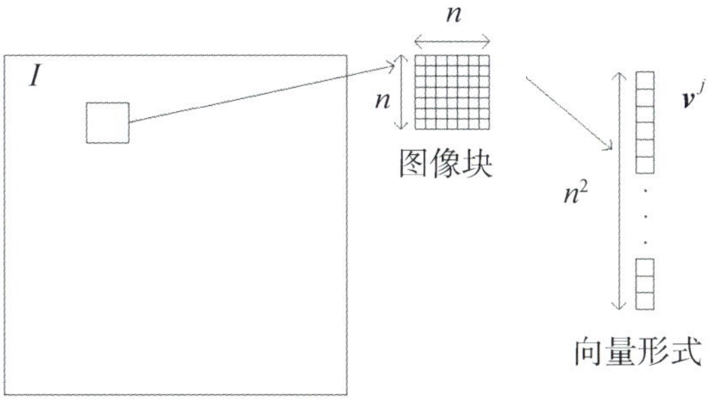

图 6.3.6　源图像转化成向量示意图

将源图像 $\boldsymbol{X}$ 对应的所有分解向量排列成矩阵 $\mathbf{V}$，$\mathbf{V}$ 的每一列对应源图像的一个向量，然后矩阵 $\mathbf{V}$ 可以表示为：

$$\mathbf{V}=(\boldsymbol{d}_1\ \ \boldsymbol{d}_2\ \ \cdots\ \ \boldsymbol{d}_P)\begin{pmatrix}\alpha^1(1) & \alpha^2(1) & \cdots & \alpha^J(1)\\ \alpha^1(2) & \alpha^2(2) & \cdots & \alpha^J(2)\\ \vdots & \vdots & \ddots & \vdots\\ \alpha^1(P) & \alpha^2(P) & \cdots & \alpha^J(P)\end{pmatrix} \tag{6.3.55}$$

式中，J 为矩阵 $\mathbf{V}$ 的列数，即图像分解得到的图像块数。设 $\boldsymbol{A}=[\alpha^1\ \ \alpha^2\ \ \cdots\ \ \alpha^J]$，式(6.3.55)可以表示为：

$$\mathbf{V}=\boldsymbol{DA} \tag{6.3.56}$$

式中，$\boldsymbol{A}$ 是一个稀疏矩阵。

图 6.3.7 为基于稀疏表示的多聚焦图像融合框架。假设 K 个源图像 $\boldsymbol{X}_1$，…，$\boldsymbol{X}_K$ 已经经过配准，图像的尺寸为 $M\times N$。需要注意的是该融合框架可以很方便地处理源图像不含噪声和包含噪声两种情况。

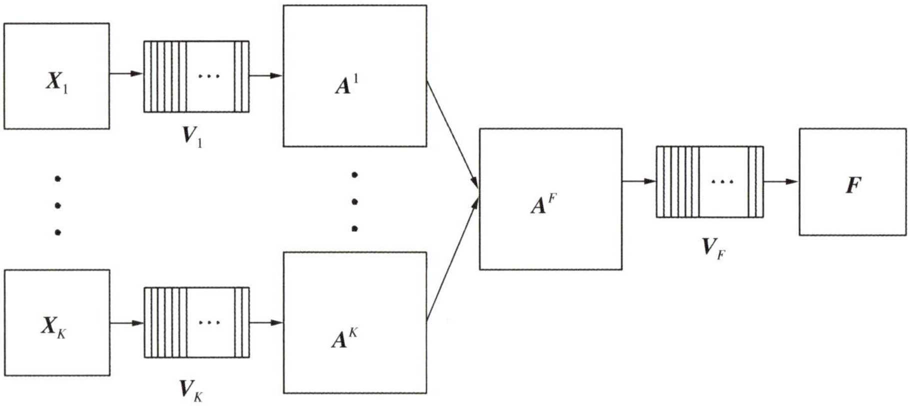

图 6.3.7　基于稀疏表示的多聚焦图像融合框架图

(1)不含噪声的源图像融合

步骤 1：利用滑窗方式，按照从左到右、从上到下的顺序将每一个源图像 $\boldsymbol{X}_k$ 分解成大小为 $n\times n$ 的图像块，然后将所有图像块转化为向量，并构造矩阵 $\boldsymbol{V}_k$，$\boldsymbol{V}_k$ 的大小为 $(n\cdot n)\times[(M-n+1)\cdot(N-n+1)]$。图像块对应向量的长度与过完备字典中原子的长度相同。

步骤 2：用 $\boldsymbol{v}_{k_j}$ 表示 $\boldsymbol{V}_k$ 的第 j 列，利用正交匹配追踪算法求解该向量在过完备字典上的稀疏表示系数。当重构误差小于阈值时，正交匹配追踪迭代算法停止。用稀疏向量 $\boldsymbol{\alpha}_{k_j}$ 表示 $\boldsymbol{v}_{k_j}$ 对应的稀疏系数，计算矩阵 $\boldsymbol{V}_k$ 所有列向量的稀疏系数，构造稀疏矩阵 $\boldsymbol{A}_k$。

步骤 3：计算稀疏向量 $\boldsymbol{\alpha}_{k_j}$ 的活跃度。

$$A_{k_j}=\|\boldsymbol{\alpha}_{k_j}\|_1 \tag{6.3.57}$$

步骤 4：根据稀疏向量的活跃度融合源图像对应的稀疏矩阵 $\boldsymbol{A}_1$，…，$\boldsymbol{A}_k$，…，$\boldsymbol{A}_K$，得到 $\boldsymbol{A}_F$，其融合策略如下。

$$\boldsymbol{\alpha}_{F_j}=\boldsymbol{\alpha}_{k_j^*}\text{，}\quad k_j^*=\arg\max_{kj}(A_{k_j}) \tag{6.3.58}$$

步骤 5：由融合稀疏系数 $\boldsymbol{\alpha}_F$ 构造融合图像对应的向量矩阵 $\boldsymbol{V}_F$。

$$\boldsymbol{V}_F=\boldsymbol{D}\boldsymbol{A}_F \tag{6.3.59}$$

步骤 6：由融合图像对应的向量矩阵 $\boldsymbol{V}_F$ 重构融合图像。首先将 $\boldsymbol{V}_F$ 中的每一个向量 $\boldsymbol{v}_{F_j}$ 转化为 $n\times n$ 的图像块，然后将得到的图像块叠加到融合图像 $\boldsymbol{F}$ 的相应位置，其转化和叠加过程为图 6.3.6 的逆过程。融合图像 $\boldsymbol{F}$ 的部分像素可能是由多个图像块对应值的和，因此对叠加得到的图像要除以每个像素点叠加的次数，得到最终的融合图像。

(2)噪声源图像的恢复和融合

实际应用系统中，在图像获取和传输过程中，源图像往往会被噪声污染。传统的解决方法是在融合之前先对源图像进行去噪，其图像去噪和图像融合通常分开进行，对图像去噪和图像融合结合起来研究的方法较少。本小节方法的另一个优势为将图像去噪和图像融合结合，从而达到同时去噪和融合的效果。假设源图像 $\boldsymbol{X}$ 包含方差为 σ 的零均值高斯加性白噪声。本算法对含噪声源图像的融合步骤如下：

步骤 1：将所有含噪声的源图像 $\boldsymbol{X}_1$，…，$\boldsymbol{X}_K$，对应图像块转化为矩阵 $\boldsymbol{V}_1$，$\boldsymbol{V}_2$，…，$\boldsymbol{V}_K$，并通过公式(6.3.60)求解它们的稀疏表示系数矩阵，用 $\hat{\boldsymbol{A}}_1$，$\hat{\boldsymbol{A}}_2$，…，$\hat{\boldsymbol{A}}_K$ 来表示。

$$\hat{\boldsymbol{\alpha}}^j=\min_{\boldsymbol{\alpha}^j}\|\boldsymbol{\alpha}^j\|_0 \text{ s. t. } \|\boldsymbol{v}^j-\boldsymbol{D}\boldsymbol{\alpha}^j\|_2<C\sigma \tag{6.3.60}$$

式中，C 为常数。式(6.3.60)舍掉了噪声部分的能量，从而达到去噪的目的。

步骤 2：利用式(6.3.58)所示的融合规则将各源图像的稀疏表示系数矩阵进行融合得到融合稀疏系数矩阵 $\hat{\boldsymbol{A}}_F$。

$$\hat{\boldsymbol{A}}_F=\text{fusion}(\hat{\boldsymbol{A}}_1\quad\hat{\boldsymbol{A}}_2\quad\cdots\quad\hat{\boldsymbol{A}}_K) \tag{6.3.61}$$

步骤 3：由融合稀疏系数矩阵 $\hat{\boldsymbol{A}}_F$ 构造融合图像块对应的矩阵。

$$\hat{\boldsymbol{V}}_F=\boldsymbol{D}\hat{\boldsymbol{A}}_F \tag{6.3.62}$$

步骤 4：由矩阵 $\hat{\boldsymbol{V}}_F$ 重构融合图像。

6.3.6 稀疏表示同步融合与超分辨率

在图像的成像过程中，成像传感器技术限制了图像的分辨率，往往不能获得令人满意的分辨率。对于低分辨率图像融合，通过传统图像融合方法只能产生低分辨率的融合图像。为了进一步提高融合图像的分辨率，传统的策略是单独进行图像融合和超分辨率。该策略主要包括两种形式：第一种，先进行图像超分辨率，后进行图像融合；第二种，先进行图像融合，后进行图像超分辨率。采用第一种策略时，图像超分辨率阶段产生的扭曲信息会传递到图像融合阶段，降低了融合图像的质量。当采用第二种策略时，图像融合阶段产生的扭曲信息会在图像超分辨率阶段被进一步放大。通过对图像融合和图像超分辨率进行深入分析，我们发现图像融合和图像超分辨率之间存在许多相似部分。多个图像超分辨率利用多幅图像之间的相关信息，重构出一个高分辨率图像。某种意义上讲，多个图像超分辨率可以认为是同质图像融合过程。此外，一些常用的理论方法（如多分辨率分析、稀疏表示等）不仅广泛应用于图像融合领域，同时也能取得很好的图像超分辨率效果，这些方法在进行图像融合和图像超分辨率时存在很大的相似性。

针对低分辨率图像融合问题，我们提出一种同步图像融合和超分辨率算法[23]。该算法充分考虑了图像融合和图像超分辨率之间的相似性。该算法可以直接产生高分辨率融合图像，有效地解决了传统策略中图像融合和图像超分辨率单独进行而造成的扭曲信息传递并放大的问题。

（1）算法框架

图 6.3.8 是基于稀疏表示的同步图像融合和超分辨率算法总体框架图，LPF 表示低通滤波，LHF 和 LLF 分别表示低频图像的高频与低频部分，FSC 表示融合的稀疏系数，$\boldsymbol{D}_{\mathrm{H}}$、$\boldsymbol{D}_{\mathrm{LH}}$、$\boldsymbol{D}_{\mathrm{LL}}$ 表示三个不同类型的字典，HF 表示最终结果的高频部分，FLHF 和 FLLF 分别表示融合低频图像的高频与低频部分。算法主要包括预处理、稀疏系数融合以及高分辨率重构等三个阶段。算法的具体操作步骤如下：

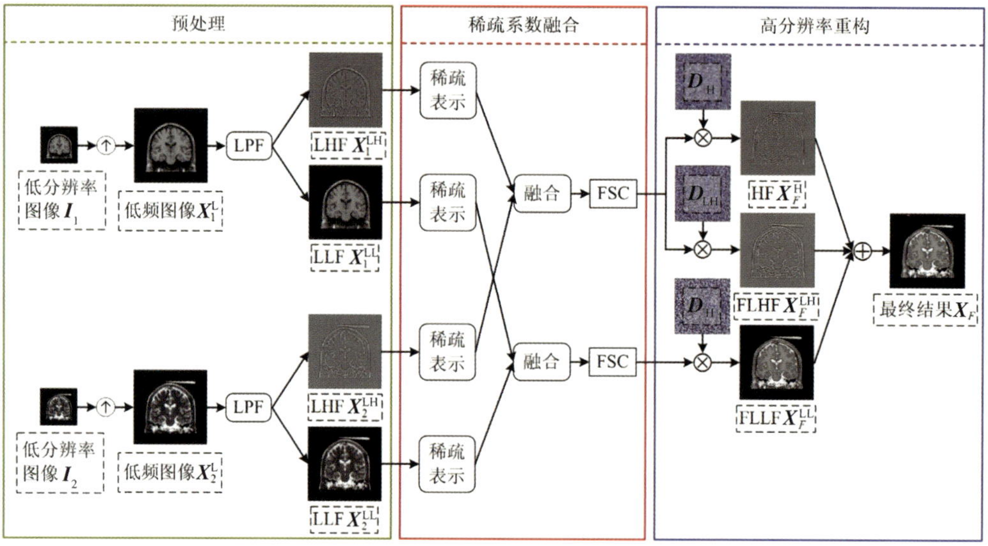

图 6.3.8　基于稀疏表示的同步图像融合和超分辨率算法总体框架图

步骤 1：预处理。首先，对两个低分辨率源图像 $\boldsymbol{I}_1$ 和 $\boldsymbol{I}_2$ 进行双立方插值，并设插值图像为相应高分辨率图像的低频图像，分别记为 $\boldsymbol{X}_1^{\mathrm{L}}$ 和 $\boldsymbol{X}_2^{\mathrm{L}}$。然后，通过低通滤波（low-pass filter，LPF）将 $\boldsymbol{X}_1^{\mathrm{L}}$ 和 $\boldsymbol{X}_2^{\mathrm{L}}$ 进一步分解成其高频部分 $\boldsymbol{X}_1^{\mathrm{LH}}$，$\boldsymbol{X}_2^{\mathrm{LH}}$ 和低频部

分 $\boldsymbol{X}_1^{\mathrm{LL}}$，$\boldsymbol{X}_2^{\mathrm{LL}}$。

步骤 2：稀疏系数融合。设提取的图像块大小为$\sqrt{n}\times\sqrt{n}$，并将图像块转换成 n 维列向量。图像 $\boldsymbol{X}_1^{\mathrm{LH}}$，$\boldsymbol{X}_2^{\mathrm{LH}}$，$\boldsymbol{X}_1^{\mathrm{LL}}$ 和 $\boldsymbol{X}_2^{\mathrm{LL}}$ 中提取的图像块分别记成$\{\boldsymbol{x}_{1i}^{\mathrm{LH}}\}_{i=1}^N$，$\{\boldsymbol{x}_{2i}^{\mathrm{LH}}\}_{i=1}^N$，$\{\boldsymbol{x}_{1i}^{\mathrm{LL}}\}_{i=1}^N$，$\{\boldsymbol{x}_{2i}^{\mathrm{LL}}\}_{i=1}^N$，其中 N 表示每个图像中提取图像块的个数。图像 $\boldsymbol{X}_1^{\mathrm{L}}$ 和 $\boldsymbol{X}_2^{\mathrm{L}}$ 的高频和低频部分提取的图像块分别采用字典 $\boldsymbol{D}_{\mathrm{LH}}$，$\boldsymbol{D}_{\mathrm{LL}}\in\mathbb{R}^{n\times m}$ 进行稀疏表示，其对应的稀疏系数分别通过如下优化问题进行求解：

$$\tilde{\boldsymbol{\alpha}}_{si}^{\mathrm{LH}}=\arg\min_{\boldsymbol{\alpha}_{si}^{\mathrm{LH}}}\|\boldsymbol{\alpha}_{si}^{\mathrm{LH}}\|_0,\ \text{s. t.}\ \|\boldsymbol{x}_{si}^{\mathrm{LH}}-\boldsymbol{D}_{\mathrm{LH}}\boldsymbol{\alpha}_{si}^{\mathrm{LH}}\|_2^2\leqslant\varepsilon,\ i=1,2,\cdots,N,\ s=1,2 \tag{6.3.63}$$

$$\tilde{\boldsymbol{\alpha}}_{si}^{\mathrm{LL}}=\arg\min_{\boldsymbol{\alpha}_{si}^{\mathrm{LL}}}\|\boldsymbol{\alpha}_{si}^{\mathrm{LL}}\|_0,\ \text{s. t.}\ \|\boldsymbol{x}_{si}^{\mathrm{LL}}-\boldsymbol{D}_{\mathrm{LL}}\boldsymbol{\alpha}_{si}^{\mathrm{LL}}\|_2^2\leqslant\varepsilon,\ i=1,2,\cdots,N,\ s=1,2 \tag{6.3.64}$$

式中，$s\in\{1,2\}$表示第 s 个源图像。采用正交匹配追踪算法求解优化问题式(6.3.63)和(6.3.64)。接下来，图像 X_1^{L} 和 X_2^{L} 高频和低频部分的稀疏表示系数分别通过如下规则进行融合：

$$\boldsymbol{\alpha}_{Fi}^{\mathrm{LH}}=\tilde{\boldsymbol{\alpha}}_{\hat{s}i}^{\mathrm{LH}},\ \hat{s}=\arg\max_{s\in\{1,2\}}\{\|\tilde{\boldsymbol{\alpha}}_{si}^{\mathrm{LH}}\|_2\},\ i=1,2,\cdots,N \tag{6.3.65}$$

$$\boldsymbol{\alpha}_{Fi}^{\mathrm{LL}}=\tilde{\boldsymbol{\alpha}}_{\hat{s}i}^{\mathrm{LL}},\ \hat{s}=\arg\max_{s\in\{1,2\}}\{\|\tilde{\boldsymbol{\alpha}}_{si}^{\mathrm{LL}}\|_2\},\ i=1,2,\cdots,N \tag{6.3.66}$$

步骤 3：高分辨率重构。结合融合稀疏系数$\{\boldsymbol{x}_{Fi}^{\mathrm{LH}}\}_{i=1}^N$和$\{\boldsymbol{x}_{Fi}^{\mathrm{LL}}\}_{i=1}^N$，融合向量可以通过下式计算得到：

$$\boldsymbol{x}_{Fi}^{\mathrm{LH}}=\boldsymbol{D}_{\mathrm{LH}}\boldsymbol{\alpha}_{Fi}^{\mathrm{LH}},\ \boldsymbol{x}_{Fi}^{\mathrm{LL}}=\boldsymbol{D}_{\mathrm{LL}}\boldsymbol{\alpha}_{Fi}^{\mathrm{LL}},\ i=1,2,\cdots,N \tag{6.3.67}$$

将得到的融合向量转换成大小为$\sqrt{n}\times\sqrt{n}$的图像块，并放入图像中相应的像素位置，然后对重叠的像素区域进行平均得到融合的高频部分 $\boldsymbol{X}_F^{\mathrm{LH}}$ 和融合的低频部分 $\boldsymbol{X}_F^{\mathrm{LL}}$。$\boldsymbol{X}_1^{\mathrm{L}}$ 和 $\boldsymbol{X}_2^{\mathrm{L}}$ 为相应高分辨率图像的低频部分，因此，融合图像：

$$\boldsymbol{X}_F^{\mathrm{L}}=\boldsymbol{X}_F^{\mathrm{LH}}+\boldsymbol{X}_F^{\mathrm{LL}} \tag{6.3.68}$$

可以认为是高分辨率融合图像的低频部分。对于高分辨率融合图像的高频部分 $\boldsymbol{X}_F^{\mathrm{H}}$，假设 $\boldsymbol{X}_F^{\mathrm{H}}$ 和$\boldsymbol{X}_F^{\mathrm{LH}}$ 分别在字典和$\boldsymbol{D}_{\mathrm{H}}$ 和 $\boldsymbol{D}_{\mathrm{LH}}$具有相同的稀疏系数，高频部分 $\boldsymbol{X}_F^{\mathrm{H}}$ 的图像块可以通过下式进行计算：

$$\boldsymbol{x}_{Fi}^{\mathrm{H}}=\boldsymbol{D}_{\mathrm{H}}\boldsymbol{\alpha}_{Fi}^{\mathrm{LH}},\ i=1,2,\cdots,N \tag{6.3.69}$$

然后，通过平均图像块 $\boldsymbol{X}_{Fi}^{\mathrm{H}}(i=1,2,\cdots,N)$的重叠区域得到高分辨率融合图像的高频部分 $\boldsymbol{X}_F^{\mathrm{H}}$。最终获得的高分辨率融合图像为：

$$\boldsymbol{X}_F=\boldsymbol{X}_F^{\mathrm{LH}}+\boldsymbol{X}_F^{\mathrm{LL}}+\boldsymbol{X}_F^{\mathrm{H}} \tag{6.3.70}$$

(2)字典学习

由以上可知，采用字典 $\boldsymbol{D}_{\mathrm{H}}$，$\boldsymbol{D}_{\mathrm{LH}}$和 $\boldsymbol{D}_{\mathrm{LL}}$分别对 $\boldsymbol{X}_F^{\mathrm{H}}$，$\boldsymbol{X}_F^{\mathrm{LH}}$ 和$\boldsymbol{X}_F^{\mathrm{LL}}$ 进行稀疏表示。下面详细介绍这三个字典的构造过程。

图 6.3.9 为字典训练集的构造流程图，其具体处理过程如下。首先，对每个高分辨率图像进行模糊与下采样操作得到相应的低分辨率图像。然后，采用插值算法对得到的低分辨率图像进行插值，并假设插值图像为原来高分辨率图像的低频部分(LF)，而高分辨率图像与低频部分的差值为对应的高频部分(HF)。接下来，对插值图像进行低通滤波(LPF)，将其进一步分解成高频部分(LHF)和低频部分(LLF)。采用的低通滤波器为高斯滤波，该滤波器参数为 5×5 以及 $\sigma=0.5$。最后，从 HF，LHF 和 LLF 中对应像素位置随机提取大小为$\sqrt{n}\times\sqrt{n}$图像块构成训练集$\{\boldsymbol{Z}_i^{\mathrm{H}}\}_{i=1}^K$，$\{\boldsymbol{Z}_i^{\mathrm{LH}}\}_{i=1}^K$和$\{\boldsymbol{Z}_i^{\mathrm{LL}}\}_{i=1}^K$，它们分别用于学习字典 $\boldsymbol{D}_{\mathrm{H}}$，$\boldsymbol{D}_{\mathrm{LH}}$和 $\boldsymbol{D}_{\mathrm{LL}}$，其中 K 表示训练样本的个数。

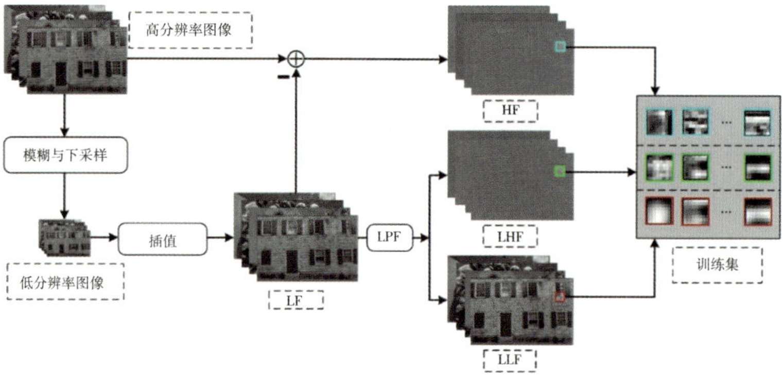

图 6.3.9　字典训练集的构造流程图

在"高分辨率重构"阶段，假设 $\boldsymbol{X}_F^{\mathrm{H}}$ 和 $\boldsymbol{X}_F^{\mathrm{LH}}$ 分别在字典 $\boldsymbol{D}_{\mathrm{H}}$ 和 $\boldsymbol{D}_{\mathrm{LH}}$的作用下具有相同的稀疏表示系数。为了确保这种假设的有效性，通过如下优化模型对字典 $\boldsymbol{D}_{\mathrm{H}}$和 $\boldsymbol{D}_{\mathrm{LH}}$进行联合学习：

$$\begin{aligned}\{\boldsymbol{D}_{\mathrm{H}},\boldsymbol{D}_{\mathrm{LH}},\boldsymbol{A}\}=\arg\min_{\{\boldsymbol{D}_{\mathrm{H}},\boldsymbol{D}_{\mathrm{LH}},\boldsymbol{A}\}}\sum_{i=1}^{K}\|\boldsymbol{Z}_i^{\mathrm{H}}-\boldsymbol{D}_{\mathrm{H}}\boldsymbol{\alpha}_i\|_2^2+\\ \sum_{i=1}^{K}\|\boldsymbol{Z}_i^{\mathrm{LH}}-\boldsymbol{D}_{\mathrm{LH}}\boldsymbol{\alpha}_i\|_2^2\ \text{s.t.}\ \forall i,\ \|\boldsymbol{\alpha}_i\|_0\leqslant\tau_1\end{aligned} \tag{6.3.71}$$

式中，$\boldsymbol{A}=(\boldsymbol{\alpha}_1\ \ \boldsymbol{\alpha}_2\ \ \cdots\ \ \boldsymbol{\alpha}_K)$为稀疏表示系数矩阵，$\tau_1$ 是控制稀疏度的自然数。通过引入如下变量：

$$\boldsymbol{Z}^{\mathrm{H}}=(\boldsymbol{z}_1^{\mathrm{H}}\ \ \boldsymbol{z}_2^{\mathrm{H}}\ \ \cdots\ \ \boldsymbol{z}_K^{\mathrm{H}})\in\mathbb{R}^{n\times K},\ \boldsymbol{Z}^{\mathrm{LH}}=(\boldsymbol{z}_1^{\mathrm{LH}}\ \ \boldsymbol{z}_2^{\mathrm{LH}}\ \ \cdots\ \ \boldsymbol{z}_K^{\mathrm{LH}})\in\mathbb{R}^{n\times K} \tag{6.3.72}$$

$$\boldsymbol{Z}=((\boldsymbol{Z}^{\mathrm{H}})^{\mathrm{T}}\ \ (\boldsymbol{Z}^{\mathrm{LH}})^{\mathrm{T}})^{\mathrm{T}}\in\mathbb{R}^{2n\times K},\ \boldsymbol{D}=((\boldsymbol{D}_{\mathrm{H}})^{\mathrm{T}}\ \ (\boldsymbol{D}_{\mathrm{LH}})^{\mathrm{T}})^{\mathrm{T}}\in\mathbb{R}^{2n\times m} \tag{6.3.73}$$

字典学习模型(6.3.71)可以等价转换成如下形式：

$$\{\boldsymbol{D},\ \boldsymbol{A}\}=\arg\min_{\{\boldsymbol{D},\boldsymbol{A}\}}\|\boldsymbol{Z}-\boldsymbol{DA}\|_F^2\ \text{s.t.}\ \ \forall i,\ \ \|\boldsymbol{\alpha}_i\|_0\leqslant\tau_1 \tag{6.3.74}$$

此外，字典 $\boldsymbol{D}_{\mathrm{LL}}\in\mathbb{R}^{n\times m}$ 可以通过如下优化模型从训练集 $\{\boldsymbol{z}_i^{\mathrm{LL}}\}_{i=1}^{K}$ 中学习得到：

$$\{\boldsymbol{D}_{\mathrm{LL}},\ \boldsymbol{A}_{\mathrm{LL}}\}=\arg\min_{\{\boldsymbol{D}_{\mathrm{LL}},\boldsymbol{A}_{\mathrm{LL}}\}}\|\boldsymbol{Z}^{\mathrm{LL}}-\boldsymbol{D}_{\mathrm{LL}}\boldsymbol{A}_{\mathrm{LL}}\|_F^2\ \text{s.t.}\ \ \forall i,\ \ \|\boldsymbol{\alpha}_i^{\mathrm{LL}}\|_0\leqslant\tau_2 \tag{6.3.75}$$

式中，$\boldsymbol{Z}^{\mathrm{LL}}=(\boldsymbol{z}_1^{\mathrm{LL}}\ \ \boldsymbol{z}_2^{\mathrm{LL}}\ \ \cdots\ \ \boldsymbol{z}_k^{\mathrm{LL}})\in\mathbb{R}^{n\times K}$ $\boldsymbol{A}_{\mathrm{LL}}=(\boldsymbol{\alpha}_1^{\mathrm{LL}}\ \ \boldsymbol{\alpha}_2^{\mathrm{LL}}\ \ \cdots\ \ \boldsymbol{\alpha}_k^{\mathrm{LL}})\in\mathbb{R}^{m\times K}$，$\tau_2$ 是控制稀疏度的自然数。本文采用 K-SVD 字典学习算法对字典学习模型式(6.3.74)和式(6.3.75)进行求解。K-SVD 算法在 6.1.2 节进行了详细介绍，其采用交替“稀疏编码”和“字典更新”进行字典学习。在稀疏编码阶段，采用正交匹配追踪算法进行求解；在字典更新阶段，通过奇异值分解并采用秩(rank-1)逼近的方式进行单个原子更新。

6.4 结构化稀疏表示图像融合

6.4.1 组稀疏表示图像融合

标准稀疏表示假设非零系数是随机出现的。然而，由于自然图像局部相关性的存在，图像的稀疏系数通常以簇的形式表现出固有结构。标准稀疏表示没有考虑稀疏信号的固有结构。因此，将内在结构引入稀疏表示模型是提高稀疏表示性能的合理策略。我们研究了将稀疏表示的聚类结构纳入组稀疏表示。众所周知，字典在稀疏表示中起着至关重要的作用。对于标准稀疏表示，常用的字典构造方法有两种：解析方法(如小波)和基于学习的方法(如 K-SVD)。针对组稀疏表示的字典学习研究也有很多。Zelnik-Manor 等人[24]提出了一种字典学习方法，它是 K-SVD 的改进版本，称为块 K-SVD(BK-SVD)。与 K-SVD(rank-1 近似)不同，BK-SVD 采用 rank-k 近似更新每组原子，其中 $k\geqslant1$ 表示组大小。然而，BK-SVD 没有考虑原子之间的结构。利用不同组原子间的几何结构，设计一种用于组稀疏表示的字典学习方法是有价值的。

研究表明，基于图的方法可以在流形学习中有效地保留几何结构。因此，利用原子的局部几何结构和稀疏性，我们提出一种新的稀疏表示字典学习方法[25]，称为基于组稀疏和图正则化的字典学习算法(dictionary learning with group sparsity and graph regularization，DL-GSGR）。首先，基于字典中原子的组结构创建图，该图由拉普拉斯矩阵描述。利用拉普拉斯矩阵提出了一种正则化项，称为图正则化。然后，结合组稀疏约束和图正则化，提出了 DL-GSGR 字典学习模型。最后，通过交替进行组稀疏编码和字典更新来求解所提出的字典学习模型。通过 DL-GSGR，学习字典不仅可以保证组稀疏性，还可以保留原子的局部几何结构。此外，图正则化能够提高组稀疏编码的准确性。

(1)组稀疏表示

组稀疏表示假设可以通过子空间的并集来获得近似信号。令 $G=\{G_1, G_2, \cdots, G_g\}$ 是索引集 $\{1, 2, \cdots, m\}$ 的划分，其中 g 是组数。给定字典 $\boldsymbol{D}\in\mathbb{R}^{n\times m}$，$\boldsymbol{D}_{G_i}$ 表示字典 $\boldsymbol{D}$ 对应指标集 G_i 的子字典，并且每个子字典 $\boldsymbol{D}_{G_i}$ 中的原子都扩展成一个子空间。从而，任何信号 $\boldsymbol{x}\in\mathbb{R}^n$ 都可以表示为：

$$\boldsymbol{x}=\boldsymbol{D\alpha}=\underbrace{(\boldsymbol{D}_{G_1}\quad \boldsymbol{D}_{G_2}\quad \cdots\quad \boldsymbol{D}_{G_g})}_{\boldsymbol{D}}\underbrace{(\boldsymbol{\alpha}_{G_1}^{\mathrm{T}}\quad \boldsymbol{\alpha}_{G_2}^{\mathrm{T}}\quad \cdots\quad \boldsymbol{\alpha}_{G_g}^{\mathrm{T}})^{\mathrm{T}}}_{\boldsymbol{\alpha}} \tag{6.4.1}$$

式中，$\boldsymbol{\alpha}\in\mathbb{R}^m$ 是组稀疏向量，T 表示向量或矩阵的转置。在具有组稀疏约束的情况下，可以通过以下优化问题来求解 $\boldsymbol{\alpha}$：

$$\min_{\boldsymbol{\alpha}}\|\boldsymbol{\alpha}\|_{2,0}\quad \text{s. t.}\quad \boldsymbol{x}=\boldsymbol{D\alpha} \tag{6.4.2}$$

式中，$\|\boldsymbol{\alpha}\|_{2,0}=\sum_{i=1}^{g}I(\|\boldsymbol{\alpha}_{G_i}\|_2)$，$I(\cdot)$是一个指示函数，定义为：

$$I(\|\boldsymbol{\alpha}_{G_i}\|_2)=\begin{cases}1, & \|\boldsymbol{\alpha}_{G_i}\|_2>0\\ 0, & \text{其他}\end{cases} \tag{6.4.3}$$

如果信号 $\boldsymbol{x}$ 包含噪声，即 $\boldsymbol{x}=\boldsymbol{D\alpha}+\boldsymbol{v}$，其中 $\boldsymbol{v}$ 被假定为高斯噪声。通过优化以下表达式：

$$\min_{\boldsymbol{\alpha}}\|\boldsymbol{\alpha}\|_{2,0}\quad \text{s. t.}\quad \|\boldsymbol{x}-\boldsymbol{D\alpha}\|_2^2\leqslant\varepsilon \tag{6.4.4}$$

求解组稀疏系数 $\boldsymbol{\alpha}$，其中，$\varepsilon\geqslant0$ 为噪声误差。

然而，式(6.4.4)是组合优化问题，无法直接求解。根据凸优化理论，将 $l_{2,0}$ 范数替换为 $l_{2,1}$ 范数：

$$\min_{\boldsymbol{\alpha}}\|\boldsymbol{\alpha}\|_{2,1}\quad \text{s. t.}\quad \|\boldsymbol{x}-\boldsymbol{D\alpha}\|_2^2\leqslant\varepsilon \tag{6.4.5}$$

式中，$l_{2,1}$ 范数定义为 $\|\boldsymbol{\alpha}\|_{2,1}=\sum_{i=1}^{g}\|\boldsymbol{\alpha}_{G_i}\|_2$。将式(6.4.5)转换为无约束形式，称为组 LASSO：

$$\min_{\boldsymbol{\alpha}} \frac{1}{2}\|\boldsymbol{x}-\boldsymbol{D\alpha}\|_2^2+\mu\|\boldsymbol{\alpha}\|_{2,1} \tag{6.4.6}$$

通过组正交匹配追踪(group orthogonal matching pursuit，GOMP)[26]进行求解。GOMP 是一种从 OMP 派生而来的常用贪婪算法，用于组稀疏表示求解。与 OMP(每次选择一个原子)不同，GOMP 通过每次搜索最相关的原子组来寻找组稀疏系数。

(2)基于组稀疏先验和局部几何约束的字典学习方法

假设 $\boldsymbol{Z}=(\boldsymbol{z}_1\ \ \boldsymbol{z}_2\ \ \cdots\ \ \boldsymbol{z}_N)\in\mathbb{R}^{n\times N}$ 为字典训练样本集，其中 $\boldsymbol{z}_i\in\mathbb{R}^n$ 是第 i 个训练样本。目标是从 $\boldsymbol{Z}$ 中学习字典 $\boldsymbol{D}=(\boldsymbol{d}_1\ \ \boldsymbol{d}_2\ \ \cdots\ \ \boldsymbol{d}_m)\in\mathbb{R}^{n\times m}$ 和稀疏系数矩阵 $\boldsymbol{A}\in\mathbb{R}^{m\times N}$，以使 $\boldsymbol{D}$ 和 $\boldsymbol{A}$ 的乘积可以有效地逼近原始数据矩阵 $\boldsymbol{Z}$。其中，稀疏系数矩阵 $\boldsymbol{A}$ 的每列 $\boldsymbol{\alpha}_i(i=1,2,\cdots,N)$ 都假设是组稀疏的。令 $\boldsymbol{M}=\{\boldsymbol{D},\boldsymbol{W}\}$ 是构造的加权图，$\boldsymbol{M}$ 的顶点对应于原子 $\{\boldsymbol{d}_1,\boldsymbol{d}_2,\cdots,\boldsymbol{d}_m\}$，权重矩阵 $\boldsymbol{W}=(w_{ij})_{i,j=1}^m\in\mathbb{R}^{m\times m}$ 表示原子之间的相似性，第 i 个顶点 $\boldsymbol{d}_i$ 和第 j 个顶点 $\boldsymbol{d}_j$ 之间的权重表示为 w_{ij}。组稀疏表示理论指出，任意信号可以由少数线性子空间逼近，这些子空间由每个组对应的 $\boldsymbol{D}_{G_i}(i=1,2,\cdots,g)$ 扩展成。因此，当原子 $\boldsymbol{d}_i$ 和 $\boldsymbol{d}_j$ 在相同的子空间(即相同的组)中时，权重 w_{ij} 应该较大。否则，权重 w_{ij} 应该较小。为简单起见，权重矩阵 $\boldsymbol{W}$ 定义如下：

$$w_{ij}=\begin{cases}1, & \boldsymbol{d}_i\text{ 和 }\boldsymbol{d}_j\text{ 在同一组}\\ 0, & \text{其他}\end{cases} \tag{6.4.7}$$

此外，欧几里得距离 $\|\boldsymbol{d}_i-\boldsymbol{d}_j\|_2^2$ 用于测量两个顶点的相似性。因此，利用权重矩阵 $\boldsymbol{W}$，将图正则化公式表示为：

$$\begin{aligned}\frac{1}{2}\sum_{i,j=1}^{m} w_{ij}\|\boldsymbol{d}_i-\boldsymbol{d}_j\|_2^2&=\sum_{i=1}^{m}\boldsymbol{d}_i^{\mathrm{T}}w_{ii}\boldsymbol{d}_i-\sum_{i,j=1}^{m}\boldsymbol{d}_i^{\mathrm{T}}w_{ij}\boldsymbol{d}_j\\&=\mathrm{tr}(\boldsymbol{DCD}^{\mathrm{T}})-\mathrm{tr}(\boldsymbol{DWD}^{\mathrm{T}})=\mathrm{tr}(\boldsymbol{DLD}^{\mathrm{T}})\end{aligned} \tag{6.4.8}$$

式中，$\boldsymbol{C}$ 是对角矩阵，$C_{ii}=\sum\limits_{j=1}^{m}w_{ij}$，$\boldsymbol{L}=\boldsymbol{C}-\boldsymbol{W}$ 是拉普拉斯矩阵，tr(·)是矩阵的迹。可以看出，式(6.4.8)是同一组中两个原子($\boldsymbol{d}_i$ 和 $\boldsymbol{d}_j$)之间差的平方和。因此，最小化式(6.4.8)可以减小相同组中的 $\boldsymbol{d}_i$ 和 $\boldsymbol{d}_j$ 之间的差异，即保证相同组中的相似性。相反，可以强制不同组中的差异性。因此，这种图正则化可以确保学习字典的组一致性，这对于组稀疏编码非常重要。结合组稀疏和图正则化，我们提出了一种新的字典学习模型：

$$\min_{D,A} \mu \sum_{i=1}^{N} \|\boldsymbol{\alpha}_i\|_{2,0} + \sum_{i=1}^{N} \|\boldsymbol{z}_i - \boldsymbol{D}\boldsymbol{\alpha}_i\|_2^2 + \lambda \operatorname{tr}(\boldsymbol{DLD}^{\mathrm{T}}) \tag{6.4.9}$$

式中，$\boldsymbol{A}=(\boldsymbol{\alpha}_1 \quad \boldsymbol{\alpha}_2 \quad \cdots \quad \boldsymbol{\alpha}_N)$，$\mu$ 和λ 是正则化参数。在式(6.4.9)中，第一项测量组稀疏度，第二项控制近似误差，最后一项是图正则化。式(6.4.9)可以替换为：

$$\min_{D,A} \|\boldsymbol{Z}-\boldsymbol{DA}\|_F^2 + \lambda \operatorname{tr}(\boldsymbol{DLD}^{\mathrm{T}}) \quad \text{s. t.} \quad \forall i, \quad \|\boldsymbol{\alpha}_i\|_{2,0} \leqslant \tau \tag{6.4.10}$$

式中，τ 是控制组稀疏度的自然数。式(6.4.10)等效于具有适当 τ 的式(6.4.9)。

使用一种交替策略来求解式(6.4.10)的两个阶段：组稀疏编码和字典更新。在组稀疏编码阶段，保持字典 $\boldsymbol{D}$ 不变，可通过下式求出组稀疏系数矩阵 $\boldsymbol{A}$：

$$\min_{A} \|\boldsymbol{Z}-\boldsymbol{DA}\|_F^2 \quad \text{s. t.} \quad \forall i, \quad \|\boldsymbol{\alpha}_i\|_{2,0} \leqslant \tau \tag{6.4.11}$$

由于 GOMP 复杂度低，使用 GOMP 来求解上式。

在字典更新阶段，固定组稀疏系数矩阵 $\boldsymbol{A}$，通过优化以下模型更新字典 $\boldsymbol{D}$：

$$\min_{D,A} \|\boldsymbol{Z}-\boldsymbol{DA}\|_F^2 + \lambda \operatorname{tr}(\boldsymbol{DLD}^{\mathrm{T}}) \tag{6.4.12}$$

显然，上式的代价函数是严格凸的。因此，代价函数对 $\boldsymbol{D}$ 求导，然后设导数为零，就可以得到该式的解：

$$\boldsymbol{D}^* = \boldsymbol{ZA}^{\mathrm{T}}(\boldsymbol{AA}^{\mathrm{T}} + \lambda \boldsymbol{L})^{-1} \tag{6.4.13}$$

按照上述步骤不断交替进行组稀疏编码和字典更新，直到满足终止条件，我们采用迭代次数作为终止条件。

(3)基于学习字典和组稀疏表示的医学图像融合方法

接下来将上述基于组稀疏和图正则化的字典学习(DL-GSGR)方法应用于医学图像融合，该方法称为 GSLDF(group sparse representation with learned dictionary-based image fusion)。用 DL-GSGR 学习字典，能使字典包含更丰富的特征，例如点、线和角，可以有效提取显著特征。GSDLF 的具体融合过程如下：

配准的多模态医学图像 $\boldsymbol{X}_k(k=1, 2, \cdots, K)$被划分为 n 个像素的正方形区域的重叠块$\{\boldsymbol{x}_i^k\}_{i=1}^P$，并按列向量排序，其中 K 和 P 为源图像数量和每个源图像的图像块数量。每个图像块 $\boldsymbol{x}_i^k$ 减去其平均值$\boldsymbol{m}_i^k$ 得到$\bar{\boldsymbol{x}}_i^k$。

利用 GOMP 由下式获得每个 $\bar{\boldsymbol{x}}_i^k$ 的组稀疏系数：

$$(\boldsymbol{\alpha}_i^k)^* = \arg\min_{\boldsymbol{\alpha}_i^k} \|\boldsymbol{\alpha}_i^k\|_{2,0} \quad \text{s. t.} \quad \|\bar{\boldsymbol{x}}_i^k - \boldsymbol{D}\boldsymbol{\alpha}_i^k\|_2 \leqslant \varepsilon \tag{6.4.14}$$

式中，$i=1, 2, \cdots, P$；$k=1, 2, \cdots, K$。

通过以下规则将组稀疏系数($\boldsymbol{\alpha}_i^k$)和平均值 $\boldsymbol{m}_i^k$($k=1, 2, \cdots, K$)融合：

$$\boldsymbol{\alpha}_i^F=(\boldsymbol{\alpha}_i^{\tilde{k}})^*, \ \tilde{k}=\underset{k=1, 2, \cdots, K}{\arg\max}\{\|(\boldsymbol{\alpha}_i^k)^*\|_2\} \tag{6.4.15}$$

$$\boldsymbol{m}_i^F=\boldsymbol{m}_i^{\tilde{k}}, \ \tilde{k}=\underset{k=1, 2, \cdots, K}{\arg\max}\{\boldsymbol{m}_i^k\} \tag{6.4.16}$$

通过 $\boldsymbol{x}_i^F=\boldsymbol{D}\boldsymbol{\alpha}_i^F+\boldsymbol{m}_i^F$($i=1, 2, \cdots, P$)计算融合向量。然后，将融合向量转换为具有 n 个像素的正方形区域的小块。最后，通过平均重叠的像素获得融合图像。

6.4.2 超像素组稀疏表示图像融合

(1)超像素稀疏表示图像融合

给定一个低空间分辨率高光谱图像和同一场景的高空间分辨率多光谱图像，高光谱图像融合是通过融合这两个图像获得高空间分辨率高光谱图像。基于稀疏表示的高光谱图像融合方法通常分为三步。首先，对输入低空间分辨率高光谱图像训练得到高光谱字典并通过转换得到多光谱字典；然后，用得到的多光谱字典对多光谱图像进行稀疏分解得到相应的稀疏系数；最后，结合高光谱字典和多光谱稀疏系数得到高空间分辨率高光谱图像。传统的稀疏表示方法中，以像素为单位进行稀疏分解，忽略了相邻像素之间的结构相似性，因此不能充分利用多光谱图像的空间信息。

为改进这一情况，文献[27]提出了一种基于固定窗口联合稀疏分解的方法，该方法首先将多光谱图像分割成不重叠的图像块，图像块中的像素可以用相同的原子序列线性表示。由于多光谱图像的空间复杂性，固定窗口联合稀疏分解仍然不能充分利用多光谱图像的空间信息。固定窗口联合稀疏分解方法认为给定一个合适大小的固定窗口，该窗口内部有相同的地物，光谱反射特性相似，因此可以用相同的原子线性表示。实际情况中，固定窗口内通常包含多种地物。对于图 6.4.1(a)所示的窗口内具有相同地物的情况，基于固定窗口的联合稀疏编码是准确的。但是这种情况过于理想，即使在图像的某一区域存在这一情况，位置变换之后固定窗口内就可能存在不止一种地物了，对于不同的图像，图像结构的差异更大。通过上面的分析可以发现，基于固定窗口的稀疏表示方式不够精确。实际遥感图像中，大多数拥有类似图 6.4.1(b)的结构，每一个类别所占的区域形状很不规则。因此，需要利用分割算法将图像分割成大小和形状根据图像结构自适应变化的不规则图像区域，再对每一个图像块进行联合稀疏分解。超像素能够根据图像自身的结构自适应分割图像，接下来介绍基于结构化超像素稀疏模型的高光谱图像超分辨率重建方法。

（a）理想情况下多光谱图像地物分布

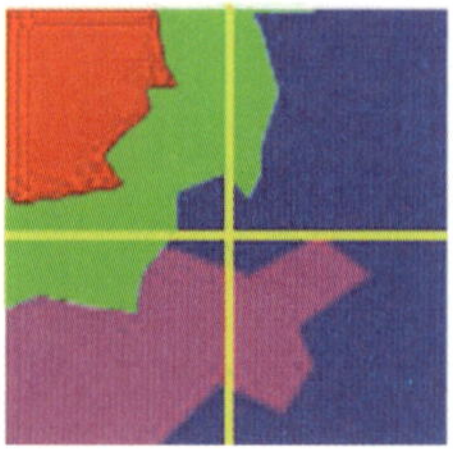

（b）实际情况下多光谱图像地物分布

图 6.4.1　多光谱图像地物分布结构

联合稀疏分解过程中，如果图像块中包含许多不同类别的地物，固定窗口稀疏表示分解结果将存在比较大的误差。另外，在稀疏编码过程中，每个图像块用到的原子数量是固定的，如果分割后的图像块大小不均匀，将导致大图像块和小图像块在联合稀疏编码过程中所用的原子数量相同，这明显是不合适的。通过上面的分析，在联合稀疏分解中，超像素分割后的图像块必须满足：每个超像素块仅覆盖单一目标对象，图像块的大小均匀。

通过约束随机行走熵率和平衡项，Liu 等人[28]提出了一种基于熵率的超像素分割方法。该方法将图像映射为一个图结构 $G=(V, E)$，其中 V 表示图像的顶点集，E 表示图像的边集。通过优化以下目标函数，将图像聚类成 K 个图像块：

$$\max_{Q}[H(Q)+\lambda B(Q)] \quad \text{s.t.} \quad Q\subseteq E \tag{6.4.17}$$

式中，$H(Q)$表示随机行走熵率，该项能使超像素块尽量紧密、均匀。$B(Q)$表示均衡项，通过约束该项能使超像素块有相似的尺寸并减少超像素块的数量。λ 表示权重值。

多光谱图像的超像素分割与自然图像分割不同，多光谱图像含有多个波段，如果直接对每个波段图像进行超像素分割，运算量将成倍增加。另外，由于每个波段成像波长不同，不同波段图像存在差异，每个波段图像分割位置不能对应。基于上述因素，首先对多光谱图像进行稀疏主成分分析降维，通常第一主成分包含大部分信息。然后，对第一主成分进行基于熵率的超像素分割，得到超像素分割区域。具体流程如图 6.4.2。

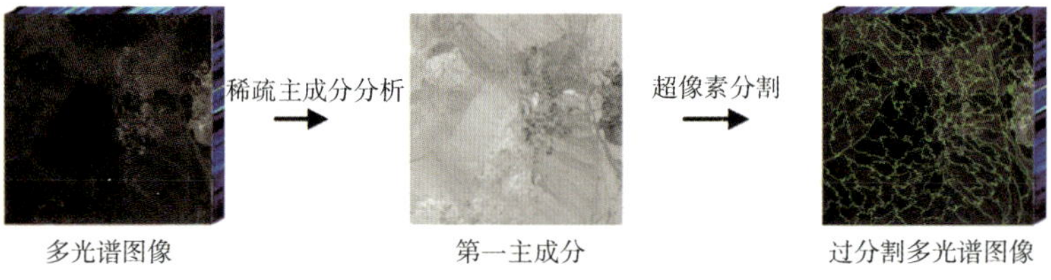

图 6.4.2　多光谱图像超像素分割流程图

基于超像素稀疏模型的高光谱图像融合方法的流程如图 6.4.3 所示，主要包括三个步骤：

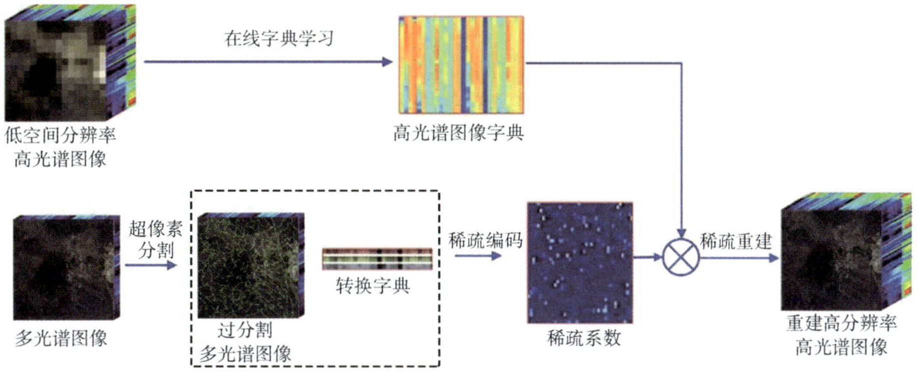

图 6.4.3 基于超像素稀疏模型的高光谱图像融合流程图

步骤 1：提取光谱信息，由输入低空间分辨率高光谱图像训练高光谱图像字典并通过线性转换得到同一场景多光谱图像字典。

步骤 2：提取多光谱图像的空间信息，首先对多光谱图像进行基于熵率的超像素过分割，将分割后的每个超像素块联合稀疏分解为多光谱字典和稀疏系数的线性组合，其中稀疏系数包含了多光谱图像的空间信息。

步骤 3：融合光谱信息和空间信息，即结合高光谱图像字典和多光谱图像稀疏系数，重建高分辨率高光谱图像。

低分辨率高光谱图像空间分辨率较低而波段数量较多，因此具有丰富的光谱信息。基于这一特点，以低分辨率高光谱图像为输入训练高光谱图像字典。由于多光谱图像和高光谱图像对应同一场景，该场景下地物光谱特征一致，因此多光谱图像对应的字典可以由高光谱图像线性转换而来。字典中每个原子代表潜在地物的光谱特性，因此原子具有非负特性。为了满足原子的非负特性并兼顾大型数据集的有效训练，采用在线字典训练方法[29]。字典训练的目标函数如下：

$$\arg\min_{\boldsymbol{D},\boldsymbol{\alpha}}\frac{1}{2}\|\boldsymbol{x}-\boldsymbol{D\alpha}\|_2^2+\lambda\|\boldsymbol{\alpha}\|_1 \quad \text{s.t. } d_i\geqslant 0 \tag{6.4.18}$$

在式(6.4.18)中，只有一个已知量 $\boldsymbol{x}$，而有两个未知量 $\boldsymbol{D}$ 和 $\boldsymbol{\alpha}$，难以同时求解。和 K-SVD 一样，求解过程为先固定 $\boldsymbol{D}$，求解 $\boldsymbol{\alpha}$；再固定 $\boldsymbol{\alpha}$，更新字典 $\boldsymbol{D}$。交替求解可得到高光谱字典 $\boldsymbol{D}$，多光谱图像对应的字典 $\Gamma\boldsymbol{D}$ 可由高光谱字典线性转换而来，Γ 表示光谱降维算子。

超像素区域内像素具有相似的光谱反射特性，因此可以将超像素区域内像素联合稀疏分解为多光谱字典和相应稀疏系数，而稀疏系数包含多光谱图像的空间信息，因此给定多光谱图像超像素区域和对应字典 $\boldsymbol{D}$，本方法的目标是求取有足够表示能力的稀疏系数。求解如下最优化问题：

$$\arg\min \|\boldsymbol{A}_i\|_{\text{row\_0}} \text{ s.t. } \|\boldsymbol{Y}_i - \Gamma \boldsymbol{D}\boldsymbol{A}_i\| \leqslant \varepsilon, \ \boldsymbol{A}_i \geqslant 0 \tag{6.4.19}$$

式中，$\|\cdot\|_{\text{row_0}}$表示行稀疏，$\boldsymbol{Y}_i$ 表示第 i 个超像素区域的光谱向量构成的矩阵，$\boldsymbol{A}_i$ 是相应的稀疏表示系数，ε 为表示误差。上式表明，超像素区域内像素可以表示为相同原子系列的线性组合，像素间的微小差别体现在权重的不同。图 6.4.4 为该超像素稀疏模型示意图。

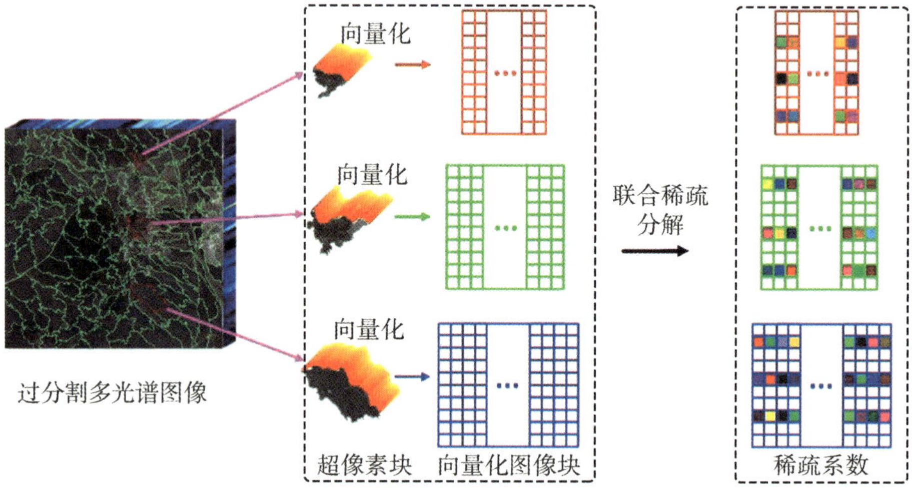

图 6.4.4 多光谱图像超像素稀疏模型示意图

式(6.4.19)可以通过同步正交匹配追踪算法(G-SOMP+)进行求解。该方法首先选取与输入超像素区域最匹配的原子，然后超像素区域中每个像素用所选原子线性表示，并同时用所得系数更新残差，直到超像素区域中每个像素编码完，不断迭代直到误差低于给定值。结合每个超像素区域的系数得到整体系数。得到稀疏系数之后，将高光谱字典与多光谱稀疏系数相乘就得到重建后的高分辨率高光谱图像。

(2)超像素组稀疏表示图像融合

上面介绍的基于超像素稀疏模型的高光谱图像融合方法，用在线字典学习方法训练高光谱字典，虽然取得了不错的效果，但是在线字典学习阶段，高光谱图像中每个像素是单独训练的，像素与像素之间相互独立，这割裂了高光谱图像像素之间的相互联系。事实上，高光谱图像很多位置地物相同，因此其光谱特征相似，如果把这些相似的像素聚类在一起，以这些像素为一组训练子字典，将充分考虑到高光谱图像内部谱结构，能够增强高光谱图像融合的效果。这种以像素组为单位训练稀疏子字典的模型称为组稀疏模型。图 6.4.5 展示了经典稀疏模型和组稀疏模型。

（a）经典稀疏模型　　（b）组稀疏模型

图 6.4.5　经典稀疏模型和组稀疏模型

经典稀疏模型通常以像素为单位训练字典，而组稀疏模型以像素组为单位训练字典，因此充分考虑了高光谱图像的内部谱结构。在稀疏编码阶段，经典稀疏模型在每次迭代过程中选择与待编码图像块最匹配的原子并用它们的线性组合来表示图像块。组稀疏模型在编码阶段每次选取与图像块最匹配的子字典，并用子字典去线性表示目标图像块。因此，组稀疏模型相比于经典稀疏模型更能突出图像的结构稀疏性。而在高光谱图像中，每一个像素通常可以由数量已知的地物光谱向量线性表示，因此高光谱图像本身具有稀疏性，组稀疏模型能够更好地利用这种稀疏性。上一部分中，字典训练阶段采用经典的字典训练框架，即以每个光谱像素为单位进行训练，每个光谱像素之间相互独立。实际上，输入高光谱图像中的光谱像素具有相似的光谱特性，对每个像素单独训练字典会割裂光谱的内部结构。

为解决该问题，Candès 等人提出一种基于超像素组稀疏模型（superpixel group sparse representation，SGSR）的高光谱图像融合方法[30]，方法流程如图 6.4.6 所示。首先对低空间分辨率高光谱图像进行谱聚类，利用交替方向乘子法（alternating direction method of multipliers，ADMM）对每一类训练一个子字典，同一场景的多光谱子字典可由高光谱子字典线性转换而成。然后对多光谱图像进行超像素分割，在超像素区域选择最匹配子字典之后，基于多光谱子字典进行联合稀疏分解，得到稀疏系数。最后将与该超像素区域最匹配的高光谱子字典与稀疏系数结合，获得重建后的高分辨率高光谱超像素区域，按位置索引对重建超像素区域进行排列得到最终的高空间分辨率高光谱图像。

基于超像素组稀疏模型的高光谱图像超分辨率重建方法中，首先需要对低空间

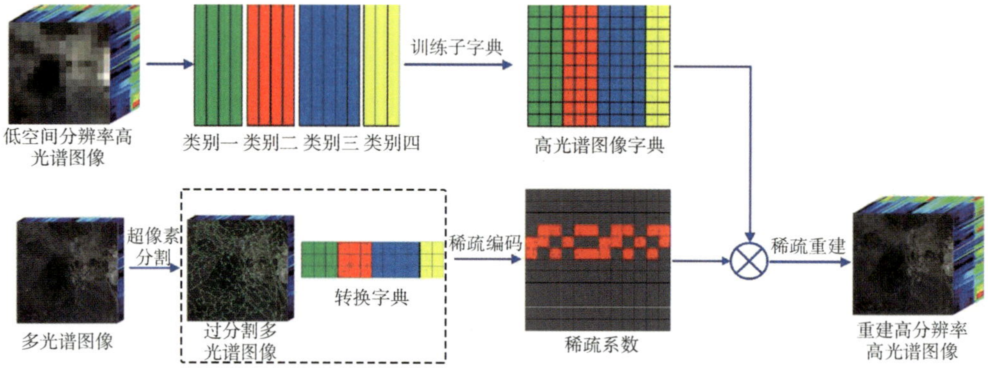

图 6.4.6　基于超像素组稀疏模型的高光谱图像融合方法流程图

分辨率高光谱图像的像素进行聚类，然后以每个类别为一组训练子字典，因此聚类是其中很重要的一个步骤，聚类方法的好坏影响最终的超分辨率重建结果。K-means 是一种常用的聚类方法，其首先从待聚类数据中随机选取 K 个数据作为初始聚类中心，剩下的数据分别对 K 个聚类中心计算欧式距离，选取距离最小的聚类中心作为其类别。重新计算每个类的平均值，将其作为新的聚类中心，重复上述步骤，直到满足迭代停止条件。在高光谱图像聚类中，输入通常为包含多个波段的像素，因此是一个向量，向量的聚类过程与点的聚类过程相同，不过在计算距离时用向量中所有点的欧氏距离之和代替点与点之间的欧氏距离。为了获取一个稳定的初始聚类中心，David Arthur 等人提出了 K-means＋＋聚类算法，K-means＋＋聚类算法的核心思想在于尽可能地增加初始聚类中心之间的距离。通过 K-means＋＋聚类算法对高光谱图像聚类之后，便可以使每个类别为一组训练子字典。

对于输入的低空间分辨率高光谱图像 $\boldsymbol{X}\in\mathbb{R}^{n\times B}$，首先利用 K-means＋＋聚类算法将其聚成 K 类，即（$\boldsymbol{X}_1\ \cdots\ \boldsymbol{X}_k\ \cdots\ \boldsymbol{X}_K$），每个类别中像素具有相似的光谱特性，然后对每个类分别训练子字典（$\boldsymbol{D}_1\ \cdots\ \boldsymbol{D}_k\ \cdots\ \boldsymbol{D}_K$）。由于字典中每个原子代表地物的光谱特征，因此字典原子需满足条件 $d_k\geqslant 0$；稀疏系数代表所用原子占的权重，所以稀疏系数同样需要保证非负性，即 $\alpha_i\geqslant 0$。将这两个因素考虑进去，子字典的训练相当于求解凸优化问题。为方便描述，以下涉及的 $\boldsymbol{X}$，$\boldsymbol{A}$，$\boldsymbol{D}$ 均代表子类的概念。

$$(\boldsymbol{D},\boldsymbol{A})=\arg\min_{\boldsymbol{D},\boldsymbol{B}}\frac{1}{2}\|\boldsymbol{X}-\boldsymbol{D}\boldsymbol{A}\|_F^2+\lambda\|\boldsymbol{A}\|_1\quad \text{s.t. } \alpha_i\geqslant 0,\ d_j\geqslant 0 \tag{6.4.20}$$

式中，$\boldsymbol{D}$ 为子字典，$\boldsymbol{A}$ 为稀疏系数矩阵，α_i 为第 i 个像素对应的稀疏系数，d_j 为子

字典中第 j 个原子。该问题中，一个输入有两个输出，无法用常规方法求解。但是当其中一项固定时，另一项的求解就容易多了。受 K-SVD 字典学习和在线字典学习的启发，并同时兼顾原子和系数的非负性，本方法采用基于交替方向乘子的字典学习方法。对于固定的字典 $\boldsymbol{D}$，求解 $\boldsymbol{A}$ 转化为如下子问题：

$$\boldsymbol{A}=\arg\min_{\boldsymbol{A}}\frac{1}{2}\|\boldsymbol{X}-\boldsymbol{DA}\|_F^2+\lambda\|\boldsymbol{A}\|_1 \quad \text{s. t. } A\geqslant 0 \tag{6.4.21}$$

令 $\boldsymbol{A}=\boldsymbol{S}$，将式(6.4.21)转化为两个子问题相加的情况，这样就可以利用交替方向乘子方法进行求解。加上原子和系数的非负约束，并将式(6.4.21)写成增广式拉格朗日函数，在交替方向乘子框架下，式(6.4.21)的优化转化为求解如下最优化问题：

$$L_\mu(\boldsymbol{A}, \boldsymbol{S}, \boldsymbol{U})=\frac{1}{2}\|\boldsymbol{X}-\boldsymbol{DS}\|_F^2+\lambda\|\boldsymbol{A}\|_1+\mu\left\|\boldsymbol{S}-\boldsymbol{A}+\frac{\boldsymbol{U}}{2\mu}\right\|_F^2 \quad \text{s. t. } A\geqslant 0 \tag{6.4.22}$$

式中，$\boldsymbol{U}$ 为拉格朗日乘子，交替方向乘子的迭代求解步骤可以交替求解 $\boldsymbol{S}$，$\boldsymbol{A}$，$\boldsymbol{U}$：

$$\begin{aligned}\boldsymbol{S}^{j+1}&=\arg\min_{\boldsymbol{S}}L_\mu(\boldsymbol{A}^j, \boldsymbol{S}, \boldsymbol{U}^j)\\ \boldsymbol{A}^{j+1}&=\arg\min_{\boldsymbol{A}}L_\mu(\boldsymbol{A}^j, \boldsymbol{S}, \boldsymbol{U}^j)\\ \boldsymbol{U}^{j+1}&=\boldsymbol{U}^j+\mu(\boldsymbol{S}^{j+1}-\boldsymbol{B}^{j+1})\end{aligned} \tag{6.4.23}$$

由凸优化理论可知，最后求解结果如下：

$$\begin{aligned}\boldsymbol{S}^{j+1}&=(\boldsymbol{D}^{\mathrm{T}}\boldsymbol{D}+2\mu\boldsymbol{I})^{-1}(\boldsymbol{D}^{\mathrm{T}}X+2\mu\boldsymbol{A}^{j+1}-\boldsymbol{U}^j)\\ \boldsymbol{A}^{j+1}&=\left[\mathrm{soft}\left(\boldsymbol{S}^{j+1}+\frac{\boldsymbol{U}^j}{2\mu}, \frac{\lambda}{2\mu}\right)\right]_+\end{aligned} \tag{6.4.24}$$

式中，soft()为软阈值操作，$[\,]_+$ 表示 $\max\{x, 0\}$。求解得到稀疏系数 $\boldsymbol{A}$ 之后，固定系数 $\boldsymbol{A}$ 不变，求解子字典 $\boldsymbol{D}$，即

$$\boldsymbol{D}=\arg\min_{\boldsymbol{D}}\frac{1}{2}\|\boldsymbol{X}-\boldsymbol{DA}\|_F^2 \quad \text{s. t. } D\geqslant 0 \tag{6.4.25}$$

可以通过块坐标下降法对式(6.4.25)进行求解。与在线字典学习法相似，在其他原子保持不变并且原子非负的条件下，每次迭代只更新一个原子。

假设第 t 次迭代字典为 $\boldsymbol{D}^t$，则原子更新的准则为 $\boldsymbol{d}_k^{t+1}=\boldsymbol{d}_k^t+\Delta\boldsymbol{d}_k$，$\Delta\boldsymbol{d}_k$ 可以通过求解式(6.4.25)得到：

$$\Delta\boldsymbol{d}_k=\arg\min_{\Delta\boldsymbol{d}_k}\|\boldsymbol{X}-\boldsymbol{D}^t\boldsymbol{A}-\Delta\boldsymbol{d}_k\boldsymbol{\alpha}_k\|_F^2 \quad \text{s. t. } \Delta d_k+d_k^i\geqslant 0 \tag{6.4.26}$$

式中，$\boldsymbol{\alpha}_k\in\mathbb{R}^{1\times n}$，表示稀疏系数 $\boldsymbol{A}$ 的第 k 行系数，令 $\boldsymbol{R}^t=\boldsymbol{X}-\boldsymbol{D}^t$ 表示第 t 次迭代

之后的残差矩阵，目标函数可以重写为：

$$
\begin{aligned}
\Delta \boldsymbol{d}_k &= \arg\min_{\Delta \boldsymbol{d}_k} \| \boldsymbol{R}^t - \Delta \boldsymbol{d}_k \boldsymbol{\alpha}_k \|_F^2 \\
&= \arg\min_{\Delta d_k} \left\| \Delta \boldsymbol{d}_k - \frac{\boldsymbol{R}^{(t)} \boldsymbol{\alpha}_k^{\mathrm{T}}}{\sum_i^n \boldsymbol{\beta}_{kj}^2} \right\|_2^2 + \boldsymbol{C} \quad \text{s. t. } \Delta d_k + d_k^i \geqslant 0
\end{aligned} \tag{6.4.27}
$$

式中，$\Delta \boldsymbol{d}_{k,l}$表示 $\Delta \boldsymbol{d}_k$ 的第 l 个元素。由式(6.4.26)可知，式(6.4.27)的解为：

$$
\boldsymbol{d}_k^{t+1} = \left[\boldsymbol{d}_k^t + \frac{\boldsymbol{R}^t \boldsymbol{\alpha}_k^{\mathrm{T}}}{\boldsymbol{b}_k} \right]_+ \tag{6.4.28}
$$

式中，$\boldsymbol{b}_k = \sum_i^n \boldsymbol{\beta}_{k,i}^2$。子字典训练方法如算法 6.4.1 所示。

算法 6.4.1　交替方向乘子字典学习算法

输入：输入子类 $\boldsymbol{X}$，λ，μ，从 $\boldsymbol{X}$ 中随机选取几个列初始化子字典 $\boldsymbol{D}$。

输出：子字典 $\boldsymbol{D}$。

外循环：for $t=1, 2, \cdots, T_1$ do。

(a)内循环：求解式(6.4.22)，for $t=1, 2, \cdots, J$ do。

　　步骤 1：通过式(6.4.23)更新 $\boldsymbol{A}^{j+1}$和 $\boldsymbol{S}^{j+1}$。

　　步骤 2：通过式(6.4.23)更新 $\boldsymbol{U}^{j+1}$。

　　步骤 3：更新 $\mu=\rho\mu(\rho>1)$。

　　步骤 4：当 $j=J$ 时，输出 $\boldsymbol{A}=\boldsymbol{A}^{j+1}$。

终止

(b)内循环：求解式(6.4.26)，for $k=1, 2, \cdots, K$ do。

　　步骤 5：通过式(6.4.28)更新 $\boldsymbol{d}_k^{t+1}$。

　　步骤 6：当 $k=K$ 时，输出 $\boldsymbol{D}^{t+1}$。

终止

(c)当 $t=T_1$ 时输出 $\boldsymbol{D}^{t+1}$。

终止

前面讨论了子字典的训练，子字典的训练考虑了输入低空间分辨率高光谱图像内部的光谱结构。考虑到高光谱图像内部谱结构，接下来介绍组稀疏结构下的高光谱图像融合方法。相对于经典稀疏模型对单个像素训练字典，组稀疏模型以像素组为单位进行字典训练。经典稀疏模型在稀疏编码阶段选择最匹配的原子来线性表示输入信号，组稀疏模型在编码阶段选择最匹配的子字典线性表示输入信号。接下来介绍组稀疏框架下多光谱图像的稀疏分解，与上一部分所提方法一样，首先对多光谱图像进行基于熵率的超像素分割，分割后的第 i 个图像块表示为 $\boldsymbol{Y}_i^{SP}$，为方便描述写为 $\boldsymbol{Y}$，对每个超像素区域，选择其中与之最匹配的转换子字典 $\Gamma\boldsymbol{D}_j$ 进行稀疏编码，选择原则如下：

$$\arg\max \frac{\Gamma\boldsymbol{D}_k\boldsymbol{Y}}{n_k} \tag{6.4.29}$$

式中，n_k 为第 k 个子字典中原子的数量，$k\in\{1, 2, \cdots, K\}$，K 为子字典总数。即求解如下最优化问题：

$$\arg\min_{\boldsymbol{A}}\|\boldsymbol{A}\| \quad \text{s. t. } \|\boldsymbol{Y}-\Gamma\boldsymbol{D}_j\boldsymbol{A}\|_F\leqslant\eta, \ A\geqslant 0 \tag{6.4.30}$$

式中，η 为容限误差。这样就可以对每个超像素区域进行稀疏编码得到稀疏系数 $\boldsymbol{A}$，将之前所选子字典与稀疏系数相结合得到重建之后的超像素区域，即

$$\boldsymbol{Z}=\boldsymbol{D}_j\boldsymbol{A} \tag{6.4.31}$$

将重建之后的高分辨率超像素区域按索引顺序排列即可得到融合的高分辨率高光谱图像。

6.4.3 非局部稀疏表示图像融合

上述稀疏表示图像融合方法，都是先将二维图像转换成一维信号，再应用稀疏表示进行图像融合。而图像自身具有二维结构，应用二维表示方法更合适。低秩表示直接对二维图像进行稀疏分解，本小节提出非局部二维稀疏表示(低秩表示)的图像融合方法。首先介绍非局部算子和低秩表示理论，然后提出结合非局部算子和低秩表示的多模图像融合方法。

(1)非局部算子

图像处理的发展经历了对单个像素的处理、对局部邻域像素的处理以及对非局部像素进行处理三个阶段。对单个像素的处理是假设图像的每个像素都孤立存在，与图像中其他像素没有关系。显然，自然场景或目标都具有自身固有的结构，使得在图像中的像素并不是孤立存在的，而是与图像中其他像素有着千丝万缕的联系。为了克服单个像素处理方法的缺点，研究人员提出了基于局部邻域的图像处理方法，这类方法考虑了像素与局部邻域之间的关系，更加符合实际情况，因而显著提高了图像处理性能。由于单个像素自身并不具有结构关系，在局部邻域图像处理中，并不能有效地定义像素与周围像素之间的关系。更重要的是，由于图像通常包含重复

结构，即不同像素点之间往往也具有较强的相似性，所以图像不仅具有局部邻域关系，而且具有非局部相似关系。局部处理方法由于没有有效利用重复结构和冗余信息而在图像融合等许多图像处理应用中经常会出现细节被平滑等问题。为了克服该问题，研究人员提出了非局部图像处理方法，这类方法以局部邻域（通常为图像块）为基本单元，通过非局部相似性关系对图像进行处理。

非局部均值图像去噪方法利用图像的非局部相似性，将传统的局部均值图像去噪算法扩展到非局部均值，以图像的非局部图像块相似性作为权重，用非局部像素的加权平均作为去除噪声的像素。非局部均值去噪的基本公式如下所示：

$$\boldsymbol{I}_{\mathrm{NL}}(\boldsymbol{p})=\sum_{\boldsymbol{q}\in\boldsymbol{\Omega}} w(\boldsymbol{p},\boldsymbol{q})\boldsymbol{I}(\boldsymbol{q}) \tag{6.4.32}$$

式中，$\boldsymbol{I}$ 和 $\boldsymbol{I}_{\mathrm{NL}}$ 分别表示噪声图像和非局部去噪图像，$\boldsymbol{\Omega}$ 表示像素 $\boldsymbol{p}$ 的非局部范围，$w(\boldsymbol{p},\boldsymbol{q})$ 为像素 $\boldsymbol{p}$ 和像素 $\boldsymbol{q}$ 之间的相似性权重：

$$w(\boldsymbol{p},\boldsymbol{q})=\frac{1}{Z(\boldsymbol{p})}\exp\left(-\frac{\|\boldsymbol{I}(N_{\boldsymbol{p}})-\boldsymbol{I}(N_{\boldsymbol{q}})\|_{2,\sigma}^{2}}{h^{2}}\right) \tag{6.4.33}$$

$$Z(\boldsymbol{p})=\sum_{\boldsymbol{q}\in\boldsymbol{\Omega}}\exp\left(-\frac{\|\boldsymbol{I}(N_{\boldsymbol{p}})-\boldsymbol{I}(N_{\boldsymbol{q}})\|_{2,\sigma}^{2}}{h^{2}}\right) \tag{6.4.34}$$

式中，$Z(\boldsymbol{p})$ 为归一化因子，使得 $\sum_{\boldsymbol{q}\in\boldsymbol{\Omega}} w(\boldsymbol{p},\boldsymbol{q})=1$，因而滤波前后图像在同一个灰度范围。$\exp(\cdot)$ 为自然指数函数，$N_{\boldsymbol{p}}$ 表示以像素 $\boldsymbol{p}$ 为中心的邻域，$\boldsymbol{I}(N_{\boldsymbol{p}})$ 和 $\boldsymbol{I}(N_{\boldsymbol{q}})$ 分别表示以像素 $\boldsymbol{p}$ 和 $\boldsymbol{q}$ 为中心的邻域像素值向量，$\|\cdot\|_{2,\sigma}^{2}$ 表示以 σ 为标准差的高斯加权平方和，参数 h 决定滤波强度。

(2)低秩表示理论

矩阵的秩包括行秩和列秩，行秩表示矩阵线性无关行的最大行数，列秩表示矩阵线性无关列的最大列数，并且矩阵的行秩和列秩相等。矩阵的低秩性是指矩阵的秩比矩阵的行数或列数少很多。对矩阵进行奇异值分解，然后把其所有奇异值排列成一个向量，那么这个向量的稀疏性对应于该矩阵的低秩性。低秩性可以认为是稀疏性在矩阵上的扩展，它将一维向量的稀疏性扩展到二维矩阵的稀疏性，利用秩作为矩阵的稀疏性度量，它同时考虑矩阵的行和列之间的稀疏性。目前，低秩理论在图像分割、显著性检测、图像重建、移动目标检测、目标跟踪等应用中表现出较好的性能。

根据约束的形式不同，低秩理论主要有两种形式，加性约束和乘性约束。加性约束是指对矩阵以相加的形式分解成若干部分，对其中的一个或几个部分施加低秩约束，如 Candès 等人[31]提出了鲁棒主成分分析方法(robust principal component analysis)，将矩阵加性分解为低秩部分和稀疏部分。考虑到噪声对分解的影响，Zhou 和 Tao 人[32]提出了 GoDec 算法，将矩阵加性分解为低秩部分、稀疏部分和噪声部分，即

$$\boldsymbol{X}=\boldsymbol{L}+\boldsymbol{S}+\boldsymbol{G},\ \operatorname{rank}(\boldsymbol{L})\leqslant r,\ \operatorname{card}(\boldsymbol{S})\leqslant k \tag{6.4.35}$$

式中，$\boldsymbol{X}$ 为原始矩阵，$\boldsymbol{L}$，$\boldsymbol{S}$ 和 $\boldsymbol{G}$ 分别为分解后的低秩部分、稀疏部分和噪声部分。乘性分解是指将矩阵分解为低秩部分和其他部分的积，矩阵补全(matrix completion)就是一个乘性分解：

$$\min_{\boldsymbol{Y}} \operatorname{rank}(\boldsymbol{Y}) \quad \text{s. t. } \boldsymbol{X}=\boldsymbol{W}\boldsymbol{Y} \tag{6.4.36}$$

式中，$\boldsymbol{X}$ 为待分解的矩阵，$\boldsymbol{Y}$ 为分解后得到的低秩矩阵，$\boldsymbol{W}$ 为二元指示矩阵，$\boldsymbol{W}$ 的元素为 0 或 1。

低秩表示为另一种乘性低秩理论[33]。低秩表示是为了寻找所有数据联合的最低秩表示：

$$\min_{\boldsymbol{Z},\boldsymbol{E}} \operatorname{rank}(\boldsymbol{Z})+\lambda\|\boldsymbol{E}\|_1 \quad \text{s. t. } \boldsymbol{X}=\boldsymbol{D}\boldsymbol{Z}+\boldsymbol{E} \tag{6.4.37}$$

式中，$\boldsymbol{X}$ 表示二维数据，$\boldsymbol{D}$ 表示字典，由它线性扩展出数据空间，$\boldsymbol{Z}$ 和 $\boldsymbol{E}$ 分别表示低秩分解后的低秩系数和稀疏误差，$\operatorname{rank}(\boldsymbol{Z})$表示矩阵 $\boldsymbol{Z}$ 的秩，$\|\boldsymbol{E}\|_1=\sum_{i,i}|E_{i,j}|$ 表示所有矩阵元素 $E_{i,j}$ 的绝对值之和。优化问题由于目标函数包含 $\operatorname{rank}(\boldsymbol{Z})$，使得它是一个 NP-hard 问题，通常需要对该问题进行转换，这里采用 $\operatorname{rank}(\boldsymbol{Z})$的一个凸松弛函数$\|\boldsymbol{Z}\|_*$替代：

$$\|\boldsymbol{Z}\|_*=\sum_{k=1}^{n}\sigma_k(\boldsymbol{Z}) \tag{6.4.38}$$

式中，$\|\boldsymbol{Z}\|_*$为矩阵 $\boldsymbol{Z}$ 的核范数，表示矩阵 $\boldsymbol{Z}$ 的奇异值之和，$\sigma_k(\boldsymbol{Z})$表示矩阵 $\boldsymbol{Z}$ 的第 k 个最大的奇异值。优化问题式(6.4.37)转化成如下形式：

$$\min_{\boldsymbol{Z},\boldsymbol{E}}\|\boldsymbol{Z}\|_*+\lambda\|\boldsymbol{E}\|_1 \quad \text{s. t. } \boldsymbol{X}=\boldsymbol{D}\boldsymbol{Z}+\boldsymbol{E} \tag{6.4.39}$$

上式可以利用增广拉格朗日乘子法求解，首先引入一个辅助变量 $\boldsymbol{J}$，并令 $\boldsymbol{J}=\boldsymbol{Z}$，式(6.4.39)转变成如下形式：

$$\min_{\boldsymbol{Z},\boldsymbol{E},\boldsymbol{J}}\|\boldsymbol{J}\|_*+\lambda\|\boldsymbol{E}\|_1 \quad \text{s. t. } \boldsymbol{X}=\boldsymbol{D}\boldsymbol{Z}+\boldsymbol{E},\ \boldsymbol{Z}=\boldsymbol{J} \tag{6.4.40}$$

引入拉格朗日乘子 $\boldsymbol{Y}_1$ 和 $\boldsymbol{Y}_2$，转化成以下拉格朗日方程：

$$L=\|J\|_*+\lambda\|E\|_1+\operatorname{tr}(Y_1^{\mathrm{T}}(X-DZ-E))+$$
$$\operatorname{tr}(Y_2^{\mathrm{T}}(Z-J))+\frac{\mu}{2}((X-DZ-E)_F^2+(Z-J)_F^2) \quad (6.4.41)$$

式中，μ 为惩罚参数。由于式(6.4.41)是无约束的，能够利用交替方向乘子法，对变量 J，Z 和 E 分别交替迭代优化。算法 6.4.2 给出了详细的求解过程。

算法 6.4.2 低秩表示求解方法

输入：数据矩阵 X，参数 λ。

初始化：$Z=J=0$，$E=0$，$Y_1=0$，$Y_2=0$，$\mu=10^{-6}$，$\mu_{\max}=10^6$，$\rho=1.1$，$\varepsilon=10^{-8}$。

while 不收敛 do

1. 在固定其他变量的情况下按下式更新 J

$$J=\arg\min=\frac{1}{\mu}\|J\|_*+\frac{1}{2}\|J-(Z+Y_2/\mu)\|_F^2$$

2. 在固定其他变量的情况下按下式更新 Z

$$Z=(I+D^{\mathrm{T}}D)^{-1}(D^{\mathrm{T}}(X-E)+J+(D^{\mathrm{T}}Y_1-Y_2)/\mu)$$

3. 在固定其他变量的情况下按下式更新 E

$$E=\arg\min=\frac{\lambda}{\mu}\|E\|_1+\frac{1}{2}\|E-(X-DZ+Y_1/\mu)\|_F^2$$

4. 更新拉格朗日乘子

$$Y_1=Y_1+\mu(X-DZ-E)$$

$$Y_2=Y_2+\mu(Z-J)$$

5. 更新参数 μ

$$\mu=\min\{\rho\mu,\ \mu_{\max}\}$$

6. 检验收敛条件

$\|X-DZ-E\|_\infty<\varepsilon$ 并且 $\|Z-J\|_\infty<\varepsilon$

end while

(3)融合算法原理

本小节介绍基于非局部算子和低秩表示的多模图像融合方法，图像融合的一个重要过程是提取源图像的显著信息并把显著信息综合集成到融合图像中。非局部处理将相似的图像块组合到一起，相似图像块之间相互补充，使得显著性判断更加准确。低秩表示将图像分解成一个低秩部分 $L=DZ$ 和稀疏误差部分 E。低秩部分包含了被分解图像的主要特征，稀疏误差部分为不能由低秩模型表示的残余稀疏特征，它包含了图像的一些显著特征。因此，利用低秩表示来分离源图像的主要特征和稀疏辨识特征。基于低秩表示的图像融合方法主要包括四个步骤：寻找非局部相似图像块、对相似图像块进行低秩分解、融合分解系数、从融合系数重构融合图像。图 6.4.7 为结合非局部和低秩表示的图像融合流程图。低秩表示求解方法见算法 6.4.2。

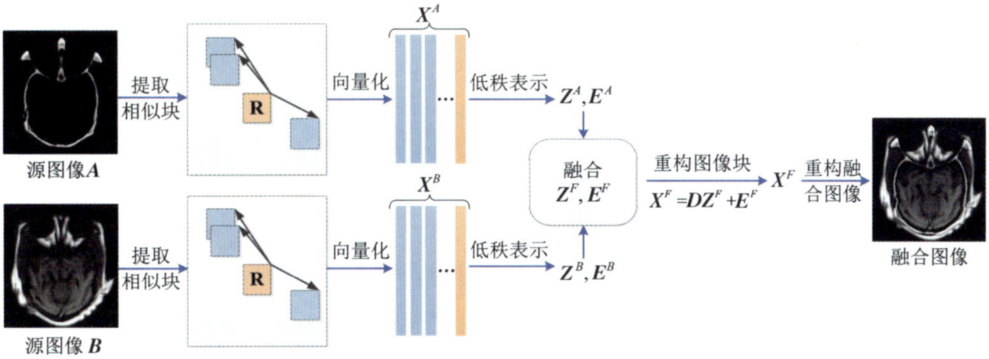

图 6.4.7 基于非局部自相似和低秩表示的多模图像融合流程图

对于源图像 **A** 中的任意图像块 $\boldsymbol{x}_p^A$(即流程图中的图像块 R)，寻找它的非局部相似图像块。首先求取非局部范围内图像块与当前图像的差异，差异最小的即为最相似的，如下式所示：

$$\varepsilon=\|\boldsymbol{x}_p^A-\boldsymbol{x}_q^A\|_2^2 \tag{6.4.42}$$

式中，$\boldsymbol{p}$ 为参考图像块中心的二维位置坐标，$\boldsymbol{q}$ 表示 $\boldsymbol{p}$ 的非局部范围内图像块中心的二维位置坐标，$\boldsymbol{x}_p^A$ 和 $\boldsymbol{x}_q^A$ 为图像块的向量表示，即将图像块按列优先的方式排列成一个向量(对应流程图中的向量化处理)，ε 为两图像块之间的误差。为了避免融合图像出现块效应，以重叠的方式从源图像中提取图像块 $\boldsymbol{x}_p^A$，然后根据它们之间的差异，选择一定数量的最相似的图像块，并用 $\boldsymbol{S}_p^A$ 表示这些相似图像块的位置集合。对源图像 **B** 中的图像块 $\boldsymbol{x}_p^B$ 执行同样的操作来获得非局部相似图像块的位置坐标集合 $\boldsymbol{S}_p^B$。由于不同源图像的内容不一致，所以相似块的位置也会不一样，为了保证对同一位置的图像块进行融合，只对相同位置的相似图像块进行融合，即取 $\boldsymbol{S}_p^A$ 和 $\boldsymbol{S}_p^B$ 的交集：

$$\boldsymbol{S}_p=\boldsymbol{S}_p^A\cap\boldsymbol{S}_p^B \tag{6.4.43}$$

然后根据共同的相似块位置集合 $\boldsymbol{S}_p$，将源图像的相似图像块向量合并成矩阵 $\boldsymbol{X}_p^A$ 和 $\boldsymbol{X}_p^B$。至此，完成非局部相似图像块的组合工作。为了保证相似图像块之间的一致性，利用低秩表示对它们进行分解，获得它们的低秩系数 $\boldsymbol{Z}_p^A$ 和 $\boldsymbol{Z}_p^B$，以及稀疏误差系数 $\boldsymbol{E}_p^A$ 和 $\boldsymbol{E}_p^B$。

为了获得融合的图像块，需要对源图像的低秩系数 $\boldsymbol{Z}_p^A$ 和 $\boldsymbol{Z}_p^B$ 合并成融合低秩系数 $\boldsymbol{Z}_p^F$，从稀疏误差系数 $\boldsymbol{E}_p^A$ 和 $\boldsymbol{E}_p^B$ 合成融合系数 $\boldsymbol{E}_p^F$。低秩系数表示图像块在字典原子上的响应，系数值越大表明响应越强，即越大的系数表示越显著的特征。融合的目的就是综合集成源图像的显著特征，因此，绝对值取大法用作低秩系数的融合规则，即选择绝对值最大的系数作为融合系数：

$$\boldsymbol{Z}_p^F=\begin{cases}\boldsymbol{Z}_p^A, & |\boldsymbol{Z}_p^A|\geqslant|\boldsymbol{Z}_p^B| \\ \boldsymbol{Z}_p^B, & \text{其他}\end{cases} \tag{6.4.44}$$

式中，$\boldsymbol{p}$ 表示系数的二维位置。稀疏误差部分包含不能由低秩模型表示的细节，意味着稀疏误差系数也包含图像的显著特征，Lang 等人[34]将稀疏误差系数用于目标显著性检测也证明了这点。本书利用与低秩系数融合一样的绝对值最大规则对稀疏误差系数进行融合。

获得融合的低秩系数和稀疏误差系数后，可以根据低秩合成公式获得融合图像块：

$$\boldsymbol{X}_p^F=\boldsymbol{D}\boldsymbol{Z}_p^F+\boldsymbol{E}_p^F \tag{6.4.45}$$

由于 $\boldsymbol{X}_p^F$ 包含多个图像块，我们根据源图像块的取样位置 $\boldsymbol{S}_p$ 将这些融合的图像块放回原来的位置。由于图像块重叠取样且是非局部的，将会有多个图像块中的像素对应融合图像中的同一位置，对这些同一位置的像素进行平均来获得最终的融合图像。

6.5 实验结果与分析

(1)稀疏表示图像融合实验

①实验设置

为了验证稀疏表示图像融合算法[22]的有效性，将其与一些典型多聚焦融合方法进行比较，这些方法包括空间梯度法(spatial gradient，SG)[35]、形态小波变换(morphological wavelet transform，MWT)[36]、离散小波变换(discrete wavelet transform，DWT)[37]、静态小波变换(stationary wavelet transform，SWT)[38]、曲波变换(CVT)[39]和非下采样轮廓波变换(nonsubsampled contourlet transform，NSCT)[40]。采用最常用的多分辨率变换系数绝对值作为系数活跃度，采用取绝对值最大的系数作为融合系数，并采用基于 3×3 窗口的一致性校验。对于所有的基于多分辨率分析的方法，源图像进行四层分解。其中离散小波变换和静态小波变换的变换基为“db1”小波基。NSCT 变换分解为四层，各层的方向数从粗尺度到细尺度分别为 2，8，8 和 16。本节实验主要包括两部分：无噪声图像融合、带噪声图像融合。对于基于多分辨率分析的图像去噪方法，采用 K-sigma 硬阈值法，阈值通过下式得到：

$$TH = K\sigma \tag{6.5.1}$$

式中，K 为一个固定的常数，σ 为噪声强度。

本实验中用离散余弦变换基作为过完备字典，离散余弦变换基通过采样不同频率下的余弦波得到，用离散余弦变换基的主要原因是其实施简单。稀疏表示滑窗的尺寸设为 8×8，无噪声图像融合实验的重构误差设为 0.1。融合图像采用均方根误差(RMSE)和 $Q^{AB/F}$ 两个客观测度来评价其效果。RMSE 的值越小表示融合结果越好，$Q^{AB/F}$ 的值越大表示融合结果越好。

②无噪声图像融合

图 6.5.1 为四对待融合多聚焦源图像，图 6.5.1(a)为实验室源图像，左边的图像聚焦左边的钟表，右边的图像聚集右边的学生，其他源图像与图 6.5.1(a)类似，单个源图像仅聚焦整个场景的一部分。

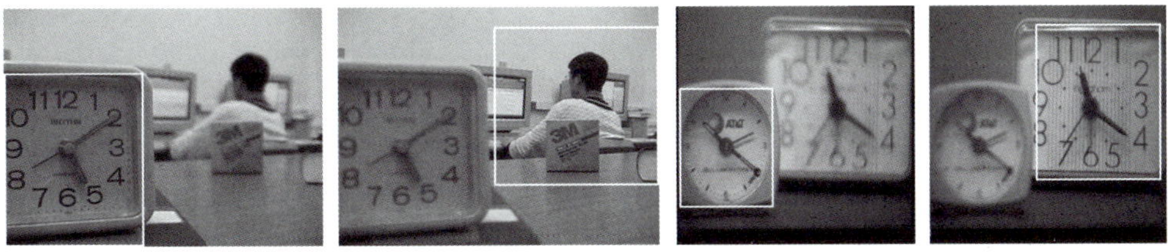

(a) 实验室源图像　　(b) 钟表源图像

(c) Pesil罐源图像　　(d) 办公室源图像

图 6.5.1　多聚焦融合源图像

用 SG，MWT，DWT，SWT，CVT 和 NSCT 六种多聚焦图像融合算法与稀疏表示图像融合算法进行对比。图 6.5.2 给出稀疏表示算法的融合图像，从图中可以看出，稀疏表示算法很好地融合了源图像的聚焦区域。实际上，源图像 6.5.1(a)中学生的头部很难做到完全配准，所以观察融合图像学生头部区域可以看出不同融合方法得到的融合图像的差别。为了方便观察，将不同方法融合图像的头部区域单独取出并放大，其结果如图 6.5.3 所示。基于 SG，MWT 和 DWT 的方法得到的结果有明显的扭曲，基于 CVT 方法的结果出现了吉布斯效应，主要是因为这些方法都不具有移不变的特性。虽然 SWT 和 NSCT 的融合效果比 DWT 和 CVT 有较大的改善，但是融合图像的对比度在一定程度上有所降低。综合分析可以看出稀疏表示算法得到的融合结果具有最好的视觉效果。融合结果的客观评价 RMSE 和 $Q^{AB/F}$ 如表 6.5.1 所示。从表 6.5.1 可以看出，对于测度 RMSE，稀疏表示算法明显优于其他六种方法。对于测度 $Q^{AB/F}$，稀疏表示方法只在融合图 6.5.1(d)时稍微比 NSCT 方法差。综合主观和客观评价，稀疏表示融合方法能够获得更好的融合图像。

图 6.5.2　稀疏表示算法的融合图像

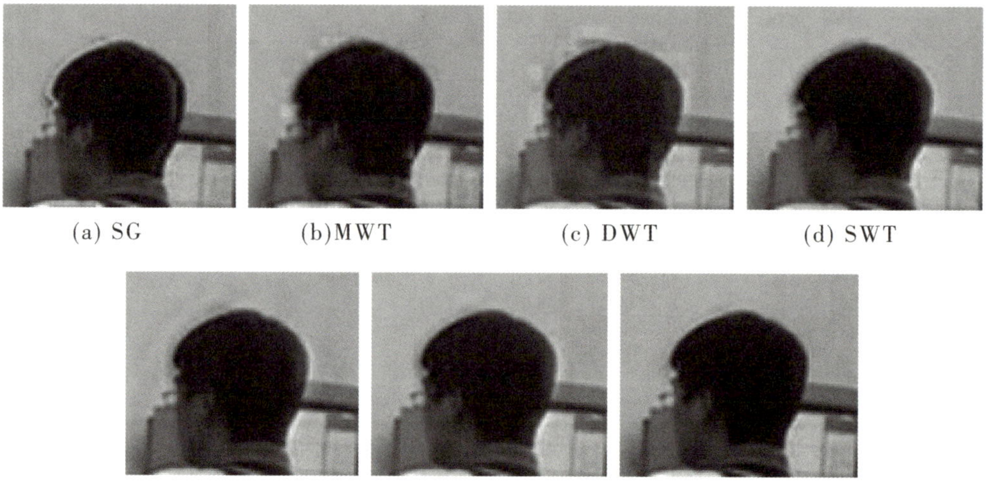

(a) SG　(b)MWT　(c) DWT　(d) SWT

(e) CVT　(f) NSCT　(g)本章稀疏表示算法

图 6.5.3　不同方法融合结果的头部放大区域

表 6.5.1 不同方法无噪声图像融合的评价指标

测度	方法	图 6.5.1(a)	图 6.5.1(b)	图 6.5.1(c)	图 6.5.1(d)
RMSE	SG	3.163	2.905	3.455	5.822
	MWT	6.868	6.020	7.717	10.349
	DWT	4.109	4.504	3.432	8.576
	SWT	4.154	3.820	3.082	8.159
	CVT	3.865	3.870	2.235	7.694
	NSCT	3.592	3.730	2.142	7.742
	稀疏表示	1.215	1.679	1.695	3.365
$Q^{AB/F}$	SG	0.710	0.703	0.754	0.661
	MWT	0.642	0.650	0.698	0.630
	DWT	0.685	0.685	0.737	0.668
	SWT	0.705	0.715	0.761	0.699
	CVT	0.692	0.696	0.745	0.684
	NSCT	0.712	0.716	0.759	0.702
	稀疏表示	0.723	0.725	0.766	0.700

③噪声图像融合

由于 CVT 和 NSCT 在图像去噪和图像融合上的优越性已经被广泛认可，选用 CVT 和 NSCT 的图像融合算法实现带噪声图像融合，将其与稀疏表示方法进行比较。本实验中，对于第一层 CVT 或 NSCT 细节系数，公式(6.5.1)中的参数 K 设置为 4，其他分解层设置为 3。对图 6.5.1 中的源图像增加方差为 15 的零均值加性白噪声。公式(6.3.60)中的常数 C 设置为 1.15。

带噪声多聚焦源图像，以及不同方法得到的恢复和融合图像如图 6.5.4 所示。图 6.5.4(c)为基于 CVT 方法得到的恢复和融合图像，融合图像中存在许多虚假边缘。综合比较发现，稀疏表示方法得到最好的视觉效果。下面对恢复与融合的结果进行融合性能评价，其客观测度 RMSE 和 $Q^{AB/F}$ 如表 6.5.2 所示。可以看出，总体上稀疏表示的图像恢复与融合算法能够得到比基于 CVT 和 NSCT 更好的融合结果。

为了验证不同噪声强度下稀疏表示算法的有效性，对源图像图 6.5.1(a)加了强度分别为 5，10，15，20 和 25 的高斯白噪声，客观测度 RMSE 和 $Q^{AB/F}$ 如表 6.5.3 所示，可以看出随着噪声强度的增加，各种方法所得到的恢复与融合结果的质量都有所下降，但不论在什么噪声强度下，所提出方法的恢复与融合效果都是最好的。

(a)聚焦钟表的噪声源图像

(b)聚焦学生的噪声源图像

(c)CVT融合图像

(d)NSCT融合图像

(e)稀疏表示融合图像

图 6.5.4　带噪声融合图像

表 6.5.2　不同方法对噪声图像融合的评价指标

测度	方法	图 6.5.1(a)	图 6.5.1(b)	图 6.5.1(c)	图 6.5.1(d)
RMSE	CVT	7.902	10.850	6.940	6.435
	NSCT	6.756	10.082	6.334	5.493
	稀疏表示	5.657	7.572	5.094	4.649
$Q^{AB/F}$	CVT	0.489	0.485	0.478	0.577
	NSCT	0.527	0.528	0.515	0.605
	稀疏表示	0.538	0.522	0.535	0.621

表 6.5.3　不同噪声强度下的融合结果

测度	方法	噪声强度				
		5	10	15	20	25
RMSE	CVT	5.171	6.646	7.963	8.969	9.835
	NSCT	4.484	5.665	6.776	7.824	8.667
	本节方法	2.809	4.364	5.680	6.815	8.067
$Q^{AB/F}$	CVT	0.587	0.528	0.493	0.459	0.420
	NSCT	0.615	0.565	0.528	0.491	0.451
	本节方法	0.616	0.571	0.534	0.501	0.463

(2)结构化稀疏表示图像融合实验

在印度松、赤铜矿、帕维亚中心三个图像上进行实验，验证所提超像素组稀疏表示方法的可行性。印度松数据是1992年由机载可见光红外成像光谱仪(AVIRIS)传感器拍摄而成，因其拍摄范围为美国印第安纳州的印度松区域而得名。印度松的空间分辨率为20 m，包含光谱范围为400～2500 nm的224个波段，每个波段间隔为10 nm。由于噪声和气溶胶的影响，波段104～108 nm，150～163 nm，220 nm不可用，因此在实验中这20个波段被舍弃。为获取丰富空间结构的部分，裁剪数据右下角的512×512的区域进行实验。下采样32倍后的图像作为仿真低空间分辨率高光谱图像，取波长为480 nm，560 nm，660 nm，830 nm，1650和2220 nm的波段组成仿真多光谱图像。取这些波段是为了与Landsat-7遥感数据的波长一致。赤铜矿数据描述了美国内华达州一个区域赤铜矿分布，该数据于1997年由AVIRIS卫星拍摄而成。数据覆盖波长范围为370～2480 nm，每个波段之间波长间隔约10 nm。去掉信噪比低和被水溶胶污染的波段之后裁取左上角512×512的区域作为参考图像。抽取与Landsat-7多光谱图像相同的波段作为仿真多光谱图像。帕维亚中心是由反射光学系统成像光谱仪(ROSIS)拍摄而成，成像区域为意大利北部的帕维亚市中心。帕维亚中心包括103个波段，覆盖波段范围为430～860 nm。裁剪其纹理特征较为明显的区域并舍去噪声最大的不可用波段，参考数据大小为512×512×102。低空间分辨率高光谱图像由参考图像下采样32倍来模拟。因为帕维亚中心数据波长范围只能覆盖到860 nm，所以多光谱图像取与Landsat-7波长相同的前四个波段进行模拟。

将所提超像素组稀疏表示方法SGSR与SASFM[41]、G-SOMP+[27]进行比较。SASFM方法为单像素融合方法，对多光谱图像的每个像素进行稀疏分解得到稀疏系数；G-SOMP+方法考虑到多光谱图像相邻像素之间的相似性对固定窗口内的像素联合稀疏分解得到稀疏系数，窗口大小选择8×8。客观评价指标选用均方根误差(RMSE)，评价结果如表6.5.4所示。从表6.5.4中可以看出，在印度松和帕维亚中心数据集上，SGSR取得了显著优于常规稀疏方法的结果。在赤铜矿数据集上，SGSR略微逊于G-SOMP+方法。总体而言，结构化稀疏表示取得了较好的融合结果。

表 6.5.4　不同融合方法 RMSE 指标

数据集	SASFM	G-SOMP+	SGSR
印度松	1.17	1.12	0.35
赤铜矿	1.33	1.01	1.12
帕维亚中心	4.23	3.81	2.18

图 6.5.5 展示了印度松数据不同方法的融合图像，可以看出，SGSR 方法整体误差较小，这是因为 SGSR 方法对相似的光谱(像素)聚类，以像素组为单位训练子字典，充分考虑了高光谱图像内部光谱结构。SGSR 方法的误差图像在河流区域减少了毛刺，这是因为超像素相较于固定窗口能够更准确地分割河流区域和沿岸区域，对超像素窗口进行结构化组稀疏分解得到更精确的稀疏系数从而增强重建效果。证明考虑高光谱图像内部光谱结构有利于增强整体重建效果，同时基于超像素的结构化组稀疏表示能够更好地利用多光谱图像的空间信息从而增强融合效果。

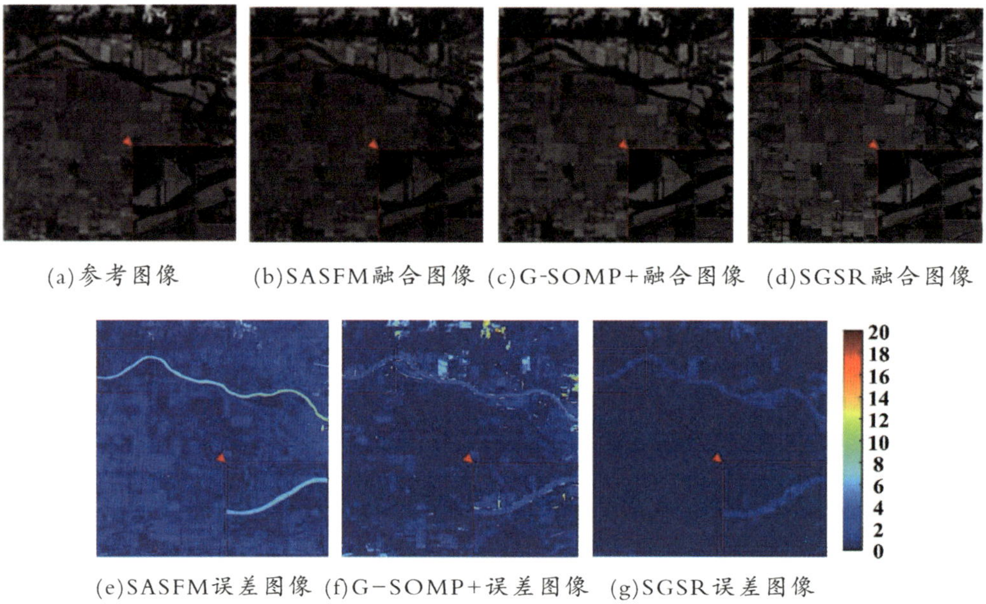

(a)参考图像　(b)SASFM融合图像　(c)G-SOMP+融合图像　(d)SGSR融合图像

(e)SASFM误差图像　(f)G-SOMP+误差图像　(g)SGSR误差图像

图 6.5.5　不同方法在印度松图像上的融合效果比较

本章小结

本章针对稀疏表示图像融合进行了介绍。首先，系统介绍了稀疏表示理论，包括字典构造、字典学习、稀疏求解方法，为后续图像融合研究奠定基础。然后构建了稀疏表示图像融合框架，对稀疏表示图像融合进行了总体介绍。接下来分稀疏表示和结构化稀疏表示两大类对图像融合方法进行了介绍。给出了多源联合稀疏表示、成像模型稀疏表示、空谱稀疏表示、注意力引导稀疏表示图像融合方法，以及稀疏表示同步融合与去噪、稀疏表示同步融合与超分辨率方法。稀疏表示同步融合与去噪方法不仅能够对常规的无噪声图像进行融合，也能对噪声图像进行融合，该方法不需要专门的图像去噪，在稀疏求解过程中直接去除噪声。稀疏表示同步融合与超分辨率方法能够在融合时对源图像进行超分辨率处理，克服源图像分辨率低的问题。为了有效利用源图像、字典、稀疏系数等对象的结构特性，研究了结构化稀疏表示，介绍了组稀疏表示、超像素组稀疏表示、非局部稀疏表示等结构化稀疏表示图像融合方法，这些方法充分利用了稀疏系数和字典的组稀疏特性、图像的二维结构等结构特性。

参考文献

[1]OLSHAUSEN B A, FIELD D J. Emergence of simple-cell receptive field properties by learning a sparse code for natural images[J]. Nature, 1996, 381(6583): 607-609.

[2]MALLAT S G, ZHANG Z. Matching pursuits with time-frequency dictionaries[J]. IEEE Transactions on Signal Processing, 1993, 41(12): 3397-3415.

[3]TROPP J A, GILBERT A C. Signal recovery from random measurements via orthogonal matching pursuit[J]. IEEE Transactions on Information Theory, 2007, 53(12): 4655-4666.

[4]TROPP J A, GILBERT A C, STRAUSS M J. Algorithms for simultaneous sparse approximation. Part I: greedy pursuit[J]. Signal Processing, 2006, 86(3): 572-588.

[5]AHARON M, ELAD M, BRUCKSTEIN A. K-SVD: an algorithm for designing overcomplete dictionaries for sparse representation[J]. IEEE Transactions on Signal Processing, 2006, 54(11): 4311-4322.

[6]YANG B, LI S. Pixel-level image fusion with simultaneous orthogonal matching pursuit[J]. Information Fusion, 2012, 13(1): 10-19.

[7]WANG T, FANG F, LI F, et al. High-quality Bayesian pansharpening[J]. IEEE Transactions on Image Processing, 2019, 28(1): 227-239.

[8]FASBENDER D, RADOUX J, BOGAERT P. Bayesian data fusion for adaptable image pansharpening[J]. IEEE Transactions on Geoscience and Remote Sensing, 2008, 46(6): 1847-1857.

[9]LI S, YANG B. A new pan-sharpening method using a compressed sensing technique[J]. IEEE Transactions on Geoscience and Remote Sensing, 2011, 49(2): 738-746.

[10]DONOHO D L. Compressed sensing[J]. IEEE Transactions on Information Theory, 2006, 52(4): 1289-1306.

[11]CANDÈS E J, ROMBERG J, TAO T. Stable signal recovery from incomplete and inaccurate measurements[J]. Communications on Pure and Applied Math, 2006, 59(8): 1207-1233.

[12]BARANIUK R G. Compressive sensing: lecture notes[J]. IEEE Signal Processing Magazine, 2007, 24(4): 118-121.

[13]CANDÈS E J, TAO T. Decoding by linear programming[J]. IEEE Transactions on Information Theory, 2005, 51(12): 4203-4215.

[14]CHEN S S, DONOHO D L, SAUNDERS M A. Atomic decomposition by basis pursuit[J]. SIAM Review, 2001, 43(1): 129-159.

[15]JOSHI M, JALOBEANU A. MAP estimation for multiresolution fusion in remotely sensed images using an IGMRF prior model[J]. IEEE Transactions on Geoscience and Remote Sensing, 2010, 48(3): 1245-1255.

[16]JIANG C, ZHANG H, SHEN H, et al. A practical compressed sensing-based pan-sharpening method[J]. IEEE Geoscience and Remote Sensing Letters, 2012, 9(4): 629-633.

[17]LI S, YIN H, FANG L. Remote sensing image fusion via sparse representations over learned dictionaries[J]. IEEE Transactions on Geoscience and Remote Sensing, 2013, 51(9): 4779-4789.

[18]AIAZZI B, ALPARONE L, BARONTI S, et al. MTF-tailored multiscale fusion of high-resolution MS and pan imagery[J]. Photogrammetric Engineering & Remote Sensing, 2006, 72(5): 591-596.

[19]YANG B, LI S. Visual attention guided image fusion with sparse representation[J]. Optik, 2014, 125(17): 4881-4888.

[20]LI S, YIN H. Multimodal image fusion with joint sparsity model[J]. Optical Engineering, 2011, 50(6): 067007.

[21]MITIANOUDIS N, STATHAKI T. Optimal contrast correction for ICA-based fusion of multimodal images[J]. IEEE Sensors Journal, 2008, 8(12): 2016-2026.

[22]YANG B, LI S. Multifocus image fusion and restoration with sparse representation[J]. IEEE Transactions on Instrumentation and Measurement, 2010, 59(4): 884-892.

[23]YIN H, LI S, FANG L. Simultaneous image fusion and super-resolution using sparse representation[J]. Information Fusion, 2013, 14(3): 229-240.

[24]ZELNIK-MANOR L, ROSENBLUM K, ELDAR Y C. Dictionary optimization for block-sparse representations[J]. IEEE Transactions on Signal Processing, 2012, 60(5): 2386-2395.

[25]LI S, YIN H, FANG L. Group-sparse representation with dictionary learning for medical image denoising and fusion[J]. IEEE Transactions on Biomedical Engineering, 2012, 59(12): 3450-3459.

[26]MAJUMDAR A, WARD R K. Fast group sparse classification[J]. Canadian Journal of Electrical and Computer Engineering, 2009, 34(4): 136-144.

[27]AKHTAR N, SHAFAIT F, MIAN A. Sparse spatio-spectral representation for hyperspectral image super-resolution[C]. European Conference on Computer Vision. Springer, Cham, 2014: 63-78.

[28]LIU M Y，TUZEL O，RAMALINGAM S，et al. Entropy rate superpixel segmentation [C]. 2011 IEEE Conference on Computer Vision and Pattern Recognition. IEEE，2011：2097-2104.

[29]MAIRAL J，BACH F，PONCE J，et al. Online dictionary learning for sparse coding[C]. Proceedings of the 26th Annual International Conference on Machine Learning. New York，2009：689-696.

[30]卓海杰. 基于超像素稀疏模型的高光谱图像超分辨率重建[D]. 长沙：湖南大学，2017.

[31]CANDÈS E J，LI X，MA Y，et al. Robust principal component analysis? [J]. Journal of the ACM，2011，58(3)：1-37.

[32]ZHOU T，TAO D. GoDec：randomized low-rank & sparse matrix decomposition in noisy case[C]. Proceedings of the 28th International Conference on Machine Learning，2011.

[33]LIU G，LIN Z，YAN S，et al. Robust recovery of subspace structures by low-rank representation[J]. IEEE Transactions on Pattern Analysis and Machine Intelligence，2013，35(1)：171-184.

[34]LANG C，LIU G，YU J，et al. Saliency detection by multitask sparsity pursuit[J]. IEEE Transactions on Image Processing，2012，21(3)：1327-1338.

[35]ELTOUKHY H A，KAVUSI S. A computationally efficient algorithm for multi-focus image reconstruction[C]. Sensors and Camera Systems for Scientific，Industrial，and Digital Photography Applications IV. SPIE，2003，5017：332-341.

[36]DE I，CHANDA B. A simple and efficient algorithm for multifocus image fusion using morphological wavelets[J]. Signal Processing，2006，86(5)：924-936.

[37]PAJARES G，DE LA CRUZ J M. A wavelet-based image fusion tutorial[J]. Pattern Recognition，2004，37(9)：1855-1872.

[38]BORWONWATANADELOK P，RATTANAPITAK W，UDOMHUNSAKUL S. Multi-focus image fusion based on stationary wavelet transform and extended spatial frequency measurement [C]. International Conference on Electronic Computer Technology. IEEE，2009：77-81.

[39]TESSENS L，LEDDA A，PIZURICA A，et al. Extending the depth of field in microscopy through curvelet-based frequency-adaptive image fusion[C]. IEEE International Conference on Acoustics，Speech and Signal Processing，2007，1：I-861-I-864.

[40]ZHANG Q，GUO B. Multifocus image fusion using the nonsubsampled contourlet transform[J]. Signal Processing，2009，89(7)：1334-1346.

[41]HUANG B，SONG H，CUI H，et al. Spatial and spectral image fusion using sparse matrix factorization[J]. IEEE Transactions on Geoscience and Remote Sensing，2014，52(3)：1693-1704.

第七章　张量表示图像融合

许多经典的信号处理方法采用向量或矩阵来表示和处理信号，对于高维信号，通常将其展开成向量或矩阵再进行处理。这种处理方式在向量化和矩阵化的过程中，会丢失高维信息，使其性能受到限制。多维信号的一种自然表示是张量，张量表示能够避免高维数据的结构损失，能够改进经典的数据处理方法。张量作为向量、矩阵在高阶空间的扩展，可以同时对多个属性进行表达和分析，并挖掘它们潜在的关联。对于多光谱、高光谱等高维图像，张量表示能够更加有效地对其进行处理，并取得优异性能。

本章首先介绍张量表示理论，然后介绍张量表示图像融合方法，包括稀疏张量表示图像融合方法与低秩张量表示图像融合方法。

7.1　张量表示理论

张量是向量、矩阵在高阶空间的扩展，图 7.1.1 是向量、矩阵以及张量示例，向量可以表示为一阶张量，矩阵是二阶张量，三阶及其以上张量称为高阶张量。张量具有将多个属性的相关数据进行组织、表达、分解及分析的能力。一个 N 阶的张量可以表示为 $\boldsymbol{A}\in\mathbb{R}^{I_1\times I_2\times\cdots\times I_n\times\cdots\times I_N}$，其中，$I_n$ 表示张量第 n 阶的维度。例如，一个三阶张

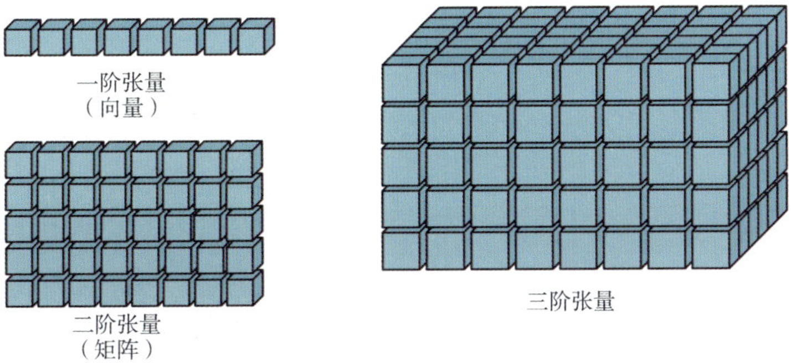

图 7.1.1　向量、矩阵和张量(以三阶张量为例)

量表示为$\boldsymbol{A}\in\mathbb{R}^{4\times5\times6}$，其第一、二、三阶的维度分别为4，5和6，其中每一阶的维度分别代表不同的属性维度，这样的结构使得张量成为处理和分析多维数据的有力工具。

(1)张量基本运算

如表7.1.1所示，张量的基本运算有外积(outer product)、内积(inner product)、模n积(mode-n product)以及哈达玛积(Hadamard product)等。

表7.1.1　张量的基本运算

运算名称及表达形式	计算方法
外积，$\boldsymbol{C}=\boldsymbol{A}\circ\boldsymbol{B}$	已知张量$\boldsymbol{A}\in\mathbb{R}^{I_1\times I_2\times\cdots\times I_N}$，$\boldsymbol{B}\in\mathbb{R}^{J_1\times J_2\times\cdots\times J_M}$， 则张量$\boldsymbol{A}\circ\boldsymbol{B}=\boldsymbol{C}\in\mathbb{R}^{I_1\times I_2\times\cdots\times I_N\times J_1\times J_2\times\cdots\times J_M}$， 其中，元素$c_{i_1,i_2,\cdots,i_N,j_1,j_2,\cdots,j_M}=a_{i_1,i_2,\cdots,i_N}b_{j_1,j_2,\cdots,j_M}$
内积，$\boldsymbol{C}=\boldsymbol{A}\cdot\boldsymbol{B}$	已知张量$\boldsymbol{A}\in\mathbb{R}^{I_1\times I_2\times\cdots\times I_N}$，$\boldsymbol{B}\in\mathbb{R}^{I_1\times I_2\times\cdots\times I_N}$， 则元素$\boldsymbol{C}=\boldsymbol{A}\cdot\boldsymbol{B}=\sum_{i_1=1}^{I_1}\sum_{i_2=1}^{I_2}\cdots\sum_{i_N=1}^{I_N}a_{i_1,i_2,\cdots,i_N}b_{i_1,i_2,\cdots,i_N}$
模n积，$\boldsymbol{C}=\boldsymbol{A}\times_n\boldsymbol{B}$	已知张量$\boldsymbol{A}\in\mathbb{R}^{I_1\times I_2\times\cdots\times I_n\times\cdots\times I_N}$，$\boldsymbol{B}\in\mathbb{R}^{I_m\times I_n}$， 则张量$\boldsymbol{C}=\boldsymbol{A}\times_n\boldsymbol{B}\in\mathbb{R}^{I_1\times I_2\times\cdots\times J_m\times\cdots\times I_N}$， 其中，元素$c_{i_1,\ i_2,\ \cdots,\ j_m,\ \cdots,\ i_N}=\sum_{i_n=1}^{I_n}a_{i_1,\ i_2,\ \cdots,\ i_n,\ \cdots,\ i_N}b_{j_m,\ i_n}$
哈达玛积，$\boldsymbol{C}=\boldsymbol{A}\oplus\boldsymbol{B}$	已知张量$\boldsymbol{A}\in\mathbb{R}^{I_1\times I_2\times\cdots\times I_N}$，$\boldsymbol{B}\in\mathbb{R}^{I_1\times I_2\times\cdots\times I_N}$， 则张量$\boldsymbol{C}=\boldsymbol{A}\oplus\boldsymbol{B}\in\mathbb{R}^{I_1\times I_2\times\cdots\times I_N}$，其中， 元素$c_{i_1\times i_2\times\cdots\times i_N}=a_{i_1\times i_2\times\cdots\times i_N}b_{i_1\times i_2\times\cdots\times i_N}$

外积：已知张量$\boldsymbol{A}\in\mathbb{R}^{I_1\times I_2\times\cdots\times I_N}$，$\boldsymbol{B}\in\mathbb{R}^{J_1\times J_2\times\cdots\times J_M}$，则张量$\boldsymbol{A}$和张量$\boldsymbol{B}$的外积为$\boldsymbol{A}\circ\boldsymbol{B}=\boldsymbol{C}\in\mathbb{R}^{I_1\times I_2\times\cdots\times I_N\times J_1\times J_2\times\cdots\times J_M}$，其中，元素$c_{i_1,i_2,\cdots,i_N,j_1,j_2,\cdots,j_M}=a_{i_1,i_2,\ldots,i_N}\cdot b_{j_1,j_2,\ldots,j_M}$。根据计算公式可知，张量的外积对张量进行升阶，结果张量$\boldsymbol{C}$的阶数是两个运算张量$\boldsymbol{A}$和$\boldsymbol{B}$阶数之和。

内积：设两个同阶同维的张量$\boldsymbol{A}\in\mathbb{R}^{I_1\times I_2\times\cdots\times I_N}$和$\boldsymbol{B}\in\mathbb{R}^{I_1\times I_2\times\cdots\times I_N}$，其内积

$$\boldsymbol{C}=\boldsymbol{A}\cdot\boldsymbol{B}=\sum_{i_1=1}^{I_1}\sum_{i_2=1}^{I_2}\cdots\sum_{i_N=1}^{I_N}a_{i_1,\ i_2,\ \cdots,\ i_N}b_{i_1,\ i_2,\ \cdots,\ i_N}\tag{7.1.1}$$

这种计算方式主要用于降低张量的阶数，或用于提取两个张量间的相互作用信息。

模n积：张量$\boldsymbol{A}\in\mathbb{R}^{I_1\times I_2\times\cdots\times I_n\times\cdots\times I_N}$和矩阵$\boldsymbol{B}\in\mathbb{R}^{J_m\times I_n}$在模(阶)$I_n$上相乘的结果是对张量$\boldsymbol{A}$的第$n$阶上维度进行替换，由原来的维度$I_n$替换为维度$J_m$。

多模乘(multi mode-n product)：张量的多模乘是指两个张量在若干个对应维度相

同的阶上同时进行相乘的运算。已知 N 阶张量 $\boldsymbol{A}\in\mathbb{R}^{I_1\times I_2\times\cdots\times I_n\times I_{n+1}\times I_{n+2}\times\cdots\times I_{n+k}\times\cdots\times I_N}$ 和 M 阶张量 $\boldsymbol{B}\in\mathbb{R}^{J_1\times J_2\times\cdots\times J_m\times J_{m+1}\times J_{m+2}\times\cdots\times J_{m+k}\times\cdots\times J_M}$ 在 K 个对应阶上维度相等($I_{n+1}=J_{m+1}$，$I_{n+2}=J_{m+2}$，…，$I_{n+k}=J_{m+k}$)，则张量 $\boldsymbol{A}$ 和 $\boldsymbol{B}$ 在 K 个相等阶上的多模乘运算结果为 $N+M+2K$ 阶的张量 $\boldsymbol{C}\in\mathbb{R}^{I_1\times I_2\times\cdots\times I_n\times I_{n+k+1}\times\cdots\times I_N\times J_1\times J_2\times\cdots\times J_m\times J_{m+k+1}\times\cdots\times J_M}$，表示为：

$$\boldsymbol{C}=\boldsymbol{A}\times_{I_{n+1},\ I_{n+2},\ \cdots,\ I_{n+k}}^{J_{m+1},\ J_{m+2},\ \cdots,\ J_{m+k}}\boldsymbol{B} \tag{7.1.2}$$

其中，$c_{i_1\times i_2\times\cdots\times i_n\times i_{n+k+1}\times\cdots\times i_N\times j_1\times j_2\times\cdots\times j_m\times j_{m+k+1}\times\cdots\times j_M}=\sum_{n+1}\cdots\sum_{n+K}(a_{\cdots i_{n+1}\cdots i_{n+K}\cdots}\cdot b_{\cdots i_{n+1}\cdots i_{n+K}\cdots})$。

哈达玛积：哈达玛积是张量运算中较为简单的一种运算，其计算的规则是将两个同阶同维的张量在对应位置上的元素相乘得到另外一个同阶同维的张量。两个 N 阶张量 $\boldsymbol{A}\in\mathbb{R}^{I_1\times I_2\times\cdots\times I_N}$，$\boldsymbol{B}\in\mathbb{R}^{I_1\times I_2\times\cdots\times I_N}$ 的哈达玛积为另外一个 N 阶张量 $\boldsymbol{C}\in\mathbb{R}^{I_1\times I_2\times\cdots\times I_N}$，其中，元素 $c_{i_1\times i_2\times\cdots\times i_N}=a_{i_1\times i_2\times\cdots\times i_N}b_{i_1\times i_2\times\cdots\times i_N}$。

张量的基本运算还包括克罗内克积(Kronecker product)以及强克罗内克积(Khatri-Rao product)等。

(2)张量分解

张量的分解方法主要有 *CP*(canonical polyadic)分解和塔克(Tucker)分解两种。N 阶张量 $\boldsymbol{A}$ 的 CP 分解是把张量 $\boldsymbol{A}$ 分解成 R 组 N 个秩一向量的外积形式。如图 7.1.2 所示，以一个 N 阶张量 $\boldsymbol{A}$ 为例，其 CP 分解可表示为：

$$\boldsymbol{A}=\boldsymbol{a}_1\circ\boldsymbol{b}_1\circ\boldsymbol{c}_1+\boldsymbol{a}_2\circ\boldsymbol{b}_2\circ\boldsymbol{c}_2+\boldsymbol{a}_3\circ\boldsymbol{b}_3\circ\boldsymbol{c}_3+\cdots+\boldsymbol{a}_r\circ\boldsymbol{b}_r\circ\boldsymbol{c}_r+\cdots+\boldsymbol{a}_R\circ\boldsymbol{b}_R\circ\boldsymbol{c}_R \tag{7.1.3}$$

式中，$\boldsymbol{a}_r$，$\boldsymbol{b}_r$ 和 $\boldsymbol{c}_r$($1\leqslant r\leqslant R$)表示秩一向量。CP 分解的结果不唯一，对其秩的求解是 NP-hard 问题[1]。

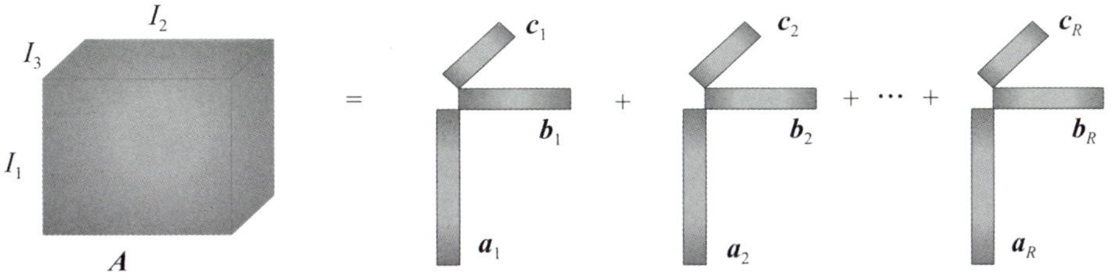

图 7.1.2 张量的 CP 分解

张量的塔克分解是把 N 阶张量 $\boldsymbol{A}$ 分解成一个 N 阶的核心张量 $\boldsymbol{S}$ 和 N 个伴随矩阵。近年来，张量的塔克分解已经成功应用于目标识别、图像去噪、张量填充、降维、光谱解混和压缩感知等领域。如图 7.1.3 所示，三阶张量 $\boldsymbol{A}$ 的 Tucker 分解结果为核心张量 $\boldsymbol{S}$ 和三个伴随矩阵 $\boldsymbol{U}_1$，$\boldsymbol{U}_2$ 和 $\boldsymbol{U}_3$ 的单模乘，$\boldsymbol{A}=\boldsymbol{S}\times_1\boldsymbol{U}_1\times_2\boldsymbol{U}_2\times_3\boldsymbol{U}_3$。高阶奇异值分解(high-order singular value decomposition，HOSVD)是张量塔克分解的特殊形式，其得到的伴随矩阵均是正交的，其反映了张量对应阶上的特征分布。

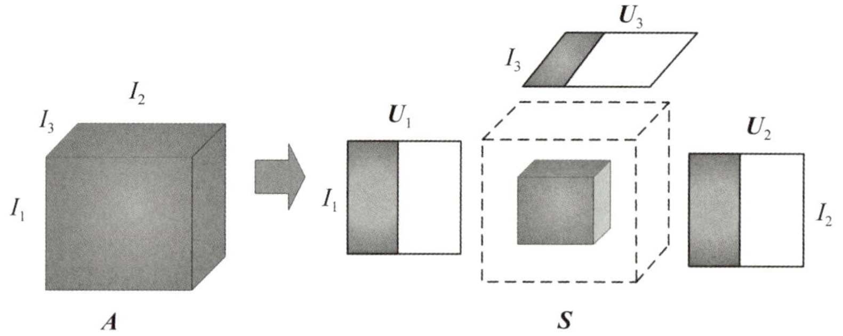

图 7.1.3　张量的塔克分解

7.2　稀疏张量表示图像融合

融合高空间分辨率多光谱图像与低空间分辨率高光谱图像已成为获得高空间分辨率高光谱图像的有效途径。其中一类非常重要的融合方法基于矩阵分解，然而二维的矩阵数据表示难以充分利用高光谱图像的三维空谱特性。为了解决这一问题，本节建立基于稀疏张量表示的多光谱和高光谱图像融合模型。将高光谱图像分解成三个维度的字典和核张量，三个维度的字典分别表示高光谱图像三个维度的信息，核张量表示三个维度信息之间的关联性。由于高光谱图像的光谱相似性，核张量往往具有一定的稀疏性，该分解可以有效地分离融合高光谱图像的空间信息和光谱信息。基于建立的稀疏张量表示融合模型，本节提出了基于非局部稀疏张量表示的融合方法和基于耦合稀疏张量表示的融合方法[2-4]。

7.2.1　稀疏张量表示模型

如图 7.2.1 所示，基于矩阵分解的方法首先将三维的高空间分辨率高光谱图像沿光谱维展开成一个二维的矩阵，然后基于光谱线性解混模型，假设该矩阵可以分解为光谱基(端元)以及相应的系数(丰度)。基于矩阵分解的融合方法将融合转化为对光谱基和系数的估计，基于矩阵分解的融合方法已经成为研究热点。然而高光谱图像本质上是一个三维的张量，矩阵分解忽略了高光谱图像的三维空谱结构。为了解决上述问题，本节方法将高光谱图像看作三维张量，并把高维张量分解成核张量和三个维度的字典，每个维度的字典可以表示张量在每个维度的信息，核张量表示各个维度信息之间的关联程度，基于此提出了一种基于稀疏张量表示的多光谱与高光谱图像融合方法。在该方法中，首先建立基于张量塔克分解的高光谱和多光谱图像成像模型，通过该模型把高光谱图像分解成三个维度的字典和核张量，使得图像特征能够在不同维度上得到有效表示，如图 7.2.2 所示。在该分解中，空间维度的字典代表空间信息，光谱维度的字典表示光谱信息，核张量表示三种模态字典之间的关联程度。在此框架下，高光谱图像三个维度的信息在一个统一的模型中进行表示，因此可以更好地利用高光谱图像的空谱相关性。由于高光谱图像在空间和光谱维度的相似性，所以核张量存在一定的稀疏性。因而多光谱与高光谱图像的融合转化为对稀疏核张量和三个维度字典的估计。

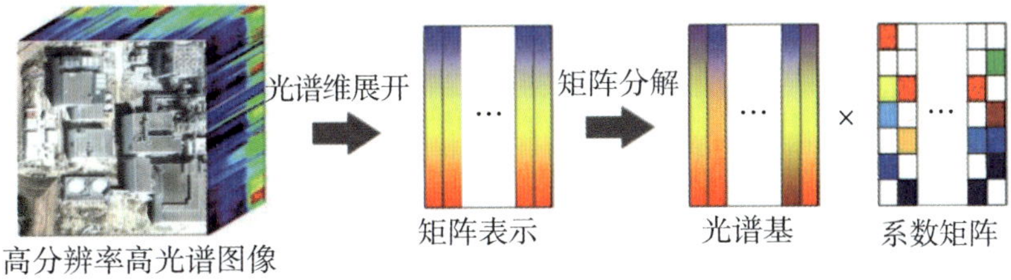

图 7.2.1　基于矩阵表示的高光谱图像分解示意图

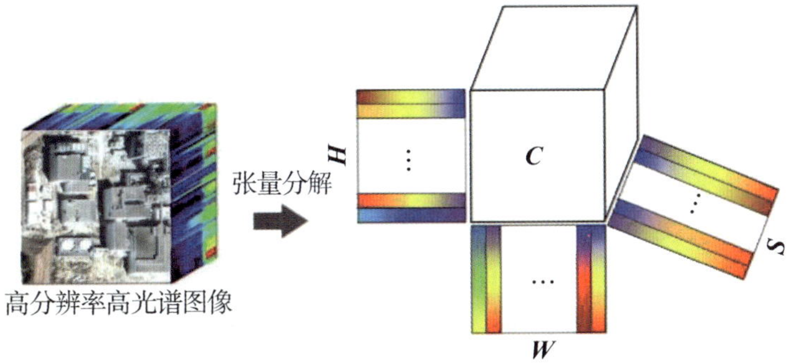

图 7.2.2　基于张量塔克分解表示的高光谱图像分解示意图

在本节中，多光谱和高光谱图像用张量表示。具体而言，$\boldsymbol{X}\in\mathbb{R}^{W\times H\times S}$表示高分辨率高光谱图像，其中 W，H 和 S 分别表示高光谱图像的三个维度，$\boldsymbol{Y}\in\mathbb{R}^{w\times h\times S}$表示低分辨率高光谱图像，其中 $W>w$，$H>h$。$\boldsymbol{Z}\in\mathbb{R}^{W\times H\times s}$表示高分辨率多光谱图

像，其中 $S>s$。

首先，建立基于张量分解的高光谱和多光谱图像成像模型。如图 7.2.2 所示，本节提出的基于张量分解的方法直接将高分辨率高光谱图像分解为核张量和三个维度的字典。分解的数学表达为：

$$\boldsymbol{X}=\boldsymbol{C}\times_1\boldsymbol{W}\times_2\boldsymbol{H}\times_3\boldsymbol{S} \tag{7.2.1}$$

式中，$\boldsymbol{W}\in\mathbb{R}^{W\times n_w}$，$\boldsymbol{H}\in\mathbb{R}^{H\times n_h}$，$\boldsymbol{S}\in\mathbb{R}^{S\times n_s}$ 表示三个维度的字典，$\boldsymbol{C}\in\mathbb{R}^{n_w\times n_h\times n_s}$ 表示核张量，也可以看作是张量 $\boldsymbol{X}$ 在三个字典上的系数。

低分辨率高光谱图像 $\boldsymbol{Y}$ 可以看作是 $\boldsymbol{X}$ 空间下采样得到。假设高光谱成像传感器的点扩散函数和下采样操作在空间上的两个维度是可分解的，那么低分辨率高光谱图像存在如下塔克分解：

$$\boldsymbol{Y}=\boldsymbol{X}\times_1\boldsymbol{P}_1\times_2\boldsymbol{P}_2 \tag{7.2.2}$$

式中，$\boldsymbol{P}_1\in\mathbb{R}^{w\times W}$ 和 $\boldsymbol{P}_2\in\mathbb{R}^{h\times H}$ 表示空间维度的下采样矩阵。将式(7.2.1)代入式(7.2.2)，高光谱图像 $\boldsymbol{Y}$ 存在如下塔克分解：

$$\boldsymbol{Y}=\boldsymbol{C}\times_1(\boldsymbol{P}_1\boldsymbol{W})\times_2(\boldsymbol{P}_2\boldsymbol{H})\times_3\boldsymbol{S}=\boldsymbol{C}\times_1\boldsymbol{W}^*\times_2\boldsymbol{H}^*\times_3\boldsymbol{S} \tag{7.2.3}$$

式中，$\boldsymbol{W}^*=\boldsymbol{P}_1\boldsymbol{W}\in\mathbb{R}^{w\times n_w}$ 和 $\boldsymbol{H}^*=\boldsymbol{P}_2\boldsymbol{H}\in\mathbb{R}^{h\times n_h}$ 表示低分辨率高光谱图像空间维度的字典。对于点扩散函数，可分离性假设是有效的，例如 boxcar 和高斯卷积核在两个空间维度都是可分离的。文献[5]详细讨论了这种分离性假设在张量计算中的作用。

高分辨率多光谱图像 $\boldsymbol{Z}$ 可以看作是由 $\boldsymbol{X}$ 光谱下采样得到，$\boldsymbol{Z}$ 可以表示为：

$$\boldsymbol{Z}=\boldsymbol{X}\times_3\boldsymbol{P}_3 \tag{7.2.4}$$

式中，$\boldsymbol{P}_3\in\mathbb{R}^{s\times S}$ 是光谱维度的采样矩阵，由相机的光谱响应函数确定。将式(7.2.1)代入式(7.2.4)，多光谱图像 $\boldsymbol{Z}$ 可以被分解为：

$$\boldsymbol{Z}=\boldsymbol{C}\times_1\boldsymbol{W}\times_2\boldsymbol{H}\times_3(\boldsymbol{P}_3\boldsymbol{S})=\boldsymbol{C}\times_1\boldsymbol{W}\times_2\boldsymbol{H}\times_3\boldsymbol{S}^* \tag{7.2.5}$$

式中，$\boldsymbol{S}^*=\boldsymbol{P}_3\boldsymbol{S}\in\mathbb{R}^{s\times n_s}$，表示多光谱图像的光谱字典。基于上述成像模型，多光谱与高光谱图像融合问题转化成了对 $\boldsymbol{W}$，$\boldsymbol{H}$，$\boldsymbol{S}$ 和 $\boldsymbol{C}$ 的估计问题。

7.2.2 耦合稀疏张量表示图像融合

基于高光谱图像的稀疏张量表示模型，多光谱与高光谱图像的融合问题被转化成了对三个维度字典和稀疏核张量的估计问题，本节提出基于耦合稀疏张量表示(coupled sparse tensor factorization，CSTF)的图像融合方法。

基于式(7.2.3)和式(7.2.5)，将融合问题转换成为如下约束的最小二乘优化问题：

$$\min_{\boldsymbol{W},\boldsymbol{H},\boldsymbol{S},\boldsymbol{C}} \|\boldsymbol{Y}-\boldsymbol{C}\times_1\boldsymbol{W}^*\times_2\boldsymbol{H}^*\times_3\boldsymbol{S}\|_F^2+\|\boldsymbol{Z}-\boldsymbol{C}\times_1\boldsymbol{W}\times_2\boldsymbol{H}\times_3\boldsymbol{S}^*\|_F^2 \quad \text{s.t.} \|\boldsymbol{C}\|_0\leqslant N \tag{7.2.6}$$

式中，$\|\cdot\|_F$ 表示 Frobenius 范数；$\|\cdot\|_0$ 是 $\boldsymbol{l}_0$ 范数，表示非零元素的个数；N 表示张量 $\boldsymbol{C}$ 中非零元素的个数的最大值。由于 $\boldsymbol{l}_0$ 范数的存在，对于式(7.2.6)的优化是非凸的，难以优化。为了使得优化更容易求解，将 $\boldsymbol{l}_0$ 范数替换为 $\boldsymbol{l}_1$ 范数，得到如下优化问题：

$$\min_{\boldsymbol{W},\boldsymbol{H},\boldsymbol{S},\boldsymbol{C}} \|\boldsymbol{Y}-\boldsymbol{C}\times_1\boldsymbol{W}^*\times_2\boldsymbol{H}^*\times_3\boldsymbol{S}\|_F^2+\|\boldsymbol{Z}-\boldsymbol{C}\times_1\boldsymbol{W}\times_2\boldsymbol{H}\times_3\boldsymbol{S}^*\|_F^2+\lambda\|\boldsymbol{C}\|_1 \tag{7.2.7}$$

式中，λ 是稀疏项正则化参数。对于式(7.2.7)的优化依然是非凸的，对于 $\boldsymbol{W}$，$\boldsymbol{H}$，$\boldsymbol{S}$ 和 $\boldsymbol{C}$ 不唯一。然而当其他变量不变时，式(7.2.7)中的目标函数对于每一个变量而言都是凸的。可使用近端交替优化方法[6]求解式(7.2.7)，在一定的条件下可确保收敛。$\boldsymbol{W}$，$\boldsymbol{H}$，$\boldsymbol{S}$ 和 $\boldsymbol{C}$ 通过如下方式迭代优化：

$$\begin{aligned}
\boldsymbol{W}&=\arg\min_{\boldsymbol{W}} f(\boldsymbol{W},\boldsymbol{H},\boldsymbol{S},\boldsymbol{C})+\beta\|\boldsymbol{W}-\boldsymbol{W}_{\text{pre}}\|_F^2\\
\boldsymbol{H}&=\arg\min_{\boldsymbol{H}} f(\boldsymbol{W},\boldsymbol{H},\boldsymbol{S},\boldsymbol{C})+\beta\|\boldsymbol{H}-\boldsymbol{H}_{\text{pre}}\|_F^2\\
\boldsymbol{S}&=\arg\min_{\boldsymbol{S}} f(\boldsymbol{W},\boldsymbol{H},\boldsymbol{S},\boldsymbol{C})+\beta\|\boldsymbol{S}-\boldsymbol{S}_{\text{pre}}\|_F^2\\
\boldsymbol{C}&=\arg\min_{\boldsymbol{C}} f(\boldsymbol{W},\boldsymbol{H},\boldsymbol{S},\boldsymbol{C})+\beta\|\boldsymbol{C}-\boldsymbol{C}_{\text{pre}}\|_F^2
\end{aligned} \tag{7.2.8}$$

式中，目标函数 $f(\boldsymbol{W},\boldsymbol{H},\boldsymbol{S},\boldsymbol{C})$ 的定义如式(7.2.7)，β 是一个大于 0 的参数，$(\cdot)_{\text{pre}}$ 表示在上一次迭代中得到的值。接下来，详细介绍对于 $\boldsymbol{W}$，$\boldsymbol{H}$，$\boldsymbol{S}$ 和 $\boldsymbol{C}$ 的优化。

(1)对三个维度字典的优化

当 $\boldsymbol{H}$，$\boldsymbol{S}$ 和 $\boldsymbol{C}$ 固定时，式(7.2.8)中对 $\boldsymbol{W}$ 的优化可表示为：

$$\min_{\boldsymbol{W}} \|\boldsymbol{Y}-\boldsymbol{C}\times_1\boldsymbol{W}^*\times_2\boldsymbol{H}^*\times_3\boldsymbol{S}\|_F^2+\|\boldsymbol{Z}-\boldsymbol{C}\times_1\boldsymbol{W}\times_2\boldsymbol{H}\times_3\boldsymbol{S}^*\|_F^2+\beta\|\boldsymbol{W}-\boldsymbol{W}_{\text{pre}}\|_F^2 \tag{7.2.9}$$

式中，$\boldsymbol{W}_{\text{pre}}$ 表示上一次迭代中估计得到的字典。基于张量的 n 维展开，式(7.2.9)等价于如下优化：

$$\min_{\boldsymbol{W}} \|\boldsymbol{Y}_{(1)}-\boldsymbol{P}_1\boldsymbol{W}\boldsymbol{A}_w\|_F^2+\|\boldsymbol{Z}_{(1)}-\boldsymbol{W}\boldsymbol{B}_w\|_F^2+\beta\|\boldsymbol{W}-\boldsymbol{W}_{\text{pre}}\|_F^2 \tag{7.2.10}$$

式中，$\boldsymbol{Y}_{(1)}$ 和 $\boldsymbol{Z}_{(1)}$ 分别表示张量 $\boldsymbol{Y}$ 和 $\boldsymbol{Z}$ 的一维展开矩阵，$\boldsymbol{A}_w=(\boldsymbol{C}\times_2\boldsymbol{H}^*\times_3\boldsymbol{S})_{(1)}$，

$\boldsymbol{B}_w=(\boldsymbol{C}\times_2\boldsymbol{H}\times_3\boldsymbol{S}^*)_{(1)}$。优化式(7.2.10)是二次的强凸优化问题，有唯一解，通过使得导数等于0可得到如下方程：

$$\boldsymbol{P}_1^{\mathrm{T}}\boldsymbol{P}_1\boldsymbol{W}\boldsymbol{A}_w\boldsymbol{A}_w^{\mathrm{T}}+\boldsymbol{W}(\boldsymbol{B}_w\boldsymbol{B}_w^{\mathrm{T}}+\beta\boldsymbol{I})=\boldsymbol{P}_1^{\mathrm{T}}\boldsymbol{Y}_{(1)}\boldsymbol{A}_w^{\mathrm{T}}+\boldsymbol{Z}_{(1)}\boldsymbol{B}_w^{\mathrm{T}}+\beta\boldsymbol{W}_{\mathrm{pre}} \tag{7.2.11}$$

本节使用共轭梯度法(conjugate gradient，CG)求解式(7.2.11)。对于共轭梯度法的应用，做如下三个说明：①与式(7.2.11)相关的系统矩阵是对称正定的，这是直接应用CG的充要条件；②应用共轭梯度法的计算代价最大的步骤是系统矩阵与向量的乘法，可通过矩阵运算快速执行；③共轭梯度法收敛快。事实上，共轭梯度法的收敛是线性的，并且依赖于与式(7.2.11)相关的系统矩阵的最大和最小特征值的比值。

当$\boldsymbol{W}$，$\boldsymbol{S}$和$\boldsymbol{C}$固定时，式(7.2.8)中对$\boldsymbol{H}$可表示为

$$\min_{\boldsymbol{H}}\|\boldsymbol{Y}-\boldsymbol{C}\times_1\boldsymbol{W}^*\times_2\boldsymbol{H}^*\times_3\boldsymbol{S}\|_{\mathrm{F}}^2+\|\boldsymbol{Z}-\boldsymbol{C}\times_1\boldsymbol{W}\times_2\boldsymbol{H}\times_3\boldsymbol{S}^*\|_{\mathrm{F}}^2+\beta\|\boldsymbol{H}-\boldsymbol{H}_{\mathrm{pre}}\|_{\mathrm{F}}^2 \tag{7.2.12}$$

式中，$\boldsymbol{H}_{\mathrm{pre}}$表示上一次迭代中估计得到的字典。跟$\boldsymbol{W}$的估计相似，优化(7.2.12)可等价表示为：

$$\min_{\boldsymbol{W}}\|\boldsymbol{Y}_{(2)}-\boldsymbol{P}_2\boldsymbol{W}\boldsymbol{A}_h\|_{\mathrm{F}}^2+\|\boldsymbol{Z}_{(2)}-\boldsymbol{W}\boldsymbol{B}_h\|_{\mathrm{F}}^2+\beta\|\boldsymbol{H}-\boldsymbol{H}_{\mathrm{pre}}\|_{\mathrm{F}}^2 \tag{7.2.13}$$

式中，$\boldsymbol{Y}_{(2)}$和$\boldsymbol{Z}_{(2)}$分别是张量$\boldsymbol{Y}$和$\boldsymbol{Z}$的二维展开矩阵，$\boldsymbol{A}_h=(\boldsymbol{C}\times_1\boldsymbol{W}^*\times_3\boldsymbol{S})_{(2)}$和$\boldsymbol{B}_h=(\boldsymbol{C}\times_1\boldsymbol{W}\times_3\boldsymbol{S}^*)_{(2)}$。优化式(7.2.13)是二次的强凸优化问题，有唯一解，通过求导等于0得到如下方程：

$$\boldsymbol{P}_2^{\mathrm{T}}\boldsymbol{P}_2\boldsymbol{W}\boldsymbol{A}_h\boldsymbol{A}_h^{\mathrm{T}}+\boldsymbol{W}(\boldsymbol{B}_h\boldsymbol{B}_h^{\mathrm{T}}+\beta\boldsymbol{I})=\boldsymbol{P}_2^{\mathrm{T}}\boldsymbol{Y}_{(2)}\boldsymbol{A}_h^{\mathrm{T}}+\boldsymbol{Z}_{(2)}\boldsymbol{B}_h^{\mathrm{T}}+\beta\boldsymbol{H}_{\mathrm{pre}} \tag{7.2.14}$$

采用共轭梯度法求解式(7.2.14)，可达到线性收敛。

当$\boldsymbol{W}$，$\boldsymbol{H}$和$\boldsymbol{C}$固定时，式(7.2.8)中对$\boldsymbol{S}$可表示为：

$$\min_{\boldsymbol{S}}\|\boldsymbol{Y}-\boldsymbol{C}\times_1\boldsymbol{W}^*\times_2\boldsymbol{H}^*\times_3\boldsymbol{S}\|_{\mathrm{F}}^2+\|\boldsymbol{Z}-\boldsymbol{C}\times_1\boldsymbol{W}\times_2\boldsymbol{H}\times_3\boldsymbol{S}^*\|_{\mathrm{F}}^2+\beta\|\boldsymbol{S}-\boldsymbol{S}_{\mathrm{pre}}\|_{\mathrm{F}}^2 \tag{7.2.15}$$

式中，$\boldsymbol{S}_{\mathrm{pre}}$表示上一次迭代估计得到的光谱维度的字典。将式(7.2.15)中的张量沿第三维展开，得到如下等价形式：

$$\min_{\boldsymbol{S}}\|\boldsymbol{Y}_{(3)}-\boldsymbol{S}\boldsymbol{A}_s\|_{\mathrm{F}}^2+\|\boldsymbol{Z}_{(3)}-\boldsymbol{P}_3\boldsymbol{S}\boldsymbol{B}_s\|_{\mathrm{F}}^2+\beta\|\boldsymbol{S}-\boldsymbol{S}_{\mathrm{pre}}\|_{\mathrm{F}}^2 \tag{7.2.16}$$

式中，$\boldsymbol{Y}_{(3)}$和$\boldsymbol{Z}_{(3)}$分别是张量$\boldsymbol{Y}$和$\boldsymbol{Z}$的三维展开矩阵，$\boldsymbol{A}_s=(\boldsymbol{C}\times_1\boldsymbol{W}^*\times_2\boldsymbol{H}^*)_{(3)}$，$\boldsymbol{B}_s=(\boldsymbol{C}\times_1\boldsymbol{W}\times_2\boldsymbol{H})_{(3)}$。优化式(7.2.16)是二次的强凸优化问题，有唯一解，通过求导等于0得到如下方程：

$$\boldsymbol{S}(\boldsymbol{A}_s\boldsymbol{A}_s^{\mathrm{T}}+\beta\boldsymbol{I})+\boldsymbol{P}_3^{\mathrm{T}}\boldsymbol{P}_3\boldsymbol{W}\boldsymbol{B}_s\boldsymbol{B}_s^{\mathrm{T}}=\boldsymbol{Y}_{(3)}\boldsymbol{A}_s^{\mathrm{T}}+\boldsymbol{P}_3^{\mathrm{T}}\boldsymbol{Z}_{(3)}\boldsymbol{B}_s^{\mathrm{T}}+\beta\boldsymbol{S}_{\mathrm{pre}} \tag{7.2.17}$$

采用共轭梯度法来解优化式(7.2.17)，可达到线性收敛，只需几次迭代就可获得最优解。

(2)对核张量的优化

当三个维度的字典 $\boldsymbol{W}$，$\boldsymbol{H}$ 和 $\boldsymbol{S}$ 固定时，对核张量 $\boldsymbol{C}$ 的优化可表示为：

$$\min_{\boldsymbol{C}}\|\boldsymbol{Y}-\boldsymbol{C}\times_1\boldsymbol{W}^*\times_2\boldsymbol{H}^*\times_3\boldsymbol{S}\|_{\mathrm{F}}^2+\lambda\|\boldsymbol{C}\|_1+\|\boldsymbol{Z}-\boldsymbol{C}\times_1\boldsymbol{W}\times_2\boldsymbol{H}\times_3\boldsymbol{S}^*\|_{\mathrm{F}}^2+\beta\|\boldsymbol{C}-\boldsymbol{C}_{\mathrm{pre}}\|_{\mathrm{F}}^2 \tag{7.2.18}$$

式中，$\boldsymbol{C}_{\mathrm{pre}}$表示在上一次迭代中估计得到的核张量。式(7.2.18)是凸的，可以通过交替方向乘子法快速求解[7]。通过引入变量 $\boldsymbol{C}_1=\boldsymbol{C}$ 和 $\boldsymbol{C}_2=\boldsymbol{C}$，优化式(7.2.18)可等价于如下优化：

$$\min_{\boldsymbol{C}_1,\boldsymbol{C}_2,\boldsymbol{C}_3} g(\boldsymbol{C})+g_1(\boldsymbol{C}_1)+g_2(\boldsymbol{C}_2)\quad \text{s. t.}\quad \boldsymbol{C}_1=\boldsymbol{C},\ \boldsymbol{C}_2=\boldsymbol{C} \tag{7.2.19}$$

其中：

$$g(\boldsymbol{C})=\lambda\|\boldsymbol{C}\|_1+\beta\|\boldsymbol{C}-\boldsymbol{C}_{\mathrm{pre}}\|_{\mathrm{F}}^2 \tag{7.2.20}$$

$$g_1(\boldsymbol{C}_1)=\|\boldsymbol{Y}-\boldsymbol{C}_1\times_1\boldsymbol{W}^*\times_2\boldsymbol{H}^*\times_3\boldsymbol{S}\|_{\mathrm{F}}^2 \tag{7.2.21}$$

$$g_1(\boldsymbol{C}_2)=\|\boldsymbol{Z}-\boldsymbol{C}_2\times_1\boldsymbol{W}\times_2\boldsymbol{H}\times_3\boldsymbol{S}^*\|_{\mathrm{F}}^2 \tag{7.2.22}$$

式(7.2.19)的增广拉格朗日乘子函数是：

$$\begin{aligned}L(\boldsymbol{C},\boldsymbol{C}_1,\boldsymbol{C}_2,\boldsymbol{V}_1,\boldsymbol{V}_2)=&\lambda\|\boldsymbol{C}\|_1+\beta\|\boldsymbol{C}-\boldsymbol{C}_{\mathrm{pre}}\|_{\mathrm{F}}^2+\\&\|\boldsymbol{Y}-\boldsymbol{C}_1\times_1\boldsymbol{W}^*\times_2\boldsymbol{H}^*\times_3\boldsymbol{S}\|_{\mathrm{F}}^2+\mu\|\boldsymbol{C}-\boldsymbol{C}_1-\boldsymbol{V}_1\|_{\mathrm{F}}^2+\\&\|\boldsymbol{Z}-\boldsymbol{C}_2\times_1\boldsymbol{W}\times_2\boldsymbol{H}\times_3\boldsymbol{S}^*\|_{\mathrm{F}}^2+\mu\|\boldsymbol{C}-\boldsymbol{C}_2-\boldsymbol{V}_2\|_{\mathrm{F}}^2\end{aligned} \tag{7.2.23}$$

式中，$\boldsymbol{V}_1$ 和 $\boldsymbol{V}_2$ 是缩放的拉格朗日乘子，μ 是惩罚参数。交替方向乘子法的迭代如下所示：

for $t=1,\cdots$

$$\boldsymbol{C}\leftarrow\arg\min_{\boldsymbol{C}} L(\boldsymbol{C},\boldsymbol{C}_1,\boldsymbol{V}_1,\boldsymbol{V}_2) \tag{7.2.24}$$

$$\boldsymbol{C}_1\leftarrow\arg\min_{\boldsymbol{C}_1} L(\boldsymbol{C},\boldsymbol{C}_1,\boldsymbol{C}_2,\boldsymbol{V}_1,\boldsymbol{V}_2) \tag{7.2.25}$$

$$\boldsymbol{C}_2\leftarrow\arg\min_{\boldsymbol{C}_2} L(\boldsymbol{C},\boldsymbol{C}_1,\boldsymbol{C}_2,\boldsymbol{V}_1,\boldsymbol{V}_2) \tag{7.2.26}$$

$$\boldsymbol{V}_1\leftarrow\boldsymbol{V}_1-(\boldsymbol{C}-\boldsymbol{C}_1) \tag{7.2.27}$$

$$\boldsymbol{V}_2\leftarrow\boldsymbol{V}_2-(\boldsymbol{C}-\boldsymbol{C}_2) \tag{7.2.28}$$

end

注意到因为 L 是完全解耦的，因而对 $\boldsymbol{C}_1$ 和 $\boldsymbol{C}_2$ 的优化是独立的。接下来详细介绍如何优化求解式(7.2.24)、式(7.2.25)和式(7.2.26)。

①更新 $\boldsymbol{C}$

基于式(7.2.24)可得：

$$\boldsymbol{C}\in\arg\min_{\boldsymbol{C}}\lambda\|\boldsymbol{C}\|_1+\beta\|\boldsymbol{C}-\boldsymbol{C}_{\mathrm{pre}}\|_{\mathrm{F}}^2+\mu\|\boldsymbol{C}-\boldsymbol{C}_1-\boldsymbol{V}_1\|_{\mathrm{F}}^2+\mu\|\boldsymbol{C}-\boldsymbol{C}_2-\boldsymbol{V}_2\|_{\mathrm{F}}^2 \tag{7.2.29}$$

上式有如下解析解：

$$\boldsymbol{C}=\mathrm{soft}\left(\frac{\mu(\boldsymbol{C}_1+\boldsymbol{V}_1+\boldsymbol{C}_2+\boldsymbol{V}_2)+\beta\boldsymbol{C}_{\mathrm{pre}}}{2\mu+\beta},\ \frac{\lambda}{4\mu+2\beta}\right) \tag{7.2.30}$$

式中，$\mathrm{soft}(a,\ b)=\mathrm{sign}(a)\cdot\max\{|a|-b,\ 0\}$。

②更新 $\boldsymbol{C}_1$

基于式(7.2.25)可得：

$$\boldsymbol{C}_1\in\arg\min_{\boldsymbol{C}_1}\mu\|\boldsymbol{C}_1-\boldsymbol{C}+\boldsymbol{V}_1\|_{\mathrm{F}}^2+\|\boldsymbol{y}-\boldsymbol{C}_1\times_1\boldsymbol{W}^*\times_2\boldsymbol{H}^*\times_3\boldsymbol{S}\|_{\mathrm{F}}^2 \tag{7.2.31}$$

该式等价于

$$\arg\min_{\boldsymbol{c}_1}\mu\|\boldsymbol{c}_1-\boldsymbol{c}+\boldsymbol{v}_1\|_{\mathrm{F}}^2+\|\boldsymbol{y}-\boldsymbol{D}_1\boldsymbol{c}_1\|_{\mathrm{F}}^2 \tag{7.2.32}$$

式中，向量 $\boldsymbol{c}_1=\mathrm{vec}(\boldsymbol{C}_1)$，$\boldsymbol{v}_1=\mathrm{vec}(\boldsymbol{V}_1)$，$\boldsymbol{c}=\mathrm{vec}(\boldsymbol{C})$ 和 $\boldsymbol{y}=\mathrm{vec}(\boldsymbol{Y})$ 分别是由张量 $\boldsymbol{C}_1$，$\boldsymbol{V}_1$，$\boldsymbol{C}$ 和 $\boldsymbol{Y}$ 向量化得到。

$$\boldsymbol{D}_1=\boldsymbol{S}\otimes\boldsymbol{H}^*\otimes\boldsymbol{W}^* \tag{7.2.33}$$

式(7.2.32)拥有如下解析解：

$$\boldsymbol{C}_1=(\boldsymbol{D}_1^{\mathrm{T}}\boldsymbol{D}_1+\mu\boldsymbol{I})^{-1}(\boldsymbol{D}_1^{\mathrm{T}}\boldsymbol{y}+\mu\boldsymbol{c}-\mu\boldsymbol{v}_1) \tag{7.2.34}$$

字典 $\boldsymbol{D}_1\in\mathbb{R}^{whS\times n_w n_h n_s}$ 非常大，因此很难直接解优化式(7.2.34)，但是注意到：

$$(\boldsymbol{D}_1^{\mathrm{T}}\boldsymbol{D}_1+\mu\boldsymbol{I})^{-1}=(\boldsymbol{P}_3\otimes\boldsymbol{P}_2\otimes\boldsymbol{P}_1)(\boldsymbol{\Sigma}_3\otimes\boldsymbol{\Sigma}_2\otimes\boldsymbol{\Sigma}_1+\mu\boldsymbol{I})^{-1}(\boldsymbol{P}_3^{\mathrm{T}}\otimes\boldsymbol{P}_2^{\mathrm{T}}\otimes\boldsymbol{P}_1^{\mathrm{T}}) \tag{7.2.35}$$

式中，$\boldsymbol{P}_i$ 和 $\boldsymbol{\Sigma}_i$ $(i=1,\ 2,\ 3)$，分别是酉矩阵和非负对角矩阵，分别保存了矩阵 $\boldsymbol{W}^{*\mathrm{T}}\boldsymbol{W}^*$，$\boldsymbol{H}^{*\mathrm{T}}\boldsymbol{H}^*$ 和 $\boldsymbol{S}^{\mathrm{T}}\boldsymbol{S}$ 的特征值向量和特征值。因而 $(\boldsymbol{\Sigma}_3\otimes\boldsymbol{\Sigma}_2\otimes\boldsymbol{\Sigma}_1+\mu\boldsymbol{I})^{-1}$ 也是对角矩阵，可通过逐元素求倒数得到。此外，式(7.2.34)中的 $\boldsymbol{D}_1^{\mathrm{T}}\boldsymbol{y}$ 可通过下式快速计算：

$$\boldsymbol{D}_1^{\mathrm{T}}\boldsymbol{y}=\mathrm{vec}(\boldsymbol{y}\times_1\boldsymbol{W}^{*\mathrm{T}}\times_2\boldsymbol{H}^{*\mathrm{T}}\times_3\boldsymbol{S}^{\mathrm{T}}) \tag{7.2.36}$$

式中，$\mathrm{vec}(\cdot)$ 表示向量化操作。

③更新 $\boldsymbol{C}_2$

基于式(7.2.26)可得：

$$\boldsymbol{C}_2 \in \arg\min_{\boldsymbol{C}_2} \mu \|\boldsymbol{C}_2 - \boldsymbol{C} + \boldsymbol{V}_2\|_F^2 + \|\boldsymbol{Z} - \boldsymbol{C}_2 \times_1 \boldsymbol{W} \times_2 \boldsymbol{H} \times_3 \boldsymbol{S}^*\|_F^2 \tag{7.2.37}$$

优化式(7.2.37)等价于

$$\arg\min_{\boldsymbol{c}_2} \mu \|\boldsymbol{c}_2 - \boldsymbol{c} + \boldsymbol{v}_2\|_F^2 + \|\boldsymbol{z} - \boldsymbol{D}_2 \boldsymbol{c}_2\|_F^2 \tag{7.2.38}$$

式中，向量 $\boldsymbol{c}_2=\mathrm{vec}(\boldsymbol{C}_2)$，$\boldsymbol{v}_2=\mathrm{vec}(\boldsymbol{V}_2)$，$\boldsymbol{c}=\mathrm{vec}(\boldsymbol{C})$ 和 $\boldsymbol{z}=\mathrm{vec}(\boldsymbol{Z})$ 分别是由张量 $\boldsymbol{C}_2$，$\boldsymbol{V}_2$，$\boldsymbol{C}$ 和 $\boldsymbol{Z}$ 向量化得到。

$$\boldsymbol{D}_2 = \boldsymbol{S}^* \otimes \boldsymbol{H} \otimes \boldsymbol{W} \tag{7.2.39}$$

式(7.2.39)拥有如下解析解：

$$\boldsymbol{C}_2 = (\boldsymbol{D}_2^{\mathrm{T}} \boldsymbol{D}_2 + \mu \boldsymbol{I})^{-1} (\boldsymbol{D}_2^{\mathrm{T}} \boldsymbol{z} + \mu \boldsymbol{c} - \mu \boldsymbol{v}_2) \tag{7.2.40}$$

字典 $\boldsymbol{D}_2 \in \mathbb{R}^{WHs \times n_w n_h n_s}$ 的尺寸非常大，使得优化式(7.2.40)难以高效求解。然而注意到：

$$(\boldsymbol{D}_2^{\mathrm{T}} \boldsymbol{D}_2 + \mu \boldsymbol{I})^{-1} = (\widetilde{\boldsymbol{P}}_3 \otimes \widetilde{\boldsymbol{P}}_2 \otimes \widetilde{\boldsymbol{P}}_1)(\widetilde{\boldsymbol{\Sigma}}_3 \otimes \widetilde{\boldsymbol{\Sigma}}_2 \otimes \widetilde{\boldsymbol{\Sigma}}_1 + \mu \boldsymbol{I})^{-1} (\widetilde{\boldsymbol{P}}_3^{\mathrm{T}} \otimes \widetilde{\boldsymbol{P}}_2^{\mathrm{T}} \otimes \widetilde{\boldsymbol{P}}_1^{\mathrm{T}}) \tag{7.2.41}$$

式中，$\boldsymbol{P}_i$ 和 $\boldsymbol{\Sigma}_i(i=1,2,3)$分别是酉矩阵和非负对角矩阵，分别保存了矩阵 $\boldsymbol{W}^{\mathrm{T}}\boldsymbol{W}$，$\boldsymbol{H}^{\mathrm{T}}\boldsymbol{H}$ 和 $\boldsymbol{S}^{*\mathrm{T}}\boldsymbol{S}^*$ 的特征值向量和特征值。因而$(\widetilde{\boldsymbol{\Sigma}}_3 \otimes \widetilde{\boldsymbol{\Sigma}}_2 \otimes \widetilde{\boldsymbol{\Sigma}}_1 + \mu \boldsymbol{I})^{(-1)}$也是对角矩阵，可通过逐元素求倒数得到。$\boldsymbol{D}_2^{\mathrm{T}}\boldsymbol{z}$ 可通过下式快速计算：

$$\boldsymbol{D}_2^{\mathrm{T}} \boldsymbol{z} = \mathrm{vec}(\boldsymbol{z} \times_1 \boldsymbol{W}^{\mathrm{T}} \times_2 \boldsymbol{H}^{\mathrm{T}} \times_3 \boldsymbol{S}^{*\mathrm{T}}) \tag{7.2.42}$$

④更新 $\boldsymbol{V}_1$ 和 $\boldsymbol{V}_2$

基于式(7.2.27)和式(7.2.28)，可更新 $\boldsymbol{V}_1$ 和 $\boldsymbol{V}_2$：

$$\begin{aligned} &\boldsymbol{V}_1 \leftarrow \boldsymbol{V}_1 \leftarrow (\boldsymbol{C} - \boldsymbol{C}_1) \\ &\boldsymbol{V}_2 \leftarrow \boldsymbol{V}_2 - (\boldsymbol{C} - \boldsymbol{C}_2) \end{aligned} \tag{7.2.43}$$

算法 7.2.1 总结了核张量 $\boldsymbol{C}$ 的估计方法。基于交替方向乘子法，算法 7.2.1 迭代求解优化式(7.2.30)、式(7.2.34)、式(7.2.40)和式(7.2.43)，直到收敛。

算法 7.2.1　核张量 $\boldsymbol{C}$ 的估计方法
输入：$\boldsymbol{Y}$，$\boldsymbol{Z}$，$\boldsymbol{W}$，$\boldsymbol{W}^*$，$\boldsymbol{H}$，$\boldsymbol{H}^*$，$\boldsymbol{S}$，$\boldsymbol{S}^*$，$\boldsymbol{C}_{\mathrm{pre}}$，$\mu>0$，$\beta>0$，$\lambda>0$。
1. while 未收敛 do 2. 通过式(7.2.30)更新 $\boldsymbol{C}$； 3. 通过式(7.2.34)更新 $\boldsymbol{C}_1$； 4. 通过式(7.2.40)更新 $\boldsymbol{C}_2$； 5. 通过式(7.2.43)更新 $\boldsymbol{V}_1$ 和 $\boldsymbol{V}_2$； 6. end while
输出：$\boldsymbol{C}$。

(3)融合方法总结

优化式(7.2.7)是非凸的，因此需要提供良好的初始化条件以避免糟糕的局部极小值。由于光谱信息主要在高光谱图像中，空间信息主要在多光谱图像中，基于前者对光谱字典 $\boldsymbol{S}$ 进行初始化，基于后者对空间维度字典 $\boldsymbol{W}$ 和 $\boldsymbol{H}$ 进行初始化。光谱字典 $\boldsymbol{S}$ 通过基于扩充拉格朗日的单纯形识别方法(simplex identification via split augmented Lagrangian，SISAL)[8]进行初始化，该方法有效地确定了一个包含高光谱图像的光谱向量的最小体积的单纯形。字典 $\boldsymbol{W}$ 和 $\boldsymbol{H}$ 分别通过字典学习算法(dictionary-updates-cycles KSVD，DUC-KSVD)[9]从多光谱图一维展开矩阵 $\boldsymbol{Z}_{(1)}$ 和二维展开矩阵 $\boldsymbol{Z}_{(2)}$ 中初始化。

算法 7.2.2　基于耦合稀疏张量表示的融合方法

输入：$\boldsymbol{Y}$，$\boldsymbol{Z}$，$\boldsymbol{P}_1$，$\boldsymbol{P}_3$，$\beta>0$，$\lambda>0$。

1. 通过 DUC-KSVD 算法初始化 $\boldsymbol{W}$ 和 $\boldsymbol{H}$
2. 通过 SISAL 算法初始化 $\boldsymbol{S}$
3. 初始化 $\boldsymbol{C}$ 为 $\boldsymbol{0}$
4. while 未收敛 do
5. 通过式(7.2.11)更新 $\boldsymbol{W}$
6. $\boldsymbol{W}^*=\boldsymbol{P}_1\boldsymbol{W}$，$\boldsymbol{W}_{\text{pre}}=\boldsymbol{W}$
7. 通过式(7.2.14)更新 $\boldsymbol{H}$
8. $\boldsymbol{H}^*=\boldsymbol{P}_2\boldsymbol{H}$，$\boldsymbol{H}_{\text{pre}}=\boldsymbol{H}$
9. 通过式(7.2.17)更新 $\boldsymbol{S}$
10. $\boldsymbol{S}^*=\boldsymbol{P}_3\boldsymbol{S}$，$\boldsymbol{S}_{\text{pre}}=\boldsymbol{S}$
11. 通过算法 7.2.1 更新 $\boldsymbol{C}$
12. $\boldsymbol{C}_{\text{pre}}=\boldsymbol{C}$；
13. end while
14. $\boldsymbol{X}=\boldsymbol{C}\times_1\boldsymbol{W}\times_2\boldsymbol{H}\times_3\boldsymbol{S}$

输出：$\boldsymbol{X}$。

算法 7.2.2 总结了本节的融合方法，它实现了式(7.2.8)中所示的近端交替优化方案。为证明算法 7.2.2 的收敛性，可以将优化函数 f 重写为

$$f(\boldsymbol{W},\boldsymbol{H},\boldsymbol{S},\boldsymbol{C})=Q(\boldsymbol{W},\boldsymbol{H},\boldsymbol{S},\boldsymbol{C})+f_C(\boldsymbol{C}) \tag{7.2.44}$$

式中，

$$Q(\boldsymbol{W},\boldsymbol{H},\boldsymbol{S},\boldsymbol{C})=\|\boldsymbol{Y}-\boldsymbol{C}_1\times_1\boldsymbol{W}^*\times_2\boldsymbol{H}^*\times_3\boldsymbol{S}\|_F^2+\|\boldsymbol{Z}-\boldsymbol{C}_2\times_1\boldsymbol{W}\times_2\boldsymbol{H}\times_3\boldsymbol{S}^*\|_F^2 \tag{7.2.45}$$

$$f_C(\boldsymbol{C})=\lambda\|\boldsymbol{C}\|_1 \tag{7.2.46}$$

7.2.3　非局部稀疏张量表示图像融合

在实际成像中，由于运动的存在，高光谱图像的点扩散函数并不是均一的，这给点扩散函数的估计带来了巨大的困难。为了解决该问题，本小节提出了一种不依赖于点扩散函数的融合方法，减少点扩散函数非均一带来的不利影响，该方法叫作非局部稀疏张量表示(non-local sparse tensor factorization，NLSTF)[2]。如果直接重构整个高分辨率高光谱图像，字典的维度将会很大，导致计算代价很高。为了解决这个问题，我们首先把高分辨率高光谱图像划分成很多小的图像块，通过重构每个图像块的方式降低计算代价。此外，高分辨高光谱图像块中存在很多非局部相似的图像块，这种图像块的重构方式能更加充分利用图像的非局部相似性。如图 7.2.3 所示，提出的方法主要包括三个步骤：非局部图像块聚类、张量字典学习、张量稀疏译码。下面详细介绍每个步骤。

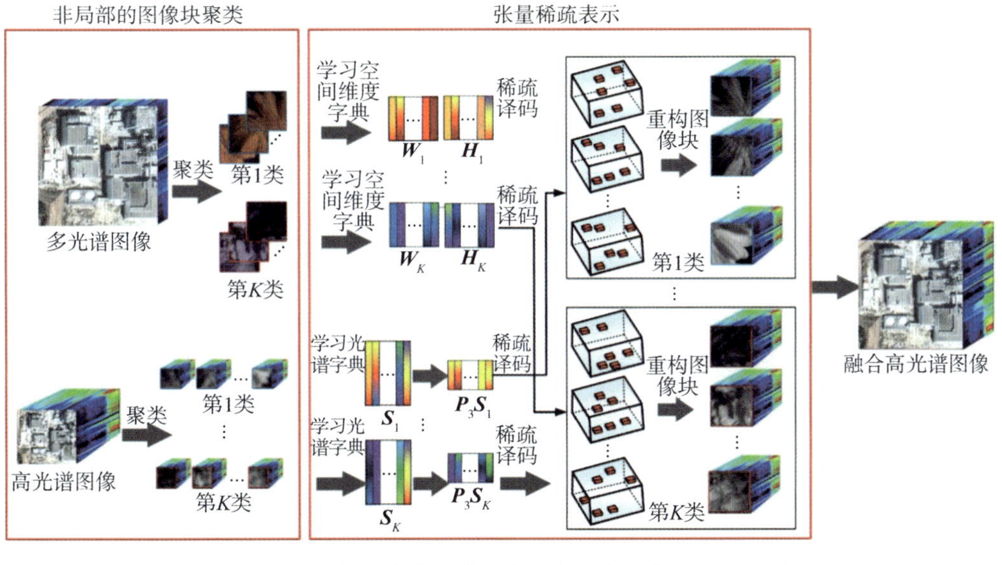

图 7.2.3　基于非局部稀疏张量表示的融合方法流程图

多光谱图像的空间分辨率高，包含丰富的空间信息，因此，可以从其中学习高分辨率高光谱图像的空间自相似性。具体而言，高分辨率高光谱图像 $\boldsymbol{Z}\in\mathbb{R}^{W\times H\times s}$ 被划分成尺寸为 $d_W\times d_H\times s$ 的图像块，图像块的数量为

$$N_c=\left(\frac{W-d_W}{d_W-p}+1\right)\left(\frac{H-d_H}{d_H-p}+1\right) \tag{7.2.47}$$

式中，p 为图像块重叠区域的大小。为了利用图像的非局部空间相似性，根据图像块的相似性把它们分成 K 类，得到如下聚类结果：$\boldsymbol{Z}^{(k)}=\{\boldsymbol{Z}^{(k,j)}\}_{j=1}^{n_k}$，$k=1$，2，…，$K$，其中 n_k 是第 k 类中图像块的数量；$\boldsymbol{Z}^{(k,j)}\in\mathbb{R}^{d_W\times d_H\times s}$，表示第 k 类中的第 j 个图像块。本文采用 K 均值聚类方法对图像块聚类，该聚类方法通过自动选取初始点提高了算法的速度和准确性。基于从多光谱图像中学习到的聚类结构，根据空间位置构建了低分辨率高光谱图像块聚类结构 $\boldsymbol{Y}^{(k)}\in\mathbb{R}^{S\times N_k}$，$k=1$，2，…，$K$，其中 $\boldsymbol{Y}^{(k)}$ 表示第 k 类光谱像素构成的矩阵，N_k 表示光谱像素的个数。与此同时，未知的高分辨率高光谱图像块也被聚类成 K 类：$\boldsymbol{X}^{(k)}=\{\boldsymbol{\chi}^{(k,j)}\}_{j=1}^{n_k}\subset\mathbb{R}^{d_W\times d_H\times s}$，其中 $\boldsymbol{\chi}^{(k,j)}\in\mathbb{R}^{d_W\times d_H\times s}$，表示第 k 类中的第 j 个图像块。

接下来介绍三个维度字典的学习过程。同一类中的图像块彼此相似，因此假设它们可以在相同的字典上稀疏表示。对于每一类，字典学习方法是相同的，以第 k 类图像块的字典学习为例介绍字典学习方法。基于塔克张量分解，第 k 类中的图像块可以分解为：

$$\boldsymbol{\chi}^{(k,j)}=\boldsymbol{C}^{(k,j)}\times_1\boldsymbol{W}_k\times_2\boldsymbol{H}_k\times_3\boldsymbol{S}_k，\ j=1，2，\cdots，n_k \tag{7.2.48}$$

式中，$\boldsymbol{W}_k\in\mathbb{R}^{d_W\times l_W}$，$\boldsymbol{H}_k\in\mathbb{R}^{d_H\times l_H}$ 和 $\boldsymbol{S}_k\in\mathbb{R}^{S\times l_S}$ 代表三个维度的字典；核张量 $\boldsymbol{C}^{(k,j)}\in\mathbb{R}^{l_W\times l_H\times l_S}$，表示三个维度信息之间的关联性。空间信息主要在高分辨率多光谱图像中，因此字典 $\boldsymbol{W}_k$ 和 $\boldsymbol{H}_k$ 可以从 $\{\boldsymbol{Z}^{(k,j)}\}_{j=1}^{n_k}$ 中学习得到。根据上述，第 k 类高分辨率多光谱图像块 $\boldsymbol{Z}^{(k,j)}$ 可以表示为：

$$\begin{aligned}\boldsymbol{Z}^{(k,j)}&=\boldsymbol{\chi}^{(k,j)}\times_3\boldsymbol{P}_3\\&=\boldsymbol{C}^{(k,j)}\times_1\boldsymbol{W}_k\times_2\boldsymbol{H}_k\times_3\boldsymbol{S}_k^*，\ j=1，2，\cdots，n_k\end{aligned} \tag{7.2.49}$$

式中，$\boldsymbol{S}_k^*=\boldsymbol{P}_3\boldsymbol{S}_k$ 是多光谱图像光谱维度的字典，通过采样高光谱图像的光谱字典 $\boldsymbol{S}_k$ 获得。根据式(7.2.49)，$\boldsymbol{Z}^{(k,j)}$ 的第一维展开矩阵 $\boldsymbol{Z}_{(1)}^{(k,j)}$ 可以表示为：

$$\boldsymbol{Z}_{(1)}^{(k,j)}=\boldsymbol{W}_k\boldsymbol{A}_{(1)}^{(k,j)}，\ j=1，2，\cdots，n_k \tag{7.2.50}$$

式中，$\boldsymbol{A}_{(1)}^{(k,j)}$ 是张量 $\boldsymbol{A}^{(k,j)}=\boldsymbol{C}^{(k,j)}\times_2\boldsymbol{H}_k\times_3\boldsymbol{S}_k^*$ 的一维展开矩阵。根据上述可以知道，矩阵 $\boldsymbol{M}_{W_k}=(\boldsymbol{Z}_{(1)}^{(k,1)}，\boldsymbol{Z}_{(1)}^{(k,2)}，\cdots，\boldsymbol{Z}_{(1)}^{(k,n_k)})$ 的每一列可以由 $\boldsymbol{W}_k$ 线性表示。在本方法中，使用稀疏先验约束学习字典。稀疏先验可有效地促进字典学习过程，有助于学习到更优的字典。目标是找到一个矩阵分解 $\boldsymbol{M}_{W_k}=\boldsymbol{W}_k\boldsymbol{B}_{W_k}$，使得 $\boldsymbol{M}_{W_k}$ 的列可以由字典 $\boldsymbol{W}_k$ 稀疏表示。为了得到这样一个因子分解，需要求解如下稀疏约束的字典学习

问题：

$$\min_{W_k, B_{W_k}} \| M_{W_k} - W_k B_{W_k} \|_F^2 + \lambda_1 \| B_{W_k} \|_1 \tag{7.2.51}$$

式中，$\|\cdot\|_1$ 和 $\|\cdot\|_F$ 分别表示 l_1 范数和 Frobenius 范数，λ 是稀疏正则化参数。优化式(7.2.51)是非凸的，它的解通常不唯一。但是分别对于字典 W_k 和系数 B_{W_k} 来说，它是凸的。因此，采用文献[10]中提出的字典学习方法来求解式(7.2.50)，该方法交替更新字典和系数。使用块坐标下降更新字典时，保持系数不变。使用乘法器交替方向法(ADMM)更新系数，保持字典固定不变。

字典 H_k 可以采用和 W_k 相同的方式学习得到。把张量 $Z^{(k,j)}$ 和 $B^{(k,j)}$ 从第二维展开，式(7.2.51)等价于：

$$Z_{(2)}^{(k,j)} = H_k B_{(2)}^{(k,j)},\ j=1,\ 2,\ \cdots,\ n_k \tag{7.2.52}$$

式中，$B_{(2)}^{(k,j)}$ 和 $Z^{(k,j)}$ 分别是张量 $B^{(k,j)} = C^{(k,j)} \times_1 W_k \times_3 S_k^*$ 和 $Z^{(k,j)}$ 的二维展开矩阵。基于式(7.2.52)，可以推断矩阵 $M_{H_k} = (Z_{(2)}^{(k,1)} \quad Z_{(2)}^{(k,2)} \quad \cdots \quad Z_{(2)}^{(k,n_k)})$ 的每一个列可以利用矩阵 H_k 的列线性表示。采用类似于 W_k 的估计方法，通过求解稀疏约束优化问题来估计 H_k：

$$\min_{H_k, B_{H_k}} \| M_{H_k} - H_k B_{H_k} \|_F^2 + \lambda_2 \| B_{H_k} \|_1 \tag{7.2.53}$$

式中，λ_2 是稀疏正则化参数。同样地，使用文献[10]中提出的字典学习算法来求解式(7.2.53)。

低分辨率高光谱图像拥有丰富的光谱信息，因此，从第 k 类高光谱图像块构成的矩阵 $Y^{(k)} \in \mathbb{R}^{S \times N_k}$ 中学习光谱字典 S_k。具体采用顶点成分分析(VCA)方法学习光谱字典，该方法充分利用了光谱解混中的先验知识，是一种准确高效地提取光谱信息的方法，同时可以充分利用高光谱图像光谱波段之间的相似性，实现光谱降维。估计得到第 k 类图像块的字典 W_k，H_k 和 S_k 后，还需要估计核张量 $C^{(k,j)} \in \mathbb{R}^{l_W \times l_H \times l_S}$ 来重构图像块。为了避免点扩散函数非均一给融合带来的不利影响，只采用多光谱图像来估计核张量，而不采用成像模型更难确定的高光谱图像。由于多光谱图像是由高分辨率高光谱图像光谱下采样得到的，对核张量 $C^{(k,j)} \in \mathbb{R}^{l_W \times l_H \times l_S}$ 的估计是一个欠定问题，因此需要先验信息来帮助估计核张量 $C^{(k,j)} \in \mathbb{R}^{l_W \times l_H \times l_S}$。光谱稀疏性已经广泛应用于各种高光谱图像恢复任务中，这种形式的正则化假设高光谱图像的每个光谱向量可以表示为少量不同光谱基的线性组合。这些方法只考虑了光谱维度的稀疏性，而我们将稀疏度正则化扩展到空间域，与高光谱图像的自相似性联系在一起。具体而言，本方法不仅考虑了光谱维度的稀疏性，还考虑了空间维度的稀疏性。在张量塔克分解中，高光谱图像可由三个维度的字典稀疏表示，也即核张量 $\boldsymbol{C}^{(k,j)}\in\mathbb{R}^{l_W\times l_H\times l_S}$ 是稀疏的。由于图像块具有很强的空谱关联性，所以假设核张量 $\boldsymbol{C}^{(k,j)}$ 是稀疏的。核张量的稀疏性可由 $\boldsymbol{l}_0$ 范数来度量，$\boldsymbol{l}_0$ 范数表示非零元素的个数，然而对 $\boldsymbol{l}_0$ 范数的优化是非凸的，难以优化。$\boldsymbol{l}_1$ 范数是 $\boldsymbol{l}_0$ 范数的凸松弛，易于优化，因而采用 $\boldsymbol{l}_1$ 范数替换 $\boldsymbol{l}_0$ 范数，得到如下优化问题：

$$\min_{\boldsymbol{C}^{(k,j)}}\|\boldsymbol{Z}^{(k,j)}-\boldsymbol{C}^{(k,j)}\times_1\boldsymbol{W}_k\times_2\boldsymbol{H}_k\times_3\boldsymbol{S}_k^*\|_{\mathrm{F}}^2+\lambda\|\boldsymbol{C}^{(k,j)}\|_1 \tag{7.2.54}$$

式中，λ 是稀疏性正则化参数，$\|\boldsymbol{C}^{(k,j)}\|_1$ 表示张量的 $\boldsymbol{l}_1$ 范数。优化(7.2.54)等价于

$$\min_{\boldsymbol{C}^{(k,j)}}\|\boldsymbol{z}^{(k,j)}-\boldsymbol{D}_k\boldsymbol{c}^{(k,j)}\|_{\mathrm{F}}^2+\lambda\|\boldsymbol{c}^{(k,j)}\|_1 \tag{7.2.55}$$

式中，$\boldsymbol{z}^{(k,j)}=\mathrm{vec}(\boldsymbol{Z}^{(k,j)})\in\mathbb{R}^{s d_W d_H}$ 和 $\boldsymbol{c}^{(k,j)}=\mathrm{vec}(\boldsymbol{C}^{(k,j)})\in\mathbb{R}^{l_W l_H l_K}$ 分别由张量 $\boldsymbol{Z}^{(k,j)}$ 和 $\boldsymbol{C}^{(k,j)}$ 向量化得到。矩阵 $\boldsymbol{D}_k$ 可以由下式计算：

$$\boldsymbol{D}_k=\boldsymbol{S}_k^*\otimes\boldsymbol{H}_k\otimes\boldsymbol{W}_k \tag{7.2.56}$$

式(7.2.55)是凸优化问题，因此可以通过交替方向乘子法求解。通过引入新的变量 $\boldsymbol{v}=\boldsymbol{c}^{(k,j)}$，得到如下增广拉格朗日函数：

$$L(\boldsymbol{v},\boldsymbol{c}^{(k,j)},\boldsymbol{g})=|\boldsymbol{z}^{(k,j)}-\boldsymbol{D}_k\boldsymbol{v}\|_{\mathrm{F}}^2+\lambda\|\boldsymbol{c}^{(k,j)}\|_1+\mu\|\boldsymbol{c}^{(k,j)}-\boldsymbol{v}+\frac{\boldsymbol{g}}{2\mu}\|_{\mathrm{F}}^2 \tag{7.2.57}$$

式中，$\mu>0$，是惩罚因子；$\boldsymbol{g}$ 是缩放的拉格朗日乘子。增广拉格朗日函数可以通过如下方式迭代优化求解：

$$\begin{aligned}&\boldsymbol{v}^{t+1}=(\boldsymbol{D}_k^{\mathrm{T}}\boldsymbol{D}_k+\mu\boldsymbol{I})^{-1}\left(\boldsymbol{D}_k^{\mathrm{T}}\boldsymbol{z}^{(k,j)}+\mu\boldsymbol{c}^{(k,j)t}+\frac{\boldsymbol{g}^t}{2}\right)\\&\boldsymbol{c}^{(k,j)t+1}=\mathrm{soft}\left(\boldsymbol{v}^{t+1}-\frac{\boldsymbol{g}^t}{2\mu},\frac{\lambda}{2\mu}\right)\\&\boldsymbol{g}^{t+1}=\boldsymbol{g}^t+2\mu(\boldsymbol{c}^{(k,j)t+1}-\boldsymbol{v}^{t+1})\end{aligned} \tag{7.2.58}$$

式中，$\mathrm{soft}(a,b)=\mathrm{sign}(a)\cdot\max\{|a|-b,0\}$，$\boldsymbol{I}$ 表示单位矩阵。$(\boldsymbol{D}_k^{\mathrm{T}}\boldsymbol{D}+\mu\boldsymbol{I})^{-1}$ 采用如下方式快速计算：

$$(\boldsymbol{D}_k^{\mathrm{T}}\boldsymbol{D}_k+\mu\boldsymbol{I})^{-1}=(\boldsymbol{P}_3\otimes\boldsymbol{P}_2\otimes\boldsymbol{P}_1)(\boldsymbol{\Sigma}_3\otimes\boldsymbol{\Sigma}_2\otimes\boldsymbol{\Sigma}_1+\mu\boldsymbol{I})^{-1}(\boldsymbol{P}_3^{\mathrm{T}}\otimes\boldsymbol{P}_2^{\mathrm{T}}\otimes\boldsymbol{P}_1^{\mathrm{T}}) \tag{7.2.59}$$

式中，$\boldsymbol{\Sigma}_i$ 和 $\boldsymbol{P}_i$ 分别是对角线矩阵和酉矩阵，可通过如下特征值分解获得：$\boldsymbol{W}_k^{\mathrm{T}}\boldsymbol{W}_k=$

$\boldsymbol{P}_1\boldsymbol{\Sigma}_1\boldsymbol{P}_1^{\mathrm{T}}$，$\boldsymbol{H}_k^{\mathrm{T}}\boldsymbol{H}_k=\boldsymbol{P}_2\boldsymbol{\Sigma}_2\boldsymbol{P}_2^{\mathrm{T}}$ 和 $\boldsymbol{S}_k^{*\mathrm{T}}\boldsymbol{S}_k^{*}=\boldsymbol{P}_3\boldsymbol{\Sigma}_3\boldsymbol{P}_3^{\mathrm{T}}$。因此，$(\boldsymbol{\Sigma}_3\otimes\boldsymbol{\Sigma}_2\otimes\boldsymbol{\Sigma}_1+\mu\boldsymbol{I})^{-1}$也是对角线矩阵，求逆可以通过对每个对角线元素求倒数实现。此外，对于矩阵 $\boldsymbol{P}_i^{\mathrm{T}}$ 和 $\boldsymbol{P}_i$ 的乘法可以通过第 i 维度上的张量矩阵乘法实现。式(7.2.58)中 $\boldsymbol{D}_k^{\mathrm{T}}\boldsymbol{z}$ 可以利用如下方式快速计算：

$$\boldsymbol{D}_k^{\mathrm{T}}\boldsymbol{z}^{(k,j)}=\mathrm{vec}(\boldsymbol{Z}^{(k,j)})\times_1\boldsymbol{W}_k^{\mathrm{T}}\times_2\boldsymbol{H}_k^{\mathrm{T}}\times_3\boldsymbol{S}_k^{*\mathrm{T}} \tag{7.2.60}$$

式中，vec(·)表示向量化操作。这样，就可以估计得到所有图像块的核张量 $\boldsymbol{C}^{(k,j)}$。

得到稀疏核张量$\{\boldsymbol{C}^{(k,j)}\}_{j=1}^{n_k}$和字典 $\boldsymbol{W}_k$，$\boldsymbol{H}_k$ 和 $\boldsymbol{S}_k$ 后，根据式(7.2.48)可以重构高分辨率高光谱图像块$\{\boldsymbol{\chi}^{(k,j)}\}_{j=1}^{n_k}$。最后，将恢复的图像块平均聚合获得融合高光谱图像 $\boldsymbol{\chi}$。

7.3　低秩张量表示图像融合

上一节介绍了基于稀疏张量塔克分解表示的多光谱与高光谱图像融合方法，把高光谱图像分解成核张量和三个维度字典，优于矩阵分解的方法。然而，该方法忽略了高光谱图像在光谱维度的低秩特性，并且稀疏张量表示无法直接衡量高光谱图像的非局部空谱相似性。文献[11]提出了一种新的张量分解方法，即张量奇异值分解。类似于矩阵奇异值分解，张量奇异值分解基于向量的循环卷积，把一个三维张量分解为三个三维张量。在张量奇异值分解的基础上，文献[11]提出了一种新的张量秩，用来度量三维数据的信息复杂度，在求解张量恢复问题中取得了良好的效果。

本节介绍一种新的低秩张量表示的高光谱和多光谱融合方法[12]来获得高分辨率高光谱图像，该方法充分利用多光谱图像与高光谱图像的先验信息来获得融合图像。高光谱图像的波段具有很强的相似性和关联性，因而高光谱图像存在光谱低秩特性，可以分解为一个低维的光谱子空间和系数。高光谱图像光谱信息丰富，通过截断奇异值分解学习光谱子空间。此外，多光谱图像空间分辨率高，图像块之间具有很强的自相似性。为了利用这一相似性，首先将多光谱划分成多个图像块，然后将相似的图像块聚类，根据从多光谱图像中学到的聚类结构，相似的系数块也被聚类在一起。同一类系数块构成的三维张量具有低秩张量结构，所以，采用低秩张量正则化系数的估计过程，整个优化过程采用交替方向乘子法(ADMM)求解。

7.3.1　低秩张量表示模型

对于一个三维张量 $\boldsymbol{A}\in\mathbb{R}^{I_1\times I_2\times I_3}$，$\boldsymbol{A}(i,:,:)$，$\boldsymbol{A}(:,i,:)$和 $\boldsymbol{A}(:,:,i)$分别表

示它的第 i 个水平的、侧面的、正面的切片。我们使用 $\boldsymbol{A}^{(i)}$ 表示张量 $\boldsymbol{A}$ 的第 i 个正面切片，也就是 $\boldsymbol{A}^{(i)}=\boldsymbol{A}(:,:,i)$，$\bar{\boldsymbol{A}}\in\mathbb{C}^{I_1\times I_2\times I_3}$，表示对张量 $\boldsymbol{A}$ 的第三个维度进行快速傅立叶变换(fast Fourier transform，FFT)。张量 $\boldsymbol{A}$ 的块对角矩阵 bdiag($\boldsymbol{A}$)定义为：

$$\mathrm{bdiag}(\boldsymbol{A})=\begin{bmatrix}\bar{\boldsymbol{A}}^{(1)} & & & \\ & \bar{\boldsymbol{A}}^{(2)} & & \\ & & \ddots & \\ & & & \bar{\boldsymbol{A}}^{(I_3)}\end{bmatrix} \tag{7.3.1}$$

张量 $\boldsymbol{A}$ 的块循环矩阵 $\mathrm{bcirc}(\boldsymbol{A})\in\mathbb{R}^{I_1I_3\times I_2I_3}$ 定义为：

$$\mathrm{bcirc}(\boldsymbol{A})=\begin{bmatrix}\boldsymbol{A}^{(1)} & \boldsymbol{A}^{(I_3)} & \cdots & \boldsymbol{A}^{(2)} \\ \boldsymbol{A}^{(2)} & \boldsymbol{A}^{(1)} & \cdots & \boldsymbol{A}^{(3)} \\ \vdots & \vdots & & \vdots \\ \boldsymbol{A}^{(I_3)} & \boldsymbol{A}^{(I_3-1)} & \cdots & \boldsymbol{A}^{(1)}\end{bmatrix} \tag{7.3.2}$$

块循环矩阵可以通过下式快速傅立叶变换对角化：

$$\mathrm{bdiag}(\boldsymbol{A})=(\boldsymbol{F}\otimes\boldsymbol{I}_{I_1})\mathrm{bcirc}(\boldsymbol{A})(\boldsymbol{F}^{-1}\otimes\boldsymbol{I}_{I_2}) \tag{7.3.3}$$

式中，$\boldsymbol{I}_{I_1}$ 表示大小为 $I_1\times I_1$ 的单位矩阵。基于式(7.3.3)，可以得出如下结论：矩阵 bdiag($\boldsymbol{A}$)和 bcirc($\boldsymbol{A}$)的秩相等。矩阵 bcirc($\boldsymbol{A}$)是张量 $\boldsymbol{A}$ 一种新的矩阵化方式，在此矩阵中张量 $\boldsymbol{A}$ 的正面切片通过循环的方式排列，因而它可以有效地对正面切片之间的关联进行建模，bcirc($\boldsymbol{A}$)的秩可以度量正面切片之间的关联。

对于张量 $\boldsymbol{A}\in\mathbb{R}^{I_1\times I_2\times I_3}$，定义函数 $\mathrm{unfold}_\mathrm{F}$ 为：

$$\mathrm{unfold}_\mathrm{F}(\boldsymbol{A})=\begin{bmatrix}\boldsymbol{A}^{(1)} \\ \boldsymbol{A}^{(2)} \\ \vdots \\ \boldsymbol{A}^{(I_3)}\end{bmatrix} \tag{7.3.4}$$

相反地，矩阵 $\mathrm{unfold}_\mathrm{F}(\boldsymbol{A})$ 可以通过函数 fold_F 变换回张量，也即 $\boldsymbol{A}=\mathrm{fold}_\mathrm{F}(\mathrm{unfold}_\mathrm{F}(\boldsymbol{A}))$。

在介绍张量奇异值分解前，我们先给出一些定义。张量 $\boldsymbol{A}\in\mathbb{R}^{I_1\times I_2\times I_3}$ 和 $\boldsymbol{B}\in\mathbb{R}^{I_2\times l\times I_3}$ 的张量积 $\boldsymbol{A}*\boldsymbol{B}$ 是一个维度为 $I_1\times l\times I_3$ 的三阶张量，计算公式为：

$$\boldsymbol{A}*\boldsymbol{B}=\mathrm{fold}_\mathrm{F}(\mathrm{bcirc}(\boldsymbol{A})*\mathrm{unfold}_\mathrm{F}(\boldsymbol{B})) \tag{7.3.5}$$

文献[11]定义了张量$\boldsymbol{A} \in \mathbb{R}^{I_1 \times I_2 \times I_3}$的共轭转置$\boldsymbol{A}^{\mathrm{T}} \in \mathbb{R}^{I_2 \times I_1 \times I_3}$。第一个前向切片为单位矩阵，其他前向切片全为零的张量称作单位张量，$\boldsymbol{I} \in \mathbb{R}^{I_1 \times I_1 \times I_3}$。如果一个三维张量的前向切片都是对角矩阵，那么该张量称为对角张量。如果张量$\boldsymbol{U} \in \mathbb{R}^{I_1 \times I_1 \times I_3}$满足

$$\boldsymbol{U} * \boldsymbol{U}^{\mathrm{T}} = \boldsymbol{U}^{\mathrm{T}} * \boldsymbol{U} = \boldsymbol{I} \tag{7.3.6}$$

那么$\boldsymbol{U} \in \mathbb{R}^{I_1 \times I_1 \times I_3}$是正交张量。

张量奇异值分解：三阶张量$\boldsymbol{A} \in \mathbb{R}^{I_1 \times I_2 \times I_3}$可以分解为：

$$\boldsymbol{A} = \boldsymbol{U} * \boldsymbol{S} * \boldsymbol{v}^{\mathrm{T}} \tag{7.3.7}$$

式中，$\boldsymbol{U} \in \mathbb{R}^{I_1 \times I_1 \times I_3}$和$\boldsymbol{v} \in \mathbb{R}^{I_2 \times I_2 \times I_3}$是正交张量，$\boldsymbol{S}$是对角张量。

张量秩：张量$\boldsymbol{A}$的张量秩是一个向量$\boldsymbol{p} \in \mathbb{R}^{I_3}$，其中向量$\boldsymbol{p}$的第$i$个元素等于张量$\boldsymbol{A}$第$i$个前向切片矩阵$\bar{\boldsymbol{A}}^{(i)}$的秩，也就是$\boldsymbol{p}_i = \mathrm{rank}(\bar{\boldsymbol{A}}^{(i)})$。

基于张量秩的定义，张量秩的$\boldsymbol{l}_1$范数等于矩阵 bdiag($\boldsymbol{A}$)和 bcirc($\boldsymbol{A}$)的秩。对于矩阵秩的优化往往是非凸问题，难以优化，因而需要对它进行凸松弛。同理，对于张量秩也需要凸松弛，得到如下张量核范数。

张量核范数：对于张量$\boldsymbol{A}$，它的核范数$\|\boldsymbol{A}\|_{\mathrm{TNN}}$定义为张量$\boldsymbol{A}$所有前向切片的奇异值之和，也就是

$$\begin{aligned} \|\boldsymbol{A}\|_{\mathrm{TNN}} &= \sum_{i=1}^{I_3} \sum_j \sigma_j(\bar{\boldsymbol{A}}^{(i)}) = \sum_{i=1}^{I_3} \sum_j \bar{\boldsymbol{S}}(i, i, j) \\ &= \|\mathrm{bcirc}(\boldsymbol{A})\|_* = \|\mathrm{bdiag}(\boldsymbol{A})\|_* \end{aligned} \tag{7.3.8}$$

式中，$\sigma_j(\bar{\boldsymbol{A}}^{(i)})$表示矩阵$\bar{\boldsymbol{A}}^{(i)}$第$i$个奇异值，$\|\cdot\|_*$表示矩阵核范数。其中$\boldsymbol{S}$通过如下张量奇异值分解$\boldsymbol{A} = \boldsymbol{U} * \boldsymbol{S} * \boldsymbol{v}^{\mathrm{T}}$获得。

矩阵核范数定义为矩阵奇异值之和，这样给予了不同的奇异值同样的权重。然而在实际应用中，矩阵大的奇异值保存了更重要的信息，不同的奇异值应该给予不同的权重。为了解决这个问题，奇异值的对数之和在矩阵秩优化问题中表现出了良好的性能。对于矩阵$\boldsymbol{A}$，奇异值的对数之和定义为：

$$\mathrm{LS}(\boldsymbol{A}) = \sum_i \log(\sigma_i(\boldsymbol{A}) + \varepsilon) \tag{7.3.9}$$

式中，ε是一个非常小的正数。通过把奇异值之和换为奇异值的对数之和，张量秩定义为：

$$\|\boldsymbol{A}\|_{\mathrm{TMR}} = \frac{1}{I_3} \sum_{i=1}^{I_3} \mathrm{LS}(\bar{\boldsymbol{A}}^{(i)}) \tag{7.3.10}$$

式中，I_3是张量 $\boldsymbol{A}$ 第三阶的维度。在本方法中，使用提出的 $\|\boldsymbol{A}\|_{\mathrm{TMR}}$来度量张量的结构信息。

如图 7.3.1 所示，本小节建立高光谱图像的低秩张量表示模型。基于图像块的相似性，把相似图像块聚类在一起，把空间的两个维度向量化成一个维度，每一类图像块构成一个三维张量，其中三维张量的第一维表示图像块的个数，第二维是光谱波段数，第三维是空间维度。这样构建的张量具有低的复杂度，它的秩也会较低，称为高光谱图像的低秩张量表示模型。

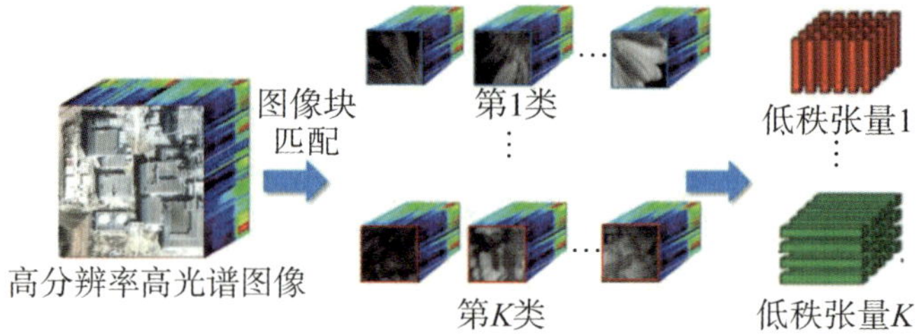

图 7.3.1 高光谱图像的低秩张量表示

7.3.2 低秩张量表示图像融合

本小节介绍基于低秩张量表示的多光谱与高光谱图像融合方法。

(1)成像模型

$\boldsymbol{Z}\in\mathbb{R}^{W\times H\times S}$，表示拥有 $W\times H$ 像素和 S 个光谱波段的高分辨率高光谱图像。$\boldsymbol{\chi}\in\mathbb{R}^{w\times h\times S}$，表示拥有 $w\times h$ 像素和 S 个光谱波段的低分辨率高光谱图像。$\boldsymbol{\chi}$ 可以看作由 $\boldsymbol{Z}$ 空间下采样得到。它们的关系可以表示为

$$\boldsymbol{X}_{(3)}=\boldsymbol{Z}_{(3)}\boldsymbol{B}\boldsymbol{S} \tag{7.3.11}$$

式中，$\boldsymbol{Z}_{(3)}\in\mathbb{R}^{S\times WH}$ 和 $\boldsymbol{X}_{(3)}\in\mathbb{R}^{S\times wh}$ 分别是张量 $\boldsymbol{Z}$ 和 $\boldsymbol{\chi}$ 的第三维展开矩阵。矩阵 $\boldsymbol{B}$ 代表空间模糊，由相机的点扩散函数确定，可以分解为：

$$\boldsymbol{B}=\boldsymbol{F}\boldsymbol{K}\boldsymbol{F}^{-1} \tag{7.3.12}$$

式中，$\boldsymbol{F}$ 表示快速傅立叶变换矩阵，$\boldsymbol{F}^{-1}$ 表示快速傅立叶逆变换。对角矩阵 $\boldsymbol{K}$ 保留了矩阵 $\boldsymbol{B}$ 的奇异值。$\boldsymbol{S}\in\mathbb{R}^{WH\times wh}$，表示空间下采样矩阵。

$\boldsymbol{Y}\in\mathbb{R}^{W\times H\times s}$，表示同一场景下拥有$W\times H$ 像素和 s 个光谱波段的高分辨率多光谱图像，$\boldsymbol{Y}$ 可以看作由 $\boldsymbol{Z}$ 光谱下采样得到。它们之间的关系可以表达为：

$$\boldsymbol{Y}_{(3)}=\boldsymbol{R}\boldsymbol{Z}_{(3)} \tag{7.3.13}$$

式中，$\boldsymbol{Y}_{(3)} \in \mathbb{R}^{s \times WH}$，表示张量 $\boldsymbol{Y}$ 的第三维展开矩阵；$\boldsymbol{R} \in \mathbb{R}^{s \times S}$，表示光谱采样矩阵，由多光谱相机的光谱响应函数确定。

(2)低秩子空间表示模型和学习方法

高光谱图像的波段之间通常具有较强的关联性，光谱维度的相似性大，因而高光谱图像存在于一个低维的光谱子空间中，如图 7.3.2 所示，高分辨率高光谱图像可以分解为：

$$\boldsymbol{Z} = \boldsymbol{C} \times_3 \boldsymbol{D} \tag{7.3.14}$$

式中，$\boldsymbol{D} \in \mathbb{R}^{S \times L}$，表示光谱子空间；张量 $\boldsymbol{C} \in \mathbb{R}^{W \times H \times L}$，代表系数，系数元素 $\boldsymbol{C}(i, j, :)$代表了光谱向量 $\boldsymbol{Z}(i, j, :)$在光谱子空间 $\boldsymbol{D} \in \mathbb{R}^{S \times L}$ 上的表示系数。根据张量矩阵积的定义，上式等价于

$$\boldsymbol{Z}_{(3)} = \boldsymbol{D}\boldsymbol{C}_{(3)} \tag{7.3.15}$$

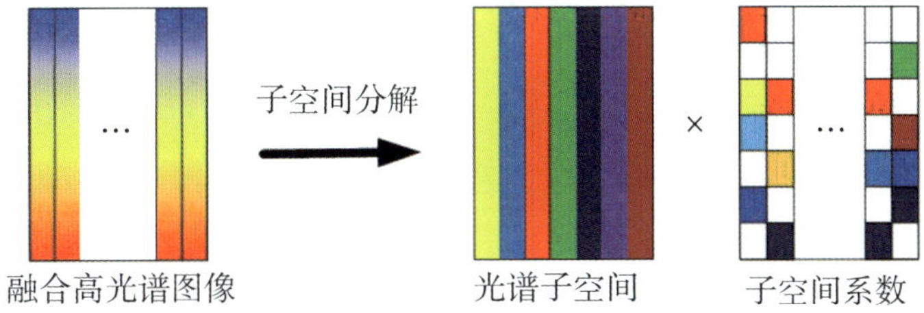

图 7.3.2 融合高光谱图像的子空间表示模型

子空间 $\boldsymbol{D}$ 有如下两个特征：①L 的数值很小，远小于 S，$L \ll S$ 意味着高光谱图像可以由一个低维的光谱子空间表示，这个表达可以实现光谱降维，极大提高计算效率；②子空间是列正交矩阵，这使得光谱向量 $\boldsymbol{Z}(i, j, :)$和它的系数 $\boldsymbol{C}(i, j, :)$有相同的 Frobenius 范数。因此，图像域的自相似性可以被转化到系数域，系数保存了图像的空间特征。

基于子空间表示，融合问题被转化为从多光谱图像与高光谱图像中估计子空间 $\boldsymbol{D}$ 和系数 $\boldsymbol{C}$。高光谱图像拥有高光谱分辨率，因而可以从低分辨率高光谱图像学习光谱子空间。我们采用奇异值分解(singular value decomposition，SVD)从低分辨率高光谱图像中估计低维光谱子空间。首先对高光谱图像进行如下奇异值分解：

$$\boldsymbol{X}_{(3)} = \boldsymbol{U}_1 \boldsymbol{\Sigma}_1 \boldsymbol{V}_1^{\mathrm{T}} \tag{7.3.16}$$

式中，$\boldsymbol{U}_1$ 和 $\boldsymbol{V}_1$ 是列正交矩阵。对角线矩阵 $\boldsymbol{\Sigma}_1$ 包含高光谱图像的奇异值，这些奇异值按非递增顺序排列。大的奇异值保存了图像的主要结构信息，小的奇异值代表了

不重要的信息。因而通过保留 L 个最大的奇异值并丢弃其余奇异值，可以得到如下低维分解：

$$\hat{\boldsymbol{X}}_{(3)}=\hat{\boldsymbol{U}}\hat{\boldsymbol{\Sigma}}_1\hat{\boldsymbol{V}}_1^{\mathrm{T}} \tag{7.3.17}$$

式中，$\hat{\boldsymbol{U}}_1=\boldsymbol{U}_1(:,1:L)$，$\hat{\boldsymbol{V}}=\boldsymbol{V}(:,1:L)$。学到的光谱子空间如下：

$$\boldsymbol{D}=\hat{\boldsymbol{U}}_1=\boldsymbol{U}_1(:,1:L) \tag{7.3.18}$$

(3)基于低秩张量表示模型的系数估计

基于子空间表示模型，多光谱与高光谱图像融合的目标变成了从 $\boldsymbol{\chi}$ 和 $\boldsymbol{Y}$ 估计子空间 $\boldsymbol{D}$ 和系数 $\boldsymbol{C}$。前面介绍了基于截断奇异值分解的光谱子空间估计，在获得了光谱子空间以后，需要估计系数。基于高光谱和多光谱图像的成像模型式(7.3.11)、式(7.3.13)和子空间表示模型，系数 $\boldsymbol{C}_{(3)}$ 可以通过求解如下优化问题获得：

$$\min_{\boldsymbol{C}_{(3)}}\|\boldsymbol{X}_{(3)}-\boldsymbol{D}\boldsymbol{C}_{(3)}\boldsymbol{B}\boldsymbol{S}\|_{\mathrm{F}}^2+\|\boldsymbol{Y}_{(3)}-\boldsymbol{R}\boldsymbol{D}\boldsymbol{C}_{(3)}\|_{\mathrm{F}}^2+\phi(\boldsymbol{C}) \tag{7.3.19}$$

式中，$\phi(\boldsymbol{C})$ 表示张量 $\boldsymbol{C}$ 的先验约束。优化式(7.3.19)是基于最大后验概率估计，其包含前向成像模型和先验信息模型。需要注意的是，矩阵 $\boldsymbol{C}_{(3)}$ 和张量 $\boldsymbol{C}$ 都表示系数，它们分别是系数的矩阵和张量形式。由于高光谱图像和多光谱图像都是融合高光谱图像下采样得到的，因而系数的估计是欠定问题，需要 $\boldsymbol{C}_{(3)}$ 的先验信息来解决这个问题。

正如之前分析的，系数 $\boldsymbol{C}_{(3)}$ 主要代表图像空间信息。基于此，利用从多光谱图像中学习到的空间结构来正则化系数的估计。具体而言，构建一种低秩张量表示先验模型来估计系数。高分辨高光谱图像具有许多重复的、相似的空间结构。多光谱图像空间分辨率高，融合图像需要获得这一高分辨率的空间信息。首先将多光谱图像分割成若干图像块，然后将这些图像块利用高效的 K-means++方法聚类为 K 组：$Y^{(k)}=\{\boldsymbol{Y}^{(k,j)}\}_{j=1}^{N_k}$，$k=1,2,\cdots,K$，其中 N_k 表示第 k 类中图像块的数量。由于子空间的列是标准正交的，每个谱向量 $\boldsymbol{Z}(i,j,:)$ 和相应的系数 $\boldsymbol{C}(i,j,:)$ 具有相同的 Frobenius 范数。通过这种方法，可以将图像域内的自相似性转化为子空间系数域。通过以上过程，从多光谱图像中学习到了图像块的聚类结构，根据学习得到的聚类结构，可以获得系数块的聚类结构 $\boldsymbol{C}^{(k)}=\{\boldsymbol{C}^{(k,j)}\in\mathbb{R}^{\sqrt{q}\times\sqrt{q}\times L}\}_{j=1}^{N_k}$，其中系数 $\boldsymbol{C}^{(k,j)}$ 的空间位置和图像块 $\boldsymbol{Y}^{(k,j)}$ 的空间位置一样。第 k 组的系数块 $\boldsymbol{C}^{(k)}=\{\boldsymbol{C}^{(k,j)}\in\mathbb{R}^{\sqrt{q}\times\sqrt{q}\times L}\}_{j=1}^{N_k}$ 可以构成一个三维张量。张量 $\boldsymbol{C}^k\in\mathbb{R}^{N_k\times L\times q}$ 的三个维度分别代表系数块的数量、光谱维度和空间像素个数。由于这个张量由相似的图像块构成，因此张量的三个维度具有很强的关联性，复杂度低，因而它的张量秩低。我们给此张量低秩先验约束，对系数的估计转为了解如下问题：

$$\min_{\boldsymbol{C}_{(3)}} \|\boldsymbol{X}_{(3)}-\boldsymbol{DC}_{(3)}\boldsymbol{BS}\|_F^2+\|\boldsymbol{Y}_{(3)}-\boldsymbol{RDC}_{(3)}\|_F^2+\lambda\sum_{k=1}^{K}\|\boldsymbol{C}^k\|_{\text{TMR}} \tag{7.3.20}$$

其中，$\|\boldsymbol{C}^k\|_{\text{TMR}}$是张量秩正则项，$\lambda$ 是正则化参数。

对于带正则优化的式(7.3.20)难以直接求解，可以采用交替方向乘子法(ADMM)把复杂问题分解成为若干个容易解决的子问题迭代求解。交替方向乘子法需要引入一个新的变量 $\nu=\boldsymbol{C}$，然后得到如下增广拉格朗日函数：

$$\begin{aligned} L(\boldsymbol{C},\boldsymbol{v},\boldsymbol{g})=&\|\boldsymbol{X}_{(3)}-\boldsymbol{DC}_{(3)}\boldsymbol{BS}\|_F^2+\|\boldsymbol{Y}_{(3)}-\boldsymbol{RDC}_{(3)}\|_F^2+\\ &\mu\left\|\boldsymbol{v}-\boldsymbol{C}+\frac{\boldsymbol{g}}{2\mu}\right\|_F^2+\lambda\sum_{k=1}^{K}\|\boldsymbol{v}^k\|_{\text{TMR}} \end{aligned} \tag{7.3.21}$$

式中，μ 是惩罚因子，$\boldsymbol{g}$ 是拉格朗日乘子。优化问题式(7.3.20)转化为了最小化增广拉格朗日函数。对于拉格朗日函数式(7.3.21)的优化可以转化为迭代求解如下子问题：

①估计 $\boldsymbol{C}_{(3)}$。

$$\begin{aligned} \boldsymbol{C}_{(3)}\in\min_{\boldsymbol{C}_{(3)}}L(\boldsymbol{C},\boldsymbol{v},\boldsymbol{g})=&\min_{\boldsymbol{C}_{(3)}}\|\boldsymbol{X}_{(3)}-\boldsymbol{DC}_{(3)}\boldsymbol{BS}\|_F^2+\\ &\|\boldsymbol{Y}_{(3)}-\boldsymbol{RDC}_{(3)}\|_F^2+\mu\left\|\boldsymbol{V}_{(3)}-\boldsymbol{C}_{(3)}+\frac{\boldsymbol{G}_{(3)}}{2\mu}\right\|_F^2 \end{aligned} \tag{7.3.22}$$

式中，$\boldsymbol{V}_{(3)}$和$\boldsymbol{G}_{(3)}$分别是张量 $\boldsymbol{v}$ 和 $\boldsymbol{g}$ 的三维展开矩阵。子问题式(7.3.22)中优化函数是一个可导的强凸函数，因而具有唯一解，可以通过求导，然后令导数等于0，得到如下西尔维斯特方程：

$$\boldsymbol{H}_1\boldsymbol{C}_{(3)}+\boldsymbol{C}_{(3)}\boldsymbol{H}_2=\boldsymbol{H}_3 \tag{7.3.23}$$

由于光谱基由奇异值分解获得，因此它是单位列正交的，满足 $\boldsymbol{D}^{\text{T}}\boldsymbol{D}=\boldsymbol{I}_L$。式(7.3.23)中的 $\boldsymbol{H}_1$，$\boldsymbol{H}_2$ 和 $\boldsymbol{H}_3$ 分别等于：

$$\boldsymbol{H}_1=(\boldsymbol{RD})^{\text{T}}\boldsymbol{RD}+\mu\boldsymbol{I}_L$$

$$\boldsymbol{H}_2=(\boldsymbol{BS})(\boldsymbol{BS})^{\text{T}}$$

$$\boldsymbol{H}_3=(\boldsymbol{RD})^{\text{T}}\boldsymbol{Y}_{(3)}+\mu\left(\boldsymbol{V}_{(3)}+\frac{\boldsymbol{G}_{(3)}}{2\mu}\right)+\boldsymbol{D}^{\text{T}}\boldsymbol{X}_{(3)}(\boldsymbol{BS})^{\text{T}} \tag{7.3.24}$$

式中，$\boldsymbol{I}_L\in\mathbb{R}^{L\times L}$表示单位矩阵。通过利用模糊矩阵 $\boldsymbol{B}$ 和下采样矩阵 $\boldsymbol{S}$ 的性质，可以快速求得式(7.3.23)的解析解。可以利用特征值分解将模糊矩阵 $\boldsymbol{B}$ 分解成式(7.3.12)中的形式，其中对角线矩阵 $\boldsymbol{K}\in\mathbb{C}^{WH\times WH}$可以表示为

$$\boldsymbol{K}=\begin{pmatrix}\boldsymbol{K}_1 & 0 & \cdots & 0\\ 0 & \boldsymbol{K}_2 & \cdots & 0\\ \vdots & \vdots & & \vdots\\ 0 & 0 & \cdots & \boldsymbol{K}_d\end{pmatrix} \tag{7.3.25}$$

式中，矩阵 $\boldsymbol{K}_i\in\mathbb{C}^{wh\times wh}$，$d$ 是空间下采样因子。酉矩阵 $\boldsymbol{Q}_1$ 和对角线矩阵 $\boldsymbol{\Lambda}$ 通过如下特征值分解获得：$\boldsymbol{H}_1=\boldsymbol{Q}_1\boldsymbol{\Lambda}\boldsymbol{Q}_1^{-1}$(矩阵 $\boldsymbol{H}_1$ 是对称正定的，所以特征值分解必定存在)。其中 $\boldsymbol{\Lambda}$ 可表示为：

$$\boldsymbol{\Lambda}=\begin{pmatrix}\lambda_1 & 0 & \cdots & 0\\ 0 & \lambda_2 & \cdots & 0\\ \vdots & \vdots & & \vdots\\ 0 & 0 & \cdots & \lambda_L\end{pmatrix} \tag{7.3.26}$$

$\boldsymbol{Q}_1$ 的列是 $\boldsymbol{H}_1$ 的特征值向量。

②估计 $\boldsymbol{v}$。

$$\boldsymbol{v}\in\min_{v} L(\boldsymbol{C},\boldsymbol{v},\boldsymbol{g})=\min_{v}\mu\left\|\boldsymbol{v}-\boldsymbol{C}+\frac{\boldsymbol{g}}{2\mu}\right\|_{\mathrm{F}}^2+\lambda\sum_{k=1}^{K}\|\boldsymbol{v}^k\|_{\mathrm{TMR}} \tag{7.3.27}$$

对于式(7.3.27)，由于系数块被分成 K 类，可以分别独立对各类进行求解：

$$\arg\min_{\boldsymbol{v}^k}\sum_{k=1}^{K}\mu\left\|\boldsymbol{v}^k-\boldsymbol{C}^k+\frac{\boldsymbol{g}^k}{2\mu}\right\|+\lambda\sum_{k=1}^{K}\|\boldsymbol{v}^k\|_{\mathrm{TMR}} \tag{7.3.28}$$

式中，$\boldsymbol{v}^k$ 和 $\boldsymbol{g}^k$ 分别是由 $\boldsymbol{v}$ 和 $\boldsymbol{g}$ 中的第 k 类系数块组成的张量，其构成方式和 $\boldsymbol{C}^k$ 完全相同。基于式(7.3.10)中张量秩的定义，第 k 类系数构成的张量 $\|\boldsymbol{A}\|_{\mathrm{TMR}}$ 可以通过求解下式获得：

$$\arg\min_{\bar{\boldsymbol{v}}^k}\frac{\mu}{q}\|\bar{\boldsymbol{v}}^k-\bar{\boldsymbol{H}}^k\|_{\mathrm{F}}^2+\lambda\sum_{i=1}^{q}\mathrm{LS}(\bar{\boldsymbol{v}}^k)(:,:,i) \tag{7.3.29}$$

式中，$\bar{\boldsymbol{v}}^k=fft(\boldsymbol{V}^k,3)$ 和 $\bar{\boldsymbol{H}}^k=fft(\boldsymbol{C}^k-\boldsymbol{G}^k/2\mu,3)$ 分别是通过对张量 $\bar{\boldsymbol{V}}^k$ 和 $\boldsymbol{G}^k$ 第三维进行快速傅立叶变换得到的张量。注意到张量 $\bar{\boldsymbol{V}}^k$ 通过估计它的每个前向切片获得，而基于奇异值对数和的低秩恢复问题 $\bar{\boldsymbol{V}}^k(:,:,i)$ 有如下解析解：

$$\bar{\boldsymbol{v}}^k(:,:,i)=\boldsymbol{U}_2\widetilde{\boldsymbol{\Sigma}}_2\boldsymbol{V}_2 \tag{7.3.30}$$

式中，$\boldsymbol{U}_2$ 和 $\boldsymbol{V}_2$ 通过对 $\bar{\boldsymbol{H}}^k(:,:,i)$ 进行奇异值分解获得，即 $\bar{\boldsymbol{H}}^k(:,:,i)=\boldsymbol{U}_2\boldsymbol{\Sigma}_2\boldsymbol{V}_2$，$\boldsymbol{\Sigma}_2$ 是对角线矩阵，它的对角线元素通过式 $\widetilde{\boldsymbol{\Sigma}}_2(i,i)=\boldsymbol{E}_{\frac{\lambda}{2\mu},\varepsilon}[\boldsymbol{\Sigma}_2(i,i)]$ 获得。阈值截断操作 $\boldsymbol{E}_{\alpha,\varepsilon}(x)$ 定义为：

$$\boldsymbol{E}_{\alpha,\varepsilon}(x)=\begin{cases}0, & c_2\leqslant 0\\ c_1+\sqrt{c_2}/2, & c_2>0\end{cases} \tag{7.3.31}$$

式中，$c_1=|x|-\varepsilon$，$c_2=c_1^2-4(\alpha-\varepsilon|x|)$。在获得 $\bar{\boldsymbol{V}}^k$ 后，$\boldsymbol{V}^k$ 可以通过沿张量 $\bar{\boldsymbol{V}}^k$ 第三维进行快速傅立叶逆变换得到：$\boldsymbol{V}^k=ifft(\bar{\boldsymbol{V}}^k, 3)$。

③更新拉格朗日乘子 $\boldsymbol{g}$。

$$\boldsymbol{g}=\boldsymbol{g}+2\mu(\boldsymbol{v}-\boldsymbol{C}) \tag{7.3.32}$$

7.4 实验结果与分析

本节通过实验证明提出的稀疏张量表示和低秩张量表示图像融合的有效性，首先介绍实验数据集，然后比较张量表示图像融合方法和其他融合方法的性能，最后对比各方法的计算效率。

(1)数据集

采用哥伦比亚大学计算机视觉实验室发布的 CAVE 高光谱图像数据集，包含 32 个室内高光谱图像。每张高光谱图像的大小都是 512×512×31，有 31 个光谱波段和 512×512 空间像素，波段光谱范围为 400～700 nm，相邻波段波长间隔是10 nm。将数据集中的高光谱图像当作参考图像，为了生成低分辨率高光谱图像，首先对参考图像用一个大小为 5×5、零均值和标准差为 2 的高斯模糊核滤波，然后进行 32 倍空间下采样。对于 CAVE 数据集，生成低分辨率高光谱图像的大小是16×16×31。同一场景下的 3 波段高分辨率多光谱图像 $\boldsymbol{Z}$ 通过对 $\boldsymbol{X}$ 进行光谱下采样得到，光谱下采样矩阵由尼康 D700 相机提供。

(2)实验结果与讨论

为了证明提出方法的有效性，将提出的耦合稀疏张量融合方法(CSTF)、低秩张量融合方法(LTMR)与典型融合方法 HySure[13]、NSSR[10] 进行比较。表 7.4.1 展示了不同方法在 CAVE 数据集上的客观评价指标，用粗体突出显示最好结果。从表 7.4.1 可以看出，LTMR 方法在所有客观评价指标上都优于其他方法，表明该方法恢复的高分辨率高光谱图像具有更好的空间和光谱质量。例如，LTMR 方法在 PSNR 比 CSTF 方法高 1.2 dB，与 NSSR 相比 SAM 降低了 2 度。该方法性能的提升主要来自两个方面：首先，利用高光谱图像的低维子空间先验保存光谱信息；其次，提出的低秩张量先验能很好地学习多光谱图像的空间非局部相似性，保存空间特征。此外，基于稀疏张量分解的方法 CSTF 取得了优于矩阵分解方法 NSSR 和 HySure 的结果，这体现了张量分解方法的优势。因此，提出的张量表示融合方法 CSTF 和 LTMR 优于其他方法。在张量方法中，低秩张量融合方法(LTMR)优于耦合稀疏张量融合方法(CSTF)。图 7.4.1 显示了在 CAVE 数据集 superballs 高光谱图像上的融合结果的第 29 波段，以及该波段与参考图像之间的误差图像。为了更方便地进行视觉比较，图像中的一个区域被放大，从放大后的图像和误差图像中可以看出，HySure，NSSR，CSTF 缺陷明显，LTMR 融合的高光谱图像伪影较少。

表 7.4.1　不同方法在 CAVE 数据集上的融合客观评价指标

方法	PSNR	SAM	UIQI	ERGAS
best values	$+\infty$	0	1	0
HySure	39.399	14.357	0.848	0.477
NSSR	39.319	8.788	0.875	0.484
CSTF	41.392	9.712	0.821	0.390
LTMR	**42.607**	**7.769**	**0.890**	**0.337**

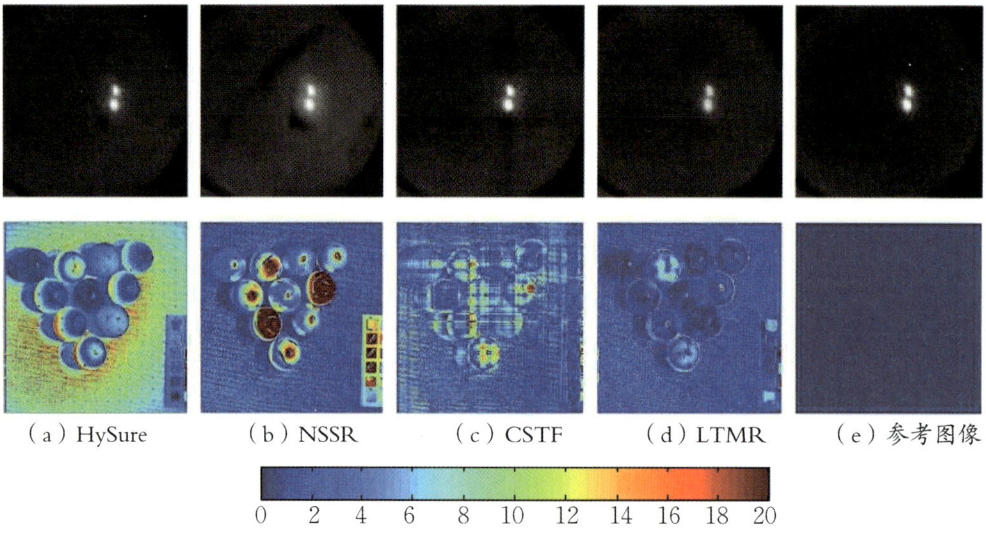

图 7.4.1　在 CAVE 数据集 superballs 高光谱图像上的融合结果的第 29 波段

(3)计算效率

除了高光谱融合图像的质量外，计算效率对于融合方法也是一个重要指标。为了比较不同方法的计算效率，所有实验均在 MATLAB R2018 中运行。表 7.4.2 展示了不同方法在 CAVE 数据集中的运行时间。从表中可以看出，在 CAVE 数据集中，NSSR 是最快的方法，CSTF 方法的计算效率仅次于 NSSR。LTMR 在该数据集中需要相对较长的计算时间，LTMR 方法的主要计算负担来自求解式(7.3.28)，需要计算每类系数的低秩近似，该步骤的时间复杂度是 $O(qKL^2N_m)$，其中 $N_m=\max\{N_1, \cdots, N_k\}$表示各类系数块的最大数量。虽然 LTMR 方法耗时相对较长，但在实际应用中，可以通过并行化等手段显著提升计算效率。

表 7.4.2 不同方法的计算时间 单位：s

HySure	NSSR	CSTF	LTMR
341	207	311	620

本章小结

本章介绍了张量表示理论，包括张量的基本概念，张量的内积、外积等基本运算，CP 分解和塔克分解，为后续张量表示的应用奠定了基础。

矩阵分解法是非常重要的高空间分辨率多光谱图像与低空间分辨率高光谱图像的融合方法。然而，二维的矩阵数据表示难以充分利用高光谱图像的三维空谱特性。为了解决这一问题，本章建立了基于稀疏张量表示的多光谱和高光谱图像融合模型。基于张量塔克分解，将高光谱图像分解成三个维度的字典和核张量，三个维度的字典分别表示高光谱图像三个维度的信息，核张量表示三个维度信息之间的关联性，由于高光谱图像的光谱相似性，核张量往往具有一定的稀疏性。该分解可以有效分离融合高光谱图像的空间信息和光谱信息。基于建立的图像融合模型，提出了基于非局部稀疏张量表示的融合方法和基于耦合稀疏张量表示的融合方法，分别适用于半盲融合和非盲融合的情况。

为了充分利用高光谱图像的低秩特性和多光谱图像的非局部空间相似性，提出了一种新的基于子空间的低秩张量表示融合方法。为了利用高光谱图像光谱波段的相似性，高分辨率高光谱图像被分解为低维的光谱子空间和系数，通过截断奇异值分解从高光谱图像学习低维光谱子空间。对多光谱图像块进行聚类，根据学习到的聚类结构，系数块也被聚类，并对三维的张量施加低秩张量先验，来充分利用图像的非局部自相似性，采用交替方向乘子法求解系数优化问题。

参考文献

[1]DE LATHAUWER L, DE MOOR B, VANDEWALLE J. A multilinear singular value decomposition[J]. SIAM Journal on Matrix Analysis and Applications, 2000, 21(4): 1253-1278.

[2]DIAN R, LI S, FANG L, et al. Nonlocal sparse tensor factorization for semiblind hyperspectral and multispectral image fusion[J]. IEEE Transactions on Cybernetics, 2019, 50(10): 4469-4480.

[3]LI S, DIAN R, FANG L, et al. Fusing hyperspectral and multispectral images via coupled sparse tensor factorization[J], IEEE Transactions on Image Processing, 2018, 27(8): 4118-4130.

[4]佃仁伟. 高光谱和多光谱图像融合方法研究[D]. 长沙：湖南大学，2020.

[5]RIVENSON Y, STERN A. Compressed imaging with a separable sensing operator[J]. IEEE Signal Processing Letters, 2009, 16(6): 449-452.

[6]ATTOUCH H, BOLTE J, REDONT P, et al. Proximal alternating minimization and projection methods for nonconvex problems: an approach based on the Kurdyka-Lojasiewicz inequality[J]. Mathematics of Operations Research, 2010, 35(2): 438-457.

[7]BOYD S, PARIKH N, CHU E, et al. Distributed optimization and statistical learning via the alternating direction method of multipliers[J]. Foundations and Trends in Machine Learning, 2011, 3(1): 1-122.

[8]BIOUCAS-DIAS J M. A variable splitting augmented Lagrangian approach to linear spectral unmixing[C]//2009 First Workshop on Hyperspectral Image and Signal Processing: Evolution in Remote Sensing. IEEE, 2009: 1-4.

[9]SMITH L, ELAD M. Improving dictionary learning: multiple dictionary updates and coefficient reuse[J]. IEEE Signal Processing Letters, 2013, 20(1): 79-82.

[10]DONG W, FU F, SHI G, et al. Hyperspectral image super-resolution via non-negative structured sparse representation[J]. IEEE Transactions on Image Processing, 2016, 25(5): 2337-2352.

[11]KILMER M E, BRAMAN K, HAO N, et al. Third-order tensors as operators on matrices: a theoretical and computational framework with applications in imaging[J]. SIAM Journal on Matrix Analysis and Applications, 2013, 34(1): 148-172.

[12]DIAN R, LI S. Hyperspectral image super-resolution via subspace-based low tensor multi-rank regularization[J]. IEEE Transactions on Image Processing, 2019, 28(10): 5135-5146.

[13]SIMOES M，BIOUCAS-DIAS J，ALMEIDA L，et al. A convex formulation for hyperspectral image superresolution via subspace-based regularization[J]. IEEE Transactions on Geoscience and Remote Sensing，2015，53(6)：3373-3388.

第八章　区域分割图像融合

广为采用的针对单个像素进行融合处理的方式，没有考虑各个区域不同的空间特性，导致该方式存在局限性，其融合效果有待改善。图像中局部区域内的各个像素间往往有较强的相关性，有效利用该特性能改善图像融合性能。基于以上考虑，为了获得更好的融合效果，国内外学者们提出了基于区域分割的图像融合方法。

区域分割图像融合主要包括区域分割、区域特征提取、区域融合三部分。首先对源图像进行区域分割，其分割结果可能是规则的图像块，也可能是形状不规则的区域，由实际的分割方法决定；然后对每个区域在空域或变换域内提取相关特征；再根据特征对不同图像的同一区域进行融合，得到融合图像。

下面首先介绍图像区域分割方法，然后介绍分块图像融合、区域分割空间域图像融合、区域分割变换域图像融合、软分割图像融合方法，最后对主要方法进行实验对比分析。

8.1　区域分割方法

图像区域分割是根据图像的灰度、形状、纹理等特征将图像划分成具有不同特性的区域，是目标提取的重要方法。图像分割在遥感监测、无人驾驶、医学辅助诊断等图像处理领域具有广泛的应用。概括来说，在各种图像应用中，对图像目标进行提取、测量等都离不开图像分割。

然而，由于目标的高度复杂性、目标之间以及目标与背景之间的相似性，图像分割一直是一个具有挑战性的领域。目前，学者们已经提出了很多图像区域分割算法，但没有通用的分割算法可以满足所有的应用场景需求，需要根据实际需求选择或设计适用的图像区域分割方法。总体而言，目前的图像区域分割方法可以分为传统区域分割方法和最新的深度学习区域分割方法两大类。下面对这两类方法进行简要介绍。

8.1.1 传统区域分割方法

(1)阈值法

阈值法是一种经典的图像分割算法，其原理是利用图像的灰度特征设计一个或多个灰度阈值，将图像中的每个像素值与阈值进行比较，根据比较结果对每个像素进行分类。根据阈值的数目，可以分为单阈值法和多阈值法。单阈值法仅使用一个阈值将图像的目标与背景分离开来；多阈值法则使用多个阈值将图像分割为多个不同灰度特征的类别。用 $I(i,\ j)$表示原始图像像素$(i,\ j)$的灰度值，通过阈值 T，将目标与背景分离开来：

$$S(i,\ j)=\begin{cases}1, & I(i,\ j)\geqslant T \\ 0, & I(i,\ j)<T\end{cases} \tag{8.1.1}$$

式中，S 表示分割后的图像。阈值法复杂度低、计算快速简单，但只利用了图像的灰度信息，没有考虑图像的空间特征，导致抗噪性弱、鲁棒性差。对于灰度值范围重合的不同类别，难以利用阈值法分割出来。

(2)归一化割法

基于图论的方法将图像分割转换成图的划分，通过对目标函数的最优化求解，完成图像分割过程。归一化割(normalized cut)[1]是一种典型的基于图论的图像分割方法，下面介绍该方法。对于一个给定的加权无向图 $G=(V,\ E)$，可以通过删去某些边，将其分为两个非连接点集 A 与 B，使得 $A\cup B=V$，$A\cap B=\varnothing$，这两个部分的不相似程度可以定义为原先连接两部分而现在被删去的所有边权值的总和，在图论中称之为割(cut)：

$$\mathrm{cut}(A,\ B)=\sum_{i\in A, j\in B} w(i,\ j) \tag{8.1.2}$$

式中，$w(i,\ j)$表示连接点 i 和点 j 的边的权值，它表示两点之间的相似程度。

然而，该方法往往偏向于把孤立的点作为分割目标，因此该算法对图像中的噪声会非常敏感。为了克服该问题，Shi 和 Malik[1] 提出了归一化割(normalized cut, Ncut)。该方法利用 A，B 两部分节点分别与整幅图节点 V 的权重对式(8.1.2)中的割进行归一化。Shi 和 Malik 指出归一化割的求解是 NP-hard 问题，即这种问题只有将解域中的所有可能都穷举之后才能得到解。随着图中节点数的增多，问题的求解将变得非常费时，导致对较大的图像进行分割时，速度很慢。针对该问题，Cour

等人[2]提出了一种多尺度图分解方法，即多尺度归一化割。该算法在多尺度下并行地处理图像，计算效率比归一化割要高。处理同样大小（$N \times N$）的图像多尺度归一化割计算复杂度为$O(N)$，而归一化割的计算复杂度则为$O(N^2)$，因此多尺度归一化割能够分割较大的图像。

(3)分水岭图像分割

分水岭算法又称水线算法（watershed algorithm），是一种基于拓扑理论的数学形态学的图像分割方法，由于其算法直观、分割线闭合连续且仅一个像素宽度等优点，受到研究人员的广泛关注，是一种经典分割算法。分水岭算法最初仅用于简单的二值图像且计算复杂度较高。Vincent 和 Soille[3]对原始分水岭算法进行改进，计算速度提高了一个数量级。分水岭算法的思想源于大地测量学，其基本思想是把图像看作拓扑地貌，图像中每点的像素灰度值表示该点的海拔，每一个局部极小值及其影响区域称为集水盆，而集水盆的边界则形成分水岭。分水岭算法可以通过模拟水自底向上逐渐淹没该地形图的过程来形象理解。假想在该地形区的每个盆地的最低点打一个漏洞，漏洞都会向盆地里漏水，且每个盆地的水位都是一样的，随着漏入盆地里的水越来越多，水位逐渐升高。当来自不同盆地的水将要汇合到一起时，在将要汇合的地方建一个水坝，阻止来自不同盆地的水汇合到一起。水位继续升高，修建的水坝的长度不断增加，当水位涨到最高点时，水浸没了整个地形区域，最后只剩下所修建的水坝，这些堤坝连成的封闭曲线就叫作分水岭，封闭区域为最终的分割区域。

分水岭算法得到的是输入图像的集水盆图像，集水盆之间的边界点即为分水岭，显然，分水岭表示的是输入图像极大值点。不同区域的边缘将图像分割成不同的区域，因此，通常将源图像的梯度图像作为分水岭算法的输入图像。

与其他形态学图像分割算法相比，分水岭算法能够准确地获得物体的边缘，为后续处理提供较好的分割图像，具有实现简单、易于并行化处理等优点。分水岭算法存在一些缺点，如对噪声的抑制能力较弱，由于输入图像为灰度值的梯度图像，而梯度图像易受噪声干扰，导致出现过分割现象或引起局部分割线偏移。另外，一些微小的灰度值起伏波动或者图像的纹理，在梯度图像中可能会存在许多的局部极小值，若直接对梯度图像进行分水岭分割，则会产生严重的过分割现象。所以在进行分水岭算法之前需要对梯度图像进行预处理，即在分水岭变换之前对图像进行滤波、标记等操作，抑制噪声引起的过分割。其中一种常用的预处理手段就是对梯度图像进行平滑滤波，减少噪声对分割的影响。

(4)图像抠图

图像抠图是准确区分前景和背景的一项重要技术，已经获得广泛的实际应用。在图像抠图模型中，图像 $I(x, y)$可以看成前景 $F(x, y)$和背景 $B(x, y)$的加权和：

$$I(x, y)=\alpha(x, y)F(x, y)+(1-\alpha(x, y))B(x, y) \tag{8.1.3}$$

式中，$\alpha(x, y)$称为 alpha matte，表示前景的权重，其数值范围从 0 到 1。$\alpha(x, y)=1$ 或 0 分别表示 $I(x, y)$为前景或背景。当 $\alpha(x, y)$处于 0 到 1 之间时，表示这些像素混合了前景和背景。图像抠图的目的是找到准确的 α，使前景可以准确地从图像中区分出来。由于在式(8.1.3)中有三个未知数 F，B，α，通过单个图像 I 计算 α 需要添加约束。因此，在大多数情况下，除了需要原始图像之外，还需要提供一个三分图作为输入，三分图将源图像分割成三个区域：确定的前景、确定的背景和未知区域。图 8.1.1 为图像抠图的一个示例，其中图(a)为待抠图图像，图(b)为三分图，图(c)为抠图结果 alpha。

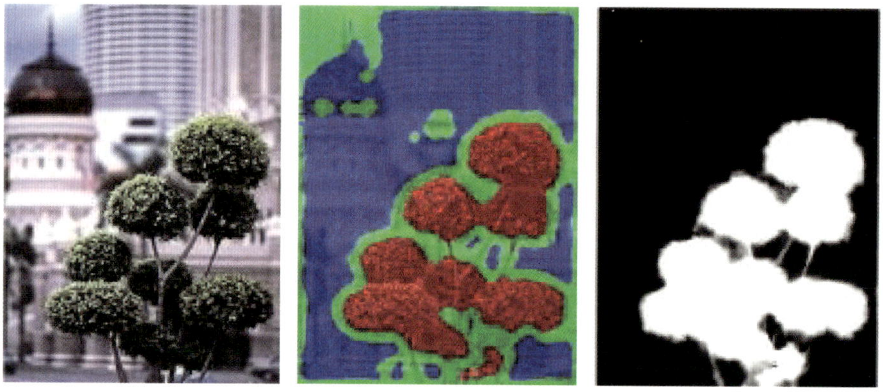

(a)源图像　(b)三分图　(c)alpha

图 8.1.1　图像抠图示例

在给定三分图的情况下，可使用鲁棒图像抠图算法[4]来获得最终的 alpha matte。首先，图 8.1.1(b)中显示为绿色的未知区域像素，该算法从一组前景和背景样本中挑选出“好”样本，这些样本来自显示为红色的前景区域和显示为蓝色的背景区域的附近边界。在该采样步骤中，估计每对前景和背景样本的置信度。与此同时，通过选择较高置信度的样本对作为前景 F 和背景 B，根据式(8.1.3)计算初始

alpha。最后，根据以下假设优化初始的 alpha：alpha 应该局部平滑，1 或 0 的 alpha 值比混合像素多很多。以上抠图过程在数学上可以通过求解以下能量函数实现：

$$E=\sum_{z\in I}\hat{f}_z(\alpha_z-\hat{\alpha}_z)^2+(1-\hat{f}_z)(\alpha_z-\delta(\hat{\alpha}_z>0.5))^2+\lambda J(\alpha, a, b) \quad (8.1.4)$$

式中，$\hat{\alpha}_z$ 和 $\hat{f}_z$ 是采样步骤中估计的 alpha 和置信度，δ 是布尔函数返回的 0 或 1，$J(\alpha, a, b)$是进一步改善结果的邻域能量。文献[4]将最小化能量函数解释为相应的图标记问题，该问题可以通过随机行走方法[5]求解。如图 8.1.1(c)所示，对于给定的三分图，通过上述图像抠图算法获得的 alpha 可以准确地从源图像中辨别聚焦的“树”，将图像大部分区域分割成前景或背景，对交界区域实行软分割，可以使得结果更加细腻，更能反映真实情况。

8.1.2 深度学习区域分割方法

传统图像分割方法存在分割精度较低和鲁棒性较差等问题。近年来，随着深度学习的发展，学者们提出了一系列基于深度学习的图像分割方法，显著改善了分割性能。基于深度学习的图像分割方法按分割图像的不同要求可分为三类：语义分割、实例分割和全景分割。语义分割为图像中的每个像素分配一个类别，对属于同一类别的不同目标不进行区分。相较于语义分割，实例分割只进行除背景外的其他目标的分割，但它不仅要对图像进行像素级别的分类，还要区分同一类别的不同实例。全景分割综合了以上两种分割方法，不仅能分割出含背景在内的所有目标，而且对于同一类别的不同对象也加以区分。下面简要介绍 5 种典型的深度学习图像区域分割方法：FCN，PSPNet，U-Net，DeepLab，Mask R-CNN。

(1)FCN

Long 等人提出了全卷积神经网络(fully convolutional network，FCN)[6]图像分割方法，该方法是深度学习图像分割工作的里程碑，是首个端到端的图像分割网络模型。FCN 仅包括卷积层，很容易实现输出分割图像与输入图像的空间大小一致。FCN 将分类卷积神经网络的全连接层替换为卷积层，因此 FCN 的输入图像可以是任意尺寸，简化了数据预处理过程。FCN 网络结构主要分为两个部分：全卷积部分和反卷积部分。其中全卷积部分为 VGG 和 ResNet 等经典卷积神经网络，用于提取多尺度特征；反卷积实现上采样得到原尺寸的语义分割图像。最后一层的特征图较小，包含的细节信息较少，如果仅对最后一层的特征图进行上采样得到原图大小的分割，最终的分割效果往往不理想。为此，FCN 通过跳跃连接结构将最后一层的特征图和之前层级的特征图结合起来，提高分割性能。

(2) PSPNet

普通 FCN 方法存在计算复杂、不能有效获得全局上下文信息等问题。为了克服以上问题，学者们提出了金字塔场景解析网络(pyramid scene parsing network, PSPNet)[7]等方法。PSPNet 充分利用全局特征的先验知识，对不同场景进行解析，实现对场景目标的语义分割。给定输入图像，首先使用卷积神经网络得到卷积特征图，然后用金字塔池化模块收集不同的子区域特征并进行上采样，接着在通道维度上拼接(concat)融合各子区域特征，以形成维度局部和全局上下文信息的特征，最后经过卷积和分类处理获得最终的对每个像素的预测结果。金字塔池化模块的提出是为了解决 FCN 网络感受野设置不合理而导致的类别混淆问题。金字塔池化模块使用不同步长和尺寸的池化操作，进行多尺度特征提取生成不同子区域的特征图，使用 1×1 卷积保持全局特征的权重，再进行上采样操作使特征尺寸调整成一样大小，最后与卷积神经网络提取的特征图进行通道维拼接。

(3) U-Net

U-Net[8]是 Ronneberger 等人提出的一种改进 FCN 的卷积神经网络模型，以其独特的 U 型编码器-解码器结构得名。U-Net 包括左半边的压缩通道和右半边的扩展通道，左边用来特征提取，右边负责特征还原。U-Net 左侧是捕获上下文信息的收缩路径，右侧的扩张路径用于恢复图像大小。网络两侧的对应层设置了跳跃连接以更好地融合深浅层特征。U-Net 网络主要由卷积、池化(下采样)、激活函数、上采样(转置卷积)、跳跃连接等操作组成。输入图像经过编码器的四次下采样提取特征，再经过解码器的四次上采样恢复图像尺寸，在此期间执行对应层间的跳跃连接融合多尺度信息，最后经分类网络输出与原图像大小一致的像素级预测图像。U-Net 模型结合了编码器-解码器结构和多尺度融合的优点，在医学图像分割等领域中具有广泛应用。

(4) DeepLab

DeepLab 系列是谷歌团队提出的一系列图像分割算法。DeepLab v1[9]于 2014 年推出，并在 PASCAL VOC 2012 数据集分割任务上取得了第二名，随后 2017—2018

年又相继推出了 DeepLab v2[10]，DeepLab v3[11] 以及 DeepLab v3+[12]，并于 2020 年提出了全景分割方法 Panoptic DeepLab[13]。DeepLab 的核心是使用空洞卷积，即卷积感受野中的部分元素并未参与卷积运算，相当于空洞，该方法能够在不增加参数量和计算量的同时，扩大卷积的感受野，从而整合更多的特征信息。

DeepLab v1 利用带空洞卷积的深度卷积神经网络对输入图像进行处理，获得粗略的类别得分图，双线性插值上采样后引入条件随机场进行后处理。该方法充分考虑全局信息，能够降低噪声干扰，对像素点进行更准确的分类，从而提升分割精度。DeepLab v2 在 v1 的基础上，将空洞卷积层扩展成空间金字塔空洞池化(atrous spatial pyramid pooling，ASPP)模块，ASPP 模块主要由不同空洞率的空洞卷积组成金字塔结构，能提取多尺度特征。DeepLab v2 对特征图进行融合，保留全连接条件随机场作为后处理。DeepLab v3 改进了 ASPP 模块，包括添加 1×1 卷积、批量归一化(BN)操作等。DeepLab v3+仿照 U-Net 的编解码结构添加了上采样的解码器模块，用来优化边缘的精度。DeepLab v3+将 DeepLab 的深度卷积神经网络部分看作编码器，将深度卷积神经网络输出的特征图上采样成原图大小的部分看作解码器，这样构成一个编码器和解码器的结构。以上 DeepLab 图像分割方法都是语义分割方法，Panoptic DeepLab 方法将 DeepLab 拓展到全景分割。

(5)Mask R-CNN

Mask R-CNN[14]是 He 等人是在目标检测基础上提出的图像分割算法，其以目标检测网络 Faster R-CNN[15] 为基础。与 FCN、PSPNet、U-Net、DeepLab 等深度学习语义分割方法不同，Mask R-CNN 实现了实例分割。Mask R-CNN 的基本工作原理如下：首先输入图像经过 CNN 网络提取特征，再利用 RPN(区域建议网络)生成目标候选框，并对候选框中的内容进行 ROIAlign 处理生成混合特征图，对这些 ROI 进行分类、回归和 Mask 生成。相较于 Faster R-CNN，Mask R-CNN 在分类和回归的基础上增加了一个全卷积网络分支为每个 ROI 输出二值掩膜以完成分割任务。

8.2　分块图像融合

基于分块的图像融合过程首先将配准的源图像分割成若干个大小一致的图像块，计算每个图像块的活跃度(如熵或清晰度)，通过比较两个图像对应图像块的活跃度，采用选择法或加权平均的融合规则对图像块进行融合，最后将融合的图像块合并获得融合图像。图 8.2.1 给出了基于分块的图像融合流程图。下面详细介绍分块方法在多聚焦图像融合和多曝光图像融合中的应用。

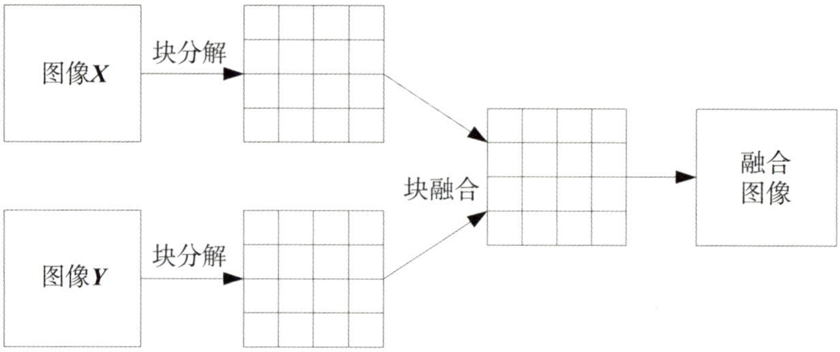

图 8.2.1　基于分块的图像融合流程图

(1)块状区域分割多聚焦图像融合

基于分块的多聚焦图像融合[16]流程如图 8.2.2 所示，图中以两个图像为例，该方法很容易扩展到多个图像的融合，主要由以下步骤组成：

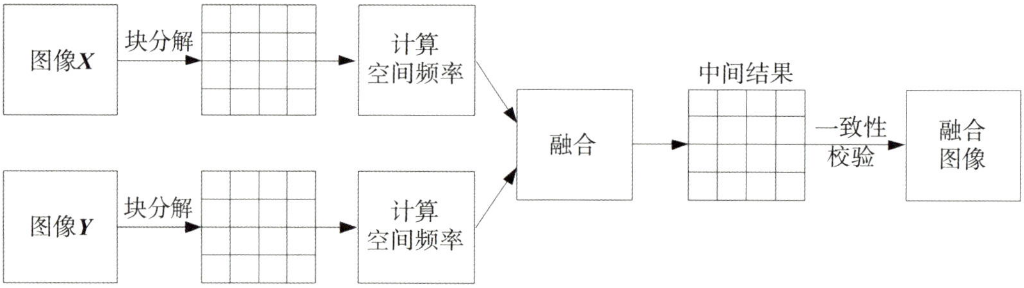

图 8.2.2　基于分块的多聚集图像融合流程图

步骤 1：分解源图像 $\boldsymbol{X}$ 和 $\boldsymbol{Y}$ 成图像块，X_i 和 Y_i 分别表示源图像 $\boldsymbol{X}$ 和 $\boldsymbol{Y}$ 的第 i 个块。

步骤 2：计算每个图像块的空间频率(spatial frequency，SF)。空间频率反映图像的灰度变化情况，其值越大通常图像越活跃、越清晰，越小表示图像越模糊。为了验证空间频率能够表达图像清晰度的性质，进行如下实验。图 8.2.3 为五个大小为 128×128 的人造图像，这五个图像具有相同的内容，但模糊程度从图(a)到图(e)逐渐增加。另外，从 Boat 图像中选取一块大小为 128×128 的区域，并采用高斯滤波器对其进行不同程度的模糊，其结果如图 8.2.4 所示，按从图(a)到图(e)的顺序，模糊程度逐渐增加。图 8.2.3 和图 8.2.4 中图像对应的空间频率如表 8.2.1 所示，从表 8.2.1 中可以看出，随着图像模糊程度的增加，其空间频率的值明显减小。因此可以通过一个图像区域的空间频率来判断其清晰程度。

(a) (b) (c) (d) (e)

图 8.2.3 模糊程度不同的人造图像

(a) (b) (c) (d) (e)

图 8.2.4 Boat 图像中的图像块及其不同模糊程度的图像块

表 8.2.1 不同模糊图像块对应的空间频率

	(a)	(b)	(c)	(d)	(e)
图 8.2.3	192.0	26.8	12.2	7.9	5.6
图 8.2.4	146.7	65.4	43.4	20.0	5.6

步骤 3：根据下式构造融合图像块。

$$F_i=\begin{cases}X_i, & SF^{X_i}>SF^{Y_i}+TH\\ Y_i, & SF^{X_i}<SF^{Y_i}-TH\\ (X_i+Y_i)/2, & 其他\end{cases} \tag{8.2.1}$$

式中，SF^{X_i} 和 SF^{Y_i} 分别表示图像块 X_i 和 Y_i 的空间频率，TH 表示阈值。

步骤 4：对上一步获得的融合结果进行一致性校验，如果某图像块来自图像 $\boldsymbol{X}$，而它周围大部分的图像块均来自图像 $\boldsymbol{Y}$，那么把它改成图像 $\boldsymbol{Y}$ 对应的图像块。这里采用 3×3 窗口的多数滤波法。

(2)块状区域分割多曝光图像融合

当利用光学相机对亮度变化大、动态范围高的场景成像时，无论怎样调节相机的曝光时间，所获得的同一张照片上总有些区域过度曝光，另一些区域曝光不足。

利用图像融合算法，可以将多个同一场景不同曝光量的图像融合成一幅高动态范围图像，从而扩大图像的表示范围，增加图像中高亮区和暗区的细节。基于块状区域分割的多曝光图像融合具体过程如下：

步骤 1：根据输入源图像的大小，将源图像分解成大小为 $M\times N$ 的图像块。

步骤 2：计算每个图像块的熵。熵能够反映图像块的信息量，熵的计算公式为：

$$E=\sum_{i=0}^{255}-p_i\log_2 p_i \tag{8.2.2}$$

式中，p_i 表示该图像块中像素值为 i 的概率。设像素值为 i 的像素个数为 n_i，则 $p_i=n_i/(M\times N)$。

步骤 3：选择不同源图像在同一位置信息量最大的图像块，将所有选择结果按顺序拼接在一起得到融合图像，此融合图像通常存在严重的块状不连续现象。为解决该问题，用一个单调下降的函数对图像块进行加权，再将所有的区域相加得到结果图像。

8.3 区域分割空间域图像融合

与基于分块的图像融合方法不同，基于区域的方法对源图像进行区域分割，其分割结果是形状不规则的区域，由图像中的场景或目标决定，以克服基于分块的图像融合方法带来的块效应问题。下面介绍区域分割空间域图像融合方法。

8.3.1 归一化割图像融合

本小节介绍基于多尺度归一化割的多聚焦图像融合方法、基于多尺度归一化割和区域识别的红外与可见光假彩色图像融合方法。

(1)基于多尺度归一化割的多聚焦图像融合

多聚焦图像融合将源图像不同聚焦区域合并，形成一个处处聚焦的图像。一种直观的多聚焦图像融合方法是按照图像的内容将图像分割成不同的区域，然后通过类似于手工剪与贴的方法，将各源图像中聚焦的区域“剪”出来，再“粘贴”到一起生成融合图像。该方法经常被用来获得“理想”的融合图像，并以其作为参考来评价融合图像的质量。在图像分割准确的情况下，利用该框架可以得到最优的融合图像。这是因为融合图像的每个目标区域都从源图像中最清晰的区域中直接选取，避免了由于图像变换引起的图像清晰度丢失。下面介绍一种利用基于归一化割图像分割的区域级多聚焦图像融合方法，图 8.3.1 展示了基于归一化割图像分割与空间频率的多聚焦图像融合方法流程，包括基于归一化割的图像分割、基于空间频率的图像区域清晰度计算、区域融合三个部分。具体实现步骤如下：

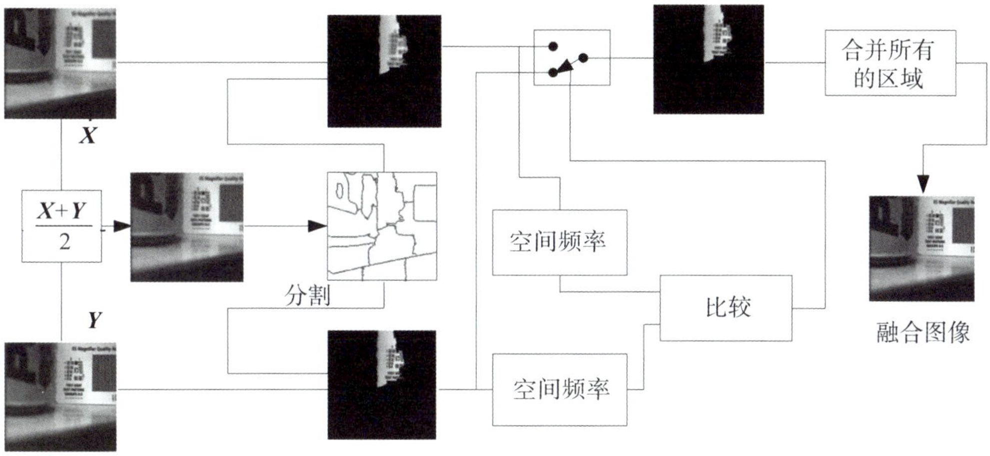

图 8.3.1 基于归一化割图像分割与空间频率的多聚焦图像融合方法流程图

步骤 1：对两个已配准的多聚焦源图像 $\boldsymbol{X}$ 和 $\boldsymbol{Y}$ 求平均，得到平均图像 $\boldsymbol{T}$。

步骤 2：用归一化割图像分割方法将图像 $\boldsymbol{T}$ 分割成若干个图像区域。

步骤 3：根据上一步所得到的分割结果将源图像分割成代表图像不同特征的区域。设 RoX_i 和 RoY_i 分别表示图像 $\boldsymbol{X}$ 和 $\boldsymbol{Y}$ 的第 i 个区域。

步骤 4：计算每个图像区域的空间频率。设 SF^{X_i} 和 SF^{Y_i} 分别表示源图像 $\boldsymbol{X}$ 和 $\boldsymbol{Y}$ 第 i 个区域的空间频率。根据空间频率的特性可知，SF^{X_i} 和 SF^{Y_i} 的值越大表示对应区域越清晰。

步骤 5：依据步骤 4 计算得到的图像区域空间频率将源图像进行融合。设 RoF_i 是融合图像的第 i 个图像区域，则：

$$RoF_i=\begin{cases}RoX_i, & \mathrm{SF}^{X_i}\geqslant \mathrm{SF}^{Y_i}\\ RoY_i, & \mathrm{SF}^{X_i}<\mathrm{SF}^{Y_i}\end{cases} \tag{8.3.1}$$

步骤 6：合并步骤 5 选择得到的所有图像区域，重构融合图像。

以上算法步骤假设只有两个源图像，当源图像的数目大于或等于 3 时，只需对以上算法的步骤 1、步骤 3 和步骤 5 进行修正。步骤 1 修改为对所有待融合源图像求平均，步骤 3 修改为根据分割结果将所有源图像分割成代表图像不同特征的区域，最后步骤 5 修改为选择空间频率最大的区域作为融合结果。

(2)基于多尺度归一化割和区域识别的红外与可见光假彩色图像融合

红外与可见光图像融合能大大增强"先发现/先杀伤"的战场优势。但早期研究的彩色图像融合方法是以图像灰度为基础的假彩色融合法，以及将各种类型的图像在彩色空间简单叠加的彩色空间映射法。这两种方法虽然在一定程度上改善了图像的显示效果，但是其呈现的色彩并不自然，不适宜长时间观察，易造成士兵视觉负荷过重。针对这个问题，本小节介绍一种将区域分割、目标判别和自然色彩赋色有机结合的图像融合方法[17]，实现了多传感器图像的自然色彩融合，融合图像的色彩与白天色彩相似，能够大大缓解夜视视觉疲劳，提高夜视舒适度和准确度，进而增强未来冲突中作战士兵的生存能力。图 8.3.2 展示了该方法的框架，首先采用多尺度归一化割方法对假彩色图像进行分割；然后提取分割区域的特征，并采用支持向量机对分割区域进行分类、识别；在识别的基础上进一步引入色彩传递技术，将系统自然图像颜色库中的颜色传递给分割区域，即目标图像在不改变自身形状的情况下，获得了自然图像的颜色信息，实现了整体颜色基调和谐、自然与真实。具体步骤如下：

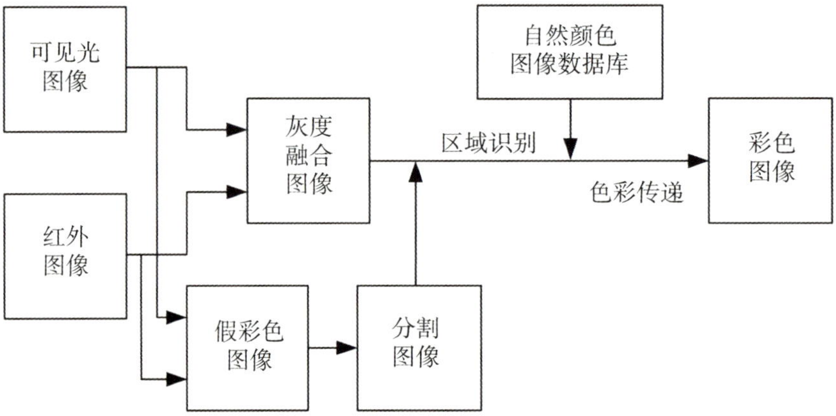

图 8.3.2　基于多尺度归一化割和区域识别的红外与可见光假彩色图像融合方法框架图

步骤 1：建立自然颜色图像数据库。基于色彩传递的彩色融合方法需要有参考图像，并且参考图像的统计信息与目标图像相似，场景内容相仿。在这种思想的指导下，在融合之前建立一个包含常见场景和目标的自然颜色图像数据库，图 8.3.3 为数据库中的一些图像。

图 8.3.3 自然颜色图像数据库中的部分图像

步骤 2：将两个源图像分别进行灰度融合与假彩色融合。灰度融合没有特殊要求，常用的灰度融合方法都可以，本小节采用基于曲波变换的融合方法。假彩色融合是简单的通道赋值方法，即将可见光图像赋给蓝色通道，红外图像赋给红色通道，红外图像与可见光图像的平均图像赋给绿色通道。

步骤 3：采用 8.1.1 节介绍的多尺度归一化割方法对假彩色图像进行分割。在分割之前对假彩色图像进行非线性扩散滤波，起到去噪、平滑的作用，有利于分割。

步骤 4：对分割区域进行识别。分割后，对每个分割区域提取均值、方差和不变矩等特征，采用支持向量机对分割区域进行分类、识别。特征包括红外与可见光图像的均值和标准方差、红外图像的 7 个不变矩，每个区域计算得到一个 11 维向量。从图像中计算出来的矩通常描述了该图像形状的全局特征，并提供大量的关于该图像不同类型的几何特征信息。通过几何矩的一系列非线性组合构造 7 个具有旋转、平移和尺度不变的不变矩。只计算红外图像的不变矩，主要是因为一些小但很重要的目标往往在红外图像中很清晰。

步骤 5：采用色彩传递算法对识别后的区域进行赋色。图像中每个分割区域将根据其识别的类别传递自然颜色。例如，某个未知的分割区域被识别为树木，系统自动将其与数据库中树这一类中的图像进行统计信息匹配，根据其亮度为其找到合适的自然颜色。需要指出的是进行颜色传递时，目标图像为红外和可见光的灰度融合图像，使得参考图像与目标图像的亮度更加匹配，从而得到较好的传递效果。

图 8.3.4 呈现了一个可见光与红外图像区域识别彩色融合的例子。可见光图像背景细节清晰，栏杆在可见光中可见，在红外图像中几乎不可见。可见光图像中的人几乎看不到，然而场景中的其他细节如建筑物、植被的纹理都清晰可见，容易识

别。红外图像中的人由于与周围场景的对比度很高而清晰可见。分割图像中的目标(人)被完整地分割开来，形状保持完好。其他的场景信息，如路、植被等也都被一一分割开来。可以明显地看到，基于区域识别的彩色融合图像比灰度图像更加适合人眼观察，能增强人对场景的理解与识别。除了融合图像中的目标(人)被赋予鲜艳、醒目的红色外，该颜色也与周围环境的颜色有很大的色差，能够引起观察者的足够的警觉，从而起到警示作用。因此，彩色融合方法得到的结果适合人眼对目标的识别，能够缩短观察者的反应时间，提高监测性能。

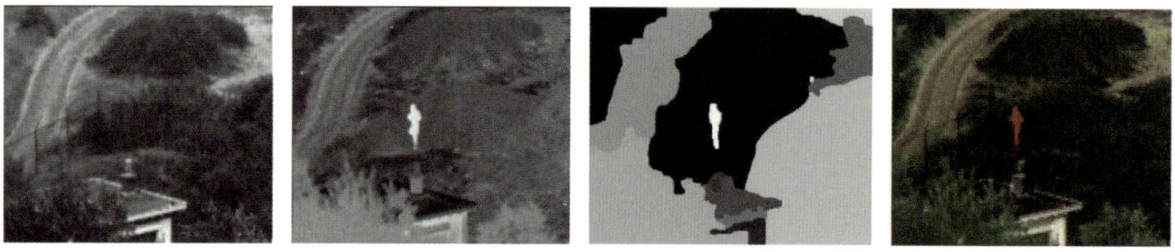

(a)可见光图像　(b)红外图像　(c)分割图像　(d)融合图像

图 8.3.4　可见光与红外图像区域识别彩色融合示例

8.3.2　形态学分割图像融合

自然图像内容具有多样性和复杂性，使得图像分割算法难以获得较好的分割结果。例如，各物体成像后颜色亮度相近，使得一般的图像分割方法很难将它们分开时，传统图像分割方法可能将不同物体组合到一个区域，使得最终的融合结果产生错误。对此，我们不按照图像的内容例如图像的线、边缘等信息对源图像进行分割，而是依据多聚焦图像的特点以及多聚焦图像融合的目标，按照源图像清晰度将源图像直接分割得到源图像的聚焦区域，避免了图像内容对图像分割的影响[18]。优点在于其不依赖图像内容，而只与源图像的聚焦区域有关，受外部因素的干扰较小。形态学处理利用具有一定形态的结构元素去度量和提取图像中的对应形状和结构，以达到对图像分析和识别的目的，具有处理速度快等优点。基于以上思想，本小节介绍基于局部空间频率与形态算子的多聚焦图像融合方法[18]，其框架图如图 8.3.5 所示，算法具体实现步骤如下：

步骤 1：在两个已经配准的多聚焦图像 $\boldsymbol{X}$ 和 $\boldsymbol{Y}$ 中，分别计算每个像素 5×5 邻域的空间频率，以此来反映输入图像对应像素点的清晰程度。空间频率的值越大代表该像素点的清晰程度越高。反之，空间频率的值越小就表示该点越模糊。

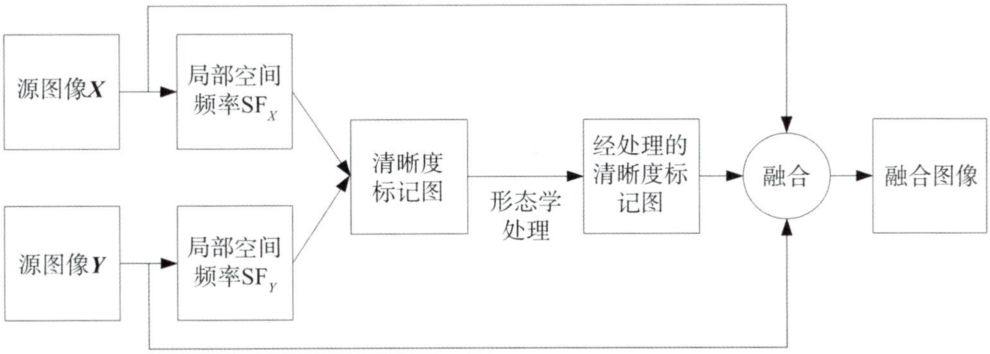

图 8.3.5 基于局部空间频率与形态算子的多聚焦图像融合方法框架图

步骤 2：根据空间频率比较图像对应像素的清晰程度，构造二值图像 $\boldsymbol{Z}$。二值图像中 1 表示它在图像 $\boldsymbol{X}$ 中对应的像素在焦点上，0 表示它在图像 $\boldsymbol{Y}$ 中对应的像素在焦点上：

$$\boldsymbol{Z}(m, n)=\begin{cases}1, & \mathrm{SF}_X(m, n)>\mathrm{SF}_Y(m, n) \\ 0, & \text{其他}\end{cases} \tag{8.3.2}$$

式中，$\mathrm{SF}_X(m, n)$和 $\mathrm{SF}_Y(m, n)$分别表示源图像 $\boldsymbol{X}$ 和 $\boldsymbol{Y}$ 的局部空间频率。当用空间频率来判断源图像的清晰度时，由于图像内容多样化，因此不可避免地会出现一些误判的情况。这些误判在标记矩阵 $\boldsymbol{Z}$ 中通常表现为一些窄带、凸起、狭缝和小的空洞等。

步骤 3：利用形态算子开和闭运算消除二值图像 $\boldsymbol{Z}$ 中的窄带、凸起、狭缝等。先用结构元素 $\boldsymbol{B}$ 腐蚀 $\boldsymbol{Z}$，再用 $\boldsymbol{B}$ 膨胀其运算结果，结构元素 $\boldsymbol{B}$ 采用 5×5 的逻辑 1 矩阵。开运算，用 $\boldsymbol{Z}\circ\boldsymbol{B}$ 表示，能够除去很细的连接桥或凸起。闭运算，用 $\boldsymbol{Z}\cdot\boldsymbol{B}$ 表示，可以除去细小的裂痕和小的空洞。然而，标记矩阵 $\boldsymbol{Z}$ 中比结构元素 $\boldsymbol{B}$ 大的空洞通过简单的开闭运算往往不能够除去，因此设置一个阈值 1000，当空洞面积小于该阈值时将其去除。具体的实现步骤为：首先在白色的区域找到面积小于阈值的块，并将该区域的值改成 1。然后对标记图像取反，再重复上一步的操作。最后对标记图像取反，得到最终的标记图像。

步骤 4：根据标记图像，对源图像进行融合，获得融合图像 $\boldsymbol{F}$。其过程可用下式表示：

$$\boldsymbol{F}(m, n)=\begin{cases}\boldsymbol{X}(m, n), & \boldsymbol{Z}(m, n)=1 \\ \boldsymbol{Y}(m, n), & \text{其他}\end{cases} \tag{8.3.3}$$

8.4 区域分割变换域图像融合

将图像从空域变换到另一个域，能够获取图像的一些有用特征。例如，将图像从空域变换到小波域能够获得图像的空频特征，便于后续分析处理。结合分水岭图像分割和形态小波变换速度快的特点，我们提出一种结合分水岭图像分割和形态小波变换的多聚焦图像融合方法[19]，具体实现步骤如下：

步骤1：求两个多聚焦输入图像的平均图像，其结果用于下一步的图像分割，使得在图像分割中能够考虑所有输入图像的信息，只得到一个分割结果，便于后续融合处理。

步骤2：用Sobel算子求平均图像的梯度图像，再利用形态算子中的开和闭运算对该梯度图像进行平滑。利用分水岭图像分割方法对平滑后的梯度图像进行区域分割。根据该分割结果将两个源图像分割成若干个不同的区域。

步骤3：将输入的源图像进行一层形态小波分解，得到每一个源图像的形态小波系数，包括源图像的低频近似分量、水平细节分量、垂直细节分量和对角细节分量。其中，水平细节分量、垂直细节分量和对角细节分量代表了源图像的梯度信息，其绝对值越大表示对应像素在源图像的变化越强，该像素越清晰。但经过分解以后得到的形态小波系数矩阵的大小是源图像的四分之一，为了能够跟源图像大小对应，方便处理，对分解得到的小波系数进行最近邻插值处理获得与源图像大小一样的系数矩阵。

步骤4：计算每一个源图像中每一个分割区域的形态小波系数高频分量的绝对值之和，以此来代表该区域的清晰程度，数值越大表示该块越清晰。用 M_k^X 和 M_k^Y 分别表示源图像 $\boldsymbol{X}$ 和 $\boldsymbol{Y}$ 中第 k 区域的清晰度测量值：

$$M^{X_k}=\sum_{s\in\{\mathrm{LH},\mathrm{HL},\mathrm{HH}\}}\sum_{(i,j)\in X_k}C_X^s(i,j) \tag{8.4.1}$$

$$M^{Y_k}=\sum_{s\in\{\mathrm{LH},\mathrm{HL},\mathrm{HH}\}}\sum_{(i,j)\in Y_k}C_Y^s(i,j) \tag{8.4.2}$$

式中，X_k 和 Y_k 代表源图像 $\boldsymbol{X}$ 和 $\boldsymbol{Y}$ 中第 k 个区域，C_X 和 C_Y 表示 $\boldsymbol{X}$ 与 $\boldsymbol{Y}$ 两个源图像的形态小波系数。

步骤5：比较两个源图像对应区域的清晰度大小，清晰度大者表示该区域在其对应的源图像里比在另一个图像里清楚，并直接选取清楚区域作为融合后的相应区域，即

$$F_k=\begin{cases}X_k, & M^{X_k}\geqslant M^{Y_k}\\ Y_k, & M^{X_k}<M^{Y_k}\end{cases} \tag{8.4.3}$$

式中，F_k 代表融合图像 $\boldsymbol{F}$ 的第 k 个区域。遍历所有的分割区域，得到融合图像 $\boldsymbol{F}$。

8.5 软分割图像融合

硬分割将图像像素按照 0、1 二值分为某一类，软分割将像素按照概率 $p\in[0, 1]$ 进行分类。软分割能够实现更细致的分割，尤其是在不同目标的交界处，边界较为模糊，用软分割更为合适。基于以上思想，本节介绍两个基于软分割的图像融合方法：基于抠图的动态场景多聚焦图像融合[20]、基于随机行走优化的多聚焦图像融合[21]。

8.5.1 基于抠图的动态场景多聚焦图像融合

针对场景可能发生局部动态变化的情况，本小节介绍基于抠图的动态场景多聚焦图像融合[20]。图 8.5.1 显示了基于抠图的动态场景多聚焦图像融合算法，该图以两个源图像融合为例。首先，通过形态滤波估计每个源图像的聚焦信息。然后，将源图像的聚焦信息组合在一起生成一个三分图，该三分图将对应的源图像分为三个区域，即明确聚焦区域、明确散焦区域和未知区域。接下来，利用三分图，通过对相应的源图像执行抠图来获得精确的聚焦区域。最后，将源图像的聚焦区域组合在一起构建融合图像。该方法根据聚焦信息利用抠图来找到聚焦区域。由于抠图能够充分利用邻近像素之间的强相关性，该方法在动态场景下融合多聚焦图像时具有更好的融合性能，且对图像噪声的鲁棒性较好。

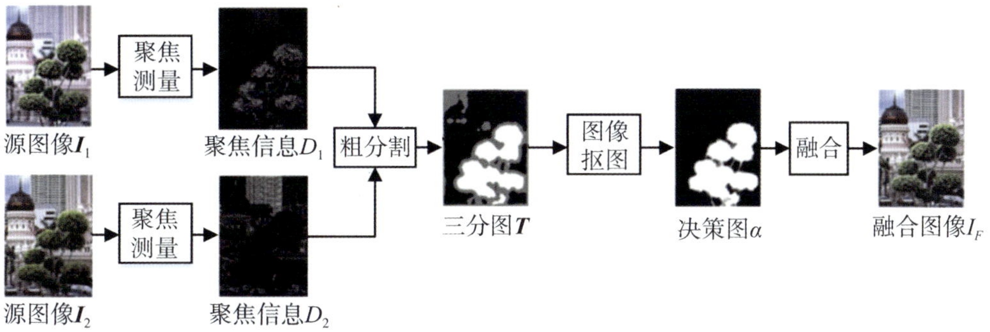

图 8.5.1 基于抠图的动态场景多聚焦图像融合算法

(1)聚焦测量

该算法的第一步是获得每个源图像的聚焦信息图。通常，聚焦区的高频信息比散焦区多，形态滤波可以反映源图像的高频信息。使用的形态滤波包括两种类型的顶帽变换：

$$\boldsymbol{d}_b^n=\boldsymbol{I}_n-\boldsymbol{I}_n\circ\boldsymbol{B} \tag{8.5.1}$$

$$\boldsymbol{d}_d^n=\boldsymbol{I}_n\cdot\boldsymbol{B}-\boldsymbol{I}_n \tag{8.5.2}$$

$$\boldsymbol{B}=\begin{pmatrix}0&0&1&0&0\\0&1&1&1&0\\1&1&1&1&1\\0&1&1&1&0\\0&0&1&0&0\end{pmatrix} \tag{8.5.3}$$

式中，I_n 表示第 n 个源图像，$\boldsymbol{B}$ 是形态滤波的圆盘结构元素。式(8.5.1)中的形态学开运算 $\boldsymbol{I}_n\circ\boldsymbol{B}$ 会消除暗背景下的亮像素，式(8.5.2)中的闭运算 $\boldsymbol{I}_n\cdot\boldsymbol{B}$ 会消除亮背景中的暗像素。因此，基于开运算和闭运算的顶帽变换提取了图像的亮和暗细节。简单来说，将两个变换的最大值定义为对应像素的聚焦测度：

$$D_n(x,\ y)=\max\{d_b^n(x,\ y),\ d_d^n(x,\ y)\} \tag{8.5.4}$$

一对源图像及其对应的聚焦测量示例如图 8.5.2 所示，源图像分别聚焦在前景树和背景建筑。

(a)“树”源图像　　(b)聚焦测度

图 8.5.2　聚焦测量示例

(2)粗分割

在获得聚焦测度后，下一步是构建三分图，将源图像分割成三个区域，即明确聚焦区域、明确散焦区域和未知区域。粗分割流程如图 8.5.3 所示。

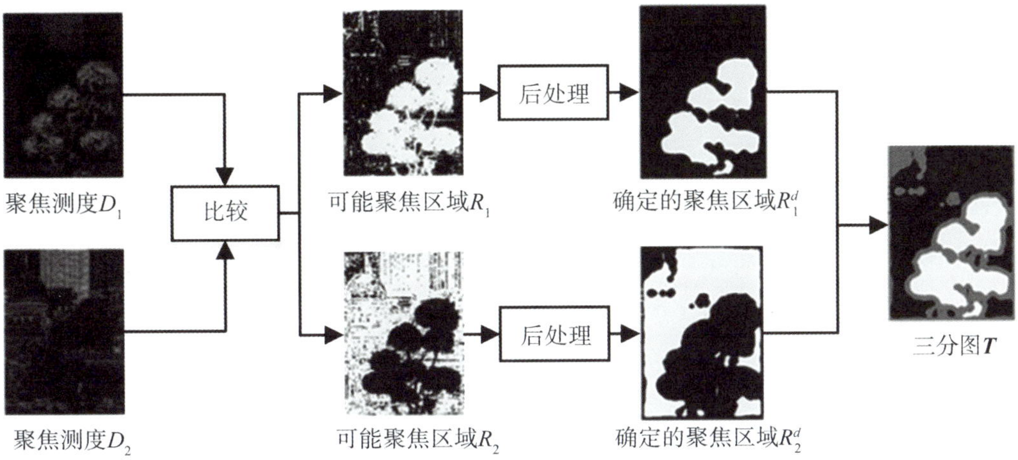

图 8.5.3 粗分割流程图

通常，聚焦区域像素比散焦区域像素的聚焦值更高。为了确定像素是否聚焦，根据下式比较每个像素在不同源图像中的聚焦值，聚焦值最大的认为是聚焦像素，否则为散焦像素。

$$R_n(x, y)=\begin{cases}1, & D_n(x, y)>\max\limits_{m, m\neq n}\{D_m(x, y)\}\\0, & \text{其他}\end{cases} \tag{8.5.5}$$

对于图 8.5.2 中的源图像，聚焦区域 R_1 和 R_2 如图 8.5.4 所示。$R_n(x, y)=1$ 表示第 n 个源图像的点(x, y)处于焦点上。然而，对于没有可辨别细节区域和运动区域的像素，比较聚焦测度值并不完全正确。在粗分割阶段，不需要使用聚焦测度来确定完整的精确聚焦区域，只需要找到部分但高度可信的精确聚焦区域。通过以下步骤进一步处理所获得的聚焦区域 R_n。首先，使用中值滤波器来消除孤立的像素和由图像噪声等引起的非常小的区域。

$$R_n^M(x, y)=\text{med}\{R_n(x-k, y-l)\mid(k, l)\in w\} \tag{8.5.6}$$

式中，med 代表中值滤波运算，w 是滑动的局部窗口。通过迭代执行骨架化和一次中值滤波，可以有效去除运动区域和 R_n^M 中聚焦区域的外围区域：

$$R_n^{MS}=\text{med}\{\text{skelet}(R_n^M, i)\} \tag{8.5.7}$$

式中，skelet 代表骨架化操作，i 表示骨架化迭代次数。具有非常大聚焦值的像素很可能是聚焦像素，将这些像素定义为确定性聚焦像素。

$$P_n^d(x, y)=\begin{cases}1, & D_n(x, y)-\max\limits_{m, m\neq n}\{D_m(x, y)\}>H\\0, & \text{其他}\end{cases} \tag{8.5.8}$$

式中，D 表示通过聚焦测量获得的聚焦测度信息，H 是阈值参数。

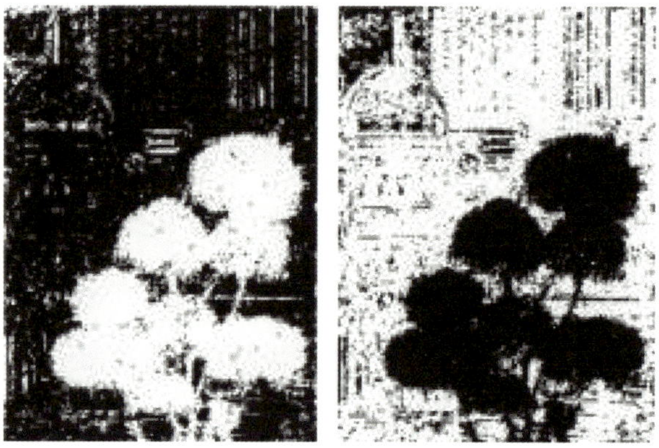

(a)聚焦像素

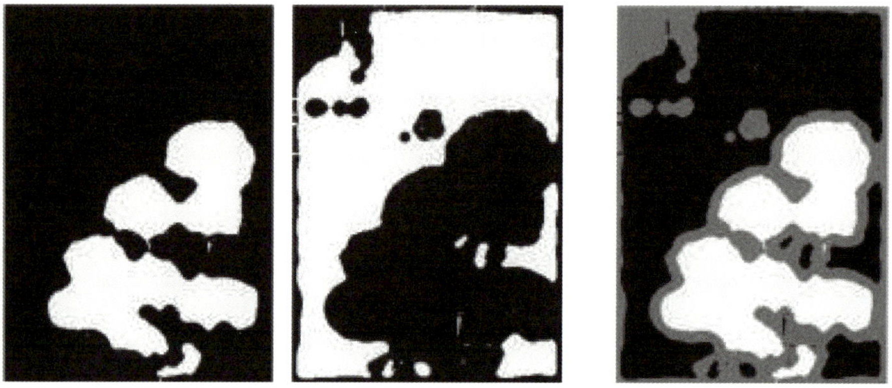

(b)聚焦区域　　　　(c)$\boldsymbol{I}_1$ 的三分图

图 8.5.4　粗分割过程示意图

最后，定义第 n 个源图像的精确聚焦区域为：

$$R_n^d(x, y)=\begin{cases}1, & R_n^{MS}(x, y)\text{或 } P_n^d(x, y)=1 \\ 0, & \text{其他}\end{cases} \tag{8.5.9}$$

图 8.5.4(b)为获得的精确聚焦区域。给定每个源图像的精确聚焦区域，源图像 $\boldsymbol{I}_n$ 的三分图定义为：

$$T_n(x, y)=\begin{cases}1, & R_n^d(x, y)=1 \text{ 且 } \max\limits_{m, m\neq n}\{R_m^d(x, y)\}=0 \\ 0, & R_n^d(x, y)=0 \text{ 且 } \max\limits_{m, m\neq n}\{R_m^d(x, y)\}=1 \\ 0.5, & \text{其他}\end{cases} \tag{8.5.10}$$

图 8.5.4(c)为源图像 $\boldsymbol{I}_1$ 的三分图 $\boldsymbol{T}_1$，其中 $T_n(x, y)=1$ 和 $T_n(x, y)=0$ 分别意味着第 n 个源图像的点(x, y)精确聚焦和精确不聚焦。$T_n(x, y)=0.5$ 意味

着这些像素来自需要通过抠图来分类的未知区域。

（3）抠图和融合

该方法的最后一个步骤是将源图像的聚焦区域组合在一起构建融合图像。为了获得每个源图像的聚焦区域，将上面获得的三分图 $\boldsymbol{T}_n$ 作为一个输入，对源图像执行鲁棒的抠图算法[4]以获得 $\alpha_n(x, y)$。具体来说，对于未知区域中的每个像素，抠图算法首先挑选出一些分别位于精确聚焦区域和精确散焦区域边界的聚焦和散焦样本；然后，根据未知像素与聚焦和散焦样本之间的颜色相似性来估计未知像素的初始 α 值；最后，根据所获得的 α 应该满足局部平滑的特性，且 1 或 0（等于聚焦或散焦）的 α 值应该比混合像素[α 是(0, 1)之间的小数值]更多，最小化定义的能量函数来计算精确的 α。图 8.5.5(a)为得到的 α，$\alpha_n(x, y)=1$ 或 0 分别表示源图像 $\boldsymbol{I}_n$ 的点(x, y)是聚焦或不聚焦。当 $\alpha_n(x, y)$是(0, 1)之间的一个小数值时，意味着这些像素由聚焦像素和散焦像素混合而成。由于混合像素的数量少并且通常位于聚焦和散焦之间的过渡区域，它们不会降低融合图像的整体质量。该方法生成的 α_n 与源图像α_n 的聚焦区域相同。对于两个源图像，源图像 $\boldsymbol{I}_n$ 的聚焦区域可以简单地用 $1-\alpha_1(x, y)$得出。因此两个源图像的融合图像可以通过下式计算：

$$\boldsymbol{I}_F(x, y)=\alpha_1(x, y)\boldsymbol{I}_1(x, y)+(1-\alpha_1(x, y))\boldsymbol{I}_2(x, y) \quad (8.5.11)$$

(a)alpha (b)$\boldsymbol{I}_1$的聚焦区域 (c)$\boldsymbol{I}_2$的聚焦区域 (d)融合图像

图 8.5.5 抠图与融合图像

源图像的聚焦区域和它们相应的融合图像分别如图 8.5.5(b)～(d)所示。图 8.5.5(d)包含了所有重要信息。最后，为了更好地理解该算法，算法 8.5.1 详细描述了算法过程。

算法 8.5.1 基于抠图的多聚焦图像融合算法

1. 给定 N 个多聚焦图像 $\boldsymbol{I}_n$，$n=1$，…，N。
2. 通过形态滤波测量每个源图像的聚焦信息。
3. 比较不同源图像中每个像素的聚焦值，得到每个源图像 $\boldsymbol{I}_n$ 的聚焦像素图 R_n。
4. 对上述得到的 R_n 进行中值滤波和骨架化，得到每个源图像的精确聚焦区域。
5. 将每个源图像分割成三部分，分割结果 $\boldsymbol{T}_n$ 表示用于抠图的三分图。
6. 对源图像 $\boldsymbol{I}_n(n=1，…，N-1)$进行抠图，得到 $\boldsymbol{I}_n$ 的 α_n，α_n 显示了 $\boldsymbol{I}_n$ 的聚焦区域。
7. 通过下式构建融合图像：

$$\boldsymbol{I}_{n,N}(x, y)=\alpha_n(x, y)\boldsymbol{I}_n(x, y)+(1-\alpha_n(x, y))\boldsymbol{I}_{n-1,N}(x, y)$$

其中 n 依次指 1，2，…，$N-1$，$\boldsymbol{I}_{n,N}(x, y)$是前 n 个源图像和第 N 个源图像的融合图像。当 $n=1$ 时，$\boldsymbol{I}_{n-1,N}(x, y)=\boldsymbol{I}_{0,N}(x, y)=\boldsymbol{I}_N(x, y)$，表示第 N 个源图像。当 $n=N-1$ 时，得到最终融合结果 $\boldsymbol{I}_{N-1,N}(x, y)$。

8.5.2 基于随机行走优化的多聚焦图像融合

本小节介绍一种基于随机行走优化的可见光和红外图像融合算法[21]，具体分四步：针对可见光图像与红外图像的特征提取，多项式逻辑回归获得初始概率权重图，权重随机行走优化概率权重图，对加权的源图像进行拉普拉斯融合。图 8.5.6 为该方法的流程。

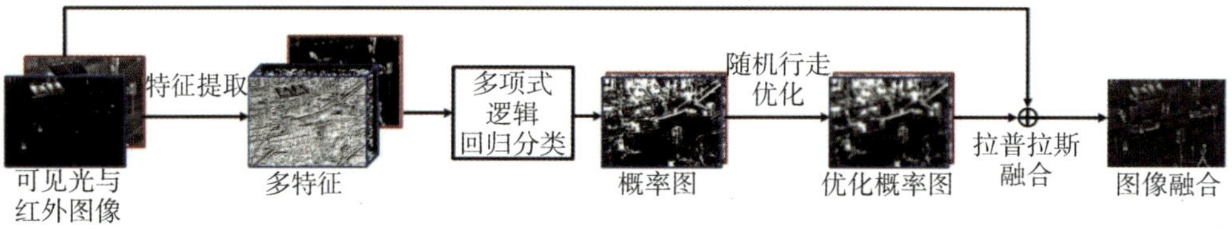

图 8.5.6 基于多特征随机行走优化的可见光与红外图像融合算法流程图

(1)可见光与红外图像特征提取与分类

针对可见光图像，提取纹理、梯度和形态特征。首先采用局部二值模式(local binary pattern，LBP)算法提取可见光图像的纹理特征。某像素 x_c 的 LBP 特征计算公式如下：

$$\mathrm{LBP}_{P,R}(x_c)=\sum_{p=0}^{P-1}u[\boldsymbol{I}(x_p)-\boldsymbol{I}(x_c)]2^p \tag{8.5.12}$$

式中，x_p 表示图像 $\boldsymbol{I}$ 中围绕像素 x_c 的半径为 R 的 P 邻域像素，$p=0$，…，$P-1$。

$u(x)$是阶跃函数，若 $x \geqslant 0$，则 $u(x)=1$；否则，$u(x)=0$。由上式计算的 LBP 表示与中心像素 x_c 及其 P 邻域有关的局部区域的特定结构。通过对可见光图像的亮度分量进行 LBP 算法，可以得到纹理特征图 $\boldsymbol{T}$。

对位于源图像 $\boldsymbol{I}_n(x, y)$中的像素(x, y)，梯度$\nabla I(x, y)$可以描述为：

$$\nabla I(x, y)=\left(\frac{\partial I}{\partial x}, \frac{\partial I}{\partial y}\right) \tag{8.5.13}$$

式中，∇ 是 Sobel 梯度算子，不同方向的梯度特征表示为 $\boldsymbol{G}=\{\boldsymbol{G}_x; \boldsymbol{G}_y\}$。

在亮度图像 $\boldsymbol{I}$ 上执行式(8.5.1)、式(8.5.2)所示的两种顶帽变换形态滤波，将两个变换的最大值定义为对应像素的形态特征 D。最后，将得到的每个特征归一化为[0, 1]。

红外图像的特征按照下式提取：

$$g(x, y)=\begin{cases}1, & f(x, y) \geqslant \mathrm{th} \\ 0, & f(x, y)<\mathrm{th}\end{cases} \tag{8.5.14}$$

式中，$f(x, y)$表示红外图像，$g(x, y)$表示阈值处理之后的图像，th 为阈值。$f(x,y) \geqslant \mathrm{th}$ 的像素点称为目标点，其他像素点称为背景点。阈值 th 自动选取的迭代步骤如下：

步骤 1：取 th_0 为初始阈值（th_0 一般取图像中最大和最小亮度值的中间值）。

步骤 2：使用 th_0 对图像进行分割。分割后像素分为两类：亮度值大于 th_0 的像素点所组成的区域 R_1，亮度值小于 th_0 的像素点所组成的区域 R_2。

步骤 3：计算区域 R_1 和区域 R_2 内像素的平均亮度值 μ_1 和 μ_2。

步骤 4：计算新阈值 $th=(\mu_1+\mu_2)/2$。

步骤 5：重复步骤 2 到步骤 4，直到相邻两次 th 的差小于给定值为止。此时的 R_1 为红外图像的特征。

图 8.5.7 是一对红外与可见光图像，及其特征图像。

采用多项式逻辑回归(multinomial logistic regression，MLR)分类器提取初始决策图，基于提取的特征，利用 MLR 分类器可以得到初步的概率权重图 $\boldsymbol{O}$。

(2)权重随机行走优化

随机行走是计算从未标记像素 i 开始行走时首先到达标签 $n \in N$ 的像素的概率 p_{in}。大量实验研究发现通过最小化能量函数可以直接计算 p_{in}。

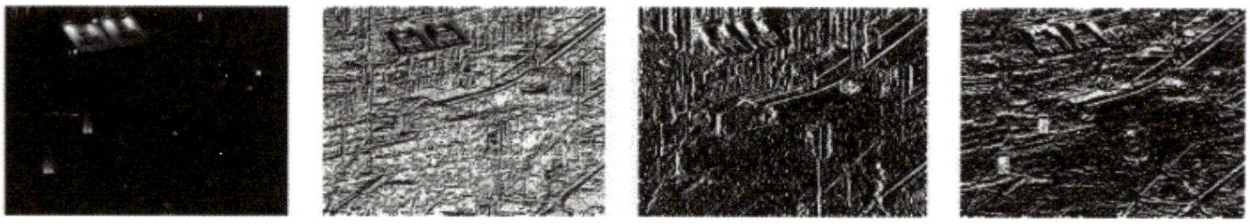

(a)可见光图像　(b)可见光图像纹理特征　(c)可见光图像x轴梯度特征　(d)可见光图像y轴梯度特征

(e)可见光图像形态特征　(f)红外图像　(g)红外图像特征

图 8.5.7　一对源图像及其特征

具有封闭解的能量函数概率由下式得出：

$$E_{\text{spatial}}^{m}(\boldsymbol{p}_n)=\boldsymbol{p}_n^{\mathrm{T}}\boldsymbol{L}\boldsymbol{p}_n \tag{8.5.15}$$

式中，$\boldsymbol{L}$ 表示加权图 $G=(V,\ E)$ 的拉普拉斯矩阵，其定义如下：

$$L_{ij}=\begin{cases} d_i, & i=j \\ -w(e_{ij}), & i \text{ 与 } j \text{ 相邻} \\ 0, & \text{其他} \end{cases} \tag{8.5.16}$$

式中，$d_i=\sum w(e_{ij})$，表示连接到 ν_i 的所有加权边的和，是第 i 个像素的度(degree)。

使用概率权益图 $\boldsymbol{O}$ 构造空间能量函数如下：

$$E_{\text{aspatial}}^{n}(\boldsymbol{p}_n)=\sum_{q=1,q\neq n}^{N}\boldsymbol{p}_q^{\mathrm{T}}\boldsymbol{\Lambda}_q\boldsymbol{p}_q+(\boldsymbol{p}_n-1)^{\mathrm{T}}\boldsymbol{\Lambda}_n(\boldsymbol{p}_n-1) \tag{8.5.17}$$

式中，$\boldsymbol{\Lambda}$ 代表对角矩阵。对于该对角矩阵，用 MLR 分类器得到的初始概率在对角上得出。然后，通过将随机游走的两个能量函数组合在一起，最终能量函数表示如下：

$$E^{n}(\boldsymbol{p}_n)=E_{\text{spatial}}^{n}(\boldsymbol{p}_n)+\gamma E_{\text{aspatial}}^{n}(\boldsymbol{p}_n) \tag{8.5.18}$$

式中，γ 是控制空间项和非空间项平衡的参数，根据实验，γ 被设定为 10^{-5}。所提出的函数已被证明具有闭式解，因此，最终的概率图 $\boldsymbol{p}_n$ 可以很容易地得到。

(3)多尺度加权融合策略

对两个图像 $\boldsymbol{I}_1\boldsymbol{p}_1$，$\boldsymbol{I}_2\boldsymbol{p}_2$ 分别做拉普拉斯变换，可以获取各自的低频分量 $\boldsymbol{L}_1$，$\boldsymbol{L}_2$ 以及高频分量 $\boldsymbol{H}_1$，$\boldsymbol{H}_2$。利用比较系数绝对值法分别对低频分量以及高频分量做融合

处理，得到融合结果 $\boldsymbol{L}_F$ 和 $\boldsymbol{H}_F$，然后做相应的多尺度重构即可获得融合图像 $\boldsymbol{I}_F$。

8.6　实验结果与分析

(1)硬分割图像融合实验

为了验证区域硬分割方法的性能，对如图 8.6.1 所示的 6 组多聚焦图像进行实验。

(a)花盆钟表图像

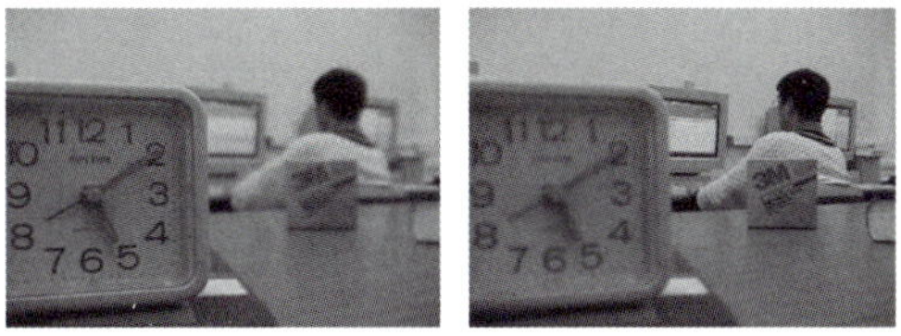

(b)实验室场景图像

(c)人物图像

(d)氢气球场景图像

(e)书本图像

(f)玩具图像

图 8.6.1　硬分割实验源图像

对比方法包括：基于小波变换的逐像素融合方法[22]，Piella 提出的区域分割融合方法[23]，Ncut 与空间频率相结合的融合方法(用 Ncut＋SF 表示)[24]，基于分水岭与形态小波变换的融合方法(用 WS＋MW 表示)[19]，空间频率与形态算子相结合的方法(用 SF＋MO 表示)[18]。Ncut 图像分割的参数设置为：$\sigma_I=0.1$，$\sigma_X=0.3$，$r=10$。基于小波变换的方法采用“db1”小波基，分解层数为 3，并采用最常用的融合规则：低频小波系数取平均，高频小波系数取绝对值最大的方法，并实施基于3×3 窗口的一致性校验，进一步提高基于小波变换的图像融合算法的性能。对于 Piella 的方法，采用 3 层拉普拉斯金字塔分解得到源图像的多分辨率分解系数，采用金字塔连接(pyramid linking)的多尺度分割方法得到每一尺度下的分割结果，再用每个尺度下分割区域的所有拉普拉斯金字塔系数的绝对值之和作为该区域的活跃度，然后采用活跃度最大的选择准则融合多分辨率系数，最后利用逆拉普拉斯金字塔变换得到融合图像。为了方便表示，用 DWT 和 Piella 分别表示基于小波变换的逐像素图像融合算法和 Piella 提出的基于区域分割的图像融合方法。

利用空间频率(SF)、标准差(STD)、互信息(MI)和 $Q^{AB/F}$ 共 4 个指标对融合图像质量进行评价，6 组图像评价指标的平均值如表 8.6.1 所示。从表中可以看出，总体而言，逐像素融合的 DWT 方法性能最差，Piella 提出的区域分割融合方法优于 DWT 方法。本章介绍的 Ncut+SF、WS+MW、SF+MO 三种区域分割方法明显优于 Piella 和 DWT 方法，例如，对于广泛使用的评价指标 $Q^{AB/F}$，DWT 和 Piella 方法分别只有 0.7527 和 0.7718，而本章三种方法均在 0.80 以上。这三种算法的客观评价之间差别较小，这是因为这三种算法都直接从源图像中选择最清晰的图像区域构成融合图像，图像质量都达到了近似最优的水平。在这三种方法中，SF+MO 略有优势。

此外，表 8.6.1 给出了各方法的运行时间，因为只需要进行小波变换，DWT 方法耗时最短，效率最高。而其他四种区域分割方法，由于需要进行区域分割，融合时间明显增长。Piella 算法所消耗的时间大于 20 s，其主要原因为金字塔连接图像分割算法耗时。Ncut+SF 算法所消耗的时间最长，主要是因为 Ncut 图像分割算法所需要的时间长。

表 8.6.1　硬分割实验平均指标

	SF	STD	MI	$Q^{AB/F}$	时间/s
DWT	23.5286	50.4567	7.4502	0.7527	0.1847
Piella	24.0839	50.4139	7.7489	0.7718	20.0678
Ncut+SF	24.1288	50.6565	9.6764	0.8045	110.4922
WS+MW	24.1097	50.6766	9.6751	0.8057	1.8723
SF+MO	24.2271	50.6753	9.7416	0.8063	1.5883

区域分割融合方法对于没有完全配准的情况具有较好的鲁棒性。图 8.6.1(b)中两个实验室源图像在获取时，学生轻微移动了头部，因此这两个源图像在该区域没有完全配准。图 8.6.2 对五个融合图像中学生的头部区域进行放大，可以看到基于小波变换融合图像的学生头部区域明显扭曲，而 Piella 算法的融合图像中，学生的

头部区域有明显的振铃效应。相比而言，本章介绍的三种区域级融合算法的融合结果视觉效果很好。

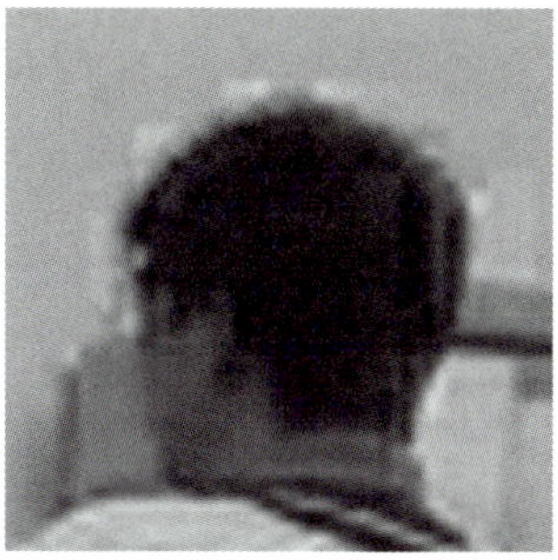
(a) DWT

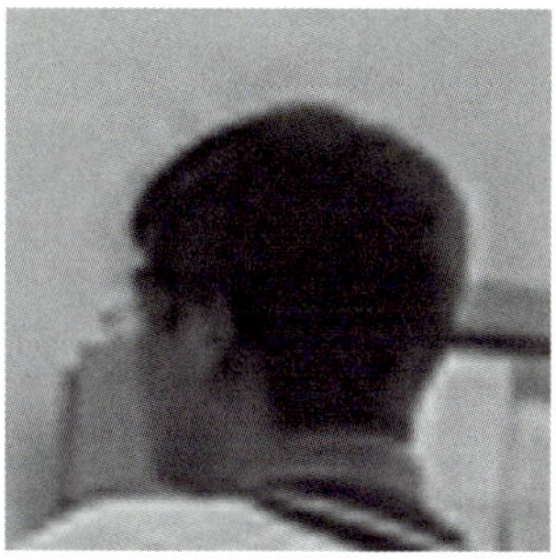
(b) Piella

(c) Ncut+SF

(d) WS+MW

(e) SF+MO

图 8.6.2 实验室源图像融合结果学生头部区域放大图

因此，由于区域分割方法考虑了场景和目标的区域特性，能取得更好的性能，并且对于没有完全配准的情况具有较好的鲁棒性。但由于增加了区域分割过程，这类方法会增加耗时，并且不同分割方法消耗的时间差异较大。

(2)软分割图像融合实验

在如图 8.6.3 所示的 6 组多聚焦图像上对软分割图像融合进行对比实验，比较方法包括基于抠图的图像融合方法[20]、区域分割与空间频率(RGSF)[24]方法、基于双树复小波(DTCWT)[25]方法、非下采样轮廓波变换(NSCT)[26]方法、稀疏表示(SR)[27]方法、图像梯度(IG)[28]方法、数学形态学[29]方法。DTCWT 方法采用 4 层分解，低通子带用“平均”规则融合，带通子带用“取绝对值最大”规则融合。NSCT 方法也采用 4 层分解，从粗到细的方向数为 4，8，8，16。稀疏表示方法滑动窗口的块大小设置为 8×8，全局误差设为 0.01。图像梯度方法，参数 $k=60$。RGSF 方法，最重要的参数是分割部分的数量 n，调整这个参数，并选择一个最佳结果。对于基于数学形态学的方法，圆盘结构元素的半径设为 2 个像素，算法的终止标准 $p\%$设为 95%。抠图融合方法，中值滤波邻域为 8×8，当邻域的像素数为偶数时，选择两个中值中较大的一个作为最终中值。骨架化的迭代次数 i 设置为 5。阈值 H 设为图像灰度级的一半，即 8 位图像为 128。

(a)"树与建筑物"源图像

(b)"树"源图像

(c)"叶子"源图像

(d)"消火栓"源图像

(e)"人物"源图像

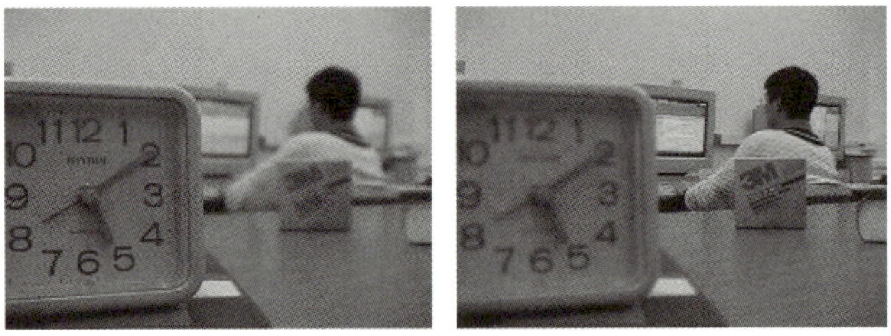

(f)"实验室"源图像

图 8.6.3　软分割实验源图像

图 8.6.4 展示了各方法在树图像上的决策图和参考决策图。从图(a)中可以看出，图像梯度方法的决策图较为粗糙，只获得了前景树的大概轮廓。区域分割与空间频率相结合的图(b)，虽然优于图(a)，但仍然较为粗糙。基于数学形态学的图

(c)，虽然对前景树分割较好，但背景出现很明显的误分割。抠图方法对前景和背景都能较好地分割，与参考决策图非常接近，其图像融合性能最优。

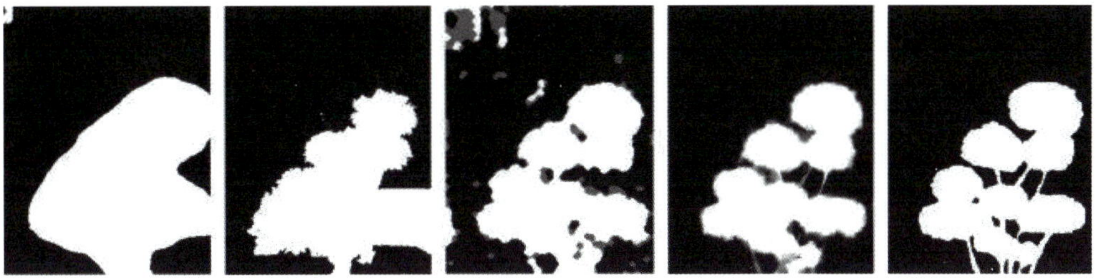

(a)IG (b)RGSF (c)MM (d)抠图 (e)参考决策图

图 8.6.4 各方法在树图像上的决策图和参考决策图

为了客观地评估不同方法的性能，采用以下指标[30]：互信息 M_F^{XY}，结构相似性度量 SSIM，基于相似性的质量度量 $Q(X, Y, F)$ 和基于边缘的度量 $Q^{AB/F}$。表 8.6.2 展示了 4 个评价指标在 6 组源图像上的平均结果。从表 8.6.2 中可以看出，RGSF 和抠图等区域分割方法明显优于 DTCWT、NSCT、SR 等单像素融合方法。软分割的抠图融合方法优于硬分割的 RGSF 融合方法。总体上，抠图方法获得了很好的性能。

表 8.6.2 软分割实验平均指标

	DTCWT	NSCT	SR	IG	RGSF	MM	抠图
M_F^{XY}	0.6759	0.6801	0.7451	0.9008	0.9044	0.8698	0.9024
SSIM	0.9423	0.9446	0.9739	0.9613	0.9620	0.9693	0.9881
$Q(X, Y, F)$	0.9230	0.9260	0.9590	0.9809	0.9802	0.9605	0.9839
$Q^{AB/F}$	0.6081	0.6133	0.6607	0.6639	0.6584	0.6556	0.6690

本章小结

由于图像的特征往往不是单个像素就能表示的，而是由某一局部区域的多个像素共同体现，且图像中某一局部区域内的各个像素间往往有较强的相关性，因此，基于像素的融合方式有其片面性，其融合效果有待改善。基于区域的融合方法根据目标特征将源图像划分为一些区域，然后在这些区域上进行融合，能够提高融合方法对目标的适应性。

本章详细阐述了基于区域分割的图像融合方法。首先介绍了图像分割方法，包括传统区域分割方法和最新的深度学习分割方法。然后介绍了具体的区域分割图像融合方法，包括分块图像融合方法、区域分割空间域图像融合方法、区域分割变换域图像融合方法、软分割图像融合方法等。基于分块的融合方法没有考虑图像自身内容，缺乏目标或场景的自适应性，通常会产生块效应、块边界模糊等问题。为了克服该问题，学者们将图像分割方法引入到图像融合中，图像分割由于分割区域数量和边界会随着图像内容发生自适应变化，融合图像得到明显改善。一般的图像分割将像素硬性分割成某一类，但当像素处于目标边界时，像素有可能是前景和背景的混合，将像素硬性分割成某一类的方式存在一定的误差。为此，提出了基于软分割的图像融合方法。

最后，对常用区域分割图像融合方法进行了实验对比，具体包括硬分割方法对比实验、软分割方法对比实验。区域分割图像融合方法通常优于传统单像素融合方法，能够较好地消除误配准的影响。

参考文献

[1]SHI J, MALIK J. Normalized cuts and image segmentation[J]. IEEE Transactions on Pattern Analysis and Machine Intelligence, 2000, 22(8): 888-905.

[2]COUR T, BENEZIT F, SHI J. Spectral segmentation with multiscale graph decomposition [J]. IEEE Computer Society Conference on Computer Vision and Pattern Recognition, 2005, 2: 1124-1131.

[3]VINCENT L, SOILLE P. Watersheds in digital spaces: an efficient algorithm based on immersion simulations[J]. IEEE Transactions on Pattern Analysis and Machine Intelligence, 1991, 13 (6): 583-598.

[4]WANG J, COHEN M F. Optimized color sampling for robust matting[C]. IEEE Conference on Computer Vision and Pattern Recognition, 2007: 1-8.

[5] GRADY L. Random walks for image segmentation [J]. IEEE Transactions on Pattern Analysis and Machine Intelligence, 2006, 28(11): 1768-1783.

[6]LONG J, SHELHAMER E, DARRELL T. Fully convolutional networks for semantic segmentation [C]. IEEE Conference on Computer Vision and Pattern Recognition, 2015: 3431-3440.

[7]ZHAO H, SHI J, QI X, et al. Pyramid scene parsing network[C]. IEEE Conference on Computer Vision and Pattern Recognition, 2017: 2881-2890.

[8]RONNEBERGER O, FISCHER P, BROX T. U-net: convolutional networks for biomedical image segmentation [C]. International Conference on Medical Image Computing and Computer-Assisted Intervention. Springer, Cham, 2015: 234-241.

[9]CHEN L C, PAPANDREOU G, KOKKINOS I, et al. Semantic image segmentation with deep convolutional nets and fully connected CRFs[J]. Computer Science, 2014(4): 357-361.

[10]CHEN L C, PAPANDREOU G, KOKKINOS I, et al. DeepLab: semantic image segmentation with deep convolutional nets, atrous convolution, and fully connected CRFs[J]. IEEE Transactions on Pattern Analysis and Machine Intelligence, 2018, 40(4): 834-848.

[11]CHEN L C, PAPANDREOU G, SCHROFF F, et al. Rethinking atrous convolution for semantic image segmentation[C]. European Conference on Computer Vision, 2017: 833-851.

[12]CHEN L C, ZHU Y, PAPANDREOU G, et al. Encoder-decoder with atrous separable con-

volution for semantic image segmentation[C]. European Conference on Computer Vision，2018：801-818.

[13]CHENG B，COLLINS M D，ZHU Y，et al. Panoptic-DeepLab：a simple，strong，and fast baseline for bottom-up panoptic segmentation[C]. Computer Vision and Pattern Recognition，2020：12475-12485.

[14] HE K，GKIOXARI G，DOLLÁR P，et al. Mask R-CNN[C]. IEEE International Conference on Computer Vision，2017：2961-2969.

[15]REN S，HE K，GIRSHICK R，et al. Faster R-CNN：towards real-time object detection with region proposal networks[C]. Advances in Neural Information Processing Systems，2015.

[16]LI S，KWOK J T，WANG Y. Combination of images with diverse focuses using the spatial frequency[J]. Information Fusion，2001，2(3)：169-176.

[17]YANG B，SUN F，LI S. Region-based color fusion method for visible and IR image sequences[C]. Chinese Conference on Pattern Recognition，2008：1-6.

[18]YANG B，LI S. Multi-focus image fusion based on spatial frequency and morphological operators[J]. Chinese Optics Letters，2007，5(8)：452-453.

[19]YANG B，LI S. Multi-focus image fusion using watershed transform and morphological wavelet clarity measure[J]. International Journal of Innovative Computing Information and Control，2011，7(5A)：2503-2514.

[20]LI S，KANG X，HU J，et al. Image matting for fusion of multi-focus images in dynamic scenes[J]. Information Fusion，2013，14(2)：147-162.

[21]姬昭阳. 基于多特征随机行走优化的图像融合方法研究[D]. 长沙：湖南大学，2020.

[22]ZHANG Z，BLUM R S. A categorization of multiscale-decomposition-based image fusion schemes with a performance study for a digital camera application[J]. Proceedings of the IEEE，1999，87(8)：1315-1326.

[23]PIELLA G. A general framework for multiresolution image fusion：from pixels to regions[J]. Information Fusion，2003，4(4)：259-280.

[24]LI S，YANG B. Multifocus image fusion using region segmentation and spatial frequency[J]. Image and Vision Computing，2008，26(7)：971-979.

[25]LEWIS J J，O'CALLAGHAN R J，NIKOLOV S G，et al. Pixel-and region-based image fusion with complex wavelets[J]. Information Fusion，2007，8(2)：119-130.

[26]ZHANG Q，GUO B. Multifocus image fusion using the nonsubsampled contourlet transform[J]. Signal Processing，2009，89(7)：1334-1346.

[27] YANG B, LI S. Multifocus image fusion and restoration with sparse representation[J]. IEEE Transactions on Instrumentation and Measurement, 2010, 59(4): 884-892.

[28] ELTOUKHY H A, KAVUSI S. A computationally efficient algorithm for multi-focus image reconstruction[C]. SPIE Electronic Imaging, 2003: 332-341.

[29] DE I, CHANDA B, CHATTOPADHYAY B. Enhancing effective depth-of-field by image fusion using mathematical morphology[J]. Image and Vision Computing, 2006, 24(12): 1278-1287.

[30] LIU Z, BLASCH E, XUE Z, et al. Objective assessment of multiresolution image fusion algorithms for context enhancement in night vision: a comparative study[J]. IEEE Transactions on Pattern Analysis and Machine Intelligence, 2012, 34(1): 94-109.

第九章 智能图像融合

近年来，人工智能技术得到迅猛发展。得益于图像和语音等数据的显著增加、硬件设备计算能力的大幅提升、算法的日益成熟，以神经网络为核心的深度学习技术受到了人们的广泛关注，在学术界和工业界取得了极大成功，并被成功应用于图像融合领域。

针对图像融合，本章首先介绍智能学习理论与方法，包括多层感知器、径向基函数网络、支持向量机、深度卷积神经网络和生成式对抗网络等。在此基础上，介绍基于浅层和深度神经网络的一系列智能图像融合方法，包括基于深度学习的智能图像融合方法，也包括基于传统智能算法的图像融合方法，例如支持向量机图像融合方法。最后，本章对比了不同类型的智能算法，并阐述了不同智能融合方法的优缺点。

9.1 智能学习理论与方法

大脑是人体最复杂的器官，由神经元、神经胶质细胞、神经干细胞和血管等组成。神经元(neuron)也叫神经细胞(nerve cell)，承担着信息传递的任务，是人脑神经系统中最基本的单元。人脑神经系统是一个非常复杂的组织，包含上百亿个神经元，每个神经元有成百上千个突触和其他神经元相连接。这些神经元构成巨大的复杂网络。人对外界各种信息的感知传输到大脑之后，通过神经元之间的相互传递，在大脑皮层进行综合感知和处理分析，指导人体进行各种行为动作。

人工神经网络是在结构上模仿生物神经的连接系统，其处理单元通过激活函数执行非线性运算，使网络具有很强的自适应和容错能力。深度学习是人工神经网络的一个重要分支，2006 年，Hinton 和 Salakhutdinov 发现逐层预训练结合反向传播算法进行微调的方法能使多层前馈神经网络进行有效学习，这为深度神经网络参数训练提供了有效的解决途径。随后，以神经网络为基础的“深度学习”迅速崛起，在语音识别和图像分类等任务上取得巨大成功。近年来，随着大规模并行计算以及GPU设备的普及，计算机的计算能力得以大幅提高。此外，可供机器学习的数据规模也越来越大。在高计算能力和大规模数据的支持下，已经可以训练大规模的深度人工神经网络，从数据中自动学习有效的特征表示(从底层特征到中层特征，再到高层特征)，从而最终提升模型的准确率。“深度”是指原始数据进行非线性特征转换的次数(即神经网络的层数)。

神经网络的特性主要由其结构和学习算法决定。神经网络的结构定义了网络的层数、每层神经元的数量及神经元之间的连接方式，神经网络的学习算法定义了神经网络如何通过样本进行学习。

下面介绍几种常见的神经网络，包括传统的浅层神经网络和深度神经网络。

9.1.1 多层感知器

多层感知器(multi-layer perceptron，MLP)是由一个输入层、一个输出层、一个或多个隐含层构成的前馈神经网络，是一种通用的神经网络，如图 9.1.1 所示，每层的神经元与其后面一层的神经元互相连接，层内神经元之间无连接，每个神经元对其输入进行加权非线性处理。

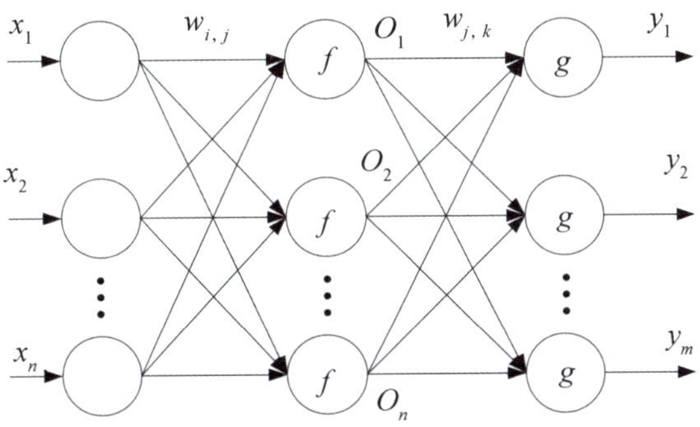

图 9.1.1 多层感知器网络结构

多层感知器输出层第 k 个节点的输出为：

$$y_k = g\left[\sum_j w_{jk} o_j\right] = g\left\{\sum_j w_{jk} \cdot f[w_{i,j} x_i]\right\} \tag{9.1.1}$$

其中 f 和 g 一般选用 Sigmoid 函数：

$$f(x) = \frac{1}{1+\mathrm{e}^{-x}} \tag{9.1.2}$$

神经网络的权重参数 w 需要利用样本进行训练才能确定。样本包括输入和期望输出，输入的维度对应输入层神经元的个数，输出的维度对应输出层神经元的个数。神经网络的初始权值根据一定的概率分布随机给定，通过训练逐渐调整权值使得网络的实际输出尽量接近期望输出。多层感知器网络通常采用误差反向传播方法进行学习。其学习过程分为两个阶段：第一阶段是从网络的输入层开始，经隐含层逐级处理，并传向输出层，每一层神经元的状态只影响下一层神经元的状态；第二阶段是从输出层开始进行反向传输，将误差信号沿原来的连接路径返回，通过对各层权值进行修改，使误差最小。

9.1.2 径向基函数网络

径向基函数网络(radial basis function，RBF)是一种神经网络学习方法，其结构类似于多层感知器，如图 9.1.2 所示。径向基函数网络的理论基础是函数逼近，它用一个两层的前向网络去逼近任意函数，网络输入的数目为所研究问题的独立变量数目。中间层与输入层完全连接，中间层节点选取基函数作为转移函数，每个节点包含一个称为中心的参数向量，用于计算输入向量与中心的欧式距离，然后通过转移函数进行变换。输出层的节点对中间层进行线性组合。

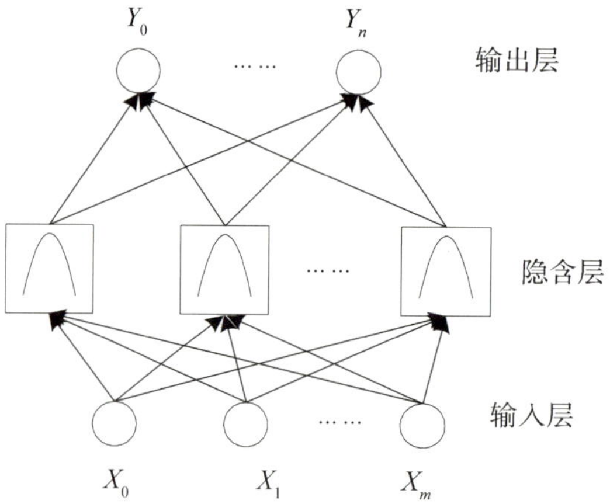

图 9.1.2 径向基函数网络

径向基函数网络的隐含层基函数对输入产生局部响应，基函数可以看作是隐含层的激励函数。径向基函数网络的处理过程为：

$$\boldsymbol{O}_i = R_i(\boldsymbol{X}) \tag{9.1.3}$$

$$\boldsymbol{Y}_i = \sum_{j=1}^{N} \boldsymbol{W}_{ij} \boldsymbol{O}_j \tag{9.1.4}$$

其中 $\boldsymbol{X}$ 为输入向量，$\boldsymbol{O}_i$ 为 RBF 网络隐含层第 i 个单元的输出，W_{ij} 是径向基函数网络第 j 个隐含层神经元和第 i 个输出层神经元的权重，$\boldsymbol{Y}_i$ 是 RBF 网络输出层第 i 个单元的输出，N 是 RBF 网络隐含层基函数的数目。$R_i(\boldsymbol{X})$是一个径向对称函数，通常为高斯基函数：

$$R_i(x)=\mathrm{e}^{-\frac{|x-C_i|^2}{p_i^2}} \tag{9.1.5}$$

式中，C_i 表示 RBF 中心，p_i 表示宽度。其他基函数有：

薄板样条函数：

$$R_i(x)=(x-C_i)^2\log(x-C_i) \tag{9.1.6}$$

平方根函数：

$$R_i(x)=[(x-C_i)^2+p^2]^{1/2} \tag{9.1.7}$$

逆平方根函数：

$$R_i(x)=[(x-C_i)^2+p^2]^{-a},a>0 \tag{9.1.8}$$

9.1.3　脉冲耦合神经网络

脉冲耦合神经网络(pulse coupled neural network，PCNN)是一种受生物学启发的神经网络模型，该模型是通过研究猫视觉皮层神经元脉冲同步振荡现象而获得。与大多数现有的人工神经网络不同，脉冲耦合神经网络是二维的单层连接网络，不需要任何训练过程，其中图像像素和网络神经元之间存在一一对应关系(见图 9.1.3)。简单的脉冲耦合神经网络模型中的每个神经元包含三个部分：接受域、连接调制和脉冲发生器。

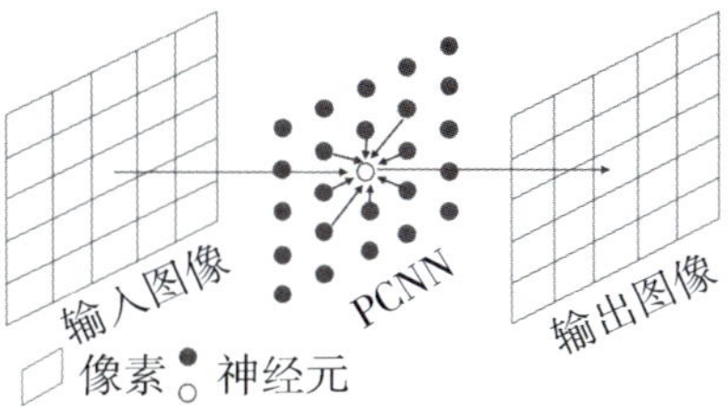

图 9.1.3　PCNN 神经元的连接模型

(1)接受域

$$\boldsymbol{F}_{ij}(n)=\boldsymbol{S}_{ij}(n) \tag{9.1.9}$$

$$\boldsymbol{L}_{ij}(n)=V_{\boldsymbol{L}}\sum_{k,l}\boldsymbol{W}_{i,j,k,l}\boldsymbol{Y}_{i+k,j+l}(n-1) \tag{9.1.10}$$

式中，n 是迭代次数；i 和 j 表示像素位置；k 和 l 表示神经元与周围的连接范围；V_L 表示连接输入的幅值；$\boldsymbol{F}$ 表示反馈输入；$\boldsymbol{S}$ 是神经元接收的外部刺激；$\boldsymbol{L}$ 表示连接输入，用于接收相邻神经元间的信息；$\boldsymbol{Y}(n-1)$表示脉冲耦合神经网络上一次迭代的输出；$\boldsymbol{W}=\begin{bmatrix}0.5 & 1 & 0.5\\ 1 & 0 & 1\\ 0.5 & 1 & 0.5\end{bmatrix}$ 为 $\boldsymbol{L}_{ij}$ 的突出连接权重。接受域的作用是接收输入信号，包括外部输入和周围神经元刺激。

(2)连接调制

$$\boldsymbol{U}_{ij}(n)=\mathrm{e}^{-\alpha_L}\boldsymbol{U}_{ij}(n-1)+\boldsymbol{F}_{ij}(n)(1+\beta\boldsymbol{L}_{ij}(n)) \tag{9.1.11}$$

式中，$\boldsymbol{U}_{ij}(n)$是神经元的内部活动状态，β 是神经元间的连接参数。在连接调制中，输入通过连接强度 β 进行调制以生成内部活动状态 $\boldsymbol{U}_{ij}(n)$。

(3)脉冲发生器

$$\boldsymbol{Y}_{ij}(n)=\begin{cases}1, & \boldsymbol{U}_{ij}(n)>\boldsymbol{T}_{ij}(n-1)\\ 0, & \text{其他}\end{cases} \tag{9.1.12}$$

$$\boldsymbol{T}_{ij}(n)=\mathrm{e}^{-\alpha_T}\boldsymbol{T}_{ij}(n-1)+V_T\boldsymbol{Y}_{ij}(n) \tag{9.1.13}$$

式中，V_T 是动态阈值 $\boldsymbol{T}_{ij}(n)$的幅值，它控制 $\boldsymbol{T}$ 的变化程度；α_T 表示 $\boldsymbol{T}$ 的时间衰减系数，影响 $\boldsymbol{T}$ 的下降速率。当 $\boldsymbol{U}_{ij}(n)$高于动态阈值 $\boldsymbol{T}_{ij}(n-1)$时，神经元就被激活，输出脉冲 $\boldsymbol{T}_{ij}(n)=1$，然后动态阈值随振幅 V_T 增加。如果神经元没有被激发，动态阈值将按照因子 $\mathrm{e}^{-\alpha_T}$ 衰减。

9.1.4 支持向量机

支持向量机(support vector machine，SVM)由 Vapnik 等人提出，在解决小样本、非线性及高维模式识别问题中表现出优越性能，广泛应用于生物信息学、文本处理和手写识别等领域[1,2]。支持向量机方法是以统计学习的 VC 维理论和结构风险最小化原理为基础。它通过在模型的复杂度(即对特定训练样本的学习精度)和学习能力(即无错误地识别任意样本的能力)之间寻求最佳平衡，以提高泛化能力。

支持向量机是最初源自线性可分的最优分类面，其基本思想可用图 9.1.4 的二维情况说明。图 9.1.4 中圆和星代表两类样本，H 为分类线，H_1 和 H_2 为每类中离分类线最近的样本且平行分类线的样本，这两个样本之间的距离称为分类间隔，而最佳分类线不仅要求正确分开两类样本，还要最大化分类间隔。图 9.1.4(a)中的分类间隔小于图 9.1.4(b)，图 9.1.4(b)的分类间隔最大，其为最优分类。

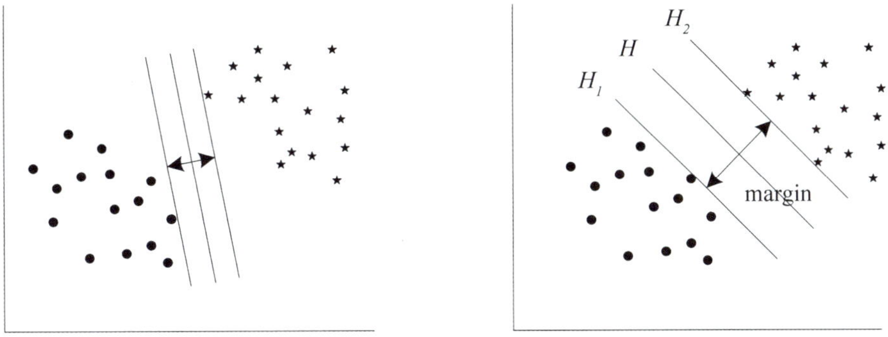

(a)小的分类间隔　　(b) 最大的分类间隔

图 9.1.4　线性可分情况下最优分类面示意

设给定 n 个训练样本：(x_1, y_1)，(x_2, y_2)，…，(x_n, y_n)，$x_i \in \mathbb{R}^d$，$y_i \in \{1, -1\}$，$i=1, 2, \cdots, n$。这 n 个训练样本如果是线性可分的，那么必然存在某个超平面将两类样本完全分开，超平面的表达式如下：

$$\boldsymbol{w}^{\mathrm{T}}\boldsymbol{x}+\boldsymbol{b}=0 \tag{9.1.14}$$

式中，$\boldsymbol{w}$ 为超平面的法向量，决定了超平面的方向；$\boldsymbol{b}$ 为位移项，决定了超平面与原点之间的距离。不失一般性，设距离超平面最近的样本点满足：

$$|\boldsymbol{w}^{\mathrm{T}}\boldsymbol{x}+\boldsymbol{b}|=1 \tag{9.1.15}$$

则超平面方程满足下面的约束条件：

$$y_i(\boldsymbol{w}^{\mathrm{T}}x_i+b)\geqslant 1,\ i=1,2,\cdots,n \tag{9.1.16}$$

此时分类间隔等于 $2/\|\boldsymbol{w}\|$，因此间隔最大等价于 $\|\boldsymbol{w}\|$ 最小，满足式(9.1.16)且 $\boldsymbol{w}$ 最小的分类面就是最优分类面，H_1 和 H_2 上的训练样本称为支持向量。

对于非线性分类问题，可以通过非线性变换把输入数据 $\boldsymbol{x}$ 从低维空间映射到高维空间，使得在高维空间中线性可分，从而可以在变换的高维空间中求最优分类面。可以证明，在高维空间中，实际上只需进行内积运算，并且这种内积运算可以用原空间中的函数实现，甚至不需要知道变换的形式。根据泛函的有关理论可知，当一个核函数 $\boldsymbol{K}(x_i, x_j)$满足 Mercer 条件时，它就对应某一变换空间中的内积。

因此，支持向量机方法首先通过内积函数定义的非线性变换将输入空间变换到高维空间，在高维空间中求广义最优分类面。支持向量机的最终实现形式非常类似一个具有三层结构的前向神经网络。如图 9.1.5 所示，在这种结构中，最后生成的结果是由中间节点线性组合而成，而每个中间节点都对应一个支持向量。

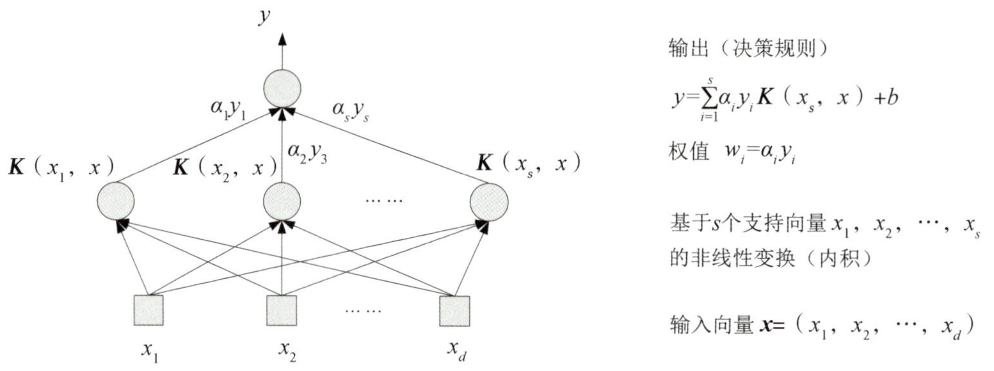

图 9.1.5　三层前向神经网络表示的支持向量机

9.1.5　卷积神经网络

卷积神经网络(convolutional neural network，CNN)是一种前馈神经网络，它的核心运算是卷积，在图像处理方面表现尤其出色。1989 年，LeCun 通过结合反向传播算法与权值共享的卷积神经层发明了卷积神经网络 LeNet-5，将其应用到手写识别系统中，使卷积神经网络首次取得成功应用。自 2012 年 AlexNet[3] 赢得 ILSVRC 竞赛冠军开始，卷积神经网络开始迅速发展，在底层视觉处理如图像融合、超分辨率、去噪，高级视觉处理如图像检测、识别、分类中，都取得了巨大成功。学者们对神经网络结构开展了大量研究，取得了丰硕成果。例如，2014 年 ILSVRC 竞赛的第一名 GoogLeNet[4]、第二名 VGG[5] 网络。GoogLeNet 提出了 Inception 多尺度模块，VGG 提出了使用小卷积核，他们通过网络多尺度表示或增加网络深度实现了良好的效果。但是研究人员发现，继续增加网络深度，其网络的效果并不会增强，甚至可能下降，这是由于网络的梯度信息随着深度的增加而消失。2015 年，何凯明等人提出了 ResNet[6] 网络，很好地解决了该问题，通过残差连接的方式将梯度信息直接从深层传递到浅层，使得更深的网络效果更好。2017 年后，SENet[7] 和 SKNet[8] 等一些注意力机制网络被相继提出，其中，“注意力机制”指的是增强特征的主要信息，对次要信息或者干扰信息加以忽略，根据注意力作用方式的不同又可分为空间注意力和通道注意力等。

如图 9.1.6 所示，卷积神经网络内部主要由输入层、卷积层、池化层、激活层以及全连接层共同构成，而且输入层与输出层之间的网络层可以重复或者叠加使用，以此获得更深、更宽、更复杂的网络模型，提取更多有用的信息。卷积神经网络中最重要的组成部分就是卷积层，卷积层负责进行卷积运算，卷积是一种线性运算。

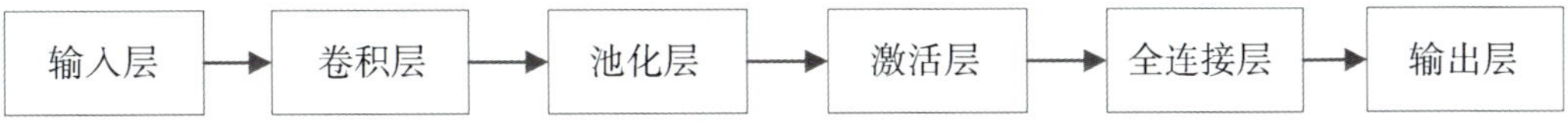

图 9.1.6　卷积神经网络基本结构

在典型的卷积神经网络中，较低层的卷积层主要负责提取一些低级信息，如图像的边缘和线条等。如果想要获得比边缘信息更加高级的语义信息，如图像类别、目标位置等，则需要经过多个卷积层。因此，目前比较经典的卷积神经网络都比较深。但卷积层并非越多越好，因为卷积层太多，网络参数优化难度增大，网络变得难以训练。

9.1.6　生成式对抗网络

生成式对抗网络(generative adversarial networks，GAN)是一种受博弈论启发而发展出来的深度学习模型，2014 年由 Goodfellow 等人提出[9]，其主要结构包括一个生成器和一个判别器，两个模块互相博弈产生较好的输出结果。图 9.1.7 为生成式对抗网络结构示意图。

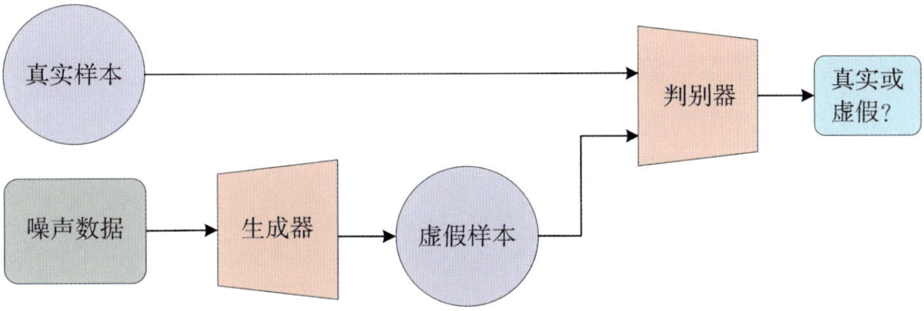

图 9.1.7　生成式对抗网络结构示意图

GAN 定义噪声 $p_z(x)$作为先验，用于学习生成模型 G 在训练数据 x 上的概率分布 $p(g)$，$G(z)$表示 x 来自真实数据的 $pdata$。对于判别模型，其目标函数如下：

$$\max_D E_{x\sim pdata(x)}[\log D(x)]+E_{z\sim pz(z)}[\log(1-D(G(z)))] \tag{9.1.17}$$

生成模型尽量让判别模型无法区分真实图像与生成图像，整体的优化目标函数为：

$$\min_G \max_D V(D,G)=E_{x\sim pdata(x)}[\log D(x)]+E_{z\sim pz(z)}[\log(1-D(G(z)))] \tag{9.1.18}$$

在训练模型时，生成器的主要目的是生成近似于真实图像的图像，输入进判别器中，尽可能地去欺骗判别器。判别器的作用是将生成器生成的图像与真实图像区分开来。两个模型互相对抗，经过交替优化训练，互相提升性能，即博弈的思想。

随着 GAN 理论的不断完善，GAN 逐渐展现出了自己的优势，在一些应用领域开始大放异彩，如图像融合、图像生成、图像转换、风格迁移、超分辨率等。GAN 具有广阔的前景，需要研究者们进一步进行探索和研究。

9.2 浅层神经网络图像融合

多层感知器、径向基函数网络、脉冲耦合神经网络、支持向量机等浅层神经网络，由于其相对较强的特征表示能力，在图像处理等领域的早期研究广泛利用这些方法。本节介绍径向基函数网络图像融合、脉冲耦合神经网络图像融合、支持向量机图像融合等方法。

9.2.1 径向基函数网络图像融合

本小节提出一种利用神经网络实现空域多聚焦图像融合的方法[10]，其框架如图 9.2.1 所示。该算法主要包括图像分块、特征提取、神经网络决策、一致性检验四个步骤。在融合之前，首先需要采集聚焦和非聚焦图像来训练神经网络，使其具有区分清晰与模糊的能力。融合过程即神经网络选择清晰区域的过程。这样可以避免小波方法移变现象而引起的在源图像误配准时图像融合存在扭曲的现象。具体的融合步骤如下：

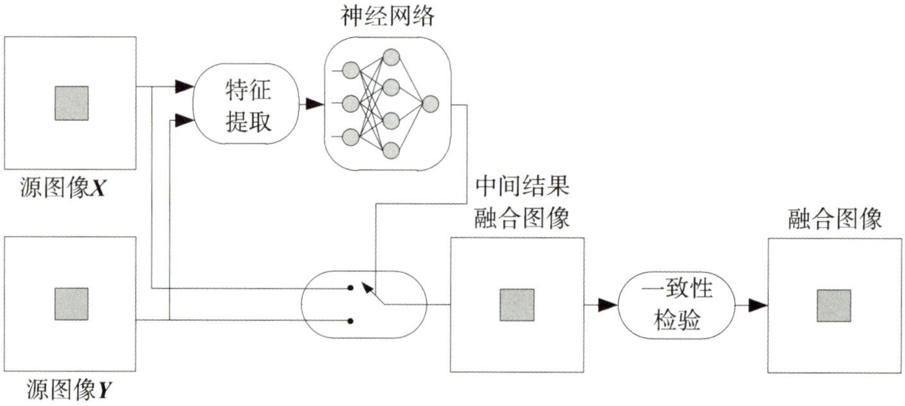

图 9.2.1 基于神经网络的多聚焦图像融合流程图

步骤 1：将源图像 $\boldsymbol{X}$ 和 $\boldsymbol{Y}$ 分解成大小为 $M\times N$ 的矩形图像块，利用 X_i 和 Y_i 分别表示源图像 $\boldsymbol{X}$ 和 $\boldsymbol{Y}$ 对应区域的第 i 块子图像。

步骤 2：从每一个图像块里提取三个能够表示图像清晰度特性的特征（即空间频率 SF，视觉感知特征 VI 和边缘特征 EG），分别用（SF_{X_i}，VI_{X_i}，EG_{X_i}）和（SF_{Y_i}，VI_{Y_i}，EG_{Y_i}）表示从图像块 X_i 和 Y_i 中提取的特征向量。

步骤 3：采集清晰图像与对应区域的模糊图像区域训练神经网络。用向量（$\mathrm{SF}_{X_i}-\mathrm{SF}_{Y_i}$，$\mathrm{VI}_{X_i}-\mathrm{VI}_{Y_i}$，$\mathrm{EG}_{X_i}-\mathrm{EG}_{Y_i}$）作为神经网络的输入向量，输出用下式来表示：

$$\mathrm{target}_i=\begin{cases}1，X_i \text{ 比 } Y_i \text{ 清晰}\\0，\text{其他}\end{cases}\tag{9.2.1}$$

步骤 4：用训练好的神经网络进行图像融合，即判断对应图像区域 X_i 和 Y_i 的清晰度。设神经网络的输出为 out_i，则融合图像对应子区域 Z_i 为：

$$Z_i=\begin{cases}X_i，\mathrm{out}_i>0.5\\Y_i，\text{其他}\end{cases}\tag{9.2.2}$$

步骤 5：利用步骤 4 对所有图像块进行融合并对融合结果做一致性校验。一致性校验的过程如下：如果神经网络判断某一融合图像块来自 $\boldsymbol{X}$，而它周围大多数的图像块都来自 $\boldsymbol{Y}$，则对该图像块进行纠正，选取 $\boldsymbol{Y}$ 图像对应的图像块作为其融合结果。

基于神经网络的多聚焦图像融合算法中一个重要部分是特征提取，有效表示图像局部清晰的特征对正确判断图像清晰度非常重要。选取三种图像清晰度特征，分别是空间频率、视觉感知特征和边缘特征。

空间频率用来表示图像区域的活跃度水平。设图像 $\boldsymbol{F}$ 的大小为 $M\times N$，图像在位置$(m，n)$处得像素灰度值为 $F(m，n)$，则该图像的空间频率为：

$$\mathrm{SF}=\sqrt{\mathrm{RF}^2+\mathrm{CF}^2}\tag{9.2.3}$$

式中，$\mathrm{RF}=\sqrt{\frac{1}{MN}\sum_{m=1}^{M}\sum_{n=2}^{N}(F(m，n)-F(m，n-1))^2}$，

$CF=\sqrt{\frac{1}{MN}\sum_{n=1}^{N}\sum_{m=2}^{M}(F(m，n)-F(m-1，n))^2}$。

视觉感知特征通过模仿人眼的视觉特性得到，其定义为：

$$\mathrm{VI}=\sum_{m=1}^{M}\sum_{n=1}^{N}\frac{|F(m,n)-\mu|}{\mu^{\alpha+1}}\tag{9.2.4}$$

式中，μ 为图像亮度的平均值，α 为固定常数，其取值范围在 0.6 到 0.7 之间。

边缘特征统计图像中边缘信息，利用在边缘上的像素数表示。直观上，图像越清晰，则其含有的边缘信息越多。利用 Canny 算子检测图像边缘，然后用边缘二值化图像里“1”的数目来表示边缘特征。用 Canny 提出的边缘算子来检测图像边缘，对于图像块 X_i：

$$\mathrm{BW}_i = \mathrm{Canny}(X_i) \tag{9.2.5}$$

像素在边缘上则其值为 1，否则为 0。统计二值化的图像块中 1 的数目，作为该图像块的边缘特征：

$$\mathrm{EG}_i = \sum_{m=1}^{M} \sum_{n=1}^{N} \mathrm{BW}_i \tag{9.2.6}$$

对图 9.2.2(a)所示的图像块，采用不同半径的高斯函数对其进行模糊，结果如图 9.2.2(b)～9.2.2(e)所示，对应的模糊半径分别为 0.5，0.8，1.0 和 1.5。这些图像块的空间频率、可见性和边缘特征如表 9.2.1 所示，从中可以看出随着图像块越来越模糊，三个特征的值越来越小。因此，所采用的三种特征能够反映图像块的清晰程度，而多聚焦图像融合就是从两个聚焦不同的图像中得出一个整体都清晰的图像，所以上述三种特征可以实现这一目的。

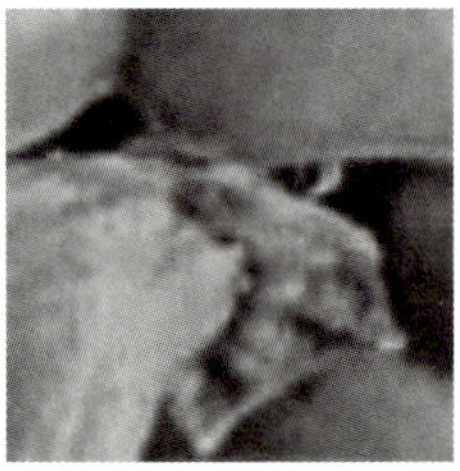

(a)原始图像块

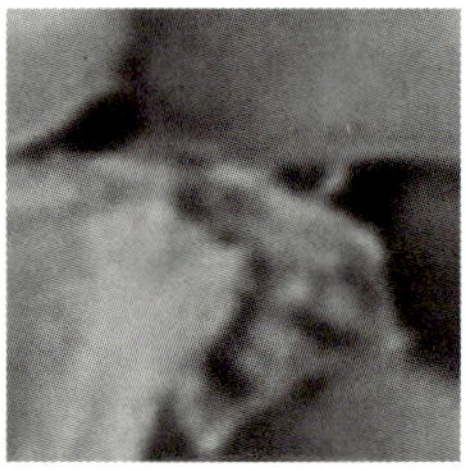

(b)模糊半径为 0.5

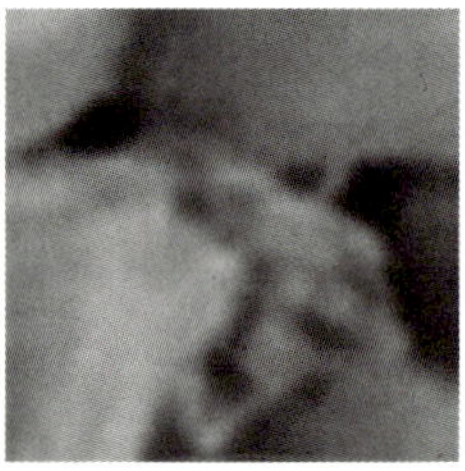

(c)模糊半径为 0.8

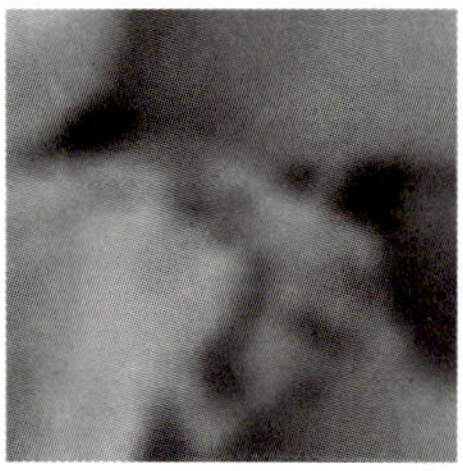

(d)模糊半径为 1.0

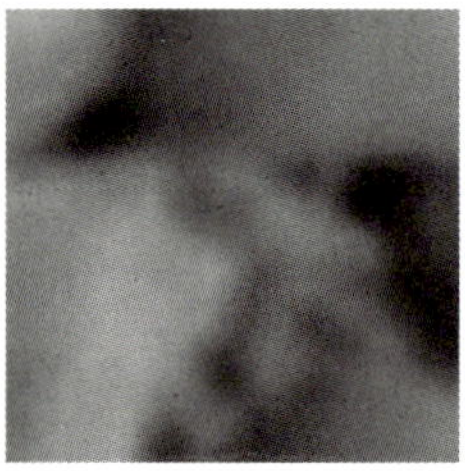

(e)模糊半径为 1.5

图 9.2.2　不同模糊程度的图像块

表 9.2.1 Lena 模糊图像块对应的特征量

模糊半径	0	0.5	0.8	1.0	1.5
SF	28.67	17.73	12.98	10.04	7.52
VI	0.0067	0.0063	0.0060	0.0057	0.0054
EG	329	310	274	260	216

9.2.2 脉冲耦合神经网络图像融合

高光谱图像记录了地物所包含的成百上千个连续精细的光谱“指纹”，反映了地物的关键信息。由于高光谱图像波段数量较多，导致难以从高维立方体数据中直接观察到空间地物细节和反射特性差异。高光谱图像波段融合旨在从高维图像立方体中提取出低冗余高辨识的信息，最大化地将光谱和空间信息同时呈现在一个 RGB 图像中，使其更利于人们观察和后续分析。如何将这些高维海量信息在低维空间中直接呈现，是高光谱图像波段融合的关键核心问题。基于波段选择的高光谱图像融合增强方法在融合过程中易丢失源图像的重要信息，导致地物可分性下降。基于图像变换的方法增强了不同地物的可分性，但不能较好地保留图像的细节信息。

针对上述问题，本小节通过研究真实地物的光谱响应特性与高光谱遥感成像机理，介绍一种适用于高光谱图像波段融合的自适应多通道脉冲耦合神经网络(multi-channel pulse-coupled neural network，MPCNN)方法[11]。该方法与其他最新方法的主要区别在于，该方法不仅保留了地物的空间细节和真实色彩，还改善了地物辨别力。图 9.2.3 显示了本小节所提的多谱段融合流程图，主要包括以下步骤：首先，充分利用不同光谱带之间的相互依赖性，构造并应用 MPCNN 方法对原始高光谱图像进行融合，以获得细节丰富的融合波段；然后，通过设计的颜色映射方案将融合的波段映射到红色、绿色和蓝色通道中；最后，将获得的 RGB 波段堆叠在一起以进行融合。该方法不仅可以产生与自然颜色相一致的融合效果，而且可以提高不同地物的可分性性能。

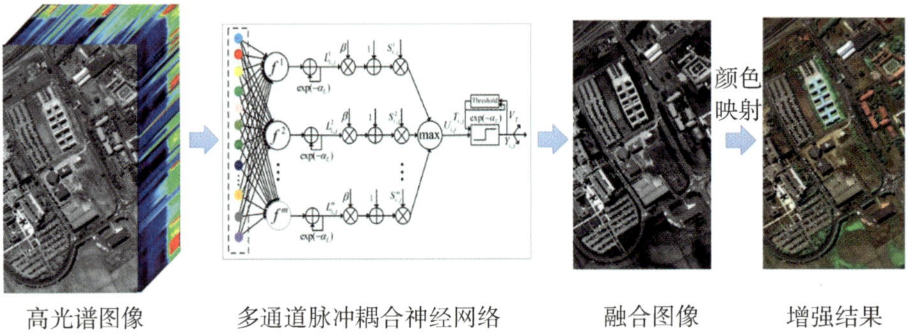

图 9.2.3 多通道脉冲耦合神经网络的多谱段融合流程图

(1)构造多通道脉冲耦合神经网络

传统的脉冲耦合神经网络模型面临两个关键问题。第一个问题是脉冲耦合神经网络模型主要是用于处理可见光图像，而高光谱数据是多谱段图像。因此，直接使用脉冲耦合神经网络模型逐波段处理多谱段图像，将忽视不同谱段间的相关性。第二个问题是传统脉冲耦合神经网络模型参数较多，例如，连接强度、衰减系数和各种幅值。这些参数均需要手动设置，严重影响该网络在解决实际问题时的泛化能力。为了克服这些缺点，本小节通过构造多通道脉冲耦合神经网络来处理多谱段图像，其中参数根据输入图像自适应选择。具体模型描述如下：

接收域：

$$\boldsymbol{F}_{ij}^{k}(n)=\boldsymbol{S}_{ij}^{k}(n) \tag{9.2.7}$$

$$\boldsymbol{L}_{ij}^{k}(n)=\exp(-\alpha_L)\boldsymbol{L}_{ij}^{k}(\mathrm{n}-1)+f^{k}(\boldsymbol{Y}(n-1)) \tag{9.2.8}$$

式中，n 为迭代次数；$\boldsymbol{F}_{ij}^{k}(n)(k=1, 2, 3, \cdots, K)$表示第 k 个谱段在位置(i, j)处的反馈输入；$\boldsymbol{L}_{ij}^{k}$ 是第 k 个谱段的连接输入；α_L 是接收域的衰减时间参数；$f^{k}(\cdot)$表示反馈函数，主要度量周围神经元对当前神经元的影响；$f^{k}(\boldsymbol{Y}(n-1))=\sum_{a,b}\boldsymbol{w}_{ij,ab}\boldsymbol{Y}_{ij}(n-1)$，其中，$a$ 和 b 是当前神经元与周围连接的范围，$\boldsymbol{w}=\begin{bmatrix}0.707 & 1 & 0.707\\ 1 & 0 & 1\\ 0.707 & 1 & 0.707\end{bmatrix}$。与传统的脉冲耦合神经网络相比，该模型的接收域能够同时接收多个外部刺激和周围神经元的输出，更加适用于处理多谱段图像。

调制域：

$$\boldsymbol{U}_{ij}(n)=\max\{\boldsymbol{F}_{ij}^{k}(n)(1+\beta_k\boldsymbol{L}_{ij}^{k}(n))\} \tag{9.2.9}$$

式中，$\boldsymbol{U}_{ij}(n)$是内部活动状态，β_k 是第 k 个谱段的连接强度。该步骤充分考虑了不同谱段间的相关性，可以很好地融合不同谱段的地物空间信息。

MPCNN 的脉冲发生器与第 9.1.3 节脉冲耦合神经网络的脉冲发生器一样，为了方便后续描述，这里给出其公式：

$$\boldsymbol{Y}_{ij}(n)=\begin{cases}1, \boldsymbol{U}_{ij}(n)>\boldsymbol{T}_{ij}(n-1)\\0, \text{其他}\end{cases} \tag{9.2.10}$$

$$\boldsymbol{T}_{ij}(n)=\mathrm{e}^{-\alpha_{\boldsymbol{T}}}\boldsymbol{T}_{ij}(n-1)+V_{\boldsymbol{T}}\boldsymbol{Y}_{ij}(n) \tag{9.2.11}$$

式中，$\boldsymbol{T}_{ij}$ 表示动态临界数，$\alpha_{\boldsymbol{T}}$ 与 $V_{\boldsymbol{T}}$ 分别表示衰减时间值和标准化值，$\boldsymbol{Y}_{ij}$ 是内部处理后神经元的输出脉冲，只有当 $\boldsymbol{U}_{ij}(n-1)$大于 $\boldsymbol{T}_{ij}(n)$时，$\boldsymbol{Y}_{ij}$ 才会输出一个脉冲。

在上面所提出的多通道脉冲耦合神经网络模型中，有四个自由参数需要设置，实际上很难将所有参数设置为最优值。通常人们会根据经验或重复实验得到一个默认参数，但受输入数据影响需每次重新更新。受脉冲耦合神经网络图像分割[12]自动参数设置的启发，将该自动参数设置方法引入本小节的多通道脉冲耦合神经网络，使其更加适用于实际应用。具体来说，多通道脉冲耦合神经网络模型中的四个自由参数(即 $\alpha_{\boldsymbol{L}}$，β_k，$\alpha_{\boldsymbol{T}}$ 和 $V_{\boldsymbol{T}}$)计算如下：

$$\alpha_{\boldsymbol{L}}=\ln\left(\frac{1}{\sigma(S)}\right) \tag{9.2.12}$$

$$\beta=\frac{(S_{\max}/S')-1}{6} \tag{9.2.13}$$

$$V_{\boldsymbol{T}}=\mathrm{e}^{-\alpha_{\boldsymbol{L}}}+1+6\beta \tag{9.2.14}$$

$$\alpha_{\boldsymbol{T}}=\ln\left(\frac{V_{\boldsymbol{T}}/S'}{\dfrac{1-\mathrm{e}^{-3\alpha_{\boldsymbol{L}}}}{1-\mathrm{e}^{-\alpha_{\boldsymbol{L}}}}+6\beta\mathrm{e}^{-\alpha_{\boldsymbol{L}}}}\right) \tag{9.2.15}$$

式中，$\sigma(S)$表示输入数据 S 的标准差，S'和 $S_{\max}$表示输入数据的归一化 Ostu 阈值和最大强度。

(2)多谱段融合

为了使融合结果具有丰富的细节，应充分利用不同谱段的细节信息。采用构建的多通道脉冲耦合神经网络模型来融合多谱段图像获得细节丰富的图像。具体来说，基于多通道脉冲耦合神经网络的融合步骤如下：

步骤 1：源图像 $\boldsymbol{I}$ 归一化到[0，1]：

$$\bar{\boldsymbol{I}}_{ij}=(\boldsymbol{I}_{ij}-\min(\boldsymbol{I}_{ij}))/(\max(\boldsymbol{I}_{ij}-\min(\boldsymbol{I}_{ij})))\tag{9.2.16}$$

步骤 2：对多通道脉冲耦合神经网络模型的参数进行初始化，即 $\boldsymbol{L}_{ij}(0)=\boldsymbol{U}_{ij}(0)=\boldsymbol{Y}_{ij}(0)=0$，$\boldsymbol{T}_{ij}(0)=1$，此时，所有的神经元都没有被激活。

步骤 3：根据式 (9.2.12)～式(9.2.15) 计算 MPCNN 模型中参数的值 $\alpha_{\boldsymbol{L}}$，β_k，$\alpha_{\boldsymbol{T}}$ 和 $V_{\boldsymbol{T}}$。

步骤 4：用归一化操作后的 $\bar{\boldsymbol{I}}$ 作为多通道脉冲耦合神经网络神经元的输入，然后根据式 (9.2.8)～式(9.2.10)计算 $\boldsymbol{L}_{ij}(n)$，$\boldsymbol{U}_{ij}(n)$，$\boldsymbol{Y}_{ij}(n)$。

步骤 5：通过迭代式 (9.2.7)～式(9.2.10) 直到所有神经元激活，结果图可以通过下式得到：

$$\boldsymbol{F}_{ij}=\boldsymbol{S}_{ij}^{k}(\boldsymbol{U}_{ij}=\boldsymbol{U}_{ij}^{k})\tag{9.2.17}$$

式中，$\boldsymbol{U}_{ij}^{k}=\boldsymbol{S}_{ij}^{k}(1+\beta_k\boldsymbol{L}_{ij}^{k})$。

(3)颜色映射

为了获得具有类人视觉的真彩色增强结果，将多谱段融合的图像映射为真彩色图像，该方法主要利用高光谱图像的光谱范围这个先验信息，将位于红色(0.63～0.69 μm)、绿色(0.525～0.605 μm)和蓝色(0.45～0.515 μm)波长范围内的谱段进行平均求取 RGB 图像。具体而言，首先选择位于 RGB 波长范围内的谱段并将其融合。

$$\tilde{\boldsymbol{V}}_t=\sum_{t\in\{R,G,B\}}I_t/N_t\tag{9.2.18}$$

式中，t 表示多谱段图像的谱段，N_t 表示分别落入 R，G 和 B 波长范围的波段总数。

然后，计算融合增强结果图中 R，G，B 三个谱段的权重：

$$w_t=\frac{\tilde{\boldsymbol{V}}_t}{\sum\limits_{t\in\{R,G,B\}}\tilde{\boldsymbol{V}}_t}\tag{9.2.19}$$

最后，通过堆叠加权的 RGB 谱段获得增强结果图。

$$\boldsymbol{V}_t=w_t\times\boldsymbol{F}\tag{9.2.20}$$

式中，V_t，$t\in\{R, G, B\}$是融合增强图像 RGB 波段。

算法 9.2.1 总结了提出的多通道脉冲耦合神经网络融合算法。首先，提出了多通道脉冲耦合神经网络，并将其用于融合源图像，得到细节丰富的波段。然后，将融合的波段映射为真彩色图像。由于算法 9.2.1 单次迭代可能无法获得最佳融合增强结果，实验中将迭代次数 N 设置为 30。

算法 9.2.1 多通道脉冲耦合神经网络多谱段融合增强算法

输入：输入高光谱图像 $\boldsymbol{I}$。

输出：融合增强图像 $\boldsymbol{V}$。

1. 通过式 (9.2.16) 计算归一化图像 $\tilde{I}$；
2. 初始化参数 $L=U=Y=0$，$T=1$；
3. 通过式 (9.2.12)～式(9.2.15) 计算模型参数 α_L，β_k，α_T 和 V_T；
4. for $n=1$：N do

    $\boldsymbol{S}^k=\bar{\boldsymbol{I}}^k$

    $\boldsymbol{L}^k=\mathrm{e}^{-\alpha_L}\boldsymbol{L}^{k-1}+\boldsymbol{K}\otimes\boldsymbol{Y}^{k-1}$

    $\boldsymbol{U}=\max\{\boldsymbol{S}^k(1+\beta_k\boldsymbol{L}^k)\}$

    if $\boldsymbol{U}_{ij}>\boldsymbol{T}_{ij}$，then $\boldsymbol{Y}_{ij}=1$

    else $\boldsymbol{Y}_{ij}=0$

    $\boldsymbol{T}=\mathrm{e}^{\alpha_T}\boldsymbol{T}+V_T\boldsymbol{Y}$

   end for
5. if $\boldsymbol{U}_{ij}=\boldsymbol{S}_{ij}^k(1+\beta_k\boldsymbol{L}_{ij}^k)$

    $\boldsymbol{F}_{ij}\leftarrow\boldsymbol{S}_{ij}^k$

   end if
6. 通过式 (9.2.19) 计算每个谱段的权重；
7. 通过式 (9.2.20) 计算增强结果图的波段；
8. 堆栈构建融合增强结果图 $\boldsymbol{V}=\{R, G, B\}$。

9.2.3 支持向量机图像融合

本小节介绍一种基于离散小波帧变换(discrete wavelet frame transform，DWFT)和支持向量机(SVM)的多聚焦图像融合方法[13]，图 9.2.4 为该方法的示意图。我们只考虑处理两个源图像($\boldsymbol{X}$ 和 $\boldsymbol{Y}$)，但该算法可以直接扩展到处理两个以上的图像。此外，还假定源图像已被配准。该算法主要包括离散小波帧分解、特征提取、支持向量机训练、一致性校验、离散小波帧重构等步骤，具体融合步骤如下：

步骤 1：利用离散小波帧变换将每个源图像分解为 K 级，每个图像得到 $3K$ 个

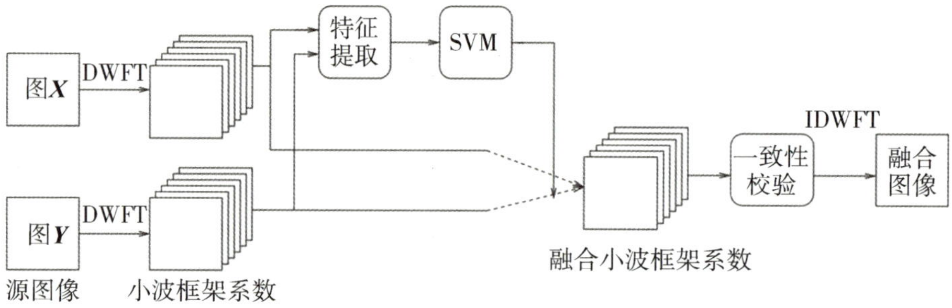

图 9.2.4　多聚焦图像融合方法示意图

细节子带和一个近似子带。近似子带是原始图像的低通版本，在足够数量的分解中，得到的近似子带包含很少的信息，因此在步骤 2 中不用于构造特征向量，但在步骤 6 中仍然会用于重建融合图像。

步骤 2：对于每个细节子带，计算基于窗口的每个像素活跃度。利用细节子带系数绝对值的加权和作为活跃度特征，具体公式如下：

$$\boldsymbol{A}_{b_1,b_2,k}(i,j)=\sum_{(u,v)\in w_{i,j}}\boldsymbol{w}(u,v)\mid D_{b_1,b_2,k}(i,j)\mid \tag{9.2.21}$$

式中，b_1，b_2表示 HL，LH 或 HH 三个方向子带之一，$D_{b_1,b_2,k}(i,j)$表示第 k 级小波细节子带在位置(i,j)处的小波系数。定义一个以(i,j)为中心的 $p\times p$ 窗口，加权值 $\boldsymbol{w}(u,v)$满足 $\sum_{(u,v)\in w_{i,j}}\boldsymbol{w}(u,v)=1$，具体使用如下权重：

$$\begin{pmatrix}\frac{1}{16} & \frac{1}{16} & \frac{1}{16}\\ \frac{1}{16} & \frac{1}{2} & \frac{1}{16}\\ \frac{1}{16} & \frac{1}{16} & \frac{1}{16}\end{pmatrix} \tag{9.2.22}$$

步骤 3：训练支持向量机以确定选择图像 $\boldsymbol{X}$ 还是 $\boldsymbol{Y}$ 的系数。类似第 9.2.1 节，使用特征的差分向量作为输入，即$\{\boldsymbol{X}_{\mathrm{HL},K}(i,j)-\boldsymbol{Y}_{\mathrm{HL},K}(i,j),\ \boldsymbol{X}_{\mathrm{LH},K}(i,j)-\boldsymbol{Y}_{\mathrm{LH},K}(i,j),\ \boldsymbol{X}_{\mathrm{HH},K}(i,j)-\boldsymbol{Y}_{\mathrm{HH},K}(i,j)\}$。如果在像素$(i,j)$处，图像 $\boldsymbol{X}$ 比 $\boldsymbol{Y}$ 清晰，则支持向量机输出为 1，否则为−1。

步骤 4：利用训练好的支持向量机对整个图像进行测试。如果在某一像素位置的支持向量机输出为正，那么在该位置的融合图像的所有细节和近似子带的系数将来自 $\boldsymbol{X}$，否则来自 $\boldsymbol{Y}$。在(i,j)处用 $\mathrm{out}(i,j)$表示支持向量机的输出，则系数融合公式为：

$$D_{b_1,b_2,k}^{F}(i, j)=\begin{cases}D_{b_1,b_2,k}^{X}(i, j), \text{out}(i,j)>0\\D_{b_1,b_2,k}^{Y}(i, j), \text{其他}\end{cases} \tag{9.2.23}$$

式中，b_1，$b_2 \in \{\text{LL}, \text{HL}, \text{LH}, \text{HH}\}$，以上融合用于所有分解层 k。

步骤 5：对步骤 4 得到的融合结果进行一致性验证。如果支持向量机决定某像素应来自 $\boldsymbol{X}$，但是它周围像素大部分来自 $\boldsymbol{Y}$，那么该像素将转换为来自 $\boldsymbol{Y}$。

步骤 6：通过执行离散小波帧逆变换重构融合图像。

该方法使用离散小波帧逆变换和支持向量机进行多对焦图像融合。因为分解的信号表示，离散小波帧逆变换优于离散小波变换，因此，融合的结果是位移不变的。另外，支持向量机在确定源图像在特定像素位置具有更好的聚焦方面优于简单的最大选择规则。实验表明，该方法在视觉效果和定量指标上都优于传统的基于离散小波变换和最大选择规则的方法。当出现轻微的相机/对象移动或源图像错误配准时，该方法改进尤其明显。

9.3 深度神经网络图像融合

近年来，得益于深度学习算法的改进、算力和数据的增强，以深度神经网络为代表的人工智能技术得到迅速发展，它能够自动从样本数据中学习数据的内在特征和层次，在图像处理等领域得到了广泛应用，并且取得了很好的性能。它比传统浅层神经网络的层数多，模型表达能力更强。本节将介绍基于深度神经网络的图像融合方法。具体而言，首先，介绍超分辨率引导和成像模型引导的图像融合方法；然后，针对遥感图像退化尺度和原尺度融合的一致性，介绍一种在退化尺度和原尺度同时进行训练的半监督学习遥感图像融合方法；最后，针对模型的泛化能力，介绍基于深度迁移学习和动态深度学习的图像融合方法。

9.3.1 超分辨率引导深度学习图像融合

基于卷积神经网络的遥感图像融合方法一般直接将全色图像和上采样的低分多光谱图像作为输入。这种方式不能很好地利用低分多光谱图像的光谱信息，易导致光谱失真。本小节介绍超分辨率引导的深度卷积神经网络遥感图像融合方法[14]，该方法的整体框架如图 9.3.1 所示，包含超分和融合两个阶段。超分辨率阶段对低分辨率多光谱图像进行超分辨率处理得到超分辨率多光谱图像，在增强低分辨率多光谱图像空间信息的同时保持光谱信息。融合阶段对全色图像和超分多光谱图像进行融合，进一步增强超分辨率多光谱图像的空间细节。细节注入思想被广泛应用在传统遥感图像融合方法中，并且性能良好。在融合阶段，联合细节注入思想与卷积神经网络提出了细节注入模块，使得全色图像的细节能被有效地注入超分辨率多光谱图像中。在此阶段，为了提取更完备的细节特征，可通过多次使用该模块获得多尺度细节特征，并融合多尺度细节特征获得最终的细节图像，最后将细节图像与超分辨率多光谱图像相加获得融合图像。

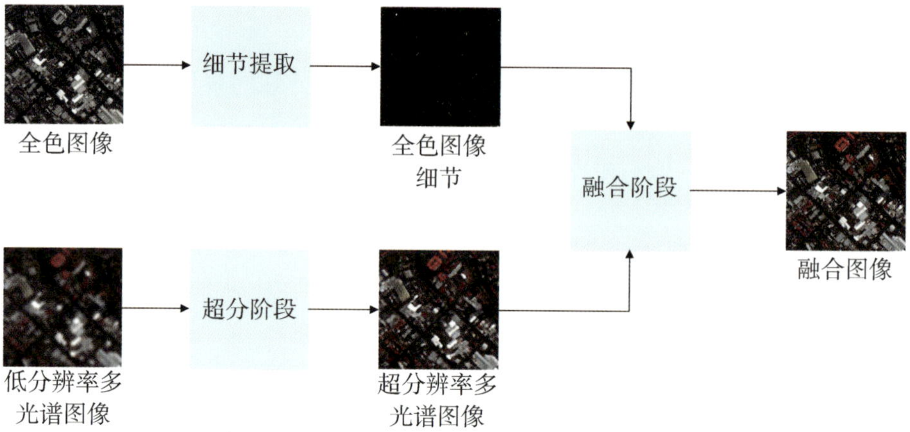

图 9.3.1　超分辨率引导的深度卷积神经网络遥感图像融合方法整体框架图

一般将均方误差（mean square derror，MSE）作为超分图像与参考图像之间的损失函数。但均方误差是逐点的损失，没有考虑波段之间的光谱相关性，易导致光谱失真，受到融合图像质量评价指标 SAM（spectral angle mapper）的启发，构建一个新的光谱损失函数。总损失包括超分阶段损失和融合阶段损失：

$$l_{all}=(1-w_1)\times l_{sr}+w_1\times l_{fusion} \tag{9.3.1}$$

式中，l_{sr}，l_{fusion}和 l_{all}分别代表超分阶段损失、融合阶段损失和总体损失。w_1为超分损失与融合损失之间的平衡权重。

(1)超分阶段

基于卷积神经网络的融合方法通常将上采样低分多光谱图像和全色图像作为融合网络的输入，这样没有充分利用多光谱图像的光谱信息，融合结果过多地依赖全色图像，可能导致光谱扭曲。因此本方法先利用超分网络对上采样多光谱图像进行处理，在提高多光谱图像空间分辨率的同时保持光谱信息。

超分阶段的网络结构如图 9.3.2 所示，超分阶段分为特征提取、非线性映射和重构三个部分。首先通过一个卷积层提取低分辨率特征图，该部分可以用下式表示：

$$
\begin{aligned}
&\mathbf{Fea\_LR} = S_1(\widetilde{MS}) \\
&S_1(A) = \mathrm{Relu}(\mathrm{Conv}_1(A)) \\
&\mathrm{Conv}_1(A) = w_i * A + b_i \\
&\mathrm{Relu}(A) = \max\{0, A\}
\end{aligned}
\tag{9.3.2}
$$

式中，$S_1(\cdot)$表示低分特征提取阶段，**Fea _ LR** 是获取的低分特征图，$\widetilde{MS}$表示上采样多光谱图像，$\mathrm{Conv}_i(\cdot)$是第 i 个卷积过程，$\mathrm{Relu}(\cdot)$是非线性激活函数。

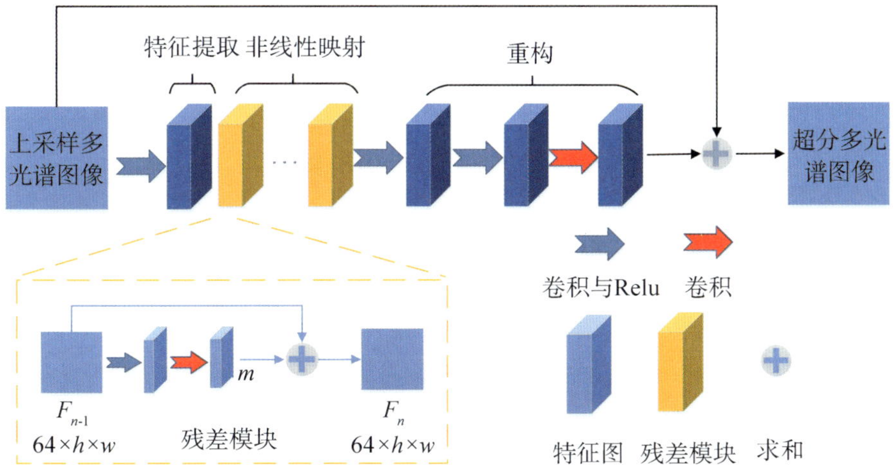

图 9.3.2 超分阶段网络结构

高分特征图通过非线性映射获得，非线性映射部分将残差模块作为基本模块，残差模块由于存在恒等映射，所以信息能很好地传递到下一级，可以使网络快速得到很好的学习，该部分可以用下式表示：

$$
\begin{aligned}
&\mathbf{Fea\_HR} = S_2(\mathbf{Fea\_LR}) \\
&S_2(A) = R_m(R_{m-1}\cdots(R_1(A))) \\
&R_i(A) = \mathrm{Conv}_{2i+1}(\mathrm{Relu}(\mathrm{Conv}_{2i}(A))) + A
\end{aligned}
\tag{9.3.3}
$$

式中，$S_2(\cdot)$表示非线性映射部分，**Fea _ HR** 代表高分辨率特征图，$R_i(\cdot)$是第 i 个残差模块，m 代表残差模块的数量。

最后，对高分辨率特征图重构得到超分辨率图像，重构部分由两个简单的卷积层组成。为了让超分辨率网络学习更高效，通过加一个全局的恒等映射让网络学习

图像的残差部分(高频信息)。重构部分可以用下式表示:

$$\begin{gathered}\mathbf{Pre\_SR}=S_3(\mathbf{Pea\_HR})+(\widetilde{\mathrm{MS}})\\ S_3(A)=\mathrm{Conv}_{2n+3}(\mathrm{Relu}(\mathrm{Conv}_{2n+2}(A)))\end{gathered}\tag{9.3.4}$$

式中,$S_3(\cdot)$表示重构部分,**Pre_SR** 表示重构多光谱图像。

为了提高超分辨率图像的光谱保真度,考虑到多光谱图像各波段之间的光谱相关性,受评价指标 SAM 的启发,提出了一种光谱损失函数。SAM 定义如下:

$$\mathrm{SAM}(I,J)=\arccos\left(\frac{\langle \boldsymbol{I},\boldsymbol{J}\rangle}{\|\boldsymbol{I}\|_2\|\boldsymbol{J}\|_2}\right)\tag{9.3.5}$$

式中,$\boldsymbol{I}$ 和 $\boldsymbol{J}$ 是像素大小为 $1\times K$ 的向量,K 是多光谱图像的波段数。

为了便于求解梯度和反向传播,在计算超分多光谱图像和参考图像之间的光谱相关性之后使用绝对值函数代替反余弦三角函数。相关性的理想值为 1,相关性越强表示超分结果和光谱保持越好。为了使光谱损失函数的优化与均方误差损失一致,求取绝对值之前先对光谱相关性减 1。光谱损失函数 l_{spe}定义如下:

$$l_{\mathrm{spe}}(\mathbf{Pre\_SR},\boldsymbol{X})=\frac{1}{H\times W}\sum_{i=1}^{H}\sum_{j=1}^{H}\left|\frac{\langle \mathbf{Pre\_SR}(i,j),\boldsymbol{X}(i,j)\rangle}{\|\mathbf{Pre\_SR}(i,j)\|_2\|\boldsymbol{X}(i,j)\|_2}-1\right|\tag{9.3.6}$$

式中,**Pre_SR** 和 $\boldsymbol{X}$ 分别表示超分辨率重构图像和参考图像,$\langle\cdot,\cdot\rangle$代表内积操作,$\mathbf{Pre_SR}(i,j)$和 $\boldsymbol{X}(i,j)$代表在图像第 i 行和 j 列位置的大小为 $1\times K$ 的光谱向量。

超分辨率阶段的损失函数包括均方误差损失和光谱损失,使用参数 w_2 来平衡它们之间的关系,超分辨率阶段损失可表示为:

$$l_{\mathrm{sr}}=w_2\times\|\mathbf{Pre\_SR}-\boldsymbol{X}\|_2+(1-w_2)\times l_{\mathrm{spe}}(\mathbf{Pre\_SR},\boldsymbol{X})\tag{9.3.7}$$

(2)融合阶段

在融合阶段,本方法结合卷积神经网络和细节注入思想提出了细节注入模块,基于多尺度细节注入的融合网络结构如图 9.3.3 所示。首先需要得到合适的全色图像细节特征 P_{dt}。本方法首先使用均值滤波器对全色图像进行低通滤波获得 P_{L},然后利用全色图像减去 P_L 获得单通道细节图像 P_{dt}。多光谱图像拥有多个不同特性的波段,单一细节特征图很难满足要求。卷积神经网络有强大的非线性能力,因而使用卷积神经网络从 P_{dt}中获取多个细节特征图。多光谱图像与全色图像之间的空间细节通常不同，为了减小误差，各个波段需要对应的权重系数调节细节特征。每个波段都需要尽量符合高分辨率多光谱图像的特性，所以权重的获取需要从相似于高分辨率多光谱图像中获得。相比于上采样低分辨率多光谱图像，超分辨率多光谱图像更相似于高分辨率多光谱图像，所以此阶段通过卷积神经网络提取超分辨率多光谱图像特征获取权重。最后通过逐元素相乘获取融合图像细节特征。由于卷积核将周围的信息汇聚到一个点，随着深度增加感受野不断扩大，不同深度的卷积神经网络可以提取不同尺度的信息，提取不同感受野的细节特征可以获得更完备的细节特征，所以本方法通过级联使用细节注入模块获取多尺度细节特征。然后在通道维堆叠多尺度细节特征，最后将不同感受野的细节特征进行融合。多尺度细节特征的获取用下式表示：

$$
\begin{aligned}
& d_{\text{multi}} = C(d_1, d_2, \cdots, d_p) \\
& w_p = F_p^w(w_{p-1}),\ d_p = F_p^d(d_{p-1}) \otimes w_p,\ p = 1, 2, \cdots, P \\
& F_p^w(w_{p-1}) = \text{Conv}(\text{Relu}(\text{Conv}(w_{p-1}))) \\
& F_p^d(d_{p-1}) = \text{Conv}(\text{Relu}(\text{Conv}(d_{p-1})))
\end{aligned}
\tag{9.3.8}
$$

式中，$F_p^d(w_{p-1})$和$F_p^w(d_{p-1})$分别代表第 p 级的细节特征提取结构和自适应权重的提取结构；$\otimes$表示哈达玛积；w_p 和 d_p 分别是第 p 级的权重和细节特征，w_0 和 d_0 分别是超分辨率多光谱图像和全色图像细节 P_{dt}，作为融合网络的输入；d_{multi}是多级细节特征；C 代表通道维度的堆叠操作；P 是细节注入模块的数量。

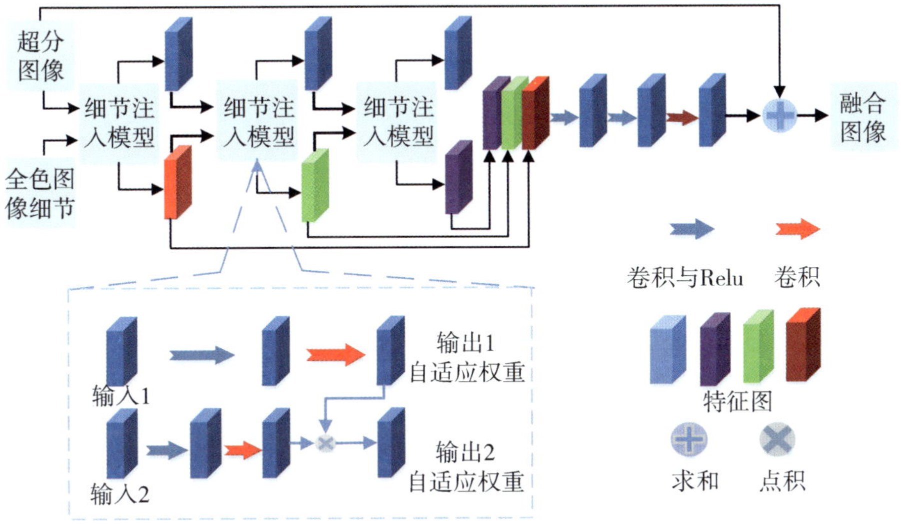

图 9.3.3 基于多尺度细节注入的融合网络结构图

最后的细节通过融合多尺度细节特征获得。在融合部分利用残差学习将细节注入超分辨率多光谱图像中，融合部分可以看作是优化如下损失：

$$l_{\text{fusion}} = \| \textbf{Pre\_Fusion} - \boldsymbol{X} \|_2$$

$$\textbf{Pre\_Fusion} = F_{\text{fusion}}(d_{\text{multi}}) + \textbf{Pre\_SR} \tag{9.3.9}$$

$$F_{\text{fusion}}(d_{\text{multi}}) = \text{Conv}_3(\text{Relu}(\text{Conv}_2(\text{Relu}(\text{Conv}_1(d_{\text{multi}})))))$$

式中，F_{fusion}表示多级细节特征融合网络，由三个简单的卷积层构成；**Pre _ Fusion**表示融合图像。

9.3.2 成像模型引导深度学习图像融合

在本小节，介绍一种成像模型引导的深度卷积神经网络图像融合方法[15]。该方法主要考虑两个方面，与基于高光谱图像先验建模的融合方法不同，本方法直接使用深度卷积神经网络从图像数据中学习图像先验，从数据中学习先验能更好地表示高光谱图像特征。更重要的是，本方法同时也考虑了多光谱图像和高光谱图像的成像模型，充分利用观测图像和融合图像之间的关系。具体而言，该方法将深度卷积神经网络残差学习到的先验信息和成像模型结合起来，基于多光谱与高光谱图像的成像模型，通过求解西尔维斯特方程来初始化融合高光谱图像。该初始化融合方法充分利用了多光谱与高光谱图像的成像模型，从而提高了输入高光谱图像的质量。然后，通过深度卷积神经网络来学习初始化的融合高光谱图像到参考高光谱图像的残差映射关系。残差学习同时提高了学习的精度和加快了训练速度。最后，将深度卷积神经网络学习到的先验和成像模型进一步结合，获得最终融合高光谱图像，进一步提高融合图像的质量。下面首先介绍成像模型，然后详细介绍融合方法。

高光谱图像和多光谱图像都表示为矩阵形式，其中矩阵的第一个维度代表光谱波段的数量，第二个维度表示像素数。$\boldsymbol{X} \in \mathbb{R}^{M \times N}$表示拥有$M$个光谱波段和$N$个像素的融合高光谱图像。$\boldsymbol{Y} \in \mathbb{R}^{M \times n}$表示拥有$M$个光谱波段和$n$个像素的观测高光谱图像，$n = N/d$，$d$是下采样因子。与融合高光谱图像相比，观测高光谱图像拥有同样的波段数量，更少的像素个数。$\boldsymbol{Y}$可以看作由$\boldsymbol{X}$空间下采样得到，它们的关系可以表示为

$$\boldsymbol{Y} = \boldsymbol{XBS} \tag{9.3.10}$$

式中，矩阵$\boldsymbol{B} \in \mathbb{R}^{N \times N}$，代表空间模糊矩阵，由相机的点扩散函数确定。矩阵$\boldsymbol{B}$是

一个块循环矩阵，因而它可以被分解为

$$\boldsymbol{B}=\boldsymbol{F}\boldsymbol{K}\boldsymbol{F}^{-1} \tag{9.3.11}$$

式中，$\boldsymbol{F}$ 表示快速傅立叶变换矩阵，$\boldsymbol{F}^{-1}$ 为快速逆傅立叶变换。对角矩阵 $\boldsymbol{K}$ 保留了矩阵 $\boldsymbol{B}$ 的奇异值。$\boldsymbol{S}\in\mathbb{R}^{M\times N}$，表示空间下采样矩阵，它的列是单位矩阵的子集，满足 $\boldsymbol{S}^{\mathrm{T}}\boldsymbol{S}=\boldsymbol{I}$，其中 $\boldsymbol{I}$ 是单位矩阵。对于 $\boldsymbol{B}$ 和 $\boldsymbol{S}$ 的上述假设在文献中得到了广泛的应用[16]。

$\boldsymbol{Z}\in\mathbb{R}^{m\times N}$，表示同一场景下拥有 N 像素和 m 个光谱波段的高分辨率多光谱图像。与融合高光谱图像相比，观测多光谱图像拥有同样的像素数量，更少的光谱波段，高分辨率多光谱图像 $\boldsymbol{Z}$ 可以看作由 $\boldsymbol{X}$ 光谱下采样得到，它们之间的关系可以表达为

$$\boldsymbol{Z}=\boldsymbol{R}\boldsymbol{X} \tag{9.3.12}$$

式中，$\boldsymbol{R}\in\mathbb{R}^{m\times M}$，表示光谱下采样矩阵，由多光谱相机的光谱响应函数确定。

高光谱和多光谱图像的融合目标是从观测图像 $\boldsymbol{Z}$ 和 $\boldsymbol{Y}$ 中估计高分辨率高光谱图像 $\boldsymbol{X}$。基于高光谱和多光谱图像的成像模型式(9.3.10)和式(9.3.12)，对融合高光谱图像的估计问题可以表述为如下优化问题：

$$\min_{\boldsymbol{X}}\|\boldsymbol{Y}-\boldsymbol{X}\boldsymbol{B}\boldsymbol{S}\|_{\mathrm{F}}^{2}+\|\boldsymbol{Z}-\boldsymbol{R}\boldsymbol{X}\|_{\mathrm{F}}^{2} \tag{9.3.13}$$

式中，$\|\cdot\|_{\mathrm{F}}$表示矩阵的 Frobenius 范数。由于观测到的高光谱和多光谱图像的数据量小于融合高光谱图像的数据量，对融合高光谱图像 $\boldsymbol{X}$ 的估计是一个欠定问题，解空间不唯一。因此，需要利用融合图像的一些先验信息对其进行正则化，从而提高求解精度。各种先验已经被用来约束该融合问题，如低秩先验、稀疏先验、光谱解混先验、非局部空间相似性、空间平滑性。对于不同特征的图像，为了更好地表现，需要选择不同的先验。此外，结合多种先验可以获得更好的性能，但会使模型求解更加复杂，计算效率降低，且参数难以选择。深度卷积神经网络能够有效地提取和表示图像的特征，已经在许多图像恢复问题中得到了很好的应用。因此，本方法没有采用固定的先验信息，而是采用深度卷积神经网络从图像中学习先验信息。不同类型数据的融合有着不同的成像模型，也即点扩散函数、光谱响应函数和采样因子可能都不相同，因而没有采用端对端的方式直接从多光谱和高光谱图像映射融合高光谱图像，而是考虑到图像的成像模型，把它和深度卷积神经网络结合起来，从而提高本方法对不同数据的鲁棒性。具体而言，该方法首先从高光谱和多光谱图像中初始化融合高光谱图像 $\boldsymbol{X}_{\mathrm{in}}$，把初始化的图像作为深度卷积神经网络的输入。

基于优化模型式(9.3.13)，通过求解以下优化问题来初始化融合高光谱图像：

$$\min_{\boldsymbol{X}_{\text{in}}} \|\boldsymbol{Y}-\boldsymbol{X}_{\text{in}}\boldsymbol{BS}\|_F^2+\|\boldsymbol{Z}-\boldsymbol{RX}_{\text{in}}\|_F^2+\eta_1\|\boldsymbol{X}_{\text{in}}-\boldsymbol{Y}_{\text{up}}\|_F^2 \tag{9.3.14}$$

式中，$\boldsymbol{Y}_{\text{up}}\in\mathbb{R}^{M\times N}$，表示通过双立方插值获得的上采样高光谱图像；$\eta_1$ 是权重参数，加入该项的目的是简化优化问题的求解，使得欠定的优化问题变成强凸的，有唯一解。为了解优化问题式(9.3.14)，对优化函数式(9.3.14)求导，然后令导数等于0，得到如下西尔维斯特方程：

$$\boldsymbol{H}_1=\boldsymbol{R}^{\mathrm{T}}\boldsymbol{R}+\eta_1\boldsymbol{I}_M \tag{9.3.15}$$

其中：

$$\boldsymbol{H}_1=\boldsymbol{R}^{\mathrm{T}}\boldsymbol{R}+\eta_1\boldsymbol{I}_M,\ \boldsymbol{H}_2=(\boldsymbol{BS})(\boldsymbol{BS})^{\mathrm{T}},\ \boldsymbol{H}_3=\boldsymbol{R}^{\mathrm{T}}\boldsymbol{Z}+\boldsymbol{Y}(\boldsymbol{BS})^{\mathrm{T}}+\eta_1\boldsymbol{Y}_{\text{up}} \tag{9.3.16}$$

式中，$\boldsymbol{I}_M\in\mathbb{R}^{M\times N}$，表示单位矩阵。当且仅当 $\boldsymbol{H}_1$ 和 $\boldsymbol{H}_2$ 的任意特征值的和不为0时，西尔维斯特方程(9.3.16)的解唯一。$\boldsymbol{H}_1$ 是正定矩阵，其特征值为正。$\boldsymbol{H}_2$ 为半正定矩阵，其特征值为正或零。因此，$\boldsymbol{H}_1$ 和 $\boldsymbol{H}_2$ 的特征值的任意和均大于零，因而西尔维斯特方程的解是唯一的。利用矩阵 $\boldsymbol{B}$ 和 $\boldsymbol{S}$ 的性质，可以高效获得方程(9.3.15)的解析解。

算法 9.3.1 优化问题(9.3.14)的求解算法

输入：$\boldsymbol{Y}$，$\boldsymbol{Z}$，$\boldsymbol{R}$，$\boldsymbol{B}$，$\boldsymbol{S}$，$\boldsymbol{Y}_{\text{up}}$，$\eta_1$。

1. $\boldsymbol{H}_1=\boldsymbol{R}^{\mathrm{T}}\boldsymbol{R}+\eta_1\boldsymbol{I}_{\mathrm{M}}$
2. $\boldsymbol{H}_2=(\boldsymbol{BS})(\boldsymbol{BS})^{\mathrm{T}}$
3. $\boldsymbol{H}_3=\boldsymbol{R}^{\mathrm{T}}\boldsymbol{Z}+\boldsymbol{Y}(\boldsymbol{BS})^{\mathrm{T}}+\eta_1\boldsymbol{Y}_{\text{up}}$
4. 对 $\boldsymbol{B}$ 的特征值进行分解：$\boldsymbol{B}=\boldsymbol{FDF}^{-1}$
5. $\tilde{\boldsymbol{D}}=\boldsymbol{D}(\boldsymbol{1}_d\otimes\boldsymbol{I}_n)$
6. 对 $\boldsymbol{H}_1$ 的特征值进行分解：$\boldsymbol{H}_1=\boldsymbol{Q\Lambda Q}^{-1}$
7. $\boldsymbol{H}_3=\boldsymbol{Q}^{-1}\boldsymbol{H}_3\boldsymbol{F}$
8. 计算矩阵 $\tilde{\boldsymbol{X}}_{\text{in}}$的每一行
9. for $l=1$ to M do
10. $\tilde{\boldsymbol{X}}_l=\lambda_l^{-1}(\tilde{\boldsymbol{H}}_3)_l-\lambda_l^{-1}(\tilde{\boldsymbol{H}}_3)_l\tilde{\boldsymbol{D}}(\lambda_l d\boldsymbol{I}_n+\sum_{t=1}^{d}\boldsymbol{D}_t^2)\tilde{\boldsymbol{D}}^H$
11. end for

续表

12. $\boldsymbol{X}_{\text{in}}=\boldsymbol{Q}\widetilde{\boldsymbol{X}}_{in}\boldsymbol{F}^{-1}$
输出：$\boldsymbol{X}_{\text{in}}$。

算法 9.3.1 中总结了求解方程(9.3.14)的方法。矩阵 $\boldsymbol{B}$ 通过特征值分解有 $\boldsymbol{B}=\boldsymbol{F}\boldsymbol{D}\boldsymbol{F}^{-1}$，在该分解中，对角线矩阵 $\boldsymbol{D}\in\mathbb{C}^{N\times N}$ 保存了矩阵 $\boldsymbol{B}$ 的奇异值，可以表示为：

$$\boldsymbol{D}=\begin{pmatrix}\boldsymbol{D}_1 & 0 & \cdots & 0\\ 0 & \boldsymbol{D}_2 & \cdots & 0\\ \vdots & \vdots & & \vdots\\ 0 & 0 & \cdots & \boldsymbol{D}_d\end{pmatrix} \tag{9.3.17}$$

式中，$\boldsymbol{D}_i\in\mathbb{C}^{n\times n}$。通过对正定矩阵 $\boldsymbol{H}_1$ 进行特征值分解，$\boldsymbol{H}_1=\boldsymbol{Q}\boldsymbol{\Lambda}\boldsymbol{Q}^{-1}$，其中对角线矩阵 $\boldsymbol{\Lambda}$ 保存了矩阵 $\boldsymbol{H}_1$ 的特征值，可以表示为：

$$\boldsymbol{\Lambda}=\begin{pmatrix}\lambda_1 & 0 & \cdots & 0\\ 0 & \lambda_2 & \cdots & 0\\ \vdots & \vdots & & \vdots\\ 0 & 0 & \cdots & \lambda_M\end{pmatrix} \tag{9.3.18}$$

在获得初始化的融合高光谱图像 $\boldsymbol{X}_{\text{in}}$ 后，通过基于深度卷积神经网络的残差学习获取高分辨率高光谱图像的先验信息。接下来，主要介绍所使用的卷积神经网络的输入、输出和结构。

在训练过程中，没有直接学习高光谱与多光谱图像到融合高光谱图像的映射，而是使用初始融合图像 $\boldsymbol{X}_{\text{in}}$ 作为深度卷积神经网络的输入，这有如下两个优点：一是初始化的融合高光谱图像 $\boldsymbol{X}_{\text{in}}$ 是相同大小的输出，便于映射残差；二是在初始化 $\boldsymbol{X}_{\text{in}}$ 的过程中，考虑了图像的成像模型，这样有助于融合，提高方法的鲁棒性。

我们没有使用参考高光谱图像作为卷积神经网络的输出，而是将 $\boldsymbol{X}_{\text{in}}$ 映射到残差图像 $\boldsymbol{X}_{\text{res}}$，它是参考高光谱图像和初始化融合图像之间的差，定义为：

$$\boldsymbol{X}_{\text{res}}=\boldsymbol{X}-\boldsymbol{X}_{\text{in}} \tag{9.3.19}$$

残差学习主要有两个优势，它既能加快训练速度，又能提升学习的精度，在图像分类和去噪等方面表现出了最先进的性能。深度卷积神经网络旨在学习如下的映射 f：

$$\boldsymbol{X}_{\text{res}}=f(\boldsymbol{X}_{\text{in}};\Theta) \tag{9.3.20}$$

式中，Θ 表示网络参数。

对于卷积神经网络的结构，我们采用了一个通用的架构。具体而言，该网络有16层，主要包括卷积、修正线性单元(ReLU)和批量正则化(BN)这3类结构。第1层：卷积+修正线性单元，使用64个尺寸为$3\times3\times M$的卷积操作来生成64个特征图，其中M代表光谱波段的数量。第2～15层：卷积+批量正则化+修正线性单元，使用了64个尺寸为$3\times3\times64$的卷积操作来生成64个特征图。最后一层：卷积，使用M个尺寸为$3\times3\times64$的卷积来生成网络的输出。在卷积神经网络中，批量正则化用来加速训练过程，修正线性单元用作网络的激活函数。

在测试过程中，将初始化后的图像$\boldsymbol{X}_{\text{in}}$输入到训练好的卷积集神经网络中，得到残差图像$\widetilde{\boldsymbol{X}}_{\text{res}}$，然后和输入相加得到高光谱图像$\boldsymbol{X}_{\text{CNN}}$，也即

$$\boldsymbol{X}_{\text{CNN}}=\boldsymbol{X}_{\text{in}}+\widetilde{\boldsymbol{X}}_{\text{res}} \tag{9.3.21}$$

没有将$\boldsymbol{X}_{\text{CNN}}$作为最终的融合结果，而是将$\boldsymbol{X}_{\text{CNN}}$返回到优化模型(9.3.14)中和成像模型进一步结合，以提高融合性能。这样，通过求解以下优化问题，得到最终的融合高光谱图像$\boldsymbol{X}_{\text{fin}}$：

$$\min_{\boldsymbol{X}_{\text{fin}}}\|\boldsymbol{Y}-\boldsymbol{X}_{\text{fin}}\boldsymbol{BS}\|_{\text{F}}^{2}+\|\boldsymbol{Z}-\boldsymbol{R}\boldsymbol{X}_{\text{fin}}\|_{\text{F}}^{2}+\eta_2\|\boldsymbol{X}_{\text{fin}}-\boldsymbol{X}_{\text{CNN}}\|_{\text{F}}^{2} \tag{9.3.22}$$

式中，$\eta_2>0$是权重参数。优化问题(9.3.22)类似于(9.3.14)，因此也可以通过算法9.3.1求解。

9.3.3 半监督深度学习图像融合

近几年随着深度学习的发展，学者们利用卷积神经网络实现全色与多光谱遥感图像融合，取得了不错的效果。由于没有高分辨率多光谱图像作为参考图像，所以一般基于深度学习的方法在退化图像上训练模型，然后用训练好的模型去预测高分辨率多光谱图像，但是退化图像的融合与原始图像的融合并不完全一致。为了减小它们之间的误差，一种解决方案是半监督卷积神经网络遥感图像融合方法[17]。该方法在低分辨率图像上使用监督学习进行训练，在原始尺度上使用无监督学习，在退化图像和原始图像上使用同一个融合网络同时进行训练。原始图像的融合不存在高分辨率多光谱图像作为参考图像，不能利用监督学习方式进行训练。为了克服该问题，假设低分辨率与高分辨率多光谱图像的光谱和空间退化一致，在低分辨率图像上训练光谱和空间退化网络，训练好的两个网络相当于是两个固定函数，用于检验高分辨率多光谱图像的质量。下面首先介绍该方法的总体结构，然后介绍具体的融

合网络和退化网络结构。

（1）半监督融合总体结构

半监督深度学习遥感图像融合总体结构如图 9.3.4 所示，分为两个阶段：训练阶段和实际融合阶段。训练阶段包括监督学习和无监督学习两部分。一般基于卷积神经网络的遥感图像融合算法都是监督学习，它们将全色图像和多光谱图像退化到低尺度上，此时原始多光谱图像将作为参考图像，这样可以在低尺度上进行一个端到端的监督学习，本方法的监督学习部分也采用同样的方式。

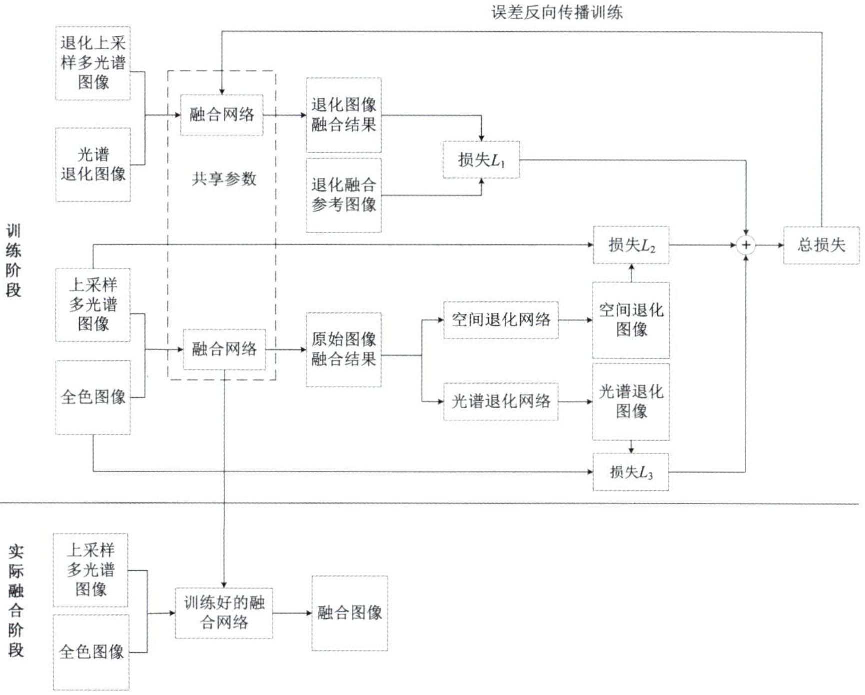

图 9.3.4 半监督深度学习遥感图像融合总体结构图

由于原始尺度上没有参考图像，所以假设得到的原始尺度多光谱融合图像可以通过某种映射关系得到原始尺度源图像，从而实现无监督学习。由于存在高分辨率全色图像，所以假设同分辨率多光谱图像可以通过某种映射得到高分辨率全色图像，该映射为光谱退化。光谱退化只改变了光谱通道维度，可以很好地保持图像空间细节，所以光谱退化用来保持融合图像的空间细节。融合图像可以分为细节部分和光谱部分，本方法除了对融合图像的空间细节进行限制，还需要对光谱信息进行限制，假设多光谱图像空间退化相同倍数时的退化关系是一致的，此时融合结果进行空间退化之后可以用低分辨率上采样多光谱图像作为参考。在训练融合模型之前需要先获得空间和光谱退化函数。由于卷积神经网络有强大的非线性拟合能力，本方法设计了两个网络模型作为退化函数。这些退化模型的训练在低分辨率图像上进行。低分辨率与高分辨率部分的融合模型是同一个，在获得低分辨率和高分辨率融合图像后，在低分辨率部分存在参考图像，可以获得对应的低分辨率损失，而高分辨率部分则由两个退化模型退化高分辨率融合图像后，获得相应的高分辨率损失。然后利用反向传播优化融合模型。实际融合阶段：将全色图像和上采样多光谱图像输入到已训练好的融合网络中获得高分辨率多光谱图像。

本方法在低尺度和原始尺度上同时对融合网络进行优化，所以本方法分为低分辨率尺度损失和原始尺度损失。在低分辨率尺度，基于卷积神经网络的图像融合一般利用均方误差来计算损失，然而均方误差由于缺乏光谱波段之间的相关性而导致光谱扭曲。为了减小光谱失真，本方法除了使用均方误差外，在低分辨率尺度图像融合部分还加了一个如式(9.3.6)所示的光谱损失函数 L_S。退化图像融合结果与参考图像之间的损失可表示为：

$$L_1 = \| \boldsymbol{Y} - \mathbf{MS} \|_F + L_S \tag{9.3.23}$$

式中，$\| \cdot \|_F$ 表示矩阵的 Frobenius 范数。

在原始尺度图像融合部分，包含光谱保持和空间保持损失。在光谱保持部分，首先利用空间退化网络将高分辨率融合图像进行空间退化得到空间退化图像，通过计算上采样多光谱图像和空间退化图像之间的误差来保持光谱，光谱保持损失可表示为：

$$L_2 = \| \boldsymbol{Y}_{\mathrm{UPMS}} - \mathbf{UPMS} \|_F \tag{9.3.24}$$

式中，**UPMS** 表示上采样多光谱图像，$\boldsymbol{Y}_{\mathrm{UPMS}}$表示空间退化图像。

在空间细节保持部分，首先使用光谱退化网络将高分辨率融合图像进行光谱退化得到光谱退化图像，通过计算全色图像和光谱退化图像之间的误差来保持融合图像空间细节，空间保持损失可表示为：

$$L_3 = \| \boldsymbol{Y}_{\mathrm{PAN}} - \mathbf{PAN} \|_F \tag{9.3.25}$$

式中，**PAN** 表示全色图像，$\boldsymbol{Y}_{\mathrm{PAN}}$表示光谱退化图像。

本方法的低分辨率尺度损失包括均方误差损失和光谱损失，而在高分辨率尺度损失包括空间保持损失和光谱保持损失。本方法在两个尺度上对融合模型同时进行优化，所以总损失表示为：

$$L = L_1 + L_2 + L_3 \tag{9.3.26}$$

(2)融合网络和退化网络

①多尺度融合网络。

融合网络分为特征提取、特征融合和特征重构三部分，如图 9.3.5 所示。特征提取由一个卷积层完成。在特征融合部分，提出了由空洞卷积和 SE(squeeze-and-excitation network)模块构成的自适应多尺度残差模块。空洞卷积和标准卷积的不同之处在于，它可以增大空洞率来增强卷积的视野感，并且在增强视野感的同时不会增加模型参数，增强了模型的鲁棒性。提出的模块中包含 3 个空洞卷积，它们的核大小都是 3×3，空洞率分别为 1，2，3，形成了 3×3，7×7 和 11×11 的感受野，于是形成了多尺度模块。标准的残余模块都是通过一个恒等映射将上一层信息传递到下一层。由于不是上一层的所有信息都需要被传递，所以如果能有选择性地获取上一层的信息，将使网络更加有效。SE 模块利用通道注意力机制来获取通道自适应权重，所以使用 SE 模块获得一个自适应权重，可以选择将上一层信息传递到下一层。SE 作为一个权重选择器，包括一个全局平均池化层、两个全连接层和一个 Sigmoid 激活函数，将输入通过 SE 模块可得到自适应权重。第 n 个自适应多尺度模块的输出 T 可表示为：

$$T_n = \begin{cases} M_{\mathrm{D}}(X) + M_{\mathrm{SE}}(X), & n = 1 \\ M_{\mathrm{D}}(T_{n-1}) + M_{\mathrm{SE}}(T_{n-1}), & n = 2,3,4 \end{cases} \tag{9.3.27}$$

式中，X 表示自适应多尺度模块的输入，M_{D} 表示空洞卷积模块，M_{SE} 表示 SE 模块。

特征融合阶段由一个卷积层和四个自适应多尺度模块构成。特征融合之后获得的是高分辨率特征，提出的方法利用残差连接低分辨率特征与高分辨率特征信息互通，由于进行了残差学习可以使网络学习更容易和高效，并且使网络快速收敛。最后是特征重构阶段，由两个卷积层组成。

②光谱与空间退化网络。

光谱和空间退化网络分别用来模拟获取高分辨率全色图像与低分辨率多光谱图像。在前文提到，假设融合得到的高分辨率多光谱图像可以通过映射得到全色图像。学者们对这种映射关系有两种不同的定义。有的认为它们之间存在线性关系，有的则认为它们是非线性关系。本方法的光谱退化网络如图 9.3.6(a)所示，包含有两条

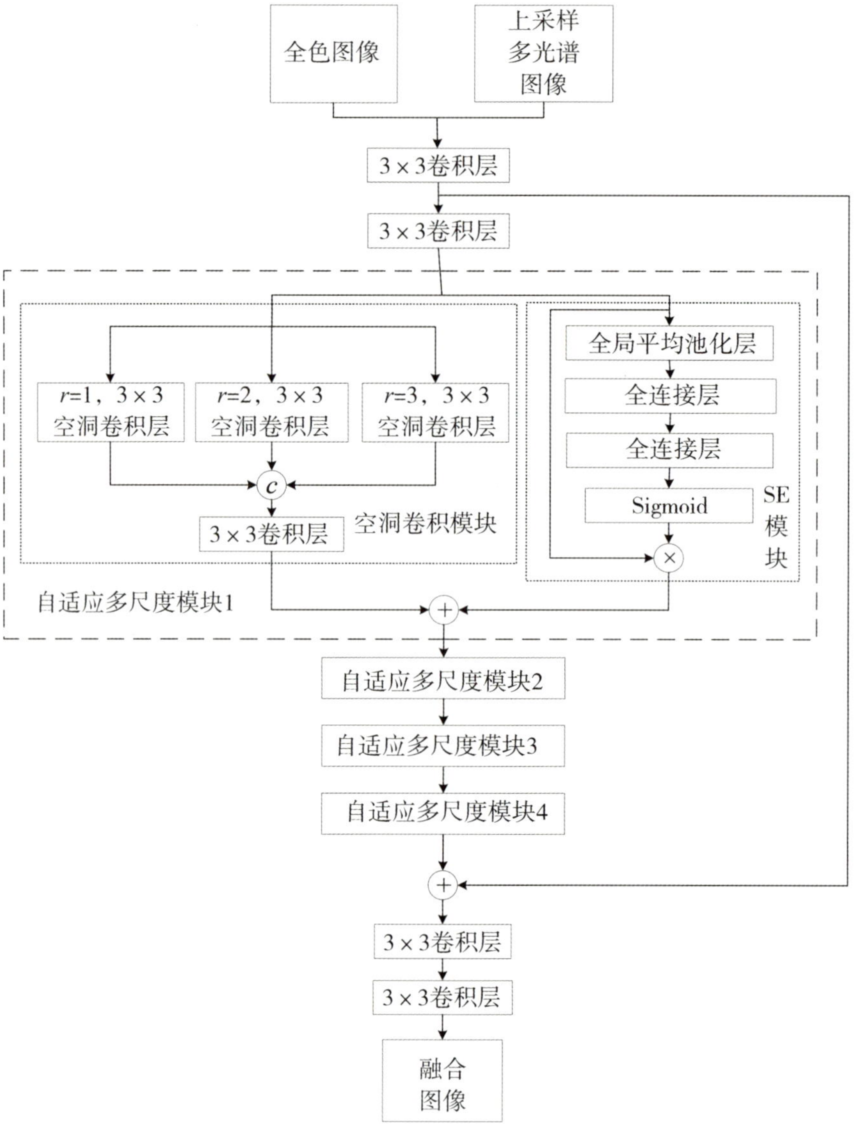

图 9.3.5　融合网络结构图

支路，其中一条是线性的，用 1×1 卷积层完成，另外一条是非线性的，是由三个 3×3 卷积层构成的卷积神经网络。该光谱退化网络模块很好地模拟了高分辨率多光谱图像到全色图像的光谱退化过程。通过对比光谱退化融合图像与高分辨率全色图像的差异，可以更好地重建图像空间信息。

高分辨率多光谱图像通过空间退化生成低分辨率多光谱图像。一般的空间退化使用一个低通滤波器对高分辨率图像进行低通滤波之后获得模糊图像，之后对模糊图像进行下采样获得低分辨率图像。本方法也根据该模式，使用卷积神经网络模拟高分辨率多光谱图像到低分辨率多光谱图像的低通滤波过程，这里退化模型没有将图像下采样，而是将已有的低分辨率多光谱图像上采样来进行比较。由于上采样的低分多光谱图像主要包含低频信息和光谱信息，通过在网络中对比空间退化后的融合图像与输入低分辨率多光谱图像的差异，可以使得网络能够更好地重建光谱信息。空间退化网络如图 9.3.6(b)所示，由一个 9×9 卷积层、两个 5×5 卷积层构成，将多光谱图像减去卷积神经网络非线性映射的结果求得空间退化图像。

由于在原始尺度上没有参考图像，本方法同时也假设在低分辨率和高分辨率上的退化关系是一样的，所以光谱和空间网络都在低分辨率图像上训练。通过优化空间退化图像与退化后上采样的多光谱图像之间的损失训练空间退化网络，通过优化光谱退化图像与退化后的全色图像之间的损失训练光谱退化网络。通过优化空间退化图像和上采样多光谱图像之间的误差以及光谱退化图像和全色图像之间的误差来优化融合网络。

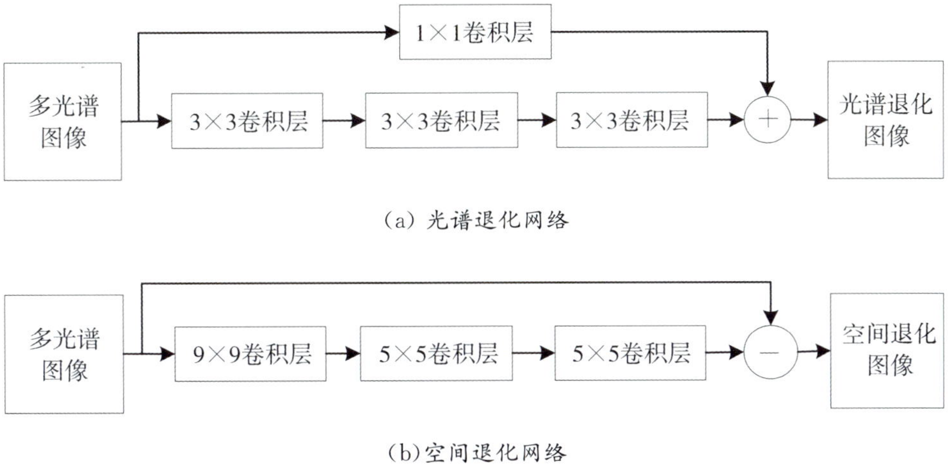

图 9.3.6　退化网络结构图

9.3.4　深度迁移学习图像融合

现有的基于深度学习的多光谱和高光谱图像融合方法具有如下两个缺点。首先，它们需要额外的高光谱、多光谱和融合高光谱数据进行训练，然而这些训练数据欠缺。其次，这些方法泛化能力弱，也就是说，在一个数据集上训练的卷积神经网络往往不能直接应用到另一个不同类型的数据集上。当光谱波段数量和成像模型发生变化时，都会极大地影响卷积神经网络的性能。

为了解决上述深度学习多光谱图像融合方法存在的问题，本小节介绍一种基于深度子空间迁移学习的融合方法[18]。该方法包含两个步骤：子空间估计和系数估计。首先利用高光谱图像光谱维度的相似性，将融合高光谱图像表示在光谱子空间上。由于大部分的光谱信息都存在于观测到的高光谱图像中，通过截断奇异值分解从观测高光谱图像中学习光谱子空间，然后采用最大后验概率估计来获得高光谱图像在子空间上的表示系数，其中后验概率估计中的伴随概率模型由高光谱和多光谱图像的成像模型确定，而后验概率估计中的先验模型由深度卷积神经网络学习得到。子空间表示系数主要代表了图像的空间细节信息，采用深度卷积神经网络在灰度图像中进行去噪训练获得。这样做的内在原因是，采用交替方向乘子法求解系数，求解过程是一个迭代优化过程，在迭代的过程中，关于先验项的子问题优化恰好可以看作是一个高斯去噪问题，因而可以把训练好的用于图像去噪的卷积神经网络嵌入迭代优化中，使得子空间表示系数估计更加准确。一旦估计得到了系数，可通过光谱子空间与表示系数的乘积重建高分辨率高光谱图像。该方法具有如下优势：

①虽然我们的目标是高光谱和多光谱图像融合，但不需要在高光谱和多光谱图像上进行训练，只需要在灰度图像上进行去噪训练，解决了训练数据不足的问题。

②该方法泛化能力强，不会受限于光谱波段的数量和成像模型的不同，适用于不同类型图像的融合。

③该方法中的图像先验是在灰度图像上进行去噪训练得到的，因而该方法具有一定的抗噪声干扰能力。

在本方法中，高光谱图像和多光谱图像都表示为矩阵形式，其中矩阵的第一个维度代表光谱波段数量，矩阵的第二个维度表示像素数。$\boldsymbol{X}\in\mathbb{R}^{M\times N}$表示拥有$N$个像素和$M$个光谱波段的融合高光谱图像。$\boldsymbol{Y}\in\mathbb{R}^{M\times n}$表示拥有$n$个像素和$M$个光谱波段的观测高光谱图像，$n=N/d$，$d$是下采样因子。与融合高光谱图像相比，低分辨率高光谱图像拥有同样的波段数量，更少的像素个数。$\boldsymbol{Y}$可以看作由$\boldsymbol{X}$空间下采样得到，它们的关系可以表示为

$$\boldsymbol{Y}=\boldsymbol{XBD}+\boldsymbol{N}_h \tag{9.3.28}$$

式中，$\boldsymbol{N}_h$表示额外的噪声；矩阵$\boldsymbol{B}\in\mathbb{R}^{N\times N}$，代表空间模糊矩阵，由相机的点扩散函数确定。矩阵$\boldsymbol{B}$是一个块循环矩阵，因而可以分解为：

$$\boldsymbol{B}=\boldsymbol{FKF}^{-1} \tag{9.3.29}$$

式中，$\boldsymbol{F}$快速傅立叶变换矩阵，$\boldsymbol{F}^{-1}$为快速逆傅立叶变换。对角矩阵$\boldsymbol{K}$保留了矩阵

$\boldsymbol{B}$ 的奇异值。$\boldsymbol{D}\in\mathbb{R}^{N\times n}$，表示了空间下采样矩阵，它的列是单位矩阵的子集，满足 $\boldsymbol{D}^{\mathrm{T}}\boldsymbol{D}=\boldsymbol{I}$，其中 $\boldsymbol{I}$ 是单位矩阵。

$\boldsymbol{Z}\in\mathbb{R}^{m\times N}$，表示同一场景下拥有 N 像素和 m 个光谱波段的高分辨率多光谱图像。与融合高光谱图像相比，低分辨率高光谱图像拥有同样的像素数量，更少的光谱波段，高分辨率多光谱图像 $\boldsymbol{Z}$ 可以看作由 $\boldsymbol{X}$ 光谱下采样得到，它们之间的关系可以表达为：

$$\boldsymbol{Z}=\boldsymbol{R}\boldsymbol{X}+\boldsymbol{N}_w \tag{9.3.30}$$

式中，$\boldsymbol{N}_w$ 表示额外的噪声；$\boldsymbol{R}\in\mathbb{R}^{m\times M}$，表示光谱采样矩阵，由多光谱相机的光谱响应函数确定。

高光谱图像的波段之间通常具有较大的关联性，光谱维度的相似性大，因而高光谱图像存在于一个低维的光谱子空间中，如图 9.3.7 所示，高分辨率高光谱图像可以分解为：

$$\boldsymbol{X}=\boldsymbol{S}\boldsymbol{A} \tag{9.3.31}$$

式中，$\boldsymbol{S}\in\mathbb{R}^{M\times L}$，表示光谱子空间；矩阵 $\boldsymbol{A}$ 代表系数。子空间表示有如下 3 个优点：第一，它利用了高光谱图像在光谱维度的相似性，这有助于对光谱信息的准确表示；第二，L 的数值很小，远小于 M，$L<M$ 意味着高光谱图像存在一个低维的光谱子空间中，这个表达可以实现光谱降维，提高计算效率；第三，子空间 $\boldsymbol{S}$ 是列正交矩阵，满足 $\boldsymbol{S}^{\mathrm{T}}\boldsymbol{S}=\boldsymbol{I}$，因而根据式(9.3.31)可得 $\boldsymbol{A}=\boldsymbol{S}^{\mathrm{T}}\boldsymbol{X}$。矩阵 $\boldsymbol{A}$ 的每一行可以由 $\boldsymbol{X}$ 线性表示，矩阵 $\boldsymbol{A}$ 的行保存着融合高光谱图像 $\boldsymbol{X}$ 的空间结构，基于该子空间表示模型，分离了高光谱图像的光谱信息和空间信息。

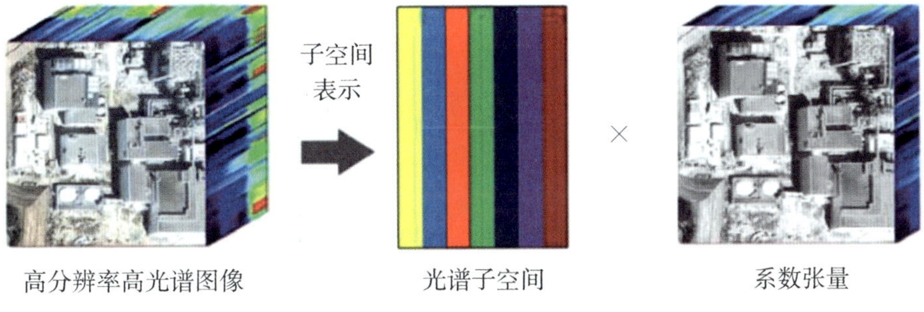

图 9.3.7 高光谱图像的光谱子空间分解

基于子空间表示，融合问题转化为从低分辨率高光谱图像和高分辨率多光谱图像中估计高分辨高光谱图像的子空间 $\boldsymbol{S}$ 和表示系数 $\boldsymbol{A}$。低分辨率高光谱图像光谱分辨率高，具有丰富的光谱信息，因而可以从低分辨率高光谱图像学习光谱子空间。采用截断奇异值分解(SVD)从低分辨率高光谱图像中估计低维光谱子空间。首先对高光谱图像进行奇异值分解：

$$\boldsymbol{Y}=\boldsymbol{U}_1\boldsymbol{\Sigma}_1\boldsymbol{V}_1^{\mathrm{T}} \tag{9.3.32}$$

式中，$\boldsymbol{U}_1$ 和 $\boldsymbol{V}_1$ 是列正交矩阵。对角矩阵 $\boldsymbol{\Sigma}_1$ 包含着高光谱图像的奇异值，奇异值按非递增顺序排列。大的奇异值保存了图像的主要结构信息，小的奇异值代表了不重要的信息。通过保留一个最大的奇异值并丢弃 $\boldsymbol{\Sigma}_1$ 中的其余奇异值，可以得到如下低维分解：

$$\hat{\boldsymbol{Y}}=\hat{\boldsymbol{U}}_1\hat{\boldsymbol{\Sigma}}_1\hat{\boldsymbol{V}}_1^{\mathrm{T}} \tag{9.3.33}$$

式中，$\hat{\boldsymbol{U}}_1=\boldsymbol{U}_1(:,1:L)$，$\hat{\boldsymbol{V}}=\boldsymbol{V}(:,1:L)$学到的光谱子空间 $\boldsymbol{S}$：

$$\boldsymbol{S}=\hat{\boldsymbol{U}}_1=\boldsymbol{U}_1(:,1:L) \tag{9.3.34}$$

在获得了光谱子空间以后，采用最大后验概率估计来估计表示系数。基于高光谱和多光谱图像的成像模型(9.3.28)(9.3.30)和子空间表示模型(9.3.32)，可获得如下高光谱图像、多光谱图像与系数的关系模型：

$$\begin{aligned}\boldsymbol{Y}&=\boldsymbol{SABD}+\boldsymbol{N}_h\\ \boldsymbol{Z}&=\boldsymbol{RSA}+\boldsymbol{N}_w\end{aligned} \tag{9.3.35}$$

基于观测图像和系数的关系模型，可通过最大后验概率估计来获得系数，根据贝叶斯公式，可得如下优化模型：

$$\begin{aligned}\arg\max_{\boldsymbol{A}}\boldsymbol{P}(\boldsymbol{A}\mid\boldsymbol{X},\boldsymbol{Y})&=\arg\max_{\boldsymbol{A}}\frac{P(\boldsymbol{X},\boldsymbol{Y}\mid\boldsymbol{A})P(\boldsymbol{A})}{P(\boldsymbol{X},\boldsymbol{Y})}\\ &=\arg\max_{\boldsymbol{A}}P(\boldsymbol{X},\boldsymbol{Y}\mid\boldsymbol{A})P(\boldsymbol{A})\\ &=\arg\max_{\boldsymbol{A}}-\log_2\{P(\boldsymbol{X},\boldsymbol{Y}\mid\boldsymbol{A})\}-\log_2\{P(\boldsymbol{A})\}\end{aligned} \tag{9.3.36}$$

式中，$P(\boldsymbol{X},\boldsymbol{Y})$表示 $\boldsymbol{X}$，$\boldsymbol{Y}$ 的先验概率与 $\boldsymbol{A}$ 无关，所以在优化过程中可忽略它，$-\log_2\{P(\boldsymbol{X},\boldsymbol{Y}\mid\boldsymbol{A})\}$表示条件概率，可通过系数与两个观测图像之间的关系获得，也即

$$-\log_2\{P(\boldsymbol{X},\boldsymbol{Y}\mid\boldsymbol{A})\}=\|\boldsymbol{Y}-\boldsymbol{SABD}\|_{\mathrm{F}}^2+\alpha\|\boldsymbol{Z}-\boldsymbol{RSA}\|_{\mathrm{F}}^2 \tag{9.3.37}$$

式(9.3.37)基于高斯先验获得，参数 α 对两个图像中不同方差的高斯噪声进行建模。其中系数先验项$-\log_2\{P(\boldsymbol{A})\}$可以表示为：

$$-\log_2\{P(\boldsymbol{A})\}=\lambda\varphi(\boldsymbol{A}) \tag{9.3.38}$$

式中，参数 λ 控制着权重，$\varphi(\boldsymbol{A})$表示图像的先验信息。基于式(9.3.36)、式(9.3.37)和式(9.3.38)，对于系数 $\boldsymbol{A}$ 的估计可以转化为解决如下优化问题：

$$\arg\min_{\boldsymbol{A}} \|\boldsymbol{Y}-\boldsymbol{SABD}\|_{\mathrm{F}}^{2}+\alpha\|\boldsymbol{Z}-\boldsymbol{RSA}\|_{\mathrm{F}}^{2}+\lambda\varphi(\boldsymbol{A}) \tag{9.3.39}$$

式中，$\|\cdot\|_{\mathrm{F}}$表示 Frobenius 范数。式(9.3.39)假设两个图像中的噪声都是高斯白噪声。接下来需要确定系数 $\boldsymbol{A}$ 的先验信息。正如之前分析的，系数的每一行都保留了融合高光谱图像的空间结构。之前的方法提出了各种各样的先验信息去估计系数，包括光谱解混先验、稀疏先验、低秩先验等。这些方法都是人为事先设定的先验信息，具有一定的局限性，因为人为给定的先验无法完全准确描述图像的特定的先验。

为了解决该问题，如图 9.3.8 所示，采用深度卷积神经网络从图像中学习先验，然后用于系数估计。具体而言，训练一个基于卷积神经网络的去噪器。图像去噪一直以来都受到了广泛的关注，研究者提出了许多有效的去噪算法，如 BM3D、加权核范数去噪(WNNM)、深度卷积神经网络去噪等算法。最近的即插即用框架使得我们能够利用最先进的去噪算法来解决其他的图像恢复问题。即插即用框架将一个去噪器插入到迭代算法中，在迭代算法中关于图像先验信息的子问题可以被看作是一个去噪问题。这里采用的卷积神经网络在更容易获得的灰度图像上进行去噪训练，可以有效地获取图像的空间结构，然后去除噪声。采用交替方向乘子法求解式(9.3.39)所示的优化问题。其核心思想是将难以直接解决的优化问题转化为几个更容易解决的子问题来迭代求解。引入新的变量 $\boldsymbol{V}$，可以获得如下增广的拉格朗日函数：

$$L(\boldsymbol{A},\boldsymbol{V},\boldsymbol{G})=\|\boldsymbol{Y}-\boldsymbol{SABD}\|_{\mathrm{F}}^{2}+\alpha\|\boldsymbol{Z}-\boldsymbol{RSA}\|_{\mathrm{F}}^{2}+\mu\left\|\boldsymbol{V}-\boldsymbol{A}+\frac{\boldsymbol{G}}{2\mu}\right\|_{\mathrm{F}}^{2}+\lambda\varphi(\boldsymbol{V}) \tag{9.3.40}$$

式中，μ 是惩罚参数，$\boldsymbol{G}$ 是拉格朗日乘子。基于交替方向乘子法，式(9.3.39)被转化为最小化拉格朗日函数(9.3.40)。最小化拉格朗日函数需迭代优化 $\boldsymbol{A}$，$\boldsymbol{V}$，$\boldsymbol{G}$ 和 μ。

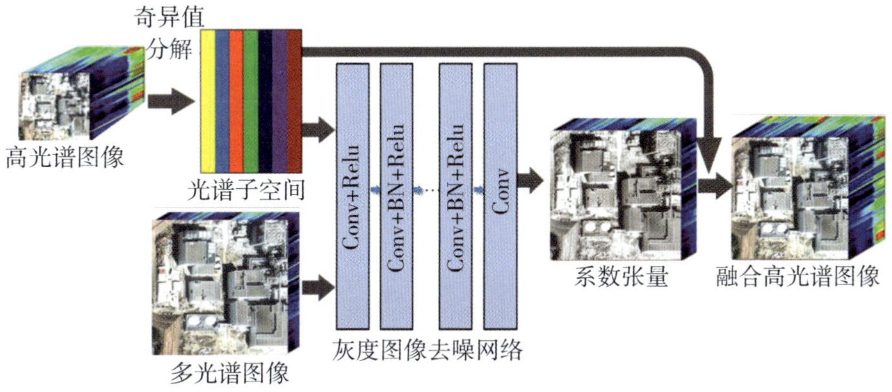

图 9.3.8 基于深度子空间迁移学习融合方法流程图

在每次迭代中，变量 $\boldsymbol{A}$ 通过优化如下问题获得：

$$\boldsymbol{A} \in \arg\min_{\boldsymbol{A}} L(\boldsymbol{A},\boldsymbol{V},\boldsymbol{G}) = \arg\min_{\boldsymbol{A}} \|\boldsymbol{Y}-\boldsymbol{SABD}\|_F^2 + \alpha\|\boldsymbol{Z}-\boldsymbol{RSA}\|_F^2 + \mu\left\|\boldsymbol{V}-\boldsymbol{A}+\frac{\boldsymbol{G}}{2\mu}\right\|_F^2 \tag{9.3.41}$$

其中优化问题(9.3.41)是强凸的，因而只需要让式(9.3.41)对 $\boldsymbol{A}$ 求导等于 0，然后得到如下的西尔维斯特方程：

$$\boldsymbol{H}_1\boldsymbol{A}+\boldsymbol{A}\boldsymbol{H}_2=\boldsymbol{H}_3 \tag{9.3.42}$$

方程(9.3.42)中的 $\boldsymbol{H}_1$，$\boldsymbol{H}_2$ 和 $\boldsymbol{H}_3$ 分别如下：

$$\begin{aligned}
\boldsymbol{H}_1 &= \alpha(\boldsymbol{RS})^{\mathrm{T}}\boldsymbol{RS}+\mu\boldsymbol{I}_L \\
\boldsymbol{H}_2 &= (\boldsymbol{BD})(\boldsymbol{BD})^{\mathrm{T}} \\
\boldsymbol{H}_3 &= \alpha(\boldsymbol{RS})^{\mathrm{T}}\boldsymbol{Z}+\boldsymbol{S}^{\mathrm{T}}\boldsymbol{Y}(\boldsymbol{BD})^{\mathrm{T}}+\mu\left(\boldsymbol{V}+\frac{\boldsymbol{G}}{2\mu}\right)
\end{aligned} \tag{9.3.43}$$

由于矩阵 $\boldsymbol{H}_1$ 和 $\boldsymbol{H}_2$ 是正定的，因而可采用共轭梯度方法迭代求解该问题。我们采用一个快速的算法来解决方程(9.3.42)。矩阵 $\boldsymbol{H}_1$ 对称正定的，因而它可以通过特征值分解被对角化：

$$\boldsymbol{H}_1=\boldsymbol{Q}_1\boldsymbol{\Lambda}\boldsymbol{Q}_1^{-1} \tag{9.3.44}$$

模糊矩阵 $\boldsymbol{B}$ 可以如式(9.3.29)分解，右乘离散傅立叶变换矩阵 $\boldsymbol{F}$，可以获得如下方程：

$$\boldsymbol{\Lambda}\boldsymbol{Q}_1^{-1}\boldsymbol{AF}+\boldsymbol{Q}_1^{-1}\boldsymbol{AFKF}^{H}\boldsymbol{DD}^{H}\boldsymbol{FK}^{H}=\boldsymbol{Q}_1^{-1}\boldsymbol{H}_3\boldsymbol{F} \tag{9.3.45}$$

在每次迭代中，变量 $\boldsymbol{V}$ 通过优化如下问题进行更新：

$$\boldsymbol{V} \in \arg\min_{\boldsymbol{V}} L(\boldsymbol{A},\boldsymbol{V},\boldsymbol{G}) = \arg\min_{\boldsymbol{V}} \mu\left\|\boldsymbol{V}-\boldsymbol{A}+\frac{\boldsymbol{G}}{2\mu}\right\|_F^2+\lambda\varphi(\boldsymbol{V}) \tag{9.3.46}$$

优化问题(9.3.46)可以看作是对($\boldsymbol{A}-\boldsymbol{G}/2\mu$)进行高斯去噪，高斯噪声的方差为 $\frac{\lambda}{2\mu}$。近年来图像去噪已经得到了广泛的关注，大量的去噪方法被提出，例如 BM3D 方法、K-SVD 方法、WNNM 方法和深度卷积神经网络方法。

由于深度卷积神经网络的快速且强大的学习性能，我们采用了 FFDNet[19]，FFDNet 是一个灵活而快速的卷积神经网络去噪方法。这里采用 FFDNet 作为去噪器有如下两个原因。首先，FFDNet 在去噪的时候把噪声等级作为网络的输入，这样使得该方法能灵活处理不同等级的噪声，而这一特性刚好是本方法所需要的，因为在每次迭代中图像噪声等级不同。其次，FFDNet 将噪声图像分解为 4 个子图像，并将这些子图像作为输入，从而减少了图像的维度，使得该去噪算法更加高效。基于上述去噪方法，我们不需要在高光谱和多光谱数据上训练，只需要在更容易获得的灰度图像上进行训练，解决了训练数据不足的难题，且从灰度图像中学习到的图像空间特性适用于不同类型的高光谱和多光谱数据融合，泛化能力强。

子空间 $\boldsymbol{S}$ 由截断奇异值分解获得，因而它是酉矩阵，可得 $\boldsymbol{A}=\boldsymbol{S}^{\mathrm{T}}\boldsymbol{X}$，系数 $\boldsymbol{A}$ 的每一行可由 $\boldsymbol{X}$ 的行线性表示。$\boldsymbol{X}$ 的每一行代表着融合高光谱图像的每一个光谱波段，因而系数 $\boldsymbol{A}$ 的每一行反映了高光谱图像的空间结构。此外，融合高光谱图像的光谱维度之间存在大量的光谱冗余，通过子空间表示，系数的每个波段(行)之间的相关性大大降低。基于这一结论，可通过估计系数的每一行来估计系数。为了求解优化问题(9.3.46)，利用训练好的 FFDNet 估计($\boldsymbol{A}-\boldsymbol{G}/2\mu$)的每一行。具体而言，通过训练好的神经网络 F 来估计 $\mathbf{V}$ 的每一行：

$$\mathbf{V}(i,:)=F\left(\boldsymbol{H}(i,:),\frac{\lambda}{2\mu};\Theta\right) \tag{9.3.47}$$

式中，i 表示第 i 行，Θ 表示 FFDNet 的参数，变量 $\boldsymbol{H}$ 满足等式 $\boldsymbol{H}=\boldsymbol{A}-\boldsymbol{G}/2\mu$。由于矩阵 $\boldsymbol{H}$ 的每一行不是一个图像，因此，首先把它的每一行缩放到[0，1]，然后把行向量重新排列成一个尺寸为 $W\times H$ 的矩阵 $\hat{\boldsymbol{H}}_i$，上述操作的数学表达为 $\hat{\boldsymbol{H}}_i=\mathrm{vec}^{-1}(c_i\boldsymbol{H}(i,:)+b_i)$，其中 vec^{-1} 表示一个向量矩阵化操作，可把向量 $\boldsymbol{a}\in\mathbb{R}^{WH}$ 转化为矩阵 $\boldsymbol{B}\in\mathbb{R}^{W\times H}$，其中 $\boldsymbol{B}\in\mathbb{R}^{W\times H}=\mathrm{vec}^{-1}(\boldsymbol{a})$。在去噪过程中，噪声的等级为 $c_i\sigma^2$。最后，将去噪后的图像重新缩放到子空间域，上述操作的数学表达为：

$$\begin{gathered}\hat{\boldsymbol{H}}_i=\mathrm{reshape}(c_i\boldsymbol{H}(i,:)+b_i,W,H)\\ \hat{\mathbf{V}}(i,:)=\mathrm{reshape}\left(F\left(\hat{\boldsymbol{H}}_i,\frac{c_i\lambda}{2\mu};\Theta\right),1,N\right)\\ \hat{\mathbf{V}}(i,:)=\frac{\hat{\mathbf{V}}(i,:)-b_i}{c_i}\end{gathered} \tag{9.3.48}$$

拉格朗日乘子 $\boldsymbol{G}$ 通过下式更新：

$$\boldsymbol{G}=\boldsymbol{G}+2\mu(\mathbf{V}-\boldsymbol{A}) \tag{9.3.49}$$

图像的噪声等级 $\sigma^2=\dfrac{\lambda}{2\mu}$，该等级在每次去噪的时候都要输入网络，因而惩罚参数 μ 对 FFDNet 的去噪过程有着重要的影响。随着算法的迭代，去噪的图像更接近于干净图像，因此输入的噪声水平也应该随之降低。这样，需要在迭代中增加 μ 的值。增加 μ 的值的另一个好处是它可以使算法收敛。采用如下方式来更新参数 μ：

$$\mu=\gamma\mu \tag{9.3.50}$$

式中，γ 是一个大于 1 的常数。

9.3.5 动态深度学习图像融合

在一般的卷积神经网络遥感图像融合方法中，学习的滤波器在训练后固定不变，而图像每个位置的空间细节不同，用同样的滤波器对不同空间位置进行滤波，很难得到满意的细节图像，难以获得良好的锐化效果。而动态卷积的滤波器根据输入图像动态生成，与传统的滤波网络相比，自适应能力更强。本小节介绍一种基于多尺度动态卷积(multiscale dynamic convolutional neural network，MDCNN)的遥感图像融合方法[20]，其整体结构如图 9.3.9 所示，主要由四步组成：首先，通过滤波器生成网络得到不同尺寸的动态滤波器；然后，将生成的滤波器与全色图像(PAN)进行卷积，提取不同尺度的细节特征；再利用权重生成网络根据不同尺度的细节特征输出不同的权重；最后，对各尺度的细节特征进行融合，重建融合图像。

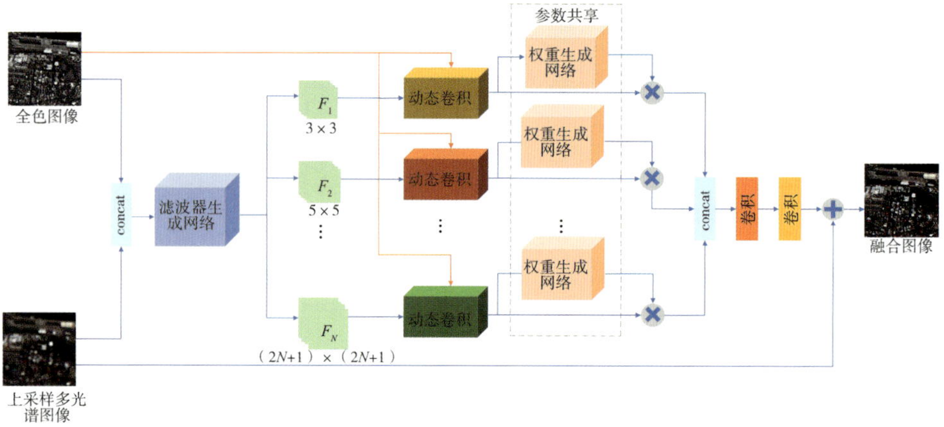

图 9.3.9 多尺度动态卷积神经网络结构图

(1)多尺度动态卷积

标准卷积神经网络的滤波器在训练中学习，在测试中不变。但是，MDCNN 方法的滤波器可以根据输入图像动态获取，增强了网络的适应性。网络中的低分辨率上采样多光谱图像(UPMS)是通过双三次插值将低分辨率多光谱图像(MS)上采样到与全色图像相同的大小而得到的。将上采样多光谱图像和全色图像送入滤波器生成网络，生成 N 个不同大小的滤波器 $F(N)$。滤波器生成网络如图 9.3.10 所示，其

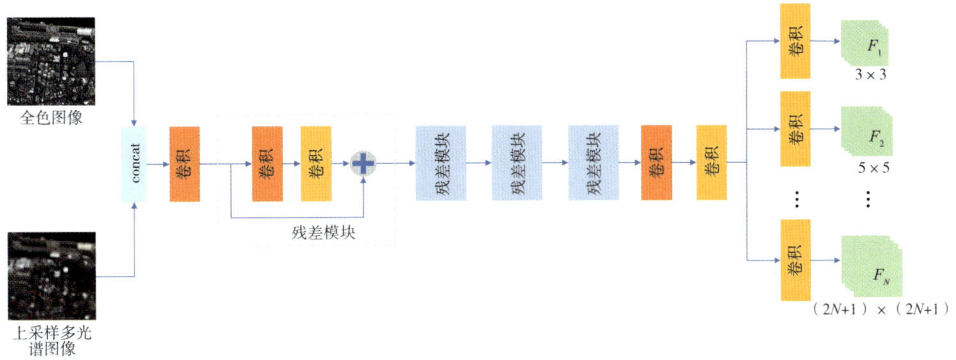

图 9.3.10 滤波器生成网络

主要组成结构是残差模块，它由两个卷积层和一个残差连接组成。网络中残差模块的结果可以表示为：

$$G_d = R^d(G_{d-1}) \tag{9.3.51}$$

式中，R^d 表示第 d 个残差模块。G_0 是通过对全色图像和上采样多光谱图像在通道维拼接后再进行卷积得到。在滤波器生成网络的末端，通过 N 个卷积核大小为1×1的卷积层得到 N 个四维矩阵 $\boldsymbol{F}^{b\times h\times w\times c}$，其中，$b$，$h$，$w$，$c$ 分别表示批大小、图像高度、图像宽度和通道数。1×1 卷积层的通道数 c 由滤波器的大小 k 和滤波器的数量 l 来设置，即 $c=k\times k\times l$。滤波器大小 k 与尺度 n 呈线性关系，可以表示为 $k=2n+1$。将四维矩阵 $\boldsymbol{F}^{b\times h\times w\times c}$ 变换为五维矩阵 $\boldsymbol{F}^{b\times h\times w\times k^2\times l}$ 得到多尺度动态滤波器。

多尺度动态卷积用来获取多尺度细节特征。动态卷积接收两个输入：滤波器和全色图像。与标准卷积不同，动态卷积的滤波器由滤波器生成网络提供。动态卷积中的滤波器不属于可学习的参数集，而是随着输入图像的变化而动态变化。多尺度动态卷积通过对不同尺度的滤波器与全色图像进行卷积实现。第 n 个尺度的动态卷积可以表示为：

$$D(n)_{x,y}^{v} = \sum_{j=0}^{k-1}\sum_{i=0}^{k-1}(X_{\mathrm{PAN}})_{x+i,y+j}F(n)_{x,y,i,j}^{v} \tag{9.3.52}$$

式中，X_{PAN}表示全色图像，$D(n)$为动态卷积的第 n 个尺度提取的细节特征，$F(n)$为第 n 个尺度的滤波器，x 和 y 表示空间坐标，v 为通道数。

(2)权重生成

将每个特征图乘以一个权重来调整每个尺度中细节特征之间的关系，其中的权重由权重生成网络产生。权重生成网络如图 9.3.11 所示，将多尺度动态卷积生成的细节特征 $D(n)$输入权重生成网络，得到与细节特征 $D(n)$相同大小的对应权重$W(n)$。

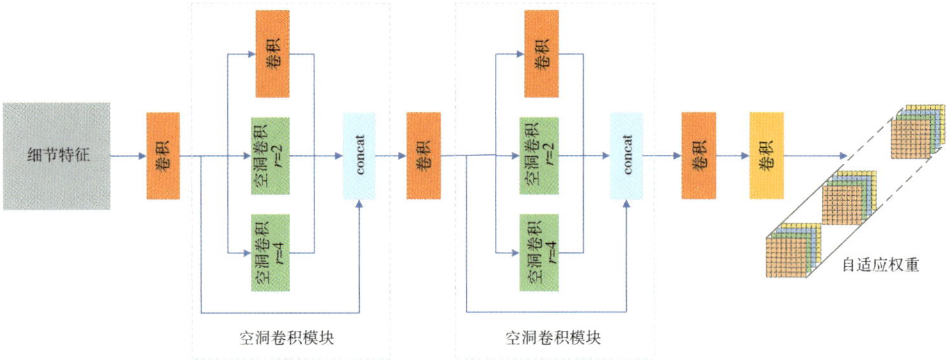

图 9.3.11　权重生成网络

将权重与细节特征相乘，得到不同尺度的 N 个多通道特征图 $H(1)$，$H(2)$，…，$H(N)$，第 n 个尺度的特征图可以表示为：

$$H(n)_{x,y}^{v}=W(n)_{x,y}^{v}D_{x,y}^{x} \tag{9.3.53}$$

如图 9.3.11 所示，权重生成网络由两个空洞卷积模块和四个卷积层组成。空洞卷积模块由空洞卷积和标准卷积构成。空洞卷积允许每个卷积输出包含更大范围的信息而不增加参数。空洞卷积可定义为：

$$(P *_r f)_t=\sum_{x+ry=t} P_x f_y \tag{9.3.54}$$

式中，f 是卷积核，P 是空洞卷积的输入，$*_r$表示空洞系数为 r 的空洞卷积，$*_1$等同于标准卷积。

(3)重构

通过全局残差学习和两个卷积层重建高分辨率多光谱(HRMS)图像。先将多尺度特征图 $H(1)$，$H(2)$，…，$H(N)$沿通道维进行拼接，再经过两个卷积层得到细节图像。通过全局残差连接将细节图像添加到上采样多光谱图像中得到重构的融合图像。重构结果表示为：

$$Y_{\text{fusion}}=X_{\text{UPMS}}+T(Y_{H_1,H_2,\cdots,H_N}) \tag{9.3.55}$$

式中，T 是卷积运算，$Y_{H_1,H_2,\cdots,H_N}$ 表示各多尺度特征图沿通道维拼接，X_{UPMS}表示 UPMS 图像，Y_{fusion}表示融合图像。

(4)损失函数

损失函数在模型训练中起着重要的作用，因此损失函数的选择至关重要。通常通过优化融合图像和参考图像之间的均方误差来训练模型。均方误差损失是像素损失，没有考虑多光谱图像的波段间的光谱关系，导致光谱失真。为了减小光谱失真，本方法加入了光谱损失函数。总损失为：

$$L_{\text{all}} = L_{\text{mse}} + wL_{\text{spe}} \tag{9.3.56}$$

式中，L_{all}，L_{mse}和L_{spe}分别是总损失、均方误差损失和光谱损失，光谱损失如式(9.3.6)所示，w 是权重参数。

9.4 实验结果与分析

为了对比传统方法和深度学习方法的融合性能，以及损失函数对于深度学习方法的影响，在本节给出了相应的实验。实验使用的是 8 通道 WorldView - 3(WV - 3)卫星图像，包含 14400 个大小为 32×32 的图像对用于训练，36 对大小为 240×240 的源图像用于测试。图 9.4.1 为用于裁剪训练图像块的低分辨率多光谱图像和全色图像(其大小均为 3840×3840)以及部分用于测试的图像对。在模拟图像融合上采用空间相关系数(spatial correlation coefficient，SCC)、SAM、ERGAS(erreur relative globale adimensionnelle de synthèse)、Q 指标和N 波段图像融合质量评价指标(Q_N)这 5 项指标对融合结果进行评估，在真实图像实验上利用 QNR 对融合结果进行评价。

(a)训练图像区域

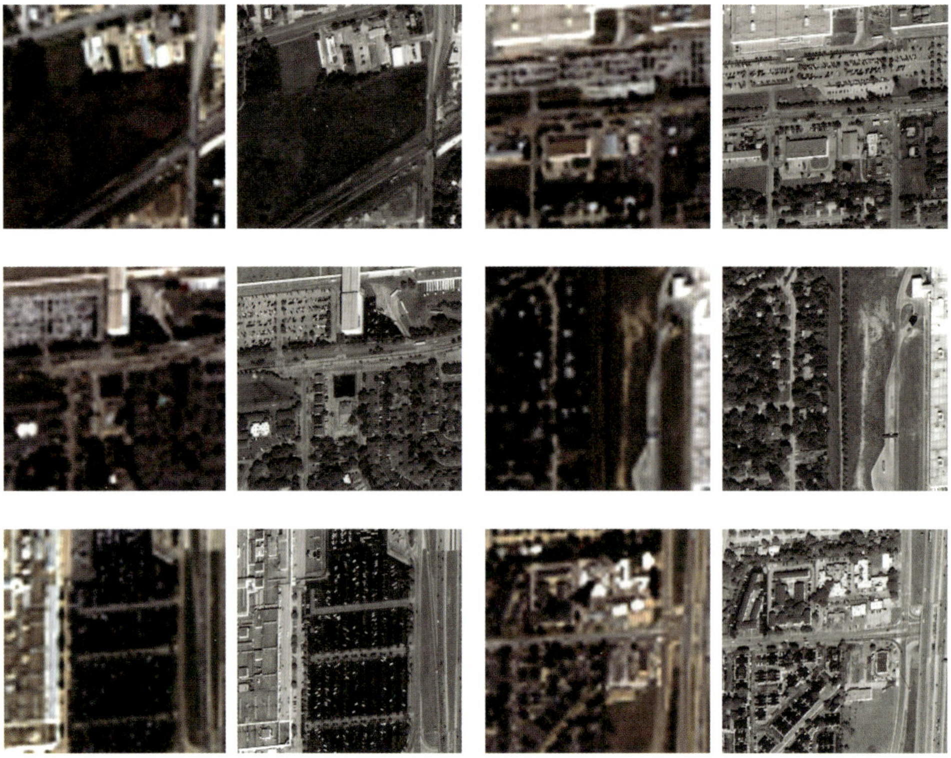

(b)部分测试图像对

图 9.4.1　部分实验图像

(1)融合方法性能比较

本节选取典型传统方法 GS[21]、BDSD[22] 和 GLP[23]，典型深度学习方法 PNN[24]、PanNet[25]、DCCNP[26]、NLRNet[27]、RSIFNN[28]、TFNet[29]、MSDCNN[30]、MDCNN[20]、SDS[31]，共 12 种方法进行实验比较。表 9.4.1 是在 WV－3 数据集上的客观评价指标结果，加粗代表最好，下划线次之。从表 9.4.1 可以看出，相比传统方法，基于深度学习的方法在整体性能上都有明显提升。在基于深度学习的方法中，只有 3 个卷积层的 PNN 性能上除了 SAM 和 SCC 指标比 RSIFNN 略好以外，其他都处于最差，因为 PNN 层数较少，特征表达能力欠佳。相比 PNN，基于残差连接的 PanNet 以及基于密集连接的 DCCNP 均表现出更好的性能。基于双分支的 RSIFNN 由于其网络结构偏重对全色图像空间信息的提取，对于光谱信息的提取存在不足，因此在 SAM 指标上有所欠缺。基于双分支的 TFNet 对多光谱图像和全色图像做同样处理，在模拟图像实验上取得了更好的结果，表明对于多光谱图像和全色图像的信息提取同等重要。基于多尺度卷积核的 MSDCNN 在没有大幅增加网络深度的情况下，通过增加网络宽度来提升网络的表征能力。相较于采用改变网络深度和宽度的方法，基于非局部注意力机制的 NLRNet 具有比较明显的优势，突出了非局部注意力机制的优势，非局部注意力是目前一个新的研究方向。相较于前面静态卷积的方法，基于动态卷积的 MDCNN 方法在多项指标上具有优势。基于动态网络的 SDS 方法，性能在 MDCNN 的基础上进一步提高，表明无论是动态卷积还是动态网络，动态的方法能够明显提升遥感图像融合性能。

表 9.4.1 图像融合方法性能比较

	Q	SAM	ERGAS	SCC	Q_N	QNR
GS	0.8168	6.7111	4.5806	0.8273	0.8207	0.8677
BDSD	0.8538	8.0818	4.7332	0.8307	0.8583	0.8965
GLP	0.8669	6.4322	4.1250	0.8499	0.8721	0.8004
PNN	0.9311	5.0890	2.9798	0.9306	0.9295	0.9130
PanNet	0.9382	4.8479	2.8517	0.9351	0.9359	0.9290
DCCNP	0.9351	5.0763	2.9515	0.9358	0.9336	0.9152
RSIFNN	0.9347	5.1323	2.9173	0.9301	0.9334	0.9288
TFNet	0.9416	4.6137	2.7743	0.9431	0.9399	0.9186
MSDCNN	0.9351	4.9399	2.8919	0.9363	0.9332	0.9287
NLRNet	<u>0.9433</u>	<u>4.3602</u>	2.9296	<u>0.9483</u>	0.9399	0.9433
MDCNN	0.9416	4.3655	<u>2.7063</u>	0.9479	<u>0.9401</u>	<u>0.9488</u>
SDS	**0.9483**	**4.3481**	**2.5969**	**0.9517**	**0.9464**	**0.9556**

(2)损失函数性能比较

本节以经典的 PNN 为网络结构，分析不同损失函数对融合性能的影响。比较的损失包括均方误差损失（mean squared error，MSE），平均绝对误差损失（mean absolute error，MAE），光谱损失 SAM[14]，空间结构相似性损失 SSIM[32,33]，MSE+SSIM、MAE+SSIM 构成的空间损失以及组合不同损失构造的空谱损失。

损失函数比较实验结果如表 9.4.2 所示。从表 9.4.2 可以看出，MSE 损失在整体上拥有比 MAE 更好的性能。SAM 损失和 SSIM 损失都明显较差，两者都不适宜单独作为网络的损失。单独使用时，SAM 损失虽然比其他损失差，但 SAM 指标达到了最优，因此，SAM 损失有利于保持光谱信息。类似地，SSIM 损失的其他指标较差，但 SCC 指标较好，因此，SSIM 损失有利于空间结构细节重建。MSE+SSIM

对比 MSE，以及 MAE＋SSIM 对比 MAE，SCC 指标都有一定的提升，真实图像实验的 QNR 指标提升更明显，进一步证明了 SSIM 损失能够促进空间细节的注入。

表 9.4.2　不同损失函数性能比较

损失函数		*Q*	SAM	ERGAS	SCC	Q_N	QNR
空间损失	MSE	0.9311	5.0890	2.9798	0.9306	0.9295	0.9130
	MAE	0.9291	5.1336	3.0337	0.9287	0.9276	0.8956
	SSIM	0.8216	15.4131	9.5000	0.9236	0.6757	0.8145
	MSE＋SSIM	**0.9381**	5.1311	2.9840	0.9310	0.9346	**0.9329**
	MAE＋SSIM	0.9372	5.0667	**2.9644**	0.9309	**0.9348**	0.9266
光谱损失	SAM	0.5662	**4.7128**	8.9289	0.5034	0.5390	0.6410
空谱损失	MSE＋SAM	0.8787	5.0883	3.5945	0.9166	0.8776	0.8671
	MAE＋SAM	0.9281	5.0616	3.0353	0.9283	0.9271	0.9007
	MSE＋SAM＋SSIM	0.9377	5.0150	2.9777	**0.9314**	0.9339	0.9282
	MAE＋SAM＋SSIM	0.9341	5.1460	3.0202	0.9255	0.9315	0.9234

在空谱损失实验中，为了简单起见，将空间损失与光谱损失加权和的权重系数设为 1。相比 MSE＋SAM，MAE＋SAM 在性能上具有明显优势，原因可能是 MSE＋SAM 之间直接取权重系数 1 并不合适。对比 MAE 的结果，MAE＋SAM 的 SAM 和 QNR 指标也有一定的提升，表明 SAM 损失对融合网络提取光谱信息具有重要意义。

由 3 个损失构成的空谱损失的实验结果可知，MSE＋SAM＋SSIM 损失比 MAE＋SAM＋SSIM 损失的性能更好，但是对比只由 2 个损失构成的空谱损失以及单独一个损失的方法，简单组合损失并不一定能改善网络性能，原因可能是权重系数不合适或者不同损失之间可能存在不适配。

根据实验结果，不同损失对融合结果都有影响。MSE 和 MAE 作为最常用的损失，都具有较好的融合性能，光谱损失 SAM 和空间结构相似性损失 SSIM 也分别针对光谱和空间有一定的优化作用，空谱损失也表现出比单独只使用一种损失更好的性能。

本章小结

智能图像融合能够克服人工设计融合规则或人工提取特征等带来的融合不准确等问题。本章首先介绍了智能学习理论和方法，然后阐述了传统的浅层神经网络图像融合方法，接下来介绍了基于深度神经网络的图像融合方法，对代表性的深度学习图像融合方法进行了实验对比。

针对多聚焦图像融合问题，传统的图像融合方法基本都是依靠人工调节融合参数，很难得到最优的融合规则。实际上多聚焦图像融合可以转化为分类识别问题，即通过神经网络自学习的方法来判断图像的清晰与模糊，自动地生成针对特定应用任务的图像融合规则。基于该思想，本章提出了基于径向基函数神经网络和支持向量机的多聚焦图像融合方法。此外，还提出基于脉冲耦合神经网络的多谱段图像融合方法，该方法充分利用不同光谱带之间的相互依赖性，构造并应用自适应多通道脉冲耦合神经网络模型对高光谱图像进行融合，以获得细节丰富的融合图像。

为了有效利用深度学习的优势，结合源图像的空谱特点、图像先验特性、融合任务本身的独特性等，本章提出了一系列基于深度学习的图像融合方法，具体包括超分辨率引导的遥感图像融合方法、成像模型引导的多光谱和高光谱图像融合方法、半监督卷积神经网络遥感图像融合方法、深度迁移学习多光谱和高光谱图像融合方法、动态卷积神经网络遥感图像融合方法等。

最后，对传统方法和智能学习方法进行了实验比较，智能学习方法由于具有强大的特征表示能力，表现出了更好的性能。考虑到损失函数是深度学习的重要部分，还对比分析了空间损失、光谱损失、空谱损失的性能差异。

参考文献

[1]张学工. 关于统计学习理论与支持向量机[J]. 自动化学报，2000(01)：36-46.

[2]VAPNIK V. Statistical learning theory[M]. New York：John Wiley & Sons，1998.

[3]KRIZHEVSKY A，SUTSKEVER I，HINTON G E. Imagenet classification with deep convolutional neural networks[J]. Advances in Neural Information Processing Systems，2012，25：1097-1105.

[4]SZEGEDY C，LIU W，JIA Y，et al. Going deeper with convolutions[C]. Proceedings of the IEEE Conference on Computer Vision and Pattern Recognition，2015：1-9.

[5]SIMONYAN K，ZISSERMAN A. Very deep convolutional networks for large-scale image recognition[C]. International Conference on Learning Representations，2015.

[6]HE K，ZHANG X，REN S，et al. Deep residual learning for image recognition[C]. Proceedings of the IEEE Conference on Computer Vision and Pattern Recognition，2016：770-778.

[7]HU J，SHEN L，SUN G. Squeeze-and-excitation networks[C]. Proceedings of the IEEE Conference on Computer Vision and Pattern Recognition，2018：7132-7141.

[8]LI X，WANG W，HU X，et al. Selective kernel networks[C]. Proceedings of the IEEE/CVF Conference on Computer Vision and Pattern Recognition，2019：510-519.

[9]GOODFELLOW I J，POUGET-ABADIE J，MIRZA M，et al. Generative adversarial networks[J]. Advances in Neural Information Processing Systems，2014，3(11)：2672-2680.

[10]LI S，KWOK J T，WANG Y. Multifocus image fusion using artificial neural networks[J]. Pattern Recognition Letters，2002，23(8)：985-997.

[11]DUAN P，KANG X，LI S，et al. Multichannel pulse-coupled neural network-based hyperspectral image visualization[J]. IEEE Transactions on Geoscience and Remote Sensing，2019，58(4)：2444-2456.

[12]CHEN Y，PARK S，MA Y，et al. A new automatic parameter setting method of a simplified PCNN for image segmentation[J]. IEEE Transactions on Neural Networks，2011，22(6)：880-892.

[13]LI S，KWOK J T Y，TSANG I W H，et al. Fusing images with different focuses using support vector machines[J]. IEEE Transactions on Neural Networks，2004，15(6)：1555-1561.

[14] HU J, DU C, FAN S. Two-stage pansharpening based on multi-level detail injection network[J]. IEEE Access, 2020, 8: 156442-156455.

[15] DIAN R, LI S, GUO A, et al. Deep hyperspectral image sharpening[J]. IEEE Transactions on Neural Networks and Learning Systems, 2018, 29(11): 5345-5355.

[16] DONG W, FU F, SHI G, et al. Hyperspectral image super-resolution via non-negative structured sparse representation[J]. IEEE Transactions on Image Processing, 2016, 25(5): 2337-2352.

[17]杜晨光，胡建文，胡佩. 半监督卷积神经网络遥感图像融合[J]. 电子测量与仪器学报，2021，35(06)：63-70.

[18]佃仁伟. 高光谱和多光谱图像融合方法研究[D]. 长沙：湖南大学，2020.

[19] ZHANG K, ZUO W, ZHANG L. FFDNet: toward a fast and flexible solution for CNN-based image denoising[J]. IEEE Transactions on Image Processing, 2018, 27(9): 4608-4622.

[20] HU J, HU P, KANG X, et al. Pan-sharpening via multiscale dynamic convolutional neural network[J]. IEEE Transactions on Geoscience and Remote Sensing, 2020, 59(3): 2231-2244.

[21] LABEN C A, BROWER B V. Process for enhancing the spatial resolution of multispectral imagery using pan-sharpening: US 6 011 875[P]. 2000-01-04.

[22] GARZELLI A, NENCINI F, CAPOBIANCO L. Optimal MMSE pan sharpening of very high resolution multispectral images[J]. IEEE Transactions on Geoscience and Remote Sensing, 2007, 46(1): 228-236.

[23] VIVONE G, RESTAINO R, CHANUSSOT J. Full scale regression-based injection coefficients for panchromatic sharpening[J]. IEEE Transactions on Image Processing, 2018, 27(7): 3418- 3431.

[24] MASI G, COZZOLINO D, VERDOLIVA L, et al. Pansharpening by convolutional neural networks [J]. Remote Sensing, 2016, 8(7): 594-615.

[25] YANG J, FU X, HU Y, et al. PanNet: a deep network architecture for pan-sharpening[C]. Proceedings of the IEEE International Conference on Computer Vision, IEEE Press, Venice, Italy, 2017: 5449-5457.

[26] HUANG W, FENG J, WANG H, et al. A new architecture of densely connected convolutional networks for pan-sharpening[J]. ISPRS International Journal of Geo-Information, 2020, 9(4): 242.

[27] LEI D, CHEN H, ZHANG L, et al. NLRNet: an efficient nonlocal attention resnet for pan-sharpening[J]. IEEE Transactions on Geoscience and Remote Sensing, 2021, 60: 1-13.

[28]SHAO Z, CAI J. Remote sensing image fusion with deep convolutional neural network [J]. IEEE Journal of Selected Topics in Applied Earth Observations and Remote Sensing, 2018, 11(5): 1656-1669.

[29]LIU X, LIU Q, WANG Y. Remote sensing image fusion based on two-stream fusion network [J]. Information Fusion, 2020, 55: 1-15.

[30]YUAN Q, WEI Y, MENG X, et al. A multiscale and multidepth convolutional neural network for remote sensing imagery pan-sharpening [J]. IEEE Journal of Selected Topics in Applied Earth Observations and Remote Sensing, 2018, 11(3): 978-989.

[31]HU J, HU P, WANG Z P, et al. Spatial dynamic selection network for remote-sensing image fusion [J]. IEEE Geoscience and Remote Sensing Letters, 2022, 19: 8013205.

[32]LIU X, DENG C, ZHAO B, et al. Feature-level loss for multispectral pan-sharpening with machine learning [C]. IEEE International Geoscience and Remote Sensing Symposium, 2018: 8062-8065.

[33]XU H, MA J, SHAO Z, et al. SDPNet: a deep network for pan-sharpening with enhanced information representation[J]. IEEE Transactions on Geoscience and Remote Sensing, 2020, 59(5): 4120-4134.

第十章 图像融合应用

学者们经过长期的研究，在红外与可见光图像融合、医学图像融合、遥感图像融合、多聚焦图像融合和多曝光图像融合等方面都已经取得了大量研究成果，目前这些成果已经在实际当中取得广泛应用。多源信息融合最早应用于军事领域，在现代军事领域中起着举足轻重的作用。以多源信息融合为核心技术的战场态势感知和威胁评估已经成为现代军事战争中最具影响力的高科技。美国著名的战略 C4KISR 系统就是一个典型的多源信息融合系统。随着成像技术、图像处理技术、电子技术、信号处理技术等相关技术的发展，以及各领域的应用需求的增加，多源图像融合已经从军事领域拓展到医疗诊断、遥感监测、公共安全、电子产品等领域。本章将重点介绍像素级多源图像信息融合在这些领域的应用。

10.1 军事侦察

与其他许多新技术一样，多源图像融合首先在军事领域得到应用，其应用范围包括军事目标检测、识别与跟踪、战场监视、战术形势评估和飞机夜间导航等。基于多传感器融合的战场感知已成为现代战争中极具影响力的军事高科技手段，鉴于图像融合的诸多优点，欧美国家等投入了大量人力物力财力进行相关研究，已取得了很多成果，研制了各种图像融合军事应用装备或系统。

美国海军于 20 世纪 90 年代安装在孟菲斯潜艇上的图像融合系统可以使武器操作人员方便地观测到来自全部图像传感器获得的信息。另外，广泛使用在 A－10、B－52H、F－15E、F－16 战斗机上的蓝盾(LANTIRN)吊舱瞄准系统是一个典型的图像融合系统，如图 10.1.1 所示。蓝盾吊舱将电视摄像机和前视红外传感器的图像进行融合，实现夜间作战的低空导航和目标捕获、目标跟踪等军事任务。美国波音公司航空电子飞行实验室研制的 F－35 联合攻击机航空电子综合系统也是一个高性能的图像融合系统，它可以把所有的传感器纳入整个控制系统中，使它们协调工作，通过合成孔径雷达和前视红外图像等多传感器数据融合得到更高质量的目标数据。同时多传感器信息融合也是反隐身技术的重要方向之一，将雷达与红外传感器、光电系统、激光系统以及其他非射频传感器融合在一起，并以最佳方式将来自各传感器的数据融合到一个协同的信息库中，构成一个多功能、多频谱的综合探测系统，用以探测隐身目标。图 10.1.2 为我们对某军事机场图像融合的结果。左边和右边放大图分别为融合前和融合后的图像。左上图的飞机完全不可见，右上融合图像中飞机已经较为清晰。左下图虽然能看到飞机，但较为模糊，右下融合图像中飞机清晰可辨。可以看出，通过图像融合，能够显著提升图像质量，提高军事目标识别准确率。以多源图像融合技术为核心的战场信息处理系统已经成为影响现代战争结果的重要因素。下面介绍图像融合在夜视仪、无人机侦察等军事侦察中的应用。

(a)安装在 F-16 战机上的蓝盾吊舱

(b)蓝盾吊舱分解图

图 10.1.1　安装在战斗机上的蓝盾(LANTIRN)吊舱瞄准系统

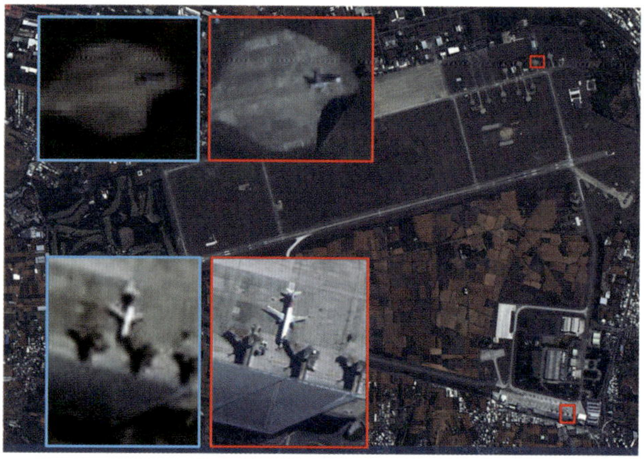

图 10.1.2　图像融合飞机识别

10.1.1 彩色夜视

图像融合在军事侦察中的一个典型应用是夜视仪。为了提升战场态势感知能力，美国从 20 世纪中期开始研发用于夜间目标识别的军用夜视装备，可以用于夜间巡逻、监视、车辆驾驶、查阅地图和夜间瞄准射击等。

彩色夜视技术是指在夜间低光照环境下，利用光电成像技术和图像处理算法，将肉眼不可见场景变成可视彩色图像，从而提升夜间感知能力，实现夜间隐蔽信息的获取与处理[1,2]。彩色夜视技术在夜间军事侦察中尤为重要，能够迅速判断场景地形，正确进行敌我识别，加大夜间观察距离，实现夜间目标的快速发现、兵力的快速部署和精准打击，提高夜间侦察能力。图像融合是实现彩色夜视的一类重要方法，在战区侦察、安全监视、直升机驾驶观察等军事侦察中具有广泛应用。夜视仪现已成为单兵夜间作战必不可少的装备。

1998 年麻省理工学院构建了基于生物视觉特性的微光与红外实时彩色融合系统硬件平台[3]，包括微光与红外成像、融合处理两部分。微光与红外成像主要包括低光 CCD 成像仪、热电型非制冷焦平面长波成像仪、分光镜。利用对抗色彩处理和中心-环绕分流神经网络融合两种图像，美国 AlphaTech 公司发展了 MIT 的对立色彩图像融合技术，并为美国军方演示了该系统。

美国 Equinox 公司于 2003 年获得美国军方合同，研制了超低功耗融合微光增强和热红外图像的硬件平台，并研发了两个可见光和热红外彩色视频融合的产品 DVP－3000 和 DVP－4000 [2]，这两个产品均采用 FPGA 实现。2005 年又获得海军合同并开发“大范围传感器移动平台网络中使用的可见光/热红外融合船只监控系统”。

AN/PSQ－20 增强型夜视镜(enhanced night vision goggle，ENVG)是 ITT 公司为美军研发的第三代被动式单目夜视设备，是第一台融合光学微光成像和红外热成像的夜视设备，在此之前，这两种技术都只是单独使用[4]。它能够安装在头盔上，也能够手持，它可以穿透战场上的烟雾等遮挡物，提高了战场目标辨识能力，改善了士兵的机动能力和态势感知能力。2004 年，美国士兵项目执行办公室将 ENVG 选为未来部队战士计划的支持设备。美国特种部队于 2008 年开始使用这种 ENVG，美国陆军第 10 山地师于 2009 年开始部署 AN/PSQ－20。为了使夜视镜轻量化，以及便于战场之间的数字图像传输，ITT 研制了数字增强型夜视镜 ENVG(D)的原理样机，于 2009 年通过美军评审，该夜视镜能够导出和导入数字融合图像。截至 2015 年 7 月，美国陆军已经购买了大约 9000 个 ENVG－Ⅰ和 16000 个 ENVG－Ⅱ。AN/PSQ－20、AN/PSQ－20A 只有微光图像增强和图像融合两个模型，AN/PSQ－20B 加入了单独热成像模式。L3Harris 公司研制的双目 ENVG（ENVG－B），是美军新一代夜间光学装备，是一款安装在头盔上的双波段双目夜视镜，其融合了白色荧光管图像和热成像，具有更好的成像效果。同时，图像能同步显示罗盘方位、时间、GPS 定位等信息。ENVG－Ⅲ具备无线通信功能，更重要的是其与美军最新一代单兵武器瞄具(family of weapons sights－individual，FWS－I)进行整合后，具备快速目标捕获特性(rapid target acquisition，RTA)，能够将 FWS－I 上的影像传输到 ENVG－Ⅲ上，使得士兵不需要将 FWS－I 放到眼睛上，显著减少士兵暴露在敌兵火力下的危险[5]。图 10.1.3 展示了单目 AN/PSQ－20 和 AN/PSQ－20B、双目 ENVG－B。图 10.1.4(a)是 AN/PSQ－20 夜视镜图像，左边为微光增强图像，右边为微光增强与红外融合图像，可以看出，融合图像能够更好地进行夜间侦察。

(a)单目 AN/PSQ－20　(b) 单目 AN/PSQ－20B　(c)双目 ENVG－B

图 10.1.3　夜视镜

美国陆军研制了基于融合微光增强成像和长波红外热成像的双波段狙击瞄准镜[6]。该设备采用非制冷焦平面阵列热成像仪和可见光图像增强管，利用多谱段共用孔径提供无视差配准图像，可以对热图像和增强图像进行灵活的结合来获得融合图像，以提高双波段图像的成像质量。图 10.1.4(b)是狙击瞄准镜图像，左边为微光增强图像，右边为微光增强与红外融合图像。该设备有效综合了增强成像非常高的线分辨率和非常高的军事目标检测率。除了融合图像，该设备还能单独查看两个波段的图像。基于图像融合的瞄准头盔不仅可以提高飞行员的判断和决策能力，极大地延伸了飞行员的视野以及提升了对战场环境的感知能力，还可以更准确及时地对敌机进行瞄准，把握战机。2011 年，美军为阿帕奇(Apache)武装直升机配备了目标捕获瞄准器/飞行员夜视传感器(MTADS/PNVS)，集成了可见光和近红外成像传感器，通过图像融合提高了作战能力。

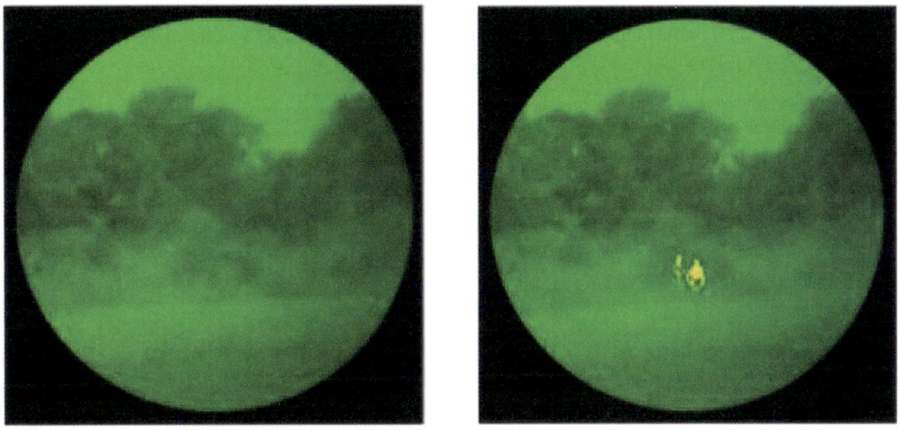

(a) AN/PSQ－20 夜视镜图像[2]

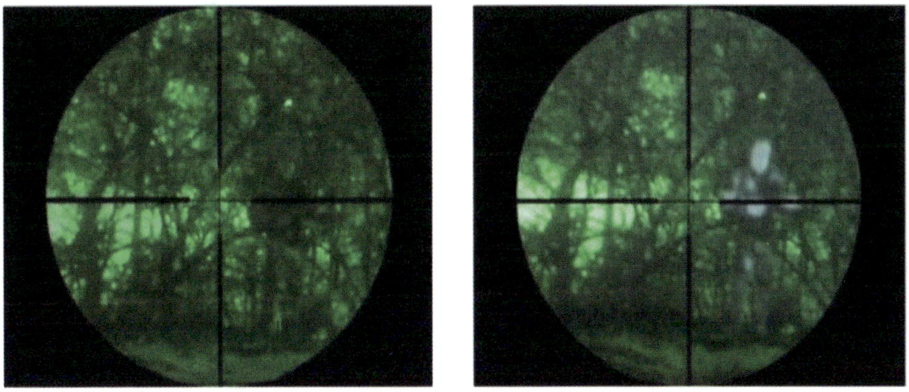

(b)狙击瞄准镜图像[6]

图 10.1.4　夜视图像

加拿大 GSCI 公司研制了紧凑轻量战术融合护目镜 QUADRO－DSQ，其融合了可见光与热红外成像[2]。具有单目 DSQ－20 和双目 DSQ－36 两种型号，专为中短距离的监视和侦察而设计。可在五种不同模式下运行：热成像、日间成像、夜间成像、日间融合成像和夜间融合成像。

2016 年法国 Bertin 公司推出了全数字彩色夜视系统 FusionSight[7]，FusionSight 是一个轻量夜间和白天视觉增强器，结合了彩色低光成像和热成像，这两种图像可以智能融合，也可以单独使用。这种手持设备尤其适合步兵首领和特种部队使用，其白天和夜间的目标辨识距离高达 3 km。所采用的低光成像传感器分辨率为1280×1024，热成像传感器分辨率为 640×480。法国国防部对产品性能进行测试后，为其直升机配备了 FusionSight[8]。

因此，基于图像融合的彩色夜视装备已经在国外军队得到大量实际应用，在夜间作战中已展现出明显优势。

南京理工大学柏连发团队于[9]1999 年开展了红外与微光双光谱假彩色融合的原理与实验研究，分析了典型材料的光谱反射特性，根据最佳匹配滤光技术，先选取最佳光谱分割点，分成可见光光谱范围和红外光谱范围；然后分别用探测器进行成像，并通过假彩色融合实现日间景物真彩色的近似合成。基于该项技术开发了实验系统，并进行了野外实验。南京理工大学张玉珍等人研究了夜视微光和红外图像融合，基于色彩传递理论和人眼视觉感知 HSI 色彩空间，提出了两种图像融合方法[10]，并构建了图像融合光学系统、软件系统、硬件系统，对所构建系统的有效性在白天和夜晚环境、室内和室外场景下均进行了验证。

北京理工大学金伟其团队[11]对色彩传递理论及其在图像融合夜视装备中的应用开展深入研究。基于色彩传递理论，研制了基于双 DSP 的实时自然感彩色融合处理板，可将微光图像与红外热像仪图像进行实时融合，获得自然舒适的彩色夜视图像。实际夜间驾驶实验表明，在远距离观察树林中隐匿目标时，融合图像优于单独的微光和红外图像。该团队还研究了基于色彩传递的彩色图像融合作为灰度图像融合的算法，实验结果表明，YUV 颜色空间能实现较好的灰度图像融合。该团队对提出的算法进行了硬件实现，实现了可见光(微光)与热红外成像的实时融合，已用于多款双波段夜视融合装备的研制[12]。该团队还研制了便携式微光与长波红外图像融合实验系统，从不同场景影响、目标探测和识别率、不同观察距离影响三个方面，分析了微光与热红外图像融合对目标探测与识别的影响。北京理工大学的彩色夜视融合技术已成功应用于陆军的新式武器装备研制，取得了良好的效果，已批量生产[12]。

在参考美军 ColorPath 彩色夜视仪工作原理的基础上，陆军军官学院的吴海兵等人[13]研究了基于蓝色、绿色、红色和近红外四波段图像融合的彩色夜视方法，采用 F-P 滤光片设计出了透射中心在三基色光中心波长及近红外波段的四波段滤光片。微光实验的实验结果表明，利用近红外图像对 RGB 图像进行增强，融合图像的亮度更高、颜色分辨性更好，能提高对伪装目标的分辨能力，在军事侦察领域具有较高的价值。

目前，彩色夜视技术已成为武器装备的发展方向。2015 年以来全军武器装备采购信息网上发布了多款夜视装备研制竞标信息[12,14]，例如，2016 年 12 月的“融合型望远镜”需求[12]。国内对先进夜视装备需求量大，且逐步向多源图像融合方向发展，正在逐步提高我军夜间作战能力。目前，夜视仪已经在我军装备上使用，例如，2021 年某集团军某旅组织夜间对抗演练，在配备新型单兵夜视仪的情况下，有效发挥了隐蔽机动的优势，最终对“敌”重要目标实施精准打击[15]。

基于图像融合的彩色夜视技术得到了各国军方的重视，对夜间战场态势感知具有不可替代的作用，在单兵装备、车辆、船只、飞行器上得到了有效应用。然而，多波段低照度灰度图像彩色化存在一些困难，需进一步深入研究彩色融合和图像配准等关键技术，尽可能得到与人眼观察景物色彩相吻合的彩色夜视图像[16]。随着夜视成像、人工智能等相关技术的发展，彩色夜视系统的功能和应用领域将进一步拓展。

10.1.2 伪装识别

迷彩伪装由于与环境高度相似，导致通过可见光图像很难辨识迷彩人员，难以实现准确的战场侦察。高光谱成像能够同时获得场景的空间信息和光谱信息，其中光谱信息对不同材质具有较强的敏感度，能反映出不同材质的差异。基于高光谱的以上优势，南京理工大学任明武团队提出了结合高光谱图像融合的迷彩人员检测方法[17]。该方法首先用高光谱成像仪采集迷彩图像数据集，然后进行波段选择，再对选择的波段进行非下采样剪切波变换的图像融合，在融合图像上进行目标检测。针对可见光与红外图像融合，我们开展了一系列研究[18-20]，并将其应用于军事目标识别。图 10.1.5 是图像融合目标识别示例，其中图(a)为可见光图像，整个场景较为清晰，但关键目标被烟雾笼罩；图(b)为红外图像，能看到一些关键目标，但整个场景清晰度较差；图(c)为融合图像，整个场景清晰度较好，且能较好地识别关键目标。

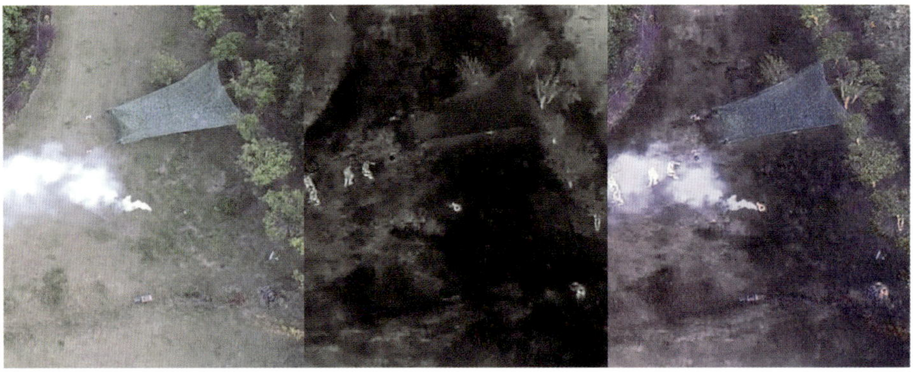

(a)可见光图像　　(b) 红外图像　　(c) 融合图像

图 10.1.5　图像融合目标识别

敌我识别是战场避免误伤的有效方法，传统协作式系统容易受干扰和欺骗等的影响。基于多谱段图像的非协作式敌我识别通过分析目标的特征识别敌我身份，能够较好地克服干扰和欺骗等的影响。文献[21]研究了多谱段敌我识别系统，提出了一种基于非下采样轮廓波变换的多谱段图像融合方法，以及目标的全局和局部特征提取方法，并设计了一种多处理器并行架构的半实物平台，通过对自然场景和民用飞机目标的可见光和红外图像融合，验证了算法的有效性和硬件平台的实时性。为提高单兵对于复杂战场环境的感知能力，西安工业大学张宽[22]提出了基于鲁棒主成分分析和脉冲耦合神经网络的可见光与红外图像融合方法，可有效结合可见光图像的战场细节信息和红外图像的隐蔽目标轮廓信息。

图像融合作为一种多源信息融合技术，能够基于多种图像信息，显著拓展感知范围，对战场进行综合评估，在未来军事领域的应用必将越来越广泛。

10.2　医疗诊断

通过数字图像处理和计算机图形学技术把人体的内部结构以图像或图形的方式显示出来，医生能更清楚地观察病人病情，可使治疗更准确。常用的医学成像方式包括 X 射线成像、B 超成像、核磁共振成像(MRI)、计算机断层扫描成像(CT)、正电子发射断层扫描(PET)和单光子发射计算机断层扫描(SPECT)等。随着医学成像技术的发展，往往利用多种不同的人体成像方式帮助医生完成医疗诊断。

在医学领域，单一的医学成像设备只能表达身体某一方面的特征，如果想要获得更为全面的辅助治疗信息，需要采用图像信息融合技术，利用不同医学成像设备图像信息的相关性和互补性，得到比单个输入图像更全面、准确地描述病灶的融合图像，进而辅助医生对病情进行诊断，提高医疗诊断的可靠性。医学图像融合是从单个或多个成像模态中配准和组合多个图像以提高成像质量，提高医学图像在临床诊断的适用性。

每种成像方式的原理各不相同，所提供的人体器官的特征信息各不相同，在诊断中所起的作用也不相同。MRI 图像能够提供较好的软组织清晰度和较高的空间分辨率，但缺少身体代谢等信息。CT 图像能清晰地显示骨质信息。基于分子成像技术，PET 图像具有高灵敏度的特性，但是它的分辨率较低。SPECT 和 PET 是两种核医学成像技术，它们都是对从病人体内发射的 γ 射线成像。SPECT 属于功能成像，能了解心、肾、肺、甲状腺等主要脏器功能，能了解心肌、脑、肺等脏器血流灌注情况，能了解和判定肿瘤以及淋巴结转移和骨转移等有关脏器与组织功能、血流和代谢异常。PET 用于早期发现肿瘤的原发、转移和复发病灶，鉴别肿瘤组织和坏死的疤痕组织，在肿瘤的分级和疗效判断方面有显著优势。

每种成像方式都有其自身的特点和实际局限性。这要求探索新的成像技术或新的融合方法，以结合来自多种成像模式的信息。快速、准确、可靠的医学图像融合技术将在临床诊治、计算机辅助诊断、远程医疗和手术导航系统等方面具有广阔的应用前景。下面从医学融合成像设备、临床疾病诊断、手术辅助诊疗等方面对图像融合在医疗诊断领域的应用进行介绍。

10.2.1 融合成像

为了弥补单一成像模态的不足，西门子、飞利浦、GE、联影等单位研制了医学融合成像设备，有效结合了不同成像模态的优点，获得了“1+1>2”的效果。受检者在一次检查中可同时得到两种影像并进行同机图像融合，为临床提供前所未有的高分辨率、高灵敏度、高特异性的医学影像，从而提高诊断准确率。在医学成像设备的发展中，将功能性成像与解剖学成像相结合是一种趋势。下面介绍 SPECT/CT、PET/CT 和 PET/MRI 三种医学融合成像设备，图 10.2.1 展示了这三种设备的实物图。

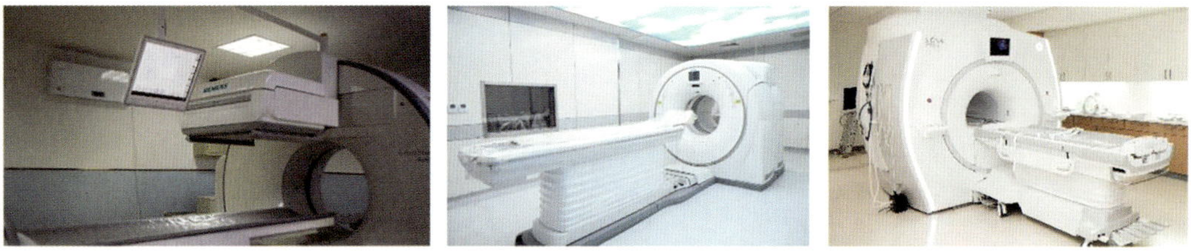

(a) SPECT/CT 融合成像设备　(b) PET/CT 融合成像设备　(c) PET/MRI 融合成像设备

图 10.2.1　医学融合成像设备

(1)SPECT/CT 融合成像设备

单光子发射计算机断层扫描/计算机断层扫描(简称 SPECT/CT)是由高端 SPECT 和多排螺旋 CT 结合成一体化的一种高端核医学检查设备，将标记有放射性核素的药物引入人体，高度选择性地聚集在病变器官或病变组织中，然后在体外利用 SPECT/CT 探测人体内放射性核素的分布情况进行成像。自 1998 年第一台功能与解剖一体化显像仪器 SPECT/CT 投入临床使用以来，SPECT/CT 已成为现代医学的重要检查手段之一，可应用于几乎所有的组织器官或系统的检查，是辅助临床科室对疾病做出正确诊断和有效治疗的手段之一。

SPECT 是单光子发射计算机断层成像技术，是对从病人体内发射的示踪剂的 γ 射线成像；CT 是计算机断层扫描技术，可以看清楚解剖结构。SPECT/CT 将 SPECT 功能显像与 CT 解剖结构成像两种技术结合，一次检查，可同机同时完成核医学 SPECT 影像检查和放射性 CT 检查，并将两种影像进行图像融合，充分发挥功能显像和解剖显像的优势，既可了解病变的功能状态，又可精准确定病变部位，具有早期发现病变、精准定位的优势。该技术可为临床提供更加全面、早期、准确诊断疾病的依据，有助于精准医疗，对临床诊断、疗效评估及辅助治疗方案制定有着重要作用。与 CT、MRI、B 超等医学影像检查(解剖结构显像)比较，SPECT/CT 不但可以获得人体的解剖结构信息，还能获得人体的生理、代谢等信息，从而提高疾病诊断的灵敏度、特异性、准确性，能对疾病进行早期诊断和疗效判断。SPECT/CT 的诊断作用远远大于单独的 SPECT 或单独的 CT，也优于单独 SPECT 与单独 CT 联合诊断的作用[23]。

SPECT/CT 融合显像在骨扫描方面也具有独特优势，可以从骨骼功能、代谢和形态结构两方面观察病变，通常比 X 射线、CT 等形态学检查提前 3～6 个月甚至更早时间发现骨转移灶，而且通过一次显像检查可以了解到全身骨骼情况，可以发现 X 射线、CT 检查范围以外的病灶，SPECT/CT 融合显像已成为明确恶性肿瘤患者有无骨转移的首选检查方法。Horger 等人[24]的研究表明，SPECT 骨显像和 SPECT＋其他放射检查的诊断正确率分别为 36％和 74％，而 SPECT/CT 将诊断正确率提高到了 85％。除全身骨显像(骨扫描)临床特色优势项目之外，SPECT/CT 还有肾动态显像、心肌灌注显像、甲状腺显像、唾液腺显像、肺灌注显像、前哨淋巴结显像等，在分化型甲状腺癌、乳腺癌、肺癌和心脑血管疾病等方面有重要应用[25]。

(2)PET/CT 融合成像设备

PET/CT 也是较早出现的图像融合设备之一，其将正电子发射断层扫描(PET)和计算机断层扫描(CT)成像两种先进的影像技术有机地结合在一起，融合了先进的分子成像技术与经典的形态成像技术，对于临床诊断具有重要意义。PET 能反映人体组织的生理、病理、生化、代谢改变；CT 可显示精细的解剖结构。PET 和 CT 两种不同成像设备的同机组合，不是功能的简单叠加，而是实现了 PET 图像和 CT 图像的同机融合，有效结合了两种成像技术的互补优势，能够提高病灶定位的准确性和对病灶的定性诊断能力。由于上述优势，PET/CT 具有高度的敏感性和准确性，并且能够缩短检查时间。

PET/CT 对两种影像进行同机采集，避免了由于患者移位所造成的误差。采集后两种图像无须配准，即可执行图像融合，融合后的图像同时显示出人体解剖结构和器官代谢活动，大大降低了整个图像融合过程中的技术难度，避免了复杂的标记方法，图像可靠性大大提高。

虽然 PET/CT 的临床应用晚于 SPECT/CT，但因多种因素的影响，PET/CT 临床应用增长的速度远快于 SPECT/CT。自 2001 年 6 月，市场推出 PET/CT 以来，PET/CT 的发展突飞猛进。美国 NBC 新闻报道称，PET/CT 的诞生使人类对抗疾病迈出了革命性的一步。瑞士苏黎世大学的研究结果表明，PET/CT 较 PET 的诊断准确率提高 20％。近年来，PET/CT 广泛应用于临床，并在肿瘤的诊断、分期、疗效评价、检测复发转移、预后评估等方面显示出重要的作用和价值[26]。

由于 PET/CT 设备技术含量高，不易研发制造，我国早期主要依赖进口。目前，国内联影等厂商已经研发出自主品牌的 PET/CT 设备。其中，联影医疗的全身一体化设备 PET/CT uEXPLORER，是中国首次研发的世界上第一台真正意义上的全身 PET/CT 设备，该设备具有 194 cm 的超大轴向视野，40 倍灵敏度，2.9 mm 分辨率，极大提升了病灶检出效率和图像质量。uEXPLORER 超高灵敏度可实时追踪全身血流变化，亚秒级的动态时间分辨率甚至可以全程捕捉“心跳”，可实现精准的全身动态参数成像。目前，联影 PET/CT 成像设备已陆续进驻日本和美国等国家的临床与科研机构。

(3)PET/MRI 融合成像设备

PET/MRI 有效结合了 PET 的分子成像功能与 MRI 卓越的软组织成像功能，该系统同时获取 PET 和 MRI 影像。PET/MRI 检查与 PET/CT 比较，CT 在扫描过程会产生辐射，而 MRI 对人体无任何放射损伤，一定程度上减少了患者除成像药物外所接受的放射剂量；同时，MRI 的软组织分辨率远远高于 CT，可以更好地提供解剖信息。PET/MRI 检查与其他手段相比，它的灵敏度高、准确性好，对许多疾病(尤其是肿瘤和常见的心脑疾病)具有早期发现、早期诊断的价值。一次 PET/MRI 检查便可发现全身是否存在危险的微小病灶。

Shao 等人[27]于 1997 年提出结合 PET 与 MRI 进行多模式显像。然而，实现 PET 和 MRI 系统的相容极具挑战。一方面，要使 PET 在 MRI 的强磁场和高频环境中有效工作；另一方面，要尽量使 PET 不影响 MRI 的正常性能。由于这些技术上的困难，PET/MRI 的发展远慢于 PET/CT。随着相关技术的突破，以及医学融合成像设备 SPECT/CT、PET/CT 在临床上的广泛认可，PET/MRI 逐渐应用于临床疾病诊断。目前，PET/MRI 已应用于前列腺癌、癫痫、结直肠癌、宫颈癌、胰腺癌、肺癌、妇科肿瘤、神经系统疾病、心血管系统疾病等的诊疗。Spick 等人[28,29]基于 2340 例恶性肿瘤，对比分析了 PET/CT 和 PET/MRI 在恶性肿瘤中的应用价值，分析发现：PET/MRI 可以用于大多数类型的恶性肿瘤，其性能与 PET/CT 相当；PET/MRI 在前列腺癌和骨转移肿瘤的诊断方面具有优势，对肺内病变的评估不具有优势。李旭东和林晓珠[30]的研究表明，PET/MRI 在胰腺癌病灶检测、术前分期和预后评估方面优于 PET/CT。

由于研发难度极高，此前只有少量跨国公司具备 PET/MRI 研发能力。目前，国内联影公司自主研发了业界首台“时空一体”超清 TOF PET/MRI，实现了生理信号、PET 与 MRI 的原始数据流三者完美融合，突破成像速度束缚及跨模态融合精度极限，达到亚毫秒级时间同步和毫米级空间融合，实现了全身各部位智能自适应多模态融合。

10.2.2　疾病诊疗

医学图像融合综合利用SPECT、CT和MRI等各种成像技术，结合人体组织器官的功能、代谢、血流信息与相应的解剖结构、形态学信息，从而显著提高疾病诊断准确率和临床治疗成功率，在临床疾病实际诊疗中具有重要的推广应用价值。下面介绍图像融合在脑部疾病、肺部疾病、心脏疾病、冠状动脉三维重建、肿瘤等方面的应用。

(1)脑部疾病

针对脑囊虫病的诊断，Chavan等人[31]利用非下采样旋转小波变换融合CT和MRI图像，融合图像同时显示颗粒状结节软组织病变和钙化囊肿，经放射医生分析，通过融合能够更好地进行可视化和精确定位损伤部位，并且非下采样旋转小波变换获得的融合图像优于其他小波变换。丁里等人[32]针对脑部变性疾病、缺血性脑血管病，融合SPECT图像的功能信息和CT或MRI图像的结构信息，融合图像可准确地判断局部脑血流(rCBF)的改变范围和部位，尤其是在额叶、颞顶枕交界区。中日友好医院金铁等人[33]将PET和MRI图像融合应用于局灶性脑皮质发育不良导致的癫痫病灶定位，通过图像融合，有效协助诊断局灶性脑皮质发育不良。

缺血性脑卒中是常见的脑血管疾病，具有病情危急、进展迅速、致残致死率高等特点。南通大学第二附属医院朱丽等人[34]研究了磁敏感加权成像/扩散加权成像磁共振融合图像应用于急性缺血性脑卒中患者缺血半暗带评估中，医生对融合图像判读表明，图像融合对该疾病的诊断具有较高价值。河南省中医院胡明辉[35]研究了灌注加权成像/弥散加权成像磁共振图像融合在缺血性脑卒中病人缺血半暗带评估中的应用，表明根据图像融合可进行有效评估，并能缩短测定时间。

(2)肺部疾病

周涛等人[36]利用双树复小波对肺癌PET和CT图像进行融合，对于低频子带，考虑到病灶面积较小，采用自适应组合隶属度函数的融合规则，实验表明，融合图像能够凸显图像中病灶的边缘和纹理信息。大连大学附属中山医院宋冬冬等人[37]将双能CT图像融合应用于人工智能肺结节筛查，对该院收集的381例肺结节筛查患者近似均匀分成两组：单源扫描组和双能CT扫描图像融合组。结果表明，图像融合组在肺结节检测敏感度、辐射剂量、假阳性率方面均具有优势。

(3)心脏疾病

CT 图像能很好地显示心脏的整体结构，常用于心脏 3D 打印。但 CT 常需静脉造影，病人会受到电离辐射，且 CT 对于心脏瓣膜结构显示不如超声成像。鉴于 CT 和超声两种模态的图像各具优缺点，且超声三维重建心脏瓣膜结构的空间分辨率和准确度不断提高，武汉大学周青团队[38]融合超声图像与 CT 图像，提高了心脏 3D 打印模型的准确性。

(4)冠状动脉三维重建

冠状动脉的三维图像可以清晰显示血管狭窄的位置，所以，冠状动脉的三维重建能够帮助医生进行诊断治疗，具有较好的临床价值。基于图像融合的冠状动脉三维重建不仅可以展示血管的真实三维分布，还可以提供相关形态学信息，如血管壁厚度、斑块面积和性质[39]。血管内超声(IVUS)影像技术是结合无创超声技术与有创导管技术的检测方法，通过 IVUS 影像，可以准确掌握冠状动脉血管的管壁形态、狭窄程度和斑块性质，但 IVUS 影像不能反映病变的空间位置，需要与其他影像技术相结合。目前，基于 IVUS 影像和冠状动脉造影(CAG)图像融合的三维重建应用较多，也可以融合 IVUS 影像和计算机断层扫描血管造影(CTA)图像进行三维重建。此外，光学相干断层扫描(OCT)是一种新颖的光学成像诊断技术，还可以通过融合光学相干断层扫描(OCT)图像与 CAG 图像、CTA 与 OCT 图像实现冠状动脉三维重建。

(5)肿瘤

放射治疗(简称放疗)是利用放射线治疗肿瘤的局部治疗手段，其疗效取决于放射敏感性，不同组织器官和肿瘤组织在受到照射后出现变化的反应程度各不相同。医学影像技术在放疗中具有重要作用，其应用贯穿临床决策、计划制订和放疗实施等环节，各种模态的影像为临床提供丰富的图像数据，保证肿瘤在放疗过程中可以看得清、照得准。然而，单独利用各种模态影像，不能有效利用不同模态之间的互补信息。医学图像融合技术充分利用不同模态图像数据之间的冗余性和互补性，将解剖结构信息和生理、生化信息整合在一起，为肿瘤放射治疗提供更加全面、准确的医学资料。

一般在 CT 图像上勾画前列腺癌靶区，但 CT 对软组织的分辨能力欠佳，前列腺周围解剖结构复杂，存在众多软组织，只用 CT 图像难以精确勾画靶区。MRI 能较好地分辨软组织，在 MRI 图像上，前列腺与周围软组织的边界清晰，更容易区分病变组织与正常组织。因此，胡玉兰[40]研究了 CT 和 MRI 图像融合在前列腺癌放疗靶区勾画中的应用，对 30 例前列腺患者用 CT 图像勾画的 CTV(前列腺＋精囊)体积均值为 71.12 cm^3，用融合图像勾画的 CTV 体积均值为 60.26 cm^3。融合图像上勾画的前列腺癌靶区比 CT 图像上的小，基于融合图像，可以明显减少照射剂量。Tanaka 等人[41]的研究结果表明，基于 CT－MRI 融合图像的靶区体积比基于 CT 图像的靶区体积小 31%，能够实现更精准的诊疗。

谭鹏[42]以遂宁市中心医院在 2019 年 7 月到 2020 年 7 月间收治的 80 例肿瘤患者为研究对象，分析了图像融合技术在肿瘤放射治疗中的临床应用效果。将所有患者随机均匀分成两组：图像融合组和对照组。图像融合组采用 CT 和 MRI 图像融合技术，对照组采用常规 CT。结果表明，图像融合组的治疗有效率为 95%，对照组的治疗有效率为 77.5%。可以看出，图像融合技术显著提高了治疗有效率。此外，该研究还表明，采用图像融合技术能够更加精准地勾画出放疗中靶细胞的区域，从而减少放射治疗剂的用量。

基于非下采样剪切波变换、主成分分析、脉冲耦合神经网络、卷积神经网络等理论，针对脑胶质母细胞瘤急性放射性脑损伤预测、食管鳞癌患者的放化疗敏感性预测、非小细胞肺癌靶区勾画、颅内肿瘤放疗靶区勾画等情况，曹强等人[43]提出了多序列 MRI 图像融合、PET－CT 图像融合、MRI－CT 图像融合系列方法，实验结果表明，融合图像能够实现更精准的预测，显著提高放疗靶区勾画精度，在实际临床中表现出较强的鲁棒性。

此外，Li 和 Zhu、郭守娟[44,45]等人的研究均表明，图像融合技术在肿瘤放射治疗中具有积极作用，能够更加准确地勾画放疗靶细胞，减少放疗剂量，提高放射治疗的安全性和有效性，具有很高的临床应用价值。

10.2.3　手术导航

基于图像融合的手术导航系统改变了传统的手术方式，不但可以精确指导术前规划，而且能够有效降低手术风险，提高手术成功率，减轻病人痛苦。图 10.2.2 为图像融合手术导航框架，包括多模图像获取、术前图像融合和术前规划、术中图像融合、基于图像融合的精准手术、预后评估等过程。下面介绍图像融合在手术导航系统中的应用。

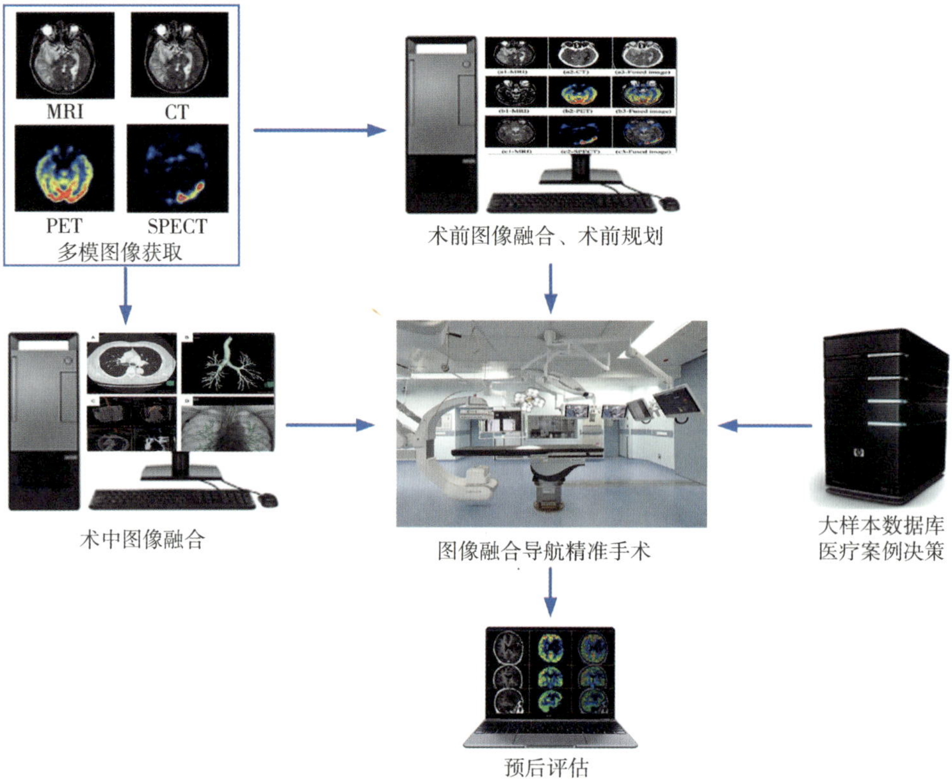

图 10.2.2　图像融合手术导航框架图

原发性肝癌是我国常见的恶性肿瘤之一，腹腔镜下肝切除由于微创优势，逐渐成为外科根治性切除的重要方式。临床上使用吲哚菁绿荧光影像、术中 B 超、三维可视化等多模图像指导肝脏肿瘤的精准诊断和切除。在实际手术过程中，不同维度和不同模态的影像进行导航存在时间和空间上的分离，以及精确性不足的问题，容易分散手术医生的注意力。为了克服这些问题，南方医科大学方驰华团队[46]研发了多模图像实时融合 3D 腹腔镜肝切除手术导航系统，能够帮助手术医生术中识别肝内重要解剖结构、肿瘤位置和肝切除范围。南方医科大学珠江医院的临床实践表明，使用该系统后，术中出血量和输血率、术后住院天数均明显减少。

前列腺癌是世界上第二常见的男性癌症，我国前列腺癌的新增和发病比例也在逐年增加，医学影像引导下的介入疗法是目前侵入性前列腺癌的主流治疗方法。针对前列腺介入手术，国内外开展了图像融合导航研究。法国格勒诺布尔医学图像实验室、北美飞利浦研究院、日本京都府立医科大学、美国国立卫生研究院等单位的研究者，针对前列腺活检和前列腺癌近距离放射治疗，通过融合术前 MRI 和术中超声图像，研究了图像融合导航系统[47-49]。哈尔滨理工大学张永德等人[50]在实验室条件下构建了基于 MRI 图像和超声图像融合导航的前列腺介入手术机器人系统。为了确定前列腺病灶区域，利用 MRI 图像和超声图像的互补信息，采用拉普拉斯金字塔方法融合两种图像。实验结果表明，该图像融合导航系统较好地实现了手术针位置和方向的实时跟踪，提高了术中病灶区域定位的精确性，获得了较高的穿刺精度。深圳大学医学部倪东等人[51]实现了基于术前 MRI 和术中实时超声图像融合的前列腺靶向穿刺系统，该系统具有较高的穿刺精度，并且降低了操作复杂度。

肺癌是对生命健康威胁最大的恶性肿瘤之一。据统计，2020 年全球新增肺癌病例约 220 万，占新增癌症的 11.4%，位居第二；死亡病例约 180 万，占比 18%，位居第一[52]。CBCT(cone-beam CT)导航支气管镜是目前唯一基于术中 3D 影像的实时导航技术，能够最真实地展示术中支气管树影像和病灶情况，但是，CBCT 对于远端小支气管难以检测。为了克服该问题，多模态影像融合导航支气管镜应运而生。对术前 CT 与术中实时透视影像进行融合，以构建支气管内的 3D 路径图。Yang 等人[53]的最新研究证实了多模态影像融合导航支气管镜的有效性、安全性和准确性。

主动脉夹层、主动脉瘤都是血管外科非常危险的疾病，介入手术和复合手术是目前治疗这两种疾病的首选方案。影像融合手术导航将术前 CT 或 MRI 与术中实时 DSA 影像进行融合，实时显示血管结构、解剖标记，实现对病灶的全面观察和评估以及术中路径导航。Koutouzi 等人[54]的相关研究证实了该技术的准确性和可靠性。部分患者存在对血管造影剂过敏的问题，针对此问题，基于图像融合技术，CTA 和 DynaCT 图像融合导航下可以实现无造影剂主动脉夹层动脉瘤腔内隔绝术。

顾豪等人[55]以 2017 年 5 月到 2019 年 9 月在上海交通大学医学院附属第九人民医院整复外科接受了手术导航系统辅助硬化治疗的 10 例头颈部低流量脉管畸形患者为研究对象，分析了 CT 和 MRI 图像融合手术导航系统在头颈部低流量脉管畸形硬化治疗中的作用。术前根据患者 CT 和 MRI 融合图像，设计穿刺路径，术中利用导航系统，按照预先设计的路径进行穿刺。分析结果表明，图像融合手术导航系统对头颈部危险区域低流量脉管畸形硬化的治疗是可行且安全的辅助技术。

目前最先进的复合手术室的一项重要技术就是多模态影像融合，可以实现术前快速诊断，术中实时成像、影像引导、精准定位。随着成像技术、融合算法等方面的发展，多模态医学影像融合将在融合成像、疾病诊疗和手术导航等方面发挥越来越重要的作用。

10.3 遥感监测

遥感(remote sensing)是一种远距离、非接触的目标状态信息获取技术，通过对所获取的信息进行加工处理，从而实现对目标进行远程定位、定性或定量的描述。它是一种以物理手段、数学方法和地学分析为基础的综合应用技术。由于地面目标的种类及其所处环境条件的差异，地面目标具有反射或辐射不同波长电磁波信息的特性，遥感正是利用地面目标反射或辐射电磁波的固有特性，通过观察目标的电磁波信息以达到获取目标几何信息和物理属性的目的。

由于遥感是目前为止能够提供全球范围动态观测数据的唯一手段，具有空间上的连续性和时间上的序列性，在航空、航天、军事侦察、灾害预报等很多军事和民用领域有着举足轻重的地位。现代遥感技术正在进入一个能快速、及时提供多种对地观测遥感数据的新阶段。新型传感器不断涌现，已经从单一传感器发展到多传感器，初步形成了由系列卫星和多种传感器组合为主体的对地观测网。

遥感图像融合有效利用各种遥感图像的互补优势，例如可以对高空间分辨率多光谱图像与低空间分辨率高光谱图像进行融合获得高空间分辨率高光谱图像，从而大大提高遥感图像地面目标的分类识别精度，改善信息分析和提取能力。20 世纪 80 年代初期，Jia[56]采用 PCA 变换法对 SAR 影像与 TM 影像进行了融合研究，融合图像能够改进解译和测量的精度，可被广泛应用于实践。20 世纪 80 年代中期，遥感图像融合技术首先在军事领域取得较大进展，被应用在美国的某些情报系统中。进入 20 世纪 90 年代，遥感图像融合更加成熟，逐渐形成体系。2000 年高光谱成像卫星兴起，如今美国已初步建成高光谱遥感卫星体系，俄、印、德、法、日等国也加入研制和发射高光谱卫星的热潮，我国也已发射了高分五号、珠海一号等卫星，极大地丰富了高光谱遥感图像融合的数据来源。历经了近半个世纪的发展，遥感图像融合获得了比较大的进步和长足发展。目前，市面上的商业化主流遥感图像处理系统软件，如美国的 ERDAS IMAGINE、ENVI，加拿大的 PCI Geomatica、ER Mapper 等都内置了常用的融合算法模块，使用者可直接调用进行可视化操作。遥感图像融合在地质勘测、农情监测、湖海监测和森林监测等方面具有广泛应用。图 10.3.1 展示了遥感图像融合的典型应用。

IEEE 地球科学与遥感协会(Geoscience and Remote Sensing Society，GRSS)的图像分析与数据融合技术委员会(Image Analysis and Data Fusion Technical Committee，IADF TC)每年都举行多源数据融合竞赛，极大地促进了遥感数据融合技术的发展和应用。表 10.3.1 是 2013—2022 年该竞赛主题和源数据类型，可以看出，源数据的类型多种多样，竞赛主题涉及多方面应用。

表 10.3.1 2013—2022 年 IEEE GRSS 多源数据融合竞赛

年份	竞赛主题	源数据类型
2022	面向土地覆盖分类的半监督学习	超高分辨率 RGB 图像、DEM 图像
2021	面向社会公益的地理空间人工智能	Sentinel-1 极化 SAR 图像、Sentinel-2 多光谱图像、Landsat-8 多光谱图像等
2020	弱监督全球土地覆盖制图	Sentinel-1 极化 SAR 图像、Sentinel-2 多光谱图像
2019	大规模语义三维重构	WorldView-3 全色和多光谱图像、机载 LiDAR 图像
2018	面向城市土地利用和土地覆盖分类的先进多传感器光学遥感	多光谱 LiDAR、高光谱图像、超高分辨率 RGB 图像
2017	全球多模态土地利用分类	Landsat 多光谱图像、Sentinel-2 多光谱图像
2016	太空超高时间分辨率	DEIMOS-2 全色和多光谱图像、国际空间站高清视频
2015	超高分辨率 LiDAR 和光学数据	LiDAR、RGB 图像
2014	热红外高光谱与可见光图像多分辨率融合	低分辨率高光谱图像、高分辨率可见光图像
2013	图像融合地物分类	LiDAR、高光谱图像

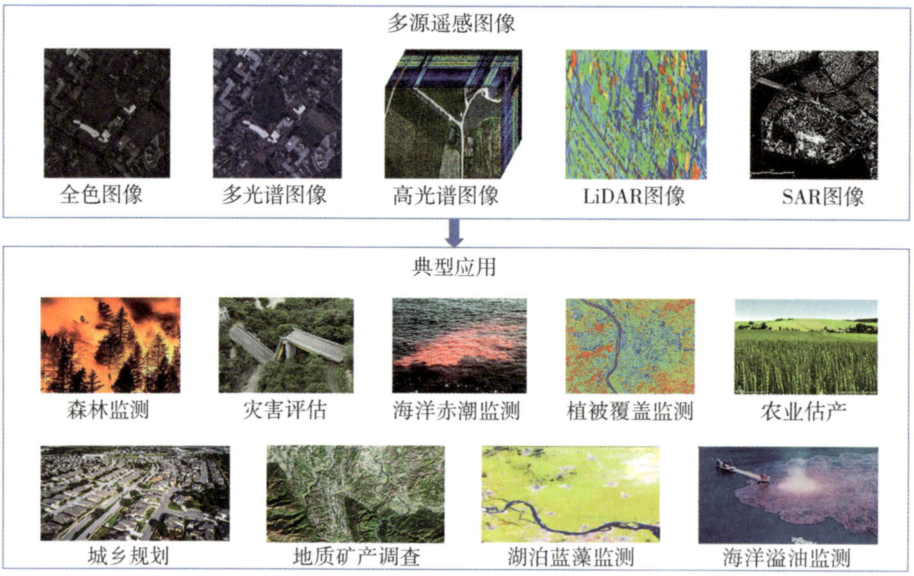

图 10.3.1　遥感图像融合典型应用

10.3.1　地质勘测

(1)灾害监测

遥感技术可以进行远程、大范围、快速的监测，在地质灾害监测和救援方面具有独特优势，使应急速度得到显著提高。但单一的遥感数据存在一定的局限性，不利于图像解译和灾害分析。遥感图像融合能够综合全色图像、多光谱图像、合成孔径雷达(SAR)等多种图像信息，在地质灾害调查中具有广泛应用。

地质灾害防治与地质环境保护国家重点实验室薛东剑等人[57]利用 SPOT－5 全色图像和 TM 多光谱图像，对“5・12”震后青川县、平武县进行了地质灾害调查，融合图像在保持光谱特性的同时，较好地增强了空间信息，解决了单一类型图像空间细节不足或缺乏光谱信息的问题。其实践表明，图像融合在地质灾害调查中具有很大潜力。董文等人[58]基于高分二号全色与多光谱图像，利用 ENVI 和 ArcGIS 等软件，对重庆市万州区的滑坡和崩塌等地质灾害进行了分析。具体处理流程包括图像融合、影像镶嵌、匀色等，基于形状、大小、色调、阴影等图像特征建立解译标志，根据解译标志对地质灾害进行解译。研究结果表明，国产高分遥感图像适用于地质灾害监测和调查。

利用 SPOT－5 的多光谱和全色图像，针对广州北部山区，Kang 等人[59]对比分析了原多光谱图像，高通滤波(HPF)、Brovey 变换、IHS、PCA、修正的 IHS 方法的融合图像在地质灾害解译中的有效性。结果表明，修正的 IHS 方法是地质灾害解译最好的图像融合方法，融合图像展示了丰富的纹理和光谱信息，便于崩塌、滑坡、泥石流等地质灾害的解译。Wang 等人[60]针对澳大利亚南部某区域，利用 Landsat-7 多光谱图像和 SPOT-5 全色图像，对比分析了 Brovey 变换、IHS、PCA、高通滤波、修正的 Gram-Schmidt 融合方法在地质灾害解译中的区别，结果表明，修正的 Gram-Schmidt 融合方法提供了最好的地质灾害解译融合图像。

地质灾害防治与地质环境保护国家重点实验室许强等人[61]系统总结了天(光学遥感和 InSAR)、空(无人机摄影测量)、地(全球导航卫星系统、裂缝计等专业监测)多维协同滑坡灾害监测。经综合分析得出：卫星光学遥感图像在滑坡监测中的应用逐渐从单一数据向多时相、多源图像融合方向发展，从静态的滑坡灾害识别向动态的变形观测方向发展，表明基于多源遥感图像融合的滑坡监测是未来的重要应用方向。

洪涝灾害危险性大、破坏性大，常造成严重的人身和经济损失，进行洪涝灾害监测具有重要的社会意义。黄敏敏[62]以山东省寿光市口子村为研究区域，建立了 Sentinel-1 SAR 图像与 Sentinel-2 光学图像融合模型，提出了以图像融合和监督分类为核心的洪涝灾害监测方法，实现了洪涝淹没范围提取与积水程度评估，弥补了传统遥感洪涝监测无法实现淹没程度预估的不足。为了验证融合模型对分类精度的改良，黄敏敏研究了不同图像对水体、植被、大棚、道路、建筑区等 5 类图像分类的影响，实验结果表明，融合图像的总体分类精度和 Kappa 系数显著优于各单一源图像，表明了图像融合的优势和应用潜力。

当爆发严重自然灾害等突发事件时，识别应急物流道路，尽快运送救援人员和物资到灾害发生地至关重要。为此，万伟国[63]研究了面向应急物流道路识别的遥感图像融合，提出了两个融合方法：基于稀疏表示和非下采样剪切波变换的图像融合方法，基于自适应 IHS 变换和多级引导滤波的图像融合方法。

(2)地质勘探

地质解译是铁路地质工程的重要前提，刘桂卫和乔平[64]研究了面向铁路地质解译的遥感图像融合，融合 ALOS 多光谱图像和全色图像，分析了河南省洛宁县至韩城县的地质，为铁路线勘测提供了重要依据。

目前，矿山资源存在非法开采、超量开采等问题，为了了解矿山资源的具体开采情况，自动的矿产资源监测尤为重要。李珊珊[65]以新疆某矿区及周边区域为研究对象，利用高分二号全色和多光谱图像，在正射校正和图像配准预处理的基础上，对比分析了 IHS 变换、PCA 变换、小波变换、轮廓波变换、IHS+PCA+小波变换等多种融合方法。基于融合图像，利用最大似然法、支持向量机等方法提取矿山开发占地信息，能够更好地服务矿产资源开发、环境监测。

10.3.2 农情监测

我国农业面积广阔，农业人口众多，是农业大国。精准农业是信息技术与农业生产相结合的新型农业，能够提高农业生产效率、农资利用率，降低成本，减少农药、化肥等对环境的污染。农情监测是精准农业的前提。遥感图像作为一种大范围监测技术，可以客观、准确、及时地提供作物的生态环境和生长信息，能够应用于作物长势等农情监测。下面介绍遥感图像融合在作物自动识别、种植面积估算、土地监测等农情监测中的应用。

江珊等人[66]以安徽省滁州市全椒县为研究区域，研究了图像融合在小麦和油菜等农作物识别中的应用。利用 HSV 和 Gram-Schmidt 两种方法融合高分三号 SAR 图像和高分一号光学图像，再进行分类识别。结果表明，两种方法融合图像上的分类识别正确率均远远优于单独的 SAR 图像分类或光学图像分类。为了提高 AWiFS 图像农作物识别的时间分辨率，Yang 等人[67]研究了 AWiFS 和 MODIS 图像融合在玉米、大豆等农作物分类中的应用，对比分析了 IHS、PCA、图像波段叠加三种融合方法，将高空间分辨率的 AWiFS 图像与高时间分辨率的 MODIS 图像进行融合，结果表明，三种方法融合图像的分类识别精度均优于 AWiFS 图像。钱永兰等人[68]研究了 IHS 和 PCA 变换图像融合方法在东北大豆识别中的应用，对比分析了这两种方法融合 SPOT－5 全色与多光谱图像的性能，对于东北大豆识别，IHS 方法优于 PCA 方法。小麦穗的识别对于预估产量非常关键，Zhou 等人[69]提出了基于遥感图像融合的小麦穗识别方法。首先利用 Gram-Schmidt 算法融合多光谱和全色图像，获得清晰的、良好目标色彩辨识度的融合图像，然后利用最大熵分割等方法处理融合图像，获得小麦穗识别结果，进而得出麦田统计结果。刘春鹏[70]分析了大豆冠层无人机低空遥感图像成像特点，研究了大豆冠层遥感图像融合，提出了结合 IHS 变换和非下采样轮廓波变换的无人机低空遥感图像融合方法，获得了空间分辨率高、细节丰富的融合图像，再在融合图像上获取植被指数。Barrero 和 Perdomo[71]将图像融合用于稻田杂草检测，基于 IHS 和小波变换，融合低分辨率多光谱图像和高分辨率 RGB 图像，融合图像具有更好的杂草辨别特征，便于后续的杂草检测。

针对玉米种植面积估算，Gu 等人[72]利用小波变换，融合高空间分辨率 TM 图像和低空间分辨率时间序列 MODIS 图像。基于融合图像，利用最小距离模型估计玉米种植面积。结果表明，通过图像融合，实现了高精度的种植面积估算。

针对耕地信息提取，胡博[73]研究了基于 IHS 变换和小波分解融合多光谱图像和全色图像，为耕地信息提取提供了高分辨率图像，并利用 ENVI 遥感图像处理软件，实现了耕地分割。吴连喜等人[74]通过改进 IHS 方法，融合不同年份的 Landsat TM 多光谱图像和 Radarsat - 1 SAR 图像，能够明显反映出农业用地变更为建设用地的信息。

Haldar 等人[75]以西孟加拉邦北部的杰尔拜古里区为研究区域，研究了 SAR 图像和光学图像融合在黄麻和茶叶识别中的应用。结果表明，SAR 和光学融合图像比单独的 SAR 或光学图像，分类精度得到明显改进。Monsalve - Tellez 等人[76]融合 Sentinel - 1 SAR 图像和 Sentienl - 2 光学图像，将融合图像应用于油棕作物覆盖分类。对比分析了 Brovey、高频调制、Gram-Schmidt (GS)和主成分分析等融合方法。结果表明，在融合图像上的分类精度显著优于单独的 SAR 图像和光学图像。

10.3.3 湖海监测

卫星遥感因其快速、覆盖范围广等优点，是目前海洋和湖泊监测的主要手段之一。遥感图像融合可用于赤潮监测、溢油监测、湖泊蓝藻监测等领域。

潮间带地区是海洋环境监测、近海养殖业的重点区域，全面掌握潮间带地形具有重要价值。综合利用 SAR 和全色等不同平台遥感图像，能有效结合 SAR 图像全天时、全天候监测，全色图像空间分辨率高、地物目标清晰等不同成像模态的互补优势，更好地获取潮间带、海岸线等地形特征。针对潮间带地形资料缺乏等情况，余连生等人[77]利用平移不变离散小波变换融合 SAR 与全色遥感图像，低频子带融合采用基于边缘加权的规则，高频子带融合采用绝对值最大方法。针对 2007 年某岛屿的 SAR 图像与全色遥感图像的实验表明，融合图像既能突出潮间带形状，又能突出海岸线等特征，在后续解译中更容易区分不同地形特征。

我国每年都会多次发生赤潮海洋自然灾害，为了便于提取赤潮信息，陈芸芝[78]

研究了基于加权平均法的 Aqua MODIS 和 Terra MODIS 叶绿素浓度图像融合，融合图像在保持图像细节的同时有效抑制了噪声，很好地体现了源图像的水团等特征，并将所提加权平均法推广应用到叶绿素浓度图像和叶绿素荧光图像融合中。基于时序水色遥感图像融合赤潮信息提取技术，陈芸芝还构建了赤潮信息处理原型系统，利用 2010 年福建省沿海数据，成功预报了 3 天内发生的赤潮。

海洋溢油对海洋生态环境影响严重，能否及时准确地监测到溢油，是迅速清除溢油、减轻溢油对海洋环境影响的重要前提。SAR 和光学图像在用于溢油监测时，都存在一定的缺陷。为了有效结合 SAR 和光学图像的互补优势，吴坤坤[79]提出了基于 ASAR 和 MODIS 图像融合的海洋溢油信息提取技术，并分析对比了 IHS、PCA、HPF 和小波 4 种融合方法。该技术在融合图像的基础上，提取灰度共生矩阵特征，最后利用最小距离法和 SVM 对特征进行分类，以获取溢油信息。杨晓晓[80]也研究了 SAR 和 MODIS 图像融合在海面溢油分类中的应用。融合图像不仅具有清晰边界，还可以得到丰富的内容信息。

及时、准确、全面掌握太湖蓝藻信息，对治理和改善太湖生态环境具有重要意义。江苏省气象服务中心等单位将多源遥感图像融合应用于太湖蓝藻监测[81]，提出了基于小波分解的融合方法，并对低频子带采用平均融合规则，对高频子带采用区域能量融合规则。将提出的方法用于融合不同时相的 MODIS 图像，以及融合较高分辨率的 MODIS 图像与包含蓝藻水华信息的较低分辨率 AVHRR 图像，得到了较高分辨率的太湖蓝藻水华遥感监测图像，更好地提取了太湖蓝藻信息，增强了太湖蓝藻的动态监测能力。

10.3.4 森林监测

森林资源是国家重要的自然资源，掌握森林资源的种类、数量、分布等信息，对森林资源进行科学、合理管理具有重要作用。高分辨率遥感影像具有动态、快速、宏观等优点，在森林资源调查和监测中具有重要价值。图像融合是获取高分辨率遥感影像的重要手段，广泛用于森林资源的调查和监测。中南林业科技大学等单位对遥感图像融合在森林资源调查和监测中的应用开展了较多研究。

中南林业科技大学林辉团队[82]以湖南省攸县黄丰桥林场和湖南省资兴市天鹅山林场为研究区域，利用 ENVI 等软件，融合 SPOT－5 全色图像和多光谱图像，基于融合图像，对林场进行了遥感图像解译，利用实验调查进行验证，其解译精度达到 90%。该团队利用高分一号遥感影像，对湖南省醴陵市的森林资源进行了调查[83]。他们融合高分一号多光谱图像和全色图像，以获得分辨率高、对比度强、可解译性强的图像，以提高后续分类精度，并对比分析了主成分分析、Brovey 变换、IHS 变换、GS 变换等传统经典方法的融合性能，发现 GS 变换的融合图像清晰度高、纹理丰富，具有较好性能。中南林业科技大学石军南团队[84]利用 ERDAS Image 软件，以广西红水河流域为研究对象，融合 QuickBird 全色图像和多光谱图像，在融合图像的基础上，再进行森林资源调查分析。

王得印和栾忠平[85]利用 SPOT-5 遥感图像，以吉林省蛟河林业实验区管理局所辖地域为研究对象，利用 ERDAS 软件对 SPOT-5 全色图像和多光谱图像进行了融合，改善了图像质量，提高了森林资源调查目视解译的精度。

10.4 公共安全

公共安全是国家安全的重要组成部分，是经济和社会发展、百姓安居乐业的重要条件。多源图像融合在公共安全领域具有广泛应用，主要源图像包括可见光/微光、红外图像、毫米波图像等，主要应用包括安防监控、车辆监测等。图 10.4.1 为图像融合公共安全应用示例。

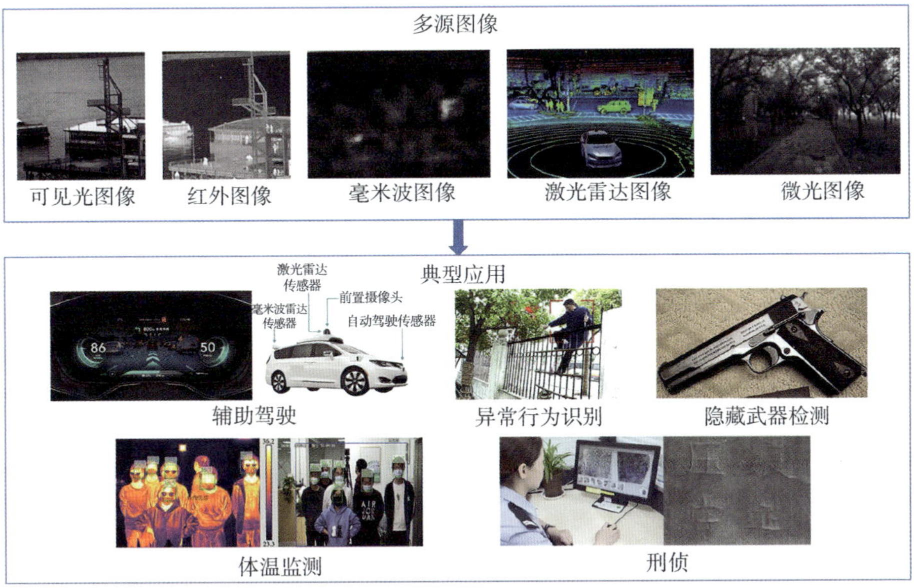

图 10.4.1　图像融合公共安全应用示例

10.4.1 安防监控

同一目标在不同波段的成像通常反映目标的不同特性，将不同波段的信息进行融合，可以实现信息互补。太赫兹/毫米波成像探测物体在太赫兹/毫米波频段自身辐射差异，可以在图像上显示隐藏的金属和非金属物品，如刀、枪等危险器具。融合太赫兹/毫米波图像与可见光图像，能够更好地体现场景中的人和隐藏物品等综合信息，便于安检和监控等应用[86]。图 10.4.2 为可见光与毫米波图像及其融合图像，其中图 10.4.2(a)为可见光图像，人物场景清楚，但看不到身上的隐藏武器。图 10.4.2(b)为毫米波图像，可以看到手枪轮廓，但缺少人的面部和轮廓信息。图 10.4.2(c)为融合图像，将可见光与毫米波图像融合既可以区分人物场景信息又可以看清楚手枪轮廓，提高了武器检测的可靠性。冉晓艳[87]将红外图像与彩色可见光图像融合应用于人身上的武器检测。Chen 等人[88]将红外图像与 X 射线图像融合应用于安防监控，有效结合了红外的热辐射信息，以及 X 射线图像能检测金属等高密度隐藏违禁物品的优势。湖南大学研制了红外与可见光图像融合视频监控系统，示例图像如图 10.4.3 所示，由于光照不足，可见光图像中的行人几乎不可见，红外图像能够显示行人，但背景欠佳，通过图像融合，背景和行人等目标均更清晰，便于快速定位目标，提高了监控的可靠性。

(a)可见光图像　　(b)毫米波图像　　(c)融合图像

图 10.4.2　可见光与毫米波图像及其融合图像

(a)可见光图像　　(b) 红外图像　　(c) 融合图像

图 10.4.3　图像融合视频监控示例

针对夜间监控光照不足、常规可见光摄像头监控失效的问题，Bhatnagar 和 Liu[89]提出融合低光可见光图像和红外图像，在融合图像上较好地呈现了背景和目标信息。检测入侵和攀爬等异常行为可以及时发现异常状况，减少危险事件。可见光摄像头监控系统在低照度和低能见度下存在较大的局限性。为此，李一白[90]将可见光图像和红外图像融合应用于异常行为识别，在融合图像中能够快速准确定位目标，可以准确及时地判断是否发生异常行为。当视频监控场景中运动目标被长时间遮挡时(例如大雾弥漫)，基于单一摄像机的运动目标检测、追踪异常困难。康彬[91]将可见光图像和红外图像融合应用于目标监控系统，有效解决了以上问题，提出了压缩感知图像融合，实现了快速多源图像融合，能凸显出运动目标的细节信息，为目标检测以及跟踪提供可靠的目标特征信息。

针对监控等应用，南京理工大学张俊举和富容国等团队设计了红外与可见光图像融合系统。张俊举团队[92]设计了远距离红外与微光/可见光融合成像系统，微光成像和普通可见光成像分别在夜间和白天与红外成像相融合，构成全天时融合成像。该系统由摄像转台和电控盒两部分组成。摄像转台内包括了红外成像仪、微光电视、普通可见光成像仪等。电控盒包含图像预处理电路、图像融合电路等。图像处理单元由 FPGA、DSP 等组成。富容国团队[93,94]基于 TMS320DM8168、Cyclone Ⅳ等硬件平台，设计了红外与可见光图像或视频融合系统，提出了改进的拉普拉斯金字塔和小波变换等融合方法，并在嵌入式硬件平台上实现了融合。

近年来，由于新冠病毒的强传染性，给人们的生产生活带来了严重影响。特别是在人口密集和流动性大的公共场所，防控难度大。发热是新冠病毒感染的重要表现之一，因此，快速准确地测量人体体温是防控的重要手段。袁浩期[95]设计了基于可见光与红外图像融合的流动人群体温检测系统。在可见光图像上进行人脸检测，然后实时地将可见光图像的额头区域映射到红外图像上提取温度。实验结果表明，该系统能满足在复杂场景下快速筛选人体体温的要求。

随着工艺的改进、电子器件的小型化和微型化，以及人们对便捷、交互方式的需求，可穿戴设备已受到消费者的广泛青睐。汪鹏[96]设计了可穿戴的可见光与红外融合成像的监视系统，硬件上分为数据采集端和交互显示端，以此大幅缩减设备体积，提升人机交互体验。采用非下采样轮廓波变换进行图像融合，并优化部署在 ARM+DSP 嵌入式平台上，软件上采用多线程、缓冲区流水线结构提高处理效率，保证实时性。各子系统之间通过 2.4 G 无线 Wi-Fi 网络进行数据交换。该系统可应用在火灾救援等场景下，排除烟雾干扰，获得较为准确的人体目标信息，通过可穿戴设计进行结果展示，为消防救援提供便利。

王立娟[97]根据警务人员安全监控系统需满足体积小、质量轻、携带方便等实际要求，设计并研制了一种基于微光与红外图像融合的警用夜视头盔。该系统采用体积小、质量轻的 WAT－902H 型微光相机和 GT320CM－A00 型红外相机获取图像，采用 TI 公司的 DM642 进行实时图像融合。该头盔系统能够实现实时图像处理，融合图像信息丰富，有助于警务人员及时发现可疑目标。在警务现场勘查中，经常需要在门锁、水杯等异形体表面提取指纹，而异形体表面深度差异相对较大。景深的限制导致指纹图像模糊，制约了指纹技术在刑侦工作中的应用。针对该问题，冯清枝[98]将多聚焦图像融合应用于异形体表面指纹的提取，将多个不同聚焦图像中的清晰区域融合到一个清晰图像中，融合图像突出了指纹的形态特征和细节特征，有效提高了指纹检验的准确性和可靠性。在获取纸张上压痕字迹等立体痕迹图像时，如果痕迹纹线比较复杂，单个配光角度难以很好地体现所有纹线。对此可以进行多次拍摄，然后利用图像融合技术，将各源图像中的痕迹综合到一个图像中，为后续的侦查工作提供高质量的图像[99]。

传统森林火灾检测主要采用硬件设备和人工巡检相结合的方法，该方法需消耗大量人力物力财力，同时受森林环境影响较大。仲亭玉[100]将可见光和红外图像融合应用于森林火灾检测，利用分数阶方法融合可见光视频和红外视频，有效结合可见光视频丰富的颜色和纹理特征，红外视频具有干扰物较少、受光照和运动物体影响小等优点。基于融合视频进行火灾检测，提高了检测准确率和实时性。

10.4.2 车辆监测

通过融合激光雷达、微光夜视装置、前视红外传感器以及可见光传感器等可以得到在很大程度上不受光线影响的融合图像，为交通导航提供最有利的技术支持，大大提高驾驶员在雨雾等恶劣天气条件或夜间行驶时的安全系数，以及高速公路夜间监控的清晰度。

(1)汽车抗晕光

在夜间道路会车时，经常出现驾驶员滥用远光灯，导致相向行驶车辆的驾驶员出现晕光现象，从而无法看清前方道路，暂时无法观察车辆周边的行人、障碍物等，极易发生交通事故。针对该问题，西安工业大学郭全民教授团队[101-105]，将可见光与红外图像融合应用于抗晕光，开展了一系列研究。针对汽车抗晕光，提出了结合HSV色彩空间和非采样剪切波变换[101]、结合IHS彩色空间和Curvelet变换[104]、结合YUV色彩空间和小波变换[105]的一系列红外与可见光图像融合方法，提高了融合图像对比度和清晰度，更加便于人眼观察，有利于驾驶员观察前方路况，提高夜间行车的安全性。针对图像融合抗晕光方法实时性差的问题，设计了ARM+FPGA多核异构的图像抗晕光处理系统，通过对色彩空间转换、小波变换等模块并行实现，将图像融合方法移植到多核异构硬件平台[102]。此外，针对融合图像客观指标与主观视觉不一致的问题，该团队还研究了面向抗晕光的融合图像质量评价方法，将融合图像分为晕光区和非晕光区，对这两种区域分别进行评价[103]。在图像融合的基础上，进一步研究了夜视抗晕光行人检测[102]，提高了行车安全性。

(2)汽车辅助驾驶

汽车辅助驾驶是在汽车行驶过程中，汽车通过雷达和摄像头等设备为驾驶员提供辅助支持，降低了驾驶困难，提高了行车安全性。为了减少交通事故的发生，人们越来越关注汽车辅助驾驶，越来越多的研究机构和汽车制造商开展汽车辅助驾驶技术的研究和应用。大多数汽车辅助驾驶主要基于可见光摄像头，在白天光照充足的情况下，效果良好。而在夜晚或光照不良的情况，效果不理想，无法实现全天候辅助驾驶。红外设备与可见光设备具有很好的互补性，结合两者，能够为全天候辅助驾驶提供很好的支持。为此，张子睿[106]将可见光与红外图像融合应用于汽车辅助驾驶目标识别，利用非下采样轮廓波变换进行红外与可见光图像融合，再基于融合图像进行特征提取和目标识别。为了结合深度图像与亮度图像的各自优势，霍震和战荫泽等人[107,108]将激光雷达与可见光或红外图像融合应用于车辆目标识别，提高了车辆识别精度，降低了漏检率和误检率，为辅助驾驶提供了良好的环境感知能力。Liu等人[109]构建了基于图像融合和并行计算的车辆视频监控系统，利用6台鱼眼摄像机收集环绕车辆的环境图像，对这些图像进行融合获得全景鸟瞰图像。同时利用低光摄像头和红外摄像头等设备获取前视环境图像，并对这些图像进行融合，克服夜间成像问题，能够提高夜间前视图像的清晰度，为安全驾驶提供有力保障。

(3)高速公路监测

全天候实时监控是智能交通系统重要的应用之一。然而由于夜间能见度的不足，监控摄像机不能采集到足够的信息，给视频监控带来了困难。人们观察理解场景时，往往需要根据该场景周围的信息作为参考，例如周围建筑物和树木等，据此可以判断场景的位置等信息。一些夜间图像增强算法以及红外图像和可见光图像融合算法被用来解决该问题。但无论是热红外相机，还是可见光相机都不能对背景清晰成像，因此增强或融合后的图像背景仍然不够清楚，不能够满足观察者的要求。对此，我们设计了一种梯度域多时相图像融合方法，将夜间图像与白天的背景图像进行融合，提高夜间图像中背景的质量[110]。在本方法中，我们采用文献[111]提出的超现实多时相图像融合算法的框架，并根据高速公路监控实际特点对其进行改进。

本方法基于以下两个假设：①场景模式从白天到夜晚是一致的，因此可以将白天的视频图像信息融合到夜间监测图像中；②摄像头是固定的，所有视频图像序列无须再进行配准。

对于高速公路视频监控系统来说，以上两个假设都是满足的。基于此，设计了一种梯度域多时相图像融合方法，其框架如图 10.4.4 所示。首先根据白天监控视频序列构造背景模型图像，包括背景图像 D 和事件区域 A。然后检测夜间视频序列中的运动目标，其过程包括夜间视频背景建模和运动目标检测，用 MS 表示检测到的运动目标。最后根据背景图像 D、事件区域 A 和运动目标 MS 将夜间视频和白天背景图像在梯度域内进行融合。具体算法实现如下：

步骤 1：计算白天背景图像的空间梯度 $G^D=\nabla D$，其中 $G^D=(G_x^D, G_y^D)$，G_x^D 和 G_y^D 分别对应水平和垂直梯度，本方法中采用前向梯度。

步骤 2：对夜间视频进行平滑去噪。

步骤 3：对每一帧的视频图像 I_j，计算其空间梯度 $G_j^I=\nabla I_j$，在梯度域进行融合，$G_j^F(x, y)=W(x, y)\times G^D(x, y)+(1-W(x, y))\times G_j^I(x, y)$，其中，$G_j^F(x, y)$表示融合图像 F 在(x, y)位置上的梯度值，$W(x, y)$为加权值。

步骤 4：根据融合的图像梯度 G_j^F，利用泊松方程$\nabla F=\mathrm{div}G_j^F$ 重构融合图像 F。

步骤 5：对融合图像进行亮度调整。

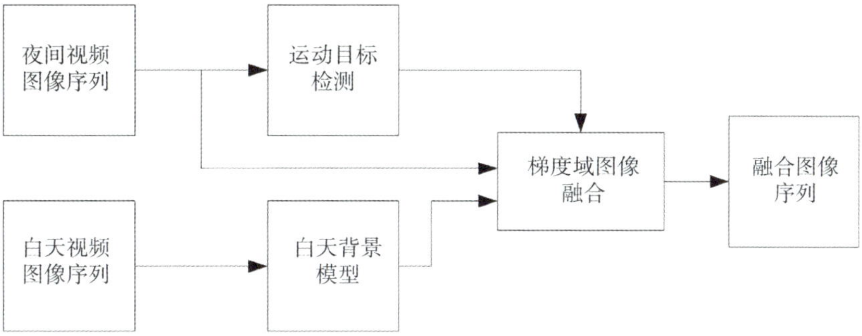

图 10.4.4 梯度域多时相图像融合方法框架图

我们利用京珠高速公路湖南段监控摄像头拍摄的白天和晚上的监控视频来验证该方法的有效性，其中视频图像为 RGB 真彩色图像。图 10.4.5 为夜间图像与白天背景图像融合的实例。其中图 10.4.5(a)为夜间图像，只能够看清汽车经过的地方，在没有车灯照到的地方基本看不清楚。缺少了背景信息，很难判断该图对应的实际地理位置，不利于监控人员对视频信息的理解。另外，长时间观看这种背景不清楚的画面容易使人眼疲劳。图 10.4.5(b)为夜间图像与白天背景图像融合实例，可以看出该融合图像与夜间图像相比图像质量明显提高，图像背景同白天的图像背景一样，非常清晰，监控人员可以根据周围背景信息判断该场景所在位置，同时图像车辆等目标也较为清楚。

(a)夜间图像　　(b)融合图像

图 10.4.5 夜间图像与白天背景图像融合实例

为了进一步展示算法的融合效果，我们给出了一组视频的融合结果，如图 10.4.6 所示，其中上下两行分别对应夜间高速公路监控视频图像和融合图像，相邻两个视频图像之间相差 5 帧。从图 10.4.6 可以看出，融合图像的质量与夜间图像相比有很大提高。

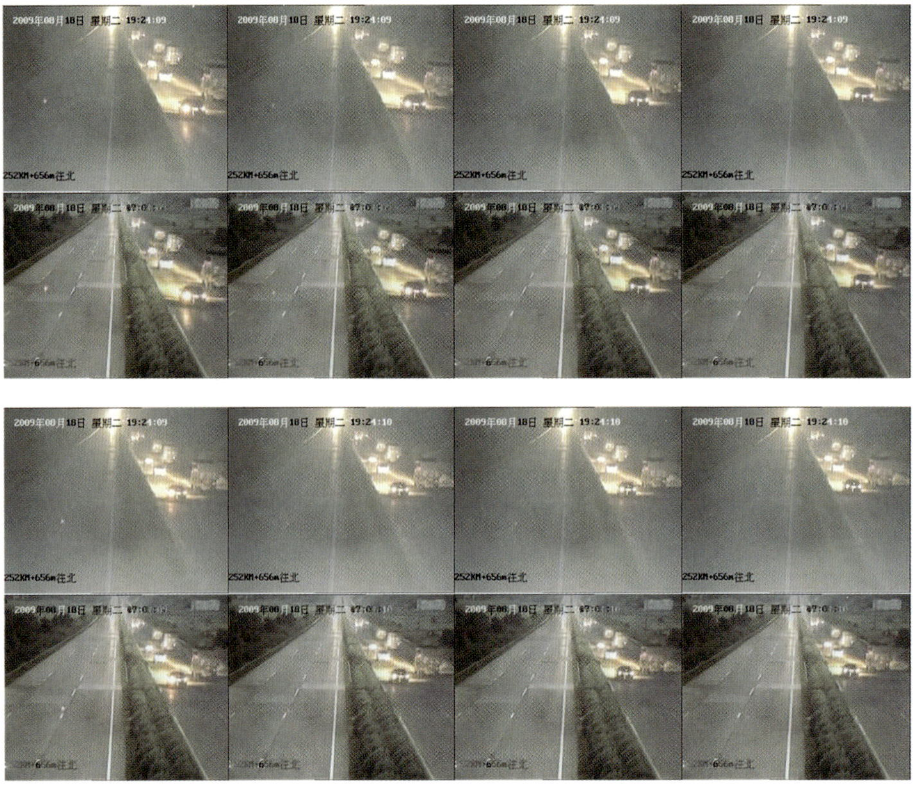

图 10.4.6　部分夜间视频图像与融合结果视频图像

10.5　电子产品

多聚焦图像融合和多曝光图像融合等在电子产品领域具有重要应用[112]。数码成像方面，可见光成像系统由于光学镜头景深的限制，很难对场景中距离差别较大的所有目标都清晰地成像。当镜头聚焦到场景中的一个目标上时，该目标在图像中是清晰的，而与该目标距离较远的其他所有目标都不能被聚焦，它们在图像中都是模糊的[110]。

光学镜头的这种限制由凸透镜的物理特性引起，无法通过调节硬件设置来完全解决。多聚焦图像融合是解决光学镜头景深限制问题的一种有效途径，即用同一成像镜头对场景的两个(多个)目标进行两次(多次)成像，通过调节成像聚焦参数，使得到的图像分别聚焦在不同目标上，然后将这些图像融合成一个新的所有目标都清晰的图像。多聚焦图像融合技术在电子产品等领域具有广泛实际应用价值。图

10.5.1(a)和图 10.5.1(b)分别为相机拍摄的左聚焦图像和右聚焦图像，图 10.5.1(c)展示了它们的融合图像。从图中可以看出，多聚焦融合图像的各个区域均清晰，这大大增强了视觉效果。

(a)左聚焦图像

(b)右聚焦图像

(c)融合图像

图 10.5.1 聚焦不同区域的图像及融合图像

另外，数码相机的动态范围有限，比人们在现实世界中遇到的情况要小。在高动态范围场景中，照片往往会曝光不足或曝光过度。当光照的动态范围较广时，对于一般光学传感器来说无论是欠曝光、正常曝光和过度曝光都不能使场景中所有目标都清晰。长曝光能对暗对象进行较好的成像，短曝光能对亮对象进行较好的成像。多曝光图像融合是对多次不同曝光的图像融合成高质量、低动态范围图像并准备显示的方法，是一类非常典型的高动态范围成像方法[112]。

图 10.5.2(a)和图 10.5.2(b)分别为具有不同曝光程度的室内和室外输入图像序列。多曝光图像融合将多个曝光程度不同的图像进行融合，融合图像中所有目标都清晰，从而便于肉眼观察以及后续图像处理应用，如图 10.5.2(c)和图 10.5.2(d)分别为室内曝光图像的融合图像和室外曝光图像的融合图像。可以明显看出，曝光融合图像的对比度与饱和度都更好，具有更佳的视觉效果。

下面介绍图像融合在手机等电子产品中的应用，包括高动态范围成像、低光照成像、全聚焦成像等。

(a)不同曝光度的室内输入图像序列

(b)不同曝光度的室外输入图像序列

(c)室内曝光融合图像

(d)室外曝光融合图像

图 10.5.2 不同曝光时间的输入图像序列及其融合图像

10.5.1 高动态范围成像

高动态范围成像(high dynamic range imaging，HDR) 是用来实现比普通图像更大曝光动态范围(最亮和最暗细节的比率)的技术[112]。Gray[113]是多曝光融合高动态范围成像的先驱，在对包含大海与蓝天的场景进行成像时，单次曝光难以清晰地对整个场景成像，Gray 使用较短曝光时间的一张胶片拍摄天空，具有较长曝光时间的另一张胶片拍摄大海，再用这两张胶片来产生既有大海又有天空的高动态范围照片。

随着数字成像技术、电子技术和软件算法等的发展，高动态范围成像技术得到了迅速发展。2011 年，苹果发布的 iPhone 4S 采用了高动态范围成像技术，使得该技术开始进入人们日常生活。多曝光融合是消费、工业等领域主流的高动态范围成像方法。目前，索尼、三星、豪威、思特威和格科微等传感器厂商均研发了电子 HDR 传感器产品，在这些产品中，大量使用多曝光融合获取高动态范围图像。多曝光融合包括：单帧空域曝光融合、多帧融合和多传感器融合等。

单帧空域曝光融合包括 BME(binned multiplexed exposure，隔行长短曝光)、SME(spatially multiplexed exposure，棋盘格排列长短曝光)[114]、QBC(quad bayer coding，的四子像素)[115]等方案。下面以索尼为例，简要介绍这些方案。BME 每两行设置不同的曝光度，如果当前两行为短曝光，那么接下来两行为长曝光。然后结合这些不同曝光的像素实现 HDR 成像。该方式会牺牲一定的空间分辨率，但其具有低成本等优点。索尼 IMX135、IMX258 等 CMOS 成像传感器采用 BME 成像技术。SME 也是捕获一帧图像，不同之处在于其包含不同的 RGB 像素阵列，每个 RGB 像素包含短、中、长曝光，然后这些不同曝光的像素值进行融合得到 HDR 图像。索尼的 IMX214、IMX298、IMX230 等 CMOS 成像传感器采用这种方式。QBC 捕获的图像中每个像素由共用一个滤色镜的 4 个子像素组成，4 个子像素按对角线分成长曝光和短曝光两组，结合这两组曝光像素获得最终的高动态范围图像。索尼 IMX294CJK 采用了该技术。

多帧融合是利用成像传感器获取多帧不同曝光度的图像，然后对这些图像进行融合来获得高动态范围图像。这类方法主要是通过软件算法对图像进行处理。目前，学者们已经提出了大量多帧图像融合方法[116]。由于多帧图像是顺序获取的，帧与帧之间存在时延，如果存在运动物体或摄像头运动，各帧之间的目标在几何空间上并没有对齐，则会导致融合结果存在运动模糊和“鬼影”等问题。与常规多帧融合不同，DOL（digital overlap）HDR（也称 staggered HDR）能够“准同时”输出多帧不同曝光度的图像，再对这些图像进行融合获得高动态范围图像，该方式能够很好地克服以上问题。索尼 IMX290 摄像头使用了 DOL 技术。为增大 CMOS 图像传感器的动态范围，李晓晨等人[117]将多次滚筒式曝光穿插进行，有效缩短了相邻图像的间隔时间，从而提高了系统效率和输出响应速率。

多传感器融合 HDR 成像是利用多个成像传感器在不同曝光度下同时获取图像，再进行多曝光图像融合。Aggarwal 和 Ahuja[118]利用分光片将入射光分成多束光，再利用多个成像传感器进行成像，可以对每个成像传感器设置不同的曝光参数，也可以进行非均匀分光，再对获得的图像进行融合实现 HDR 成像。此后，Tocci 等人、Yamashita 和 Fujita[119,120]提出了类似的 HDR 成像技术。芬兰 JAI 公司于 2012 年研发了两个 CCD 成像传感器实现 HDR 成像的相机。

由于距离、亮度等原因，很难在常规模式下拍摄清晰的月亮图像。为了克服该问题，华为发明了一种基于多曝光图像融合的月亮拍摄技术[121]。该方法首先在拍摄预览界面自动识别月亮，在识别到月亮后进入月亮拍摄模式。根据月亮的亮度，自动调整曝光时间获取第一组图像，对该组图像进行融合得到月亮清晰的图像；对前面的曝光参数增加预设的曝光补偿获得第二组曝光参数，在该参数下获取第二组图像，对该组图像进行融合得到背景清晰的图像；对所得到的月亮清晰图像和背景清晰图像进行融合，得到最终的月亮和背景均清晰的图像。该技术能够应用于普通拍摄模式或非专业用户的拍摄过程中，华为 P30 等手机已具有月亮拍摄模式，增强了用户的拍摄体验感。

汽车已经成为人们出行的重要交通工具，汽车主动安全技术对于行车安全具有重要作用。车载相机作为道路环境感知系统的主要设备，在倒车影像、车道偏离、碰撞预警中具有重要作用。由于需要适应极端天气、高动态范围场景等情况，要求其具有强光照适应能力，输出更稳定可靠的图像。李安邦[122]研究了面向车载相机控制的多曝光图像融合。首先，获取曝光时间分别为 $2t$，t，$t/2$ 的三个多曝光图像，当前曝光时间 t 根据上一流程的曝光平均值进行调整，以使得曝光时间为 t 的图像平均灰度在 0.5 附近，从而亮度适中。然后，对三个多曝光图像进行配准与融合。汽车在行驶过程中，汽车的运动导致了场景的相对运动，如果直接融合这些多曝光图像，会存在叠影等问题。所以，将曝光时间依次缩短，能有效减小运动偏移造成的影响。

10.5.2 低光照成像

随着智能手机的普及，手机摄影在生活中随处可见，成为人们记录生活的常见方式之一。目前，手机的像素已经高达亿级，在白天等常规情况下，一般都能实现较好的成像，获得亮度合适、细节丰富的图像。然而，在阴天和夜晚等低光照情况下，由于手机摄像头的小孔径，光子大大减少，给成像带来很大困难，导致成像质量下降。多帧图像融合已广泛应用于谷歌 Pixel 和 Nexus、苹果 iPhone 等手机中，实现低光照甚至超低光照图像增强[112]。在文献[123][124]中，谷歌对其具体低光图像增强技术进行了详细介绍，具体包括连续帧获取、全分辨率对齐与融合、白平衡、局部色调映射等步骤。

学者们还提出利用多曝光融合实现低光照图像增强。Zhu 等人[125]提出利用卷积神经网络的多曝光图像融合来实现低光照图像增强，首先，从单一的低光照图像产生多个不同曝光度的图像，然后利用卷积神经网络对这些人为产生的多曝光图像进行融合，得到初步增强的图像，最后进行边缘增强获得最终的低光照增强图像。张雨帅[126]研究了多帧融合和单帧融合两种低光照图像增强方法。多帧融合方法首先获取多个不同曝光度的图像，然后基于 Retinex 理论，将输入图像序列分解为反射图像序列和光照图像序列，对反射图像序列和光照图像序列进行融合，得到重构的反射图像和光照图像，再将二者结合并进行后处理得到低光照增强图像。单帧融合方法首先将单帧输入图像分解为光照图像和反射图像，再根据光照图像生成不同曝光度的光照图像，并进行融合得到重构的光照图像，最后结合反射图像和重构的光照图像获得低光照增强图像。张雨帅对其所提出的算法进行整合，在 Android 平台上开发了低照度图像增强的相机应用程序，取得了较好的效果。

10.5.3 全聚焦成像

据报道，中兴 Axon 30 Ultra 手机配备 6400 万像素三主摄，能够多镜头混合变焦。多摄像头同时拍摄获得的图像，经过融合后，以一个全焦段图像呈现，远景、近景都能清晰地在一个图像中展现。不同焦距间可以自由缩放，实现“先拍照后变焦”的视觉效果。此外，该手机摄像头还具备月亮拍摄模式，多摄像头同步工作并进行融合计算，可将远处的月亮和近处的背景很好地融合在一起，从而获得图像内容更加丰富的月亮照片。荣耀 Magic3 系列也利用了多主摄融合计算摄影技术，实现了全镜头参与、全焦段融合等，能够在人像、夜景、城市景观、动作图像和对焦等多种情境下拍摄出色的照片。

Helicon Focus 是一款多聚焦图像融合软件，能帮助解决单靠硬件无法处理的景深太浅、局部模糊等宏观摄影、显微摄影以及超焦距摄影时遇到的焦点不突出问题。首先拍摄同一场景的多个图像，并且每次拍摄时聚焦在场景的不同物体上，然后可以利用这款软件对拍摄到的这些图像进行融合，将各清晰区域组合到一个完全聚焦的图像上。

由于多聚焦图像、多曝光图像融合等技术在手机等电子产品中的显著优势，这些技术已成为手机厂商竞争的焦点，必将得到越来越广泛的应用，为用户提供更容易拍摄、更加清晰的照片。综合这些技术能实现低光环境下的高动态范围清晰成像[123,124]。2022 年 6 月，全球性行业分析公司 Counterpoint 发布智能手机影像新趋势白皮书，也表明融合计算摄像将成为手机摄像的未来趋势。

本章小结

本章介绍了红外与可见光图像融合、医学图像融合、遥感图像融合、多聚焦图像融合和多曝光图像融合等多源图像融合在军事侦察、医疗诊断、遥感监测、公共安全、电子产品等领域的应用。具体应用形式包括多源融合成像装置或设备、面向各种应用任务的多源图像融合算法、多源图像融合综合系统等。典型的多源融合成像装置或设备有彩色夜视仪、PET/MRI 医学融合成像设备，典型的多源图像融合综合系统包括手术导航系统等。面向各种应用任务的多源图像融合算法，根据应用任务的不同，源图像和融合算法有所差异，典型的任务包括农林地物监测、公共安全监测等。

随着图像传感器技术的发展、智能传感器系统的推广、图像处理技术的完善、硬件设备算力的提高，多源图像融合的应用必将越来越广泛，将会遍布军事和民用的各个领域；同时，信息融合理论与方法的不断发展与进步也必将促使图像融合在各个应用领域扮演越来越重要的角色。

参考文献

[1]高文，朱明，郝志成. 彩色夜视技术的研究进展[J]. 液晶与显示，2016，31(12)：1168-1179.

[2]骆媛，王岭雪，金伟其，等. 微光(可见光)/红外彩色夜视技术处理算法及系统进展[J]. 红外技术，2010，32(6)：337-344.

[3]AGUILAR M，FAY D A，ROSS W D，et al. Real-time fusion of low-light CCD and uncooled IR imagery for color night vision[C]. Enhanced and Synthetic Vision. SPIE，1998，3364：124-135.

[4]AN/PSQ－20 [EB/OL]. [2022-08-16]. https：//en. wikipedia. org/wiki/AN/PSQ－20.

[5]BAE SYSTEMS. ENVG III/FWS-I night vision mobility and targeting system [EB/OL]. [2022-08-16]. https：//www. baesystems. com/en/product/envg-iii-fwsi-night-vision-mobility-and-targeting-system.

[6]PAICOPOLIS P S，HIXSON J G，NOSECK V A. Human visual performance of a dual band I^2/IR sniper scope[C]. Electro-Optical and Infrared Systems：Technology and Applications IV. SPIE，2007，6737：217-228.

[7]BERTIN INSTRUMENTS. Fusionsight-night Vision Device [EB/OL]. [2022-08-16]. https：//www. bertin-instruments. com /product/ optronics-surveillance-systems/ fusion-sight-ocular/.

[8]BERTIN INSTRUMENTS. The French army equipped with FusionSight，the revolutionary night & day field vision enhancer [EB/OL]. [2022-08-16]. https：//www. bertin-instruments. com/the-french-army-equipped-with-fusionsight-the-revolutionary-night-day-field-vision-enhancer/.

[9]柏连发，陈钱，孔捷，等. 红外与微光图像融合技术研究[J]. 红外与毫米波学报，1999(1)：49-54.

[10]曾祥通. 多波段彩色夜视对比度增强技术[D]. 南京：南京理工大学，2015.

[11]史世明，王岭雪，金伟其，等. 基于 YUV 空间色彩传递的可见光/热成像双通道彩色成像系统[J]. 兵工学报，2009，30(1)：30-35.

[12]朱进. 微光/热红外图像色彩传递及多尺度分解融合算法研究[D]. 北京：北京理工大学，2018.

[13]吴海兵，陶声祥，顾国华，等. 基于四波段图像融合的彩色夜视方法研究[J]. 光子学报，

2017，46(5)：175-184.

[14]全军武器装备采购信息网[EB/OL]. http：//www. weain. mil. cn/.

[15]新型夜视仪亮相沙场[EB/OL]. [2022-08-16]. http：//www. weain. mil. cn/ywdt/1374180678042132481. shtml.

[16]张勇，马飒飒，李志伟. 美军微光夜视头戴系统技术进展[J]. 红外，2022，43(6)：12-19.

[17]余楚恒. 基于多光谱图像的迷彩人员检测方法研究与实现[D]. 南京：南京理工大学，2020.

[18]LI S，KANG X，FANG L，et al. Pixel-level image fusion：a survey of the state of the art[J]. Information Fusion，2017，33：100-112.

[19]HU J，LI S. The multiscale directional bilateral filter and its application to multisensor image fusion[J]. Information Fusion，2012，13(3)：196-206.

[20]MO Y，KANG X，DUAN P，et al. Attribute filter based infrared and visible image fusion[J]. Information Fusion，2021，75：41-54.

[21]李平. 多谱段敌我识别系统关键技术研究[D]. 长春：中国科学院研究生院(长春光学精密机械与物理研究所)，2015.

[22]张宽. 基于异源图像的单兵信息融合技术研究[D]. 西安：西安工业大学，2021.

[23]石洪成. SPECT/CT的临床应用：在优势互补中寻求亮点[J]. 中华核医学与分子影像杂志，2017，37(7)：385-387.

[24]HORGER M，ESCHMANN S M，PFANNENBERG C，et al. Evaluation of combined transmission and emission tomography for classification of skeletal lesions[J]. American Journal of Roentgenology，2004，183(3)：655-661.

[25]王毅. 多模态影像设备SPECT/CT在临床的应用进展[J]. 中国医疗器械信息，2019，25(22)：9-10.

[26]杜名，辛军. PET/CT应用现状及进展[J]. 中国临床医学影像杂志，2021，32(12)：898-901.

[27]SHAO Y，CHERRY S R，FARAHANI K，et al. Simultaneous PET and MR imaging[J]. Physics in Medicine & Biology，1997，42(10)：1965.

[28]SPICK C，HERRMANN K，CZERNIN J. ^{18}F-FDG PET/CT和PET/MR在恶性肿瘤中的应用价值相仿：2300余例患者的临床研究总结[J]. 刘国兵，译. 石洪成，审校. 中华核医学与分子影像杂志，2020，40(4)：247-256.

[29]SPICK C，HERRMANN K，CZERNIN J. ^{18}F-FDG PET/CT and PET/MRI perform equally

well in cancer: evidence from studies on more than 2300 patients[J]. Journal of Nuclear Medicine, 2016, 57(3): 420-430.

[30]李旭东，林晓珠. PET/MRI 在胰腺肿瘤中的应用[J]. 国际医学放射学杂志，2018，41(1)：59-61+84.

[31]CHAVAN S S, MAHAJAN A, TALBAR S N, et al. Nonsubsampled rotated complex wavelet transform (NSRCxWT) for medical image fusion related to clinical aspects in neurocysticercosis[J]. Computers in Biology and Medicine, 2017, 81: 64-78.

[32]丁里，朱之庄，武绍远，等. 标准化神经影像融合技术及临床应用研究[J]. 中国医学影像技术，2000(2)：88-90.

[33]金轶，金超岭，郑玉民，等. 三重融合 PET/MRI 在局灶性脑皮质发育不良导致的癫痫病灶定位中的初步应用[J]. 中华神经医学杂志，2021，20(9)：915-920.

[34]朱丽，王天乐，龚沈初，等. SWI/DWI 融合图像对急性缺血性脑卒中患者缺血半暗带的评估价值[J]. 实用放射学杂志，2016，32(10)：1494-1497.

[35]胡明辉. 灌注加权成像/弥散加权成像图像融合半定量评估缺血性脑卒中病人缺血半暗带价值分析[J]. 安徽医药，2020，24(9)：1825-1827+1914.

[36]周涛，陆惠玲，魏兴瑜，等. 基于 Piella 框架和 DT-CWT 的肺癌 PET/CT 自适应融合算法[J]. 中国科学技术大学学报，2017，47(1)：10-17.

[37]宋冬冬，朱晓明，朱丽娟，等. 双能 CT 融合图像在人工智能肺结节筛查中检测效能的探索研究[J]. 中国医疗设备，2021，36(2)：73-76.

[38]陈思楷. 应用超声- CT 多模态影像融合技术建立 3D 打印左心模型的方法学研究[D]. 武汉：武汉大学，2019.

[39]刘玉倩，蔺嫦燕. 基于图像融合的冠状动脉三维重建方法的研究进展[J]. 北京生物医学工程，2019，38(4)：427-433.

[40]胡玉兰. 医学图像融合在前列腺癌调强放疗靶区勾画中的应用研究[D]. 广州：南方医科大学，2013.

[41]TANAKA H, HAYASHI S, OHTAKARA K, et al. Usefulness of CT-MRI fusion in radiotherapy planning for localized prostate cancer[J]. Journal of Radiation Research, 2011, 52(6): 782-788.

[42]谭鹏. 分析医学图像融合技术在肿瘤放射治疗中的临床应用效果[J]. 影像研究与医学应用，2021，5(1)：243-244.

[43]曹强. 多模医学图像融合算法及其在放疗中的应用研究[D]. 南京：东南大学，2021.

[44]LI C, ZHU A. Application of image fusion in diagnosis and treatment of liver cancer[J]. Ap-

plied Sciences. 2020，10(3)：1171-1199.

[45]郭守娟. 医学图像融合在颅内肺瘤靶区勾画和生物靶区定义中的应用研究[D]. 郑州：郑州大学，2015.

[46]张鹏. 多模图像实时融合导航 3D 腹腔镜肝切除术的临床应用研究[D]. 广州：南方医科大学，2020.

[47]REYNIER C，TROCCAZ J，FOURNERET P，et al. MRI/TRUS data fusion for prostate brachytherapy. Preliminary results [J]. Medical Physics，2004，31(6)：1568-1575.

[48]UKIMURA O，HIRAHARA N，FUJIHARA A，et al. Technique for a hybrid system of real-time transrectal ultrasound with preoperative magnetic resonance imaging in the guidance of targeted prostate biopsy [J]. International Journal of Urology，2010，17(10)：890-893.

[49]PINTO P A，CHUNG P H，RASTINEHAD A R，et al. Magnetic resonance imaging/ultrasound fusion guided prostate biopsy improves cancer detection following transrectal ultrasound biopsy and correlates with multiparametric magnetic resonance imaging [J]. Journal of Urology，2011，186(4)：1281-1285.

[50]BI J，ZHANG Y. US/MRI guided robotic system for the interventional treatment of prostate [J]. International Journal of Pattern Recognition and Artificial Intelligence，2020，34(5)：2059014.

[51]倪东，吴海浪. 基于核磁-超声融合的前列腺靶向穿刺系统[J]. 深圳大学学报(理工版)，2016，33(2)：111-118.

[52]SUNG H，FERLAY J，SIEGEL R L，et al. Global cancer statistics 2020：GLOBOCAN estimates of incidence and mortality worldwide for 36 cancers in 185 countries[J]. CA：A Cancer Journal for Clinicians，2021，71(3)：209-249.

[53]YANG S M，YU K L，CHEN L C，et al. Augmented fluoroscopic bronchoscopy 2.0：image fusion for endobronchial roadmapping [J]. Journal of Bronchology & Interventional Pulmonology，2021，28(4)：303-306.

[54]KOUTOUZI G，NASIHATKTON B，DANIELAK-NOWAK M，et al. Performance of a feature-based algorithm for 3D-3D registration of CT angiography to cone-beam CT for endovascular repair of complex abdominal aortic aneurysms[J]. BMC Medical Imaging，2018，18(1)：1-8.

[55]顾豪，杨希，张紫旻，等. 基于图像融合的手术导航系统在头颈部低流量脉管畸形硬化治疗中的应用[J]. 上海交通大学学报(医学版)，2021，41(5)：695-700.

[56]JIA Y H. Fusion of Landsat TM and SAR images based on principal component analysis[J]. Remote Sensing Technology and Application，1998，13(1)：46-49.

[57]薛东剑，张东辉，何政伟，等. 多源遥感影像融合技术在地质灾害调查中的应用[J]. 遥

感技术与应用，2011，26(5)：664-669.

[58]董文，潘建平，阳振宇，等. 高分二号卫星数据在地质灾害调查中的应用：以重庆万州区为例[J]. 中国地质灾害与防治学报，2019，30(1)：106-111.

[59]KANG T J，ZHANG X C，WANG H Y. Assessment of the fused image of multispectral and panchromatic images of SPOT5 in the investigation of geological hazards[J]. Science in China Series E：Technological Sciences，2008，51(2)：144-153.

[60]WANG J，WANG H，LI Y，et al. Image fusion and evaluation of geological disaster based on remote sensing[J]. International Journal of Online Engineering，2014，10(4)：28-34.

[61]许强，朱星，李为乐，等. "天—空—地"协同滑坡监测技术进展[J]. 测绘学报，2022，51(7)：1416-1436.

[62]黄敏敏. 基于 Seminel－1/2 数据的寿光市洪涝灾害监测与预测研究[D]. 南京：南京信息工程大学，2022.

[63]万伟国. 应急物流道路识别中的遥感图像融合方法研究[D]. 南昌：江西财经大学，2016.

[64]刘桂卫，乔平. 铁路地质判释遥感图像融合算法优选与应用[J]. 铁道工程学报，2013(8)：22—26＋36.

[65]李珊珊. 高分二号影像融合及矿山开发占地信息提取研究[D]. 北京：中国地质大学，2019.

[66]江珊，王春，宋宏利，等. 基于 SAR 与光学遥感数据相结合的农作物种植类型识别研究[J]. 国土资源遥感，2020，32(4)：105-110.

[67] YANG Z，LING Y，BORYAN C. A study of MODIS and AWiFS multisensor fusion for crop classification enhancement[C]. The 17th International Conference on Geoinformatics. IEEE，2009：1-6.

[68]钱永兰，杨邦杰，雷廷武. 用基于 IHS 变换的 SPOT－5 遥感图像融合进行作物识别[J]. 农业工程学报，2005(1)：102-105.

[69]ZHOU C，LIANG D，YANG X，et al. Recognition of wheat spike from field based phenotype platform using multi-sensor fusion and improved maximum entropy segmentation algorithms[J]. Remote Sensing，2018，10(2)：246.

[70]刘春鹏. 大豆冠层信息获取图像融合方法研究[D]. 大庆：黑龙江八一农垦大学，2021.

[71]BARRERO O，PERDOMO S A. RGB and multispectral UAV image fusion for Gramineae weed detection in rice fields[J]. Precision Agriculture，2018，19(5)：809-822.

[72]GU X，PAN Y，HE X，et al. Estimation of maize planting area through the fusion of multi-source images[C]. International Conference on Computer and Computing Technologies in Agriculture.

Springer，Berlin，Heidelberg，2011：470-477.

[73]胡博. 利用多光谱和全色遥感影像实现耕地信息有效提取的改进方法研究[D]. 银川：宁夏大学，2017.

[74]吴连喜，孙波，赵其国. 有效探测农业用地转变为建设用地的遥感图像融合方法[J]. 土壤学报，2004(5)：815-818.

[75]HALDAR D，PATNAIK C，MOHAN S，et al. Jute and tea discrimination through fusion of SAR and optical data[J]. Progress in Electromagnetics Research B，2012，39：337-354.

[76]MONSALVE-TELLEZ J M，TORRES-LEÓN J L，GARCÉS-GÓMEZ Y A. Evaluation of SAR and optical image fusion methods in oil palm crop cover classification using the random forest algorithm[J]. Agriculture，2022，12(7)：955.

[77]余连生，李智勇，文贡坚，等. 遥感图像融合技术在潮间带地形提取中的应用[J]. 测绘学报，2011，40(5)：551-554+562.

[78]陈芸芝. 时序水色遥感图像融合与赤潮信息提取研究[D]. 福州：福州大学，2011.

[79]吴坤坤. ASAR 与 MODIS 协同的海洋溢油信息提取[D]. 青岛：山东科技大学，2011.

[80]杨晓晓. 多源遥感数据融合及在海面溢油分类上的应用[D]. 大连：大连海事大学，2013.

[81]李亚春，王净，谢志清，等. 多源遥感影像融合在太湖蓝藻监测中的应用[J]. 遥感技术与应用，2013，28(4)：569-575.

[82]陶冀. 遥感图像在森林资源二类调查中的应用[D]. 长沙：中南林业科技大学，2013.

[83]李世波. GF-1 遥感影像在森林资源二类调查中的应用[D]. 长沙：中南林业科技大学，2018.

[84]刘清华，石军南，熊珂. 遥感图像融合技术在森林资源调查中的应用[J]. 四川林勘设计，2008(2)：66-70.

[85]王得印，栾忠平. 森林资源二类调查中遥感图像增强技术应用研究[J]. 吉林林业科技，2015，44(4)：27-30.

[86]LI Y，YE W Y，CHEN J F，et al. A visible and passive millimeter wave image fusion algorithm based on pulse-coupled neural network in Tetrolet domain for early risk warning[J]. Mathematical Problems in Engineering，2018：4205308.

[87]冉晓艳. 基于图像融合的人身上隐藏武器检测技术研究[D]. 沈阳：沈阳航空航天大学，2016.

[88]CHEN Y，XU T，ZHAO B，et al. X-ray and infrared image fusion in security field[C]. IEEE International Conference of Intelligent Applied Systems on Engineering，2019：16-19.

[89]BHATNAGAR G，LIU Z. A novel image fusion framework for night-vision navigation and

surveillance[J]. Signal, Image and Video Processing, 2015, 9(1): 165-175.

[90]李一白. 基于红外与可见光图像融合的异常行为识别方法研究[D]. 太原: 中北大学, 2021.

[91]康彬. 面向智能监控的目标检测、追踪及图像融合算法研究[D]. 南京: 南京邮电大学, 2015.

[92]张俊举, 常本康, 张宝辉, 等. 远距离红外与微光/可见光融合成像系统[J]. 红外与激光工程, 2012, 41(1): 20-24.

[93]吕进. 基于 TMS320DM8168 平台的图像融合系统设计与实现[D]. 南京: 南京理工大学, 2018.

[94]冯澍. 基于 Cyclone Ⅳ的红外与可见光图像融合系统的设计与研究[D]. 南京: 南京理工大学, 2017.

[95]袁浩期. 基于图像融合的流动人群体温检测系统设计[D]. 广州: 广东工业大学, 2019.

[96]汪鹏. 可穿戴光学一红外融合成像监视系统的设计与实现[D]. 南京: 东南大学, 2020.

[97]王立娟. 基于微光与红外融合夜视头盔的设计与研制[D]. 南京: 南京理工大学, 2016.

[98]冯清枝. 多聚焦图像融合在异形体表面指纹提取中的应用[J]. 中国刑警学院学报, 2016(1): 60-62.

[99]陈春涛. 图像融合技术及其在公安工作中的应用[J]. 中国人民公安大学学报(自然科学版), 2004(3): 76-79.

[100]仲亭玉. 基于视频融合技术的森林火灾检测算法研究[D]. 北京: 北京林业大学, 2017.

[101]张文平. 异源图像融合的夜视抗晕光行人检测技术研究[D]. 西安: 西安工业大学, 2022.

[102]李振华. 异源图像融合抗晕光系统的研究[D]. 西安: 西安工业大学, 2021.

[103]柴改霞, 郭全民, 孙晓娟. 可见光与红外融合的汽车抗晕光图像评价方法[J]. 红外技术, 2020, 42(4): 378-384.

[104]郭全民, 王言, 李翰山. 改进 IHS-Curvelet 变换融合可见光与红外图像抗晕光方法[J]. 红外与激光工程, 2018, 47(11): 440-448.

[105]郭全民, 董亮, 李代娣. 红外与可见光图像融合的汽车抗晕光系统[J]. 红外与激光工程, 2017, 46(8): 171-176.

[106]张子睿. 面向汽车辅助驾驶的红外及可见光融合目标识别技术研究[D]. 沈阳: 沈阳理工大学, 2021.

[107]霍震. 基于激光雷达和图像异构数据融合的前方车辆识别方法[D]. 秦皇岛: 燕山大学, 2021.

[108]战荫泽，张立东，秦颖. 基于激光雷达与红外图像融合的车辆目标识别算法[J]. 激光与红外，2021，51(9)：1238-1242.

[109]LIU S，LYU C，GONG H. Vehicle video surveillance system based on image fusion and parallel computing[J]. International Journal of Circuit Theory and Applications，2021，49(5)：1532-1547.

[110]杨斌. 像素级多传感器图像融合新方法研究[D]. 长沙：湖南大学，2010.

[111] RASKAR R，LLIE A，YU J Y. Image fusion for context enhancement and video surrealism[C]. Proceedings of the International Symposium on Non-Photorealistic Animation and Rendering，Annecy，France，2004：85-152.

[112]顿雄，付强，李浩天，等. 计算成像前沿进展[J]. 中国图象图形学报，2022，27(6)：1840-1876.

[113]Gustave Le Gray，Photographer [EB/OL]. [2022-08-16]. https：//www. getty. edu/art/exhibitions/le _ gray/ index. html.

[114]MCELVAIN J S，GISH W C，MILLER J R，et al. Auto exposure of spatially-multiplexed-exposure high-dynamic-range image sensor metric and adjustment：U. S. 11412154[P]. 2022-08-09.

[115]OKAWA T，OOKI S，YAMAJO H，et al. A 1/2 inch 48M all PDAF CMOS image sensor using 0. 8 μm Quad Bayer coding 2× 2OCL with 1. 0 lux minimum AF illuminance level[C]. IEEE International Electron Devices Meeting (IEDM). IEEE，2019：16. 3. 1-16. 3. 4.

[116]ZHANG X. Benchmarking and comparing multi-exposure image fusion algorithms[J]. Information Fusion，2021，74：111-131.

[117]李晓晨，姚素英，黄碧珍，等. 一种应用于高动态范围 CMOS 图像传感器的曝光控制技术[J]. 传感技术学报，2013，26(3)：328-332.

[118]AGGARWAL M，AHUJA N. Split aperture imaging for high dynamic range[J]. International Journal of Computer Vision，2004，58(1)：7-17.

[119]TOCCI M D，KISER C，TOCCI N，et al. A versatile HDR video production system[J]. ACM Transactions on Graphics，2011，30(4)：1-10.

[120]YAMASHITA T，FUJITA Y. HDR video capturing system with four image sensors[J]. ITE Transactions on Media Technology and Applications，2017，5(4)：141-146.

[121]陈彬，张一帆，郭鑫，等. 一种拍摄月亮的方法和电子设备：CN109951633B[P]. 2022-01-11.

[122]李安邦. 车载环境中相机控制算法的研究[D]. 沈阳：东北大学，2014.

[123]HASINOFF S W，SHARLET D，GEISS R，et al. Burst photography for high dynamic

range and low-light imaging on mobile cameras[J]. ACM Transactions on Graphics, 2016, 35(6): 1-12.

[124]LIBA O, MURTHY K, TSAI Y T, et al. Handheld mobile photography in very low light [J]. ACM Transactions on Graphics, 2019, 38(6): 164: 1-164: 16.

[125]ZHU M, PAN P, CHEN W, et al. Eemefn: low-light image enhancement via edge-enhanced multi-exposure fusion network[C]. Proceedings of the AAAI Conference on Artificial Intelligence. 2020, 34(7): 13106-13113.

[126]张雨帅. 基于多帧融合的低照度图像增强[D]. 重庆: 重庆邮电大学, 2019.